산업전자회로설계 기초실습

박효식 · 한우용 공저

'교류 3상 380[V]를 정류했는데 직류 520[V]가 나왔어. 왜 그렇지? 어떻게 입력보다 출력이 더 높지?'

부끄러운 일이지만 이 질문은 저자가 산업체 연구소에 입사하여 전동기 제어용 인버터를 공부할 때, 무안을 당할까봐 누구한테 물어보지도 못하고, 6개월 동안 속으로만 끙끙거렸던 질문입니다. 나중에 원인을 이해하게 된 후에 저의 무지함에 대한 부끄러움이 충격으로 느껴짐과 동시에, 학교에서 배웠던 이론과 산업현장에서 다루는 실무가 너무나 동떨어져 있음을 깨닫게 되었습니다.

대학 강단에 서게 된 첫 해에, 10년 전의 일을 떠 올리며, 산업현장에서 어떤 시스템을 설계하거나 해석할 때 '이건 어떤 교재의 어떤 부분에서 배운 내용이네.'라는 생각을 할 수 있도록 이론과 실무가 연결되는 교재를 만들어야겠다는 생각을 했습니다. 그 후 다시 10년 가까이 시간이 흘러 이제야 여러 가지로 많이 부족하지만 첫 번째 결실을 맺게 되었습니다.

이 책은 전기전자회로에 대해 처음 입문하는 학생들이 각종 전기전자 부품의 원리 및 특성에 대해 쉽게 이해하고, 이를 활용하여 실무현장에서 전기전자회로를 설계할 수 있는 능력을 배양하는 것을 목표로 기술하였습니다. 『제1편 기초소자 이해』에서는 가급적 수식적인 해석은 자제하고 각 소자에 대한 동작특성을 위주로 설명하였으며, 각 소자를 이용한 회로를 구성하고 결과를 계측하는 실습을 통해 소자 자체에 대해 학습하는 것을 목표로 기술하였습니다. 『제2편 응용실습』에서는 제1편에서 다루었던 소자를 중심으로 재미있으면서도 산업현장에서 직접 활용할 수 있는 간단한 회로 시스템을 구성하여 실습함으로써, 각 소자의 활용기법을 익히고 전기전자 회로설계 및 제작기법을 익히는 것을 목표로 기술하였습니다.

모든 실습은 저자가 직접 브레드 보드에 회로를 구성하여 동작을 확인하고 결과물을 산출하였으며, 사용된 부품의 사양 및 데이터 북의 중요부분을 교재에 포함시켰으므로, 기술된 순서에 따라 회로를 구성하여 실습하면 문제없이 동작을 확인할 수 있을 것이라고 생각합니다. 특히 제1편과 제2편과의 연관관계를 표시하였기 때문에 유기적으로 활용할 수 있으리라 생각됩니다. 집필을 마치면서 아쉬운 부분도 많이 있지만, 앞으로 수정 및 보완작업을 지속할 예정이며, 산업체 전반에서 사용되는 여러 종류의 회로를 효과적으로 설명할 수 있는 두 번째, 세 번째 교재의 집필을 소망해 봅니다.

저의 삶을 항상 인도하시는 하나님의 은총에 감사드립니다. 또한 이 책을 출판하는데 도움을 주신 도서출판 기한재의 임직원 여러분께 감사드리며, 책의 기획, 저술, 편집에 도움을 주신 여러 교수님들께 감사드립니다.

끝으로 언제나 변하지 않는 사랑과 믿음으로 삶의 소망과 행복을 주는 가족과 친지 여러분께 감사를 드리며, 아내와 두 아들과 함께 작은 결실에 대한 기쁨을 함께 하고 싶습니다.

저자

CONTENTS

Part_1 기초소자 이해 / 9

Part 2 응용실습 / 191

PART

01

기초소자 이해

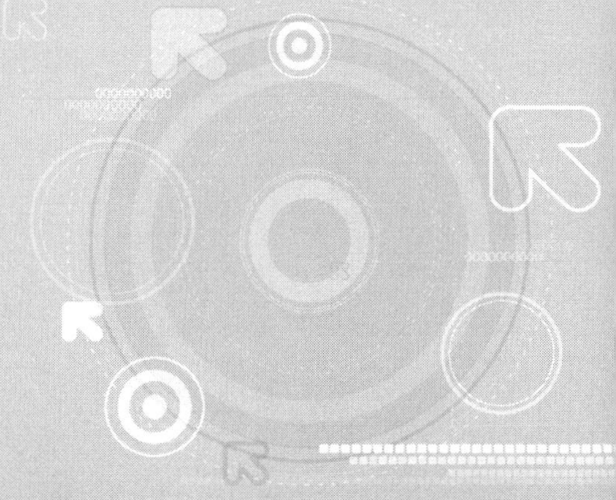

CHAPTER

01 기초 이론

1.1 전기(電氣 : Electricity)란?

오늘날 전기는 일부 지역을 제외하고는 지구상의 모든 문명지역에서 사용되고 있는 매우 중요한 에너지원으로써, 인류의 일상생활과 매우 밀접한 관계를 유지하고 있다. 그러나 '전기란 무엇일까?'에 대한 대답을 한마디로 정의하라고 한다면 '뭐라고 해야 할까?'에 대해 고민하게 된다. 이와 같은 이유는 전기에너지에 의해 발생되고 정의되는 현상들이 우리 일상생활에 광범위하게 펴져 있고, 여러 가지 의미의 용어로 사용되고 있음으로 인해 한마디로 '이거다!'라고 표현하기가 어렵기 때문이다. 이러한 애매모호함은 '전기(electricity)'라는 말의 유래에서도 찾아볼 수 있는데 'electricity'라는 말의 어원은 기원전 그리스 아테네 여인들이 사용하던 목걸이 장식품인 호박(琥珀)을 나타내는 그리스어의 'elektron'이라는 단어에서 유래하였는데, 당시의 사람들은 장식품을 걸고 다니는 동안 옷과 마찰하여 먼지 등이 달라붙는 현상을 발견하였으나 왜 이러한 현상이 일어나는지 이유를 알지 못하였기 때문에 이상한 돌이라는 뜻으로 'elektron'이라고 불렀던 것이다.

이후 16세기말 영국의 길버트는 호박에 대한 다양한 실험을 통해 마침내 마찰 전기를 알아내게 되었으며, 호박 이외에도 유리, 수정 등을 마찰시키면 역시 가벼운 물체를 끌어당긴다는 것을 발견하게 되었다. 이러한 현상은 마찰에 의해 물질이 'electrified', 즉 호박화되기 때문이라고 생각하게 되었으며, 호박화되는 원인이 되는 것을 'electricity'라고 부르게 되었다.

그렇다면 '전기란 무엇일까?'라는 질문으로 돌아가서 우리 생활에서 전기는 무엇이며, 어떤 모습으로 나타나고 있을까?

우리는 의미를 잘 알지 못해도 '전기'라는 말을 생활에서 자연스럽게 사용하고 있다. 예를 들면, 다음과 같은 말을 흔히 사용하고 있다.

① 건전지 전기가 약하다, 전기가 높다.

② 전기 온다, 전기가 통한다, 전기가 흐른다.

③ 전기를 아껴쓰자, 전기요금, 전기를 많이 먹는다.

위에 열거한 말들은 공통적으로 '전기'라는 말을 사용하고 있지만 개념을 자세히 살펴보면 엄연히 다른 내용을 의미한다고 할 수 있다. ①의 문장에서 사용된 '전기'라는 말은 전기에너지의 세기, 즉 전기에너지의 강약, 높고 낮음을 의미하는 말로 '전압(電壓 : voltage)'에 해당하는 개념이며, ②의 문장에서 사용된 '전기'라는 말은 전기의 흐름, 즉 전기의 흐름과 끊김을 의미하는 말로 '전류(電流 : current)'에 해당하는 개념이다. 또한 ③의 문장에서 사용된 '전기'라는 말은 전기에너지가 하는 일의 크기, 즉 전기에너지가 얼마만한 일을 하는지를 의미하는 말로 '전력(電力 : power)'에 해당하는 개념이다. 이와 같이 '전기'라는 말은 전압, 전류, 전력의 의미를 모두 포함하고 있으며, 상황에 따라 의미하는 내용이 많이 다름을 알 수 있다.

따라서 전기를 전압, 전류, 전력의 개념을 이용하여 표현한다면, 전기란 전기에너지의 크기 차이(전압)에 의해 전기에너지의 흐름(전류)이 발생하여 전기기기로 전기에너지를 공급함으로써 전기기기가 일을 하도록 하게 하는 것(전력)이라고 할 수 있다.

전압, 전류, 전력의 개념은 물에 의해 회전하는 물레방아의 원리로 비유할 수 있는데, 그림 1.1과 같이 물이 흐를 수 있는 관을 물레방아에 연결하고 물레방아 보다 높게 수조를 위치시키면, 높이의 차가 발생했을 때 높은 곳에서 낮은 곳으로 흐르는 물의 특성에 의해 관을 통해 물이 흘러 물레방아를 회전시키게 된다.

전기를 이해하기 위해 같은 개념을 적용하면, 전력회사로부터 공급되는 교류전압의 양쪽 단자와 전기기기 사이를 전선 2가닥으로 연결했을 때, 두 단자 사이에 전기에너지 크기 차이가 발생하여 전기에너지가 높은 곳으로부터 전선을 통해 전류가 흘러 전기기기를 통과한 후 전기에너지가 낮은 다른 쪽 단자로 전류가 흘러들어가는 폐회로가 구성된다. 이와 같이 전압에 의해 전류가 발생하여 전기기기로 전류가 공급되며, 전류가 전기기기를 통과하는 동안 전력을 발생시켜 전기기기가 일을 하게 된다.

결론적으로 전기란 전기에너지의 크기 차이인 전압, 전기에너지의 흐름인 전류, 전기에너지가 일을 하게 되는 전력의 개념을 모두 내포하는 에너지원으로써, 폐회로가 구성된 전기기기에 전압을 인가하면 폐회로에 전류가 흘러 전기기기가 작동하도록 하는 에너지를 일컫는다.

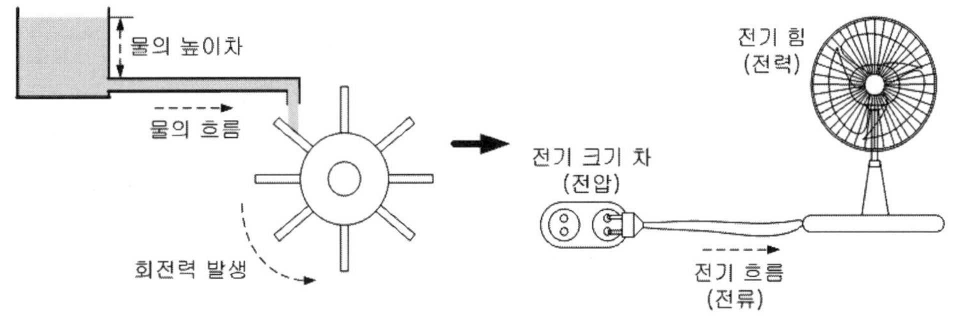

그림 1.1 전기의 개념

물레방아 시스템과 전기 시스템을 비교하여 각각에 대응되는 개념을 정리하면 표 1.1과 같다.

표 1.1 용어비교

물	전기
수위차 = 수압	전위차 = 전압 (Voltage)
물의 흐름	전기의 흐름 = 전류 (Current)
물의 힘 = 수력	전기의 힘 = 전력 (Power)
관	전선 (Cable)
밸브	스위치 (Switch)
물레방아	전동기 (Motor)

그림 1.2는 물의 흐름에 관한 이해를 통해 전기의 개념을 쉽게 이해할 수 있도록 한 그림으로서, 그림 1.2(a)와 같이 물 높이가 동일한 두 수조 사이에 관을 연결하고 중간에 있는 밸브를 열면 물 높이가 같기 때문에 두 수조 사이에는 물의 흐름이 발생하지 않는다. 이에 비해 그림 1.2(b)에서는 두 수조 사이에 물의 높이의 차가 존재하기 때문에 밸브를 열었을 때 수위가 높은 수조로부터 낮은 수조로 물의 흐름이 발생한다.

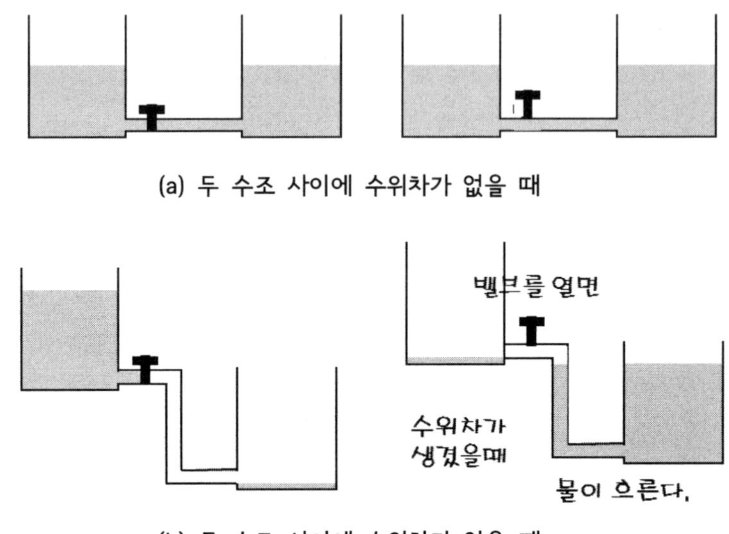

그림 1.2 수위차와 물의 흐름의 관계

그림 1.3은 그림 1.2 물의 흐름에 대응되는 전기의 흐름을 그림으로 나타낸 것으로서, 그림 1.3(a)는 동일한 전압의 건전지 2개를 서로 반대극성이 연결되도록 직렬 연결한 그림이다. 이와 같이 결선하면 전기에너지의 위치의 차, 즉 전위차가 존재하지 않기 때문에 스위치를 연결하여도 전기에너지의 흐름, 즉 전류가 흐르지 않게 되어 꼬마전구가 점등되지 않게 된다. 그러나 그림 1.3(b)와 같이 한쪽에만 건전지 1개를 직렬로 연결하여 전압을 높여주면 전위차가 존재하게 되어 스위치를 연결했을 때 전위가 높은 쪽에서 낮은 쪽으로 전류가 흐르게 되어 꼬마전구는 점등됨을 알 수 있다.

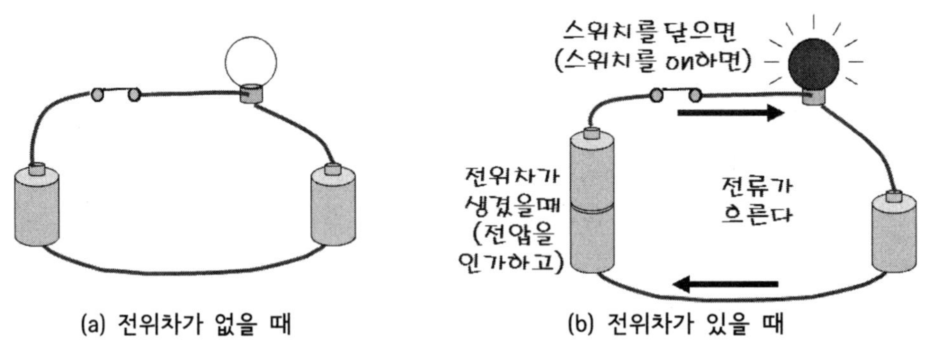

그림 1.3 전위차와 전류의 흐름

1.2 전압(電壓 : Voltage)이란?

앞의 설명에서 전압은 수압에 비유하면서 수압이 있어야 물이 흐르는 것과 마찬가지로 전압이 있어야 전류가 흐른다고 설명하였는데, 그렇다면 전압의 물성적인 의미는 무엇일까?

전압의 물성적인 의미를 알기 위해서는 먼저 물질의 구조를 이해해야 한다. 모든 물질의 구조는 원자(原子)로 구성되어 있는데, 원자는 양자(陽子)와 중성자(中性子)를 포함하고 있는 원자핵(原子核)과 전자(電子)로 이루어져 있다. 그림 1.4(a)는 원자의 구조를 나타내는 개념도로써, 원자의 내부에 있는 원자핵에는 (+)전기를 띤 양자와 아무 전기적 특성을 갖고 있지 않은 중성자가 중심에 자리 잡고 있으며, 그 주위를 (-)전기를 띤 전자가 궤도를 따라 돌고 있는 구조이다. 원자핵의 (+)전기를 띤 양자의 수와 (-)전기를 띤 전자의 수가 같으면 전체적인 극성은 (+)도 아니고 (-)도 아닌 중성의 상태를 유지한다. 이러한 중성의 원자구조에 외부로부터 빛, 열, 전기 등의 외부에너지가 인가되면 외곽전자 중의 일부가 전자궤도를 벗어나 이탈하는 현상이 발생하는데, 이때 외부에너지에 의해 전자궤도를 벗어나는 전자를 '자유전자(自由電子)'라고 하며, 전기적으로 (-)극성의 성질을 띠게 된다. 또한 자유전자가 빠져나간 빈자리는 '정공(正孔 : hole)'이라고 부르는데, 전자가 이탈되었기 때문에 전기적으로 (+)극성을 띠는 특징이 있다. 이와 같이 전기적으로 중성의 성질을 가지고 있던 물질이 외부에너지 또는 기타 요인에 의해 (+)극성을 갖거나 (-)극성을 갖는 현상을 이온화 되었다고 표현하며, 자유전자가 잘 발생되는 물질을 '도체(導體)'라고 하는데 금, 은, 구리 등이 대표적인 도체이며, 자유전자가 잘 발생되지 않는 물질을 '부도체(不導體)'라고 하는데 유리, 플라스틱, 나무, 고무 등이 대표적인 부도체이다.

전기의 개념을 설명하기 위해서는 그림 1.4(b)의 궤도상에 있는 전자 및 핵을 생략하고 그림 1.4(c)와 같이 정공과 자유전자로만 그림을 단순화시켜 표현하는 것이 일반적이다. 또한 정공을 '양전하(陽電荷)', 전자를 '음전하(陰電荷)'라고도 하는데, 물질이 이온화되어 양전하 및 음전하가 발생하는 수량을 많게 한 후 같은 극성의 전하끼리 모으면 그림 1.4(d)와 같이 되는데, 이러한 모습을 전하들이 띠를 이루어 배치되어 있다는 의미로 '대전(帶電)되었다'라고 표현한다.

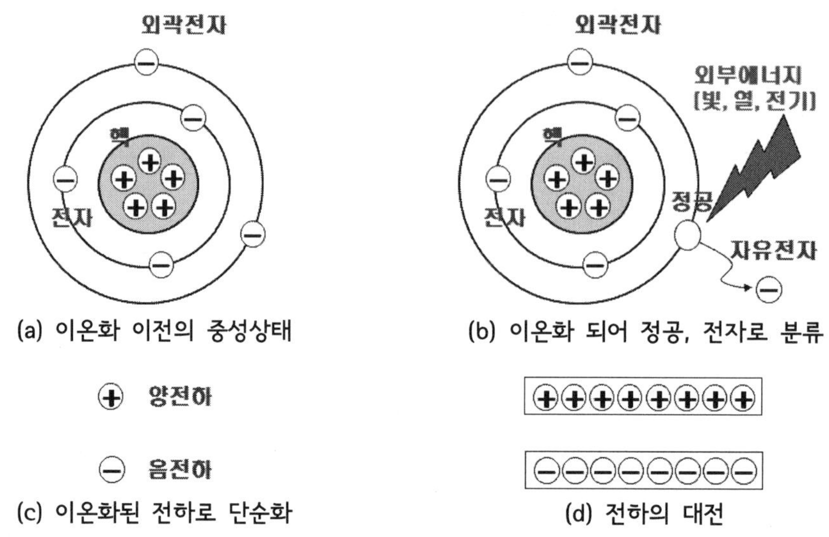

그림 1.4 물질의 이온화 및 대전

전하가 대전되면 양전하와 음전하 사이에 '전계(電界)'라고 하는 일종의 전기에너지 영역이 작용하게 되는데, 전계에 대한 자세한 설명은 전자기학 관련 서적을 참조하는 것으로 하며, 여기서는 양전하와 음전하 사이의 전기에너지 영역이 형성된다고만 설명하기로 한다.

대전된 양전하와 음전하에 의해 전기에너지 영역이 발생하는 이유는 양전하와 음전하가 가지고 있는 전기에너지의 차이 및 밀도 때문에 발생하는데 이와 같은 전기에너지의 차이, 즉 전위차를 '전압'이라고 한다. 결국 전압이란 대전된 양전하와 음전하 사이의 전기에너지 차이를 의미하며, 같은 면적에 대해서 대전된 전하의 밀도가 높을수록 전압의 크기가 커지는 특성을 가지고 있다.

전압은 영어로 'Voltage'라고 하며, 전기전자회로에서 V(직류전압을 의미) 또는 v(교류전압을 의미)로 표현된다. 또한 단위는 [V]인데 이것은 '볼트(Volt)'라고 읽는다.

1.3 전류(電流 : Current)란?

전류란 한자의 의미 그대로 전하의 흐름을 의미하는데, 도체 내부의 양전하 또는 음전하가 외부에 인가된 전압에 의해 이동하는 흐름을 말한다.

그림 1.5는 전류의 흐름을 설명하기 위한 그림으로, 건전지, 꼬마전구, 스위치를 전선으로 연결하고 스위치를 닫으면 건전지에서 공급되는 전압에 의해 도체로 이루어진 전선 내부에 자유전자가 발생하게 되며, 발생된 자유전자는 그림에 표시한 방향과 같이 건전지의 (+)극 쪽으로 이동하게 되어, 폐회로를 따라 (-)극에서 (+)극 방향으로 이동하게 된다. 이와 같이 자유전자가 폐회로를 따라 이동하는 것을 전류가 흐른다고 말한다.

그렇다면 전류의 방향은 어떻게 결정되는 것인가?

물이 위치에너지가 높은 곳에서 낮은 곳으로 흐르게 되는 것과 마찬가지로 전류도 전기에너지가 높은 (+)극에서 (-)극으로 흐른다고 정의한다.

위의 내용을 종합하여 전류에 대해 정의하면 전류란 도체 내의 자유전자의 흐름에 의해 발생하는 것으로, 전류의 방향은 (+)극에서 (-)극으로 흐르는 것을 기준방향으로 정하는데, 이것은 자유전자의 이동 방향과 반대방향을 의미한다. 양전하의 흐름에 의해 전류가 발생하는 경우도 있는데, 이 경우에는 전류의 방향과 양전하의 이동방향이 일치하게 됨을 알 수 있다.

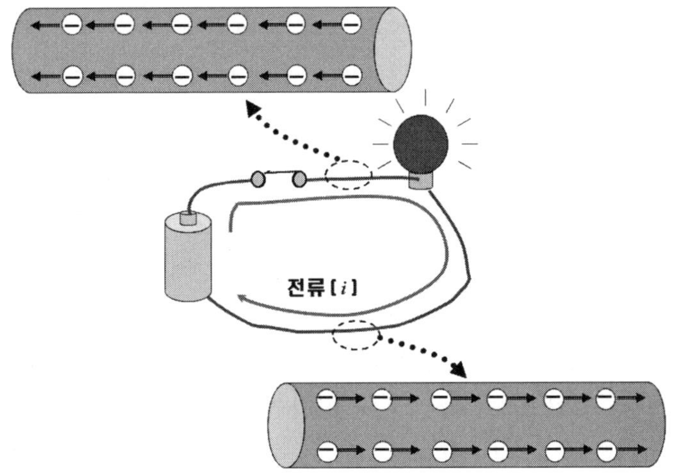

그림 1.5 전류의 흐름 및 방향

전자의 이동방향의 반대방향을 전류의 기준방향으로 선정한 것에 대해서는 여러 가지 가설이 있다. 그중에 가장 일반적으로 통용되는 가설은 전자의 흐름을 발견하기 이전에 전류의 방향을 (+)극에서 (-)극으로 흐른다고 먼저 정의하고 사용하여 왔는데, 나중에 전자의 흐름에 의해 전류가 발생한다는 연구결과가 발표되었다.

따라서 전류의 기준방향을 바꾸어 사용해야 하지만, 그동안 사용되어 왔던 전류방향에 대한 정의를 바꾸는 것이 쉽지 않고, 양전하에 의해 발생하는 전류도 존재할 수 있기 때문에 전류의 방향을 바꾸지 않고 그대로 사용하여 오고 있다는 것이 일반적이다. 그러나 일반적인 회로해석에서는 어떤 전하의 흐름을 전류의 방향으로 정의하였느냐가 중요한 사항은 아니며, 전자의 이동에 의해 전류가 발생하며, 전자의 이동방향과 반대방향이 전류의 방향이라는 내용 자체를 알고 이를 활용하는 것이 더 중요하다고 할 수 있다.

전류는 영어로 'Current'라고 하며, 전기전자회로에서 I(직류전류를 의미) 또는 i(교류전류를 의미)로 표현된다. 또한 단위는 [A]인데 이것은 '암페어(Ampere)'라고 읽는다.

1.4 전력(電力 : Power)이란?

전력이란 '전기의 힘'이라고 설명했는데, 이를 전기적으로 말하면 부하에 전기에너지를 공급하기 위한 능력을 의미한다.

여기서 먼저 '부하(負荷)'라는 말에 대해 설명하면, 부하란 영어로 'load'라고 하는데 이는 '말이나 당나귀의 등에 실린 짐'에서 유래된 말로써, 말이나 당나귀의 입장에서 보면 등 위에 실린 짐을 나르는 일로 인해 자신의 에너지를 소비하게 되기 때문에 짐이 곧 자신이 에너지를 소비해야 할 대상인 것이다. 그렇다면 짐이 여러 개 있을 경우를 생각해 보면, 흔히 큰 짐, 작은 짐, 네모난 짐, 세모난 짐 등의 여러 가지 방법으로 분류할 수 있을 것이다. 이를 정량적으로 분류하면 말 한 마리가 끌 수 있는 짐, 말 두 마리가 필요한 짐 등등으로 분류할 수 있는데, 우리가 흔히 '마력(馬力 : horsepower)'이라고 표현하는 일률의 단위가 여기서 유래되었다. 다소 의미의 차이는 있지만, 과거에는 짐을 나르는 주 동력원이 말이었기 때문에 0.5마력짜리 짐, 1마력짜리 짐, 2마력짜리 짐 등과 같이 마력의 단위를 이용하여 힘의 크기를 표현하였다고 생각하면 된다.

그러나 주 동력원이 말에서 전기로 바뀌면서 전기에 대한 용어가 생성되기 시작했으며, 짐에 해당하는 용어는 '부하'라고 표현하는데, 부하란 전기에너지를 소비하는 대상을 말하는 것이다. 따라서 가전제품, 산업설비, 조명장치 등에 포함된 전기로 동작되는 모든 것을 부하라고 할 수 있다. 또한 주 동력원인 '말의 힘', 즉 마력이 바로 '전기의 힘', 전력으로 대체되었다고 볼 수 있다. 마력과 전력 사이에는 식 (1.1)과 같은 관계가 성립한다.

$$1\,[HP] = 745.7\,[W] \tag{1.1}$$

즉, 말 한 마리가 짐을 끄는 힘인 1[HP]은 745.7[W]의 전력과 같은 크기임을 의미하는 것이다.

여기서 [W]는 전력의 단위로서 단위 시간당(1초당) 부하에 공급되는 전기에너지의 크기를 말하는 것으로, '와트(Watt)'라고 읽으며, 전력의 기호는 p(직류전력을 의미) 또는 p(교류전력을 의미)로 표시한다. 전력의 크기는 식 (1.2)와 같이 전압과 전류의 곱으로 결정된다.

$$P = V \times I\,[W] \tag{1.2}$$

'전력량(電力量)'이란 일정한 시간동안 공급되는 전기에너지의 양을 의미하는 것으로, 기호는 W이며, 크기는 식 (1.3)과 같이 전압, 전류, 시간의 곱으로 결정된다. 전력량의 단위는 '와트아워(Watt-hour)'를 사용하는데, 보통의 경우에 시간의 기본 단위로 '초(second)'를 사용하는 것이 일반적이지만 전력량의 경우에는 시간의 기본 단위를 '시간(hour)'으로 사용하여 [Wh]로 표현하는 것이 더 일반적이다.

$$W = P \times t = V \times I \times t\,[Wh] \tag{1.3}$$

전력량은 전기에너지의 크기와 사용한 시간이 반영된 물리량이기 때문에 전기요금을 산정할 때 전력량을 이용하여 전기요금을 산정하게 된다. 만일 500[W]급의 전기청소기를 이용하여 30분 동안 청소를 한다고 가정했을 때 청소 하는데 사용된 전력량은

$$W = P \times t = 500 \times 0.5 = 250[Wh] \tag{1.4}$$

가 된다. 가정용 전기요금을 1[kWh] 당 110[원]으로 가정한다면, 500[W]급 전기청소기로 30분 동안 청소하는데 소요된 전기요금은

$$\frac{250[Wh]}{1[kWh]} \times 110[원] = \frac{250[Wh]}{1000[Wh]} \times 110[원] = 27.5[원] \tag{1.5}$$

가 된다.

우리나라의 전기요금 산정방식은 누진율을 적용하기 때문에 전기요금이 사용한 전력량에 정비례하는 것은 아니며, 많이 사용할수록 기본 단가가 높아진다. 또한 가정용, 산업용, 교육용 등 사용용도에 따라서도 기본 단가가 모두 다르게 산정된다.

1.5 주요 파라미터의 단위

전압, 전류, 저항 등 전기회로에서 사용하는 주요 파라미터는 고유의 단위를 사용하는데 어떤 값이 너무 커서 유효자리의 숫자가 커지거나, 너무 작아 소수점 이하 몇 자리로 결정될 때는 표 1.2와 같이 결합사를 사용하여 숫자를 간단하게 하여 사용한다. 표에서 진한 부분은 일반적으로 사용되는 각 파라미터의 기본 단위이다.

표 1.2 주요 파라미터의 단위

기호	명칭		승수	길이 (l)	질량 (g)	시간 (s)	전압 (V)	전류 (I)	전력 (P)	저항 (R)	인덕터 (L)	커패시터 (C)	주파수 (f)	메모리 (Byte)
T	tera	테라	10^{12}											TB
G	giga	기가	10^{9}				GV		GW				GHz	GB
M	mega	메가	10^{6}				MV		MW	MΩ			MHz	MB
k	kilo	킬로	10^{3}	km	kg		kV	kA	kW	kΩ			kHz	kB
			10^{0}	m	g	s	V	A	W	Ω	H	F	Hz	B
m	milli	밀리	10^{-3}	mm	mg	ms	mV	mA	mW	mΩ	mH	mF		
μ	micro	마이크로	10^{-6}	μm	μg	μs	μV	μA		μΩ	μH	μF		
n	nano	나노	10^{-9}	nm	ng	ns	nA	nA			nH	nF		
p	pico	피코	10^{-12}								pH	pF		

02 실습장비 사용법

2.1 직류전원공급장치(DC Power Supply)

직류전원공급장치는 직류전원을 공급하는 장치로서, 직류전원을 공급한다는 말은 직류전압을 발생시켜 부하에 연결하면 부하에서 필요로 하는 용량에 따라 필요한 양의 전류를 흐르게 하여 부하가 동작될 수 있도록 하는 것을 의미하는데, 이는 곧 부하에서 필요로 하는 직류전압 및 직류전류를 공급하는 것이라고 말할 수 있다.

그렇다면 직류전원의 공급이 왜 필요할까?

우리가 발전소로부터 공급받는 상용전원은 교류전원이다. 이 말을 쉽게 얘기하면 가정이나 실습실의 콘센트 양단간에 나타나는 상용전원은 AC 220[*V*], 60[*Hz*]의 교류전압이다. 반면에 우리가 사용하는 대부분의 가전제품, 산업용 설비, 멀티미디어 기기의 내부에는 반도체 소자를 이용한 전기·전자회로가 포함되어 있는데, 반도체 소자는 직류전원을 구동전원으로 공급해야만 하는 특성을 가지고 있다. 따라서 반도체를 포함하고 있는 전기·전자회로를 동작시키기 위해서는 반드시 직류전원이 필요한데, 우리가 쉽게 얻을 수 있는 상용전원은 교류전력이므로 결국 교류전력을 직류전력으로 변환시키기 위한 변환장치가 필요하다.

이와 같이 교류의 상용전원을 입력받아 전기·전자기기를 동작시키는데 필요한 직류전원을 생산하는 변환장치를 '직류전원공급장치'라고 하며, 전기·전자회로 실습 시에는 다양한 크기의 전압을 공급할 수 있도록 출력전압을 변화시킬 수 있는 가변 전압 구조의 직류전원공급장치를 이용한다.

그림 2.1은 본 교재의 실습에서 이용하는 Unicorn사의 UP-3005T 직류전원공급장치의 외형을 나타내는 그림으로, 직류전원공급장치는 제조사 및 용량에 따라 다양한 종류의 제품이 생산되고 있지만, 최근에 생산되고 있는 실습용 직류전원장치의 경우 사용방법 및 구조가 유사하기 때문에 동급의 타 제품을 사용해도 문제가 없다.

그림 2.1 직류전원공급장치 외형

본 교재에서 사용하는 직류전원공급장치는 모두 3개의 출력채널을 가지고 있는 모델로서, 채널 1과 2는 전압 다이얼게이지를 조정하여 DC 0[V]~30[V]까지 출력전압을 변화시킬 수 있으며, 최대 공급가능 전류는 3[A]까지 가능하다. 또한 채널 3은 DC 5[V] 고정 출력전압 채널로서 3[A] 전류까지 공급하는 것이 가능하다. 그림 2.2는 직류전원공급장치를 각 채널별로 구분하여 나타낸 그림이다.

직류전원공급장치의 채널 1 또는 채널 2는 그림 2.3과 같이 3개의 출력단자를 갖는데, 빨간색 (+)단자와 검정색 (-)단자 사이에서 전압이 출력되며, 초록색(GND) 단자는 케이스 접지 단자로 감전 및 회로동작의 안정성을 위해 보통은 (-)단자와 (GND)단자를 서로 연결하여 사용한다. 각 부분별 기능 및 역할은 표 2.1과 같다.

그림 2.2 직류전원공급장치의 채널별 구분

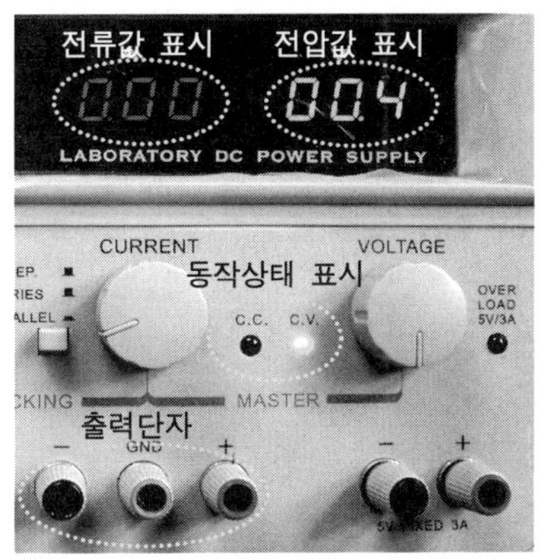

그림 2.3 채널 2 및 채널 3의 구성

직류전원공급장치를 사용할 때에 한 가지 주의할 것은 전류 다이얼게이지가 있는데 전류 다이얼게이지는 출력전류의 허용용량을 결정하는 것으로 시계방향으로 돌리면 출력전류의 용량이 증가하고, 반시계방향으로 돌리면 전류용량이 감소한다.

표 2.1 채널 1, 2 부분별 기능 설명

항 목				기능
종류	표시		명칭	
다이얼	VOLTAGE		전압조정다이얼	출력전압값 조정 : 0~30[V] (시계방향 : 증가, 반시계방향 : 감소)
	CURRENT		전류조정다이얼	허용 최대출력전류값 조정 : 0~3[A] (시계방향 : 증가, 반시계방향 : 감소)
단자대	+	적색	(+)단자	출력전압의 (+)단자
	GND	녹색	(GND)단자	케이스 접지
	−	흑색	(−)단자	출력전압의 (−)단자
LED	C.V.	녹색	동작표시 LED	출력전압 동작 중 표시
	C.C.	적색	과전류표시 LED	출력전류가 허용전류를 초과했음을 표시
세그먼트	V	녹색	전압값	출력전압값 표시
	A	적색	전류값	출력전류값 표시

만일 허용전류 이상의 부하전류가 흐르게 되면 빨간색 LED가 점등되면서 출력전압을 0[V]로 차단하는 자체 보호기능을 포함하고 있다. 이러한 보호기능을 통해 회로가 어떤 이유에 의해 단락되어 매우 큰 전류가 흐르게 될 때, 직류전원공급장치

가 소손되는 것을 예방할 수 있다. 전압조정 다이얼을 돌려 전압값을 허용범위 내에서 증가시키려고 해도 전압값이 증가하지 않는 경우가 발생하는데, 이는 허용전류값을 너무 낮게 설정한 상태에서 전압값만을 높이려고 했기 때문에 발생하는 현상으로써, 이 경우에는 전류조정 다이얼을 돌려 허용전류값을 증가시키면 전압값을 원하는 값으로 증가시킬 수 있다. 실습 중에 초보자들이 흔히 범하기 쉬운 실수 중의 하나이므로 주의가 필요한 부분이다.

채널 3은 출력전압이 5[*V*]로 고정되어 있기 때문에 가변 다이얼게이지가 없고, 과전류가 흐르는지 여부를 표시하기 위한 빨간색 LED만이 있으며, 채널 3의 출력전류는 3[*A*] 이하이기 때문에 5[*V*], 3[*A*] 이하의 부하에만 전원을 공급할 수 있다.

2.2 멀티테스터(Multi Tester)

'멀티테스터'란 흔히 테스터라고 더 많이 불리는 측정기기로 저항, 전압, 전류 등의 값을 측정할 수 있는 휴대용 계측장비이다. 현장에서는 제조사, 기능, 가격대에 따라 많은 종류의 테스터가 사용되고 있지만, 모든 테스터에 대해 기능 및 사용법을 설명하는 것은 불가능하기도 하며, 또한 대부분 테스터의 기능 및 사용법이 유사하기 때문에, 본 교재에서는 전기·전자를 처음 접하는 초보자들도 쉽게 사용할 수 있는 임의의 디지털 타입 테스터에 대한 기능 및 사용법을 설명한 후 이를 이용하여 실습과정을 진행하고자 한다.

그림 2.4 멀티테스터 외형

그림 2.4는 본 교재에서 사용하는 멀티테스터의 외형을 나타내는 그림이며, 표 2.2는 각 부분별 명칭 및 기능을 나타낸 표이다.

멀티테스터는 중앙에 위치한 다이얼 스위치를 돌려 측정 모드를 선택할 수 있으며, 전류측정을 제외한 나머지 파라미터 측정 시에는 COM이라고 표시된 검정색 단자와 VΩ•))Hz 단자에 측정용 리드선을 연결하여 측정한다.

표 2.2 멀티테스터 부분별 기능 설명

항목				기능
종류	표시		모드	
다이얼	OFF		전원스위치	전원 on/off
	≂V		전압 측정	전압 측정
	Ω		저항 측정	저항 측정
	•))		결선 측정	결선 확인
	⯈|		다이오드 측정	다이오드의 동작실험
	Hz		주파수 측정	주파수 측정
	)|		커패시터 측정	커패시터 용량 측정
	℃		온도 측정	온도 측정
	mA≂		소전류 측정	400[*mA*] 이하의 전류 측정
	10A≂		대전류 측정	10[*A*] 이하의 전류 측정
버튼	HOLD		표시화면정지	측정값 표시화면 정지
	RANGE		측정범위	최대 측정 범위 선택
	⎓∼		직류, 교류선택	직류값 또는 교류값 선택
단자	VΩ•))Hz	COM	전류이외 측정	전류 이외의 파라미터값 측정 시 사용
	mA	COM	400[*mA*] 이하	400[*mA*] 이하의 전류 측정 시 사용
	10A	COM	10[*A*] 이하	10[*A*] 이하의 전류 측정 시 사용

전압을 측정할 때에는 측정하고자 하는 지점의 양단간에 측정용 리드선을 접촉하여 측정하는데 회로를 끊을 필요 없이 연결된 상태에서 병렬로 연결하듯이 리드선을 두 지점에 접촉하여 측정한다. 그러나 전류를 측정할 때에는 측정용 리드선을 옮겨 결선해야 하는데 측정하고자 하는 지점의 연결을 끊고 멀티테스터의 두 리드선을 각각 끊어진 지점에 연결하는 직렬연결 방식으로 측정한다.

한 가지 꼭 기억해야 할 사항은 측정용 리드선을 전류측정용 단자에 연결하여 전류를 측정한 후 리드선의 단자 연결을 바꾸지 않고 그대로 놔둔 채 전압을 측정하기 위해 측정용 리드선을 전원이 인가된 회로에 접촉하면 멀티테스터가 소손될 위험이 있다. 따라서 전류를 측정할 때와 전압을 측정할 때의 단자대 연결상태를 반드시 확인하여야 한다.

2.3 브레드 보드(Bread Board)

브레드 보드는 홀에 IC를 비롯한 전기전자 부품을 쉽게 꽂았다 뺐다 할 수 있도록 제작한 것으로, 부품을 납땜하지 않고도 연결할 수 있는 장점이 있기 때문에 회로 설계 시 임시적으로 부품을 삽입하여 짧은 시간 내에 동작결과를 확인할 수 있다는 장점이 있다.

그림 2.5 브레드 보드 외형

브레드 보드를 사용할 때에는 내부적으로 서로 연결된 홀이 어떤 홀인지를 먼저 알고 사용하는 것이 중요하며, 납땜을 통해 부품을 연결하는 것이 아니기 때문에 동작의 신뢰성을 위해 부품을 홀에 삽입할 때 확실히 홀에 삽입되었는지 확인하고, 배선은 간결하게 하여 선이 빠지지 않도록 하는 것이 중요하다.

브레드 보드의 홀은 그림 2.6에 나타난 바와 같이 a, b, c, d, e(그림의 ① 부분) 5개의 홀이 내부적으로 서로 연결되어 있으며, f, g, h, i, j(그림의 ② 부분)의 홀도 연결되어 있다. 따라서 5개의 홀은 전기적으로 서로 같은 홀로 생각할 수 있다. 또한

③의 홀 5개도 서로 연결되어 있으며, ④의 홀 5개도 서로 연결되어 있다. 그러나 ①, ②, ③, ④ 홀 전체는 서로 연결되어 있지 않다. 또한 ⑤~⑭의 부분에서 각 부분의 점선 내부의 홀 끼리는 서로 연결되어 있지만 번호가 다른 부분과는 서로 연결되어 있지 않음에 주의하여야 한다.

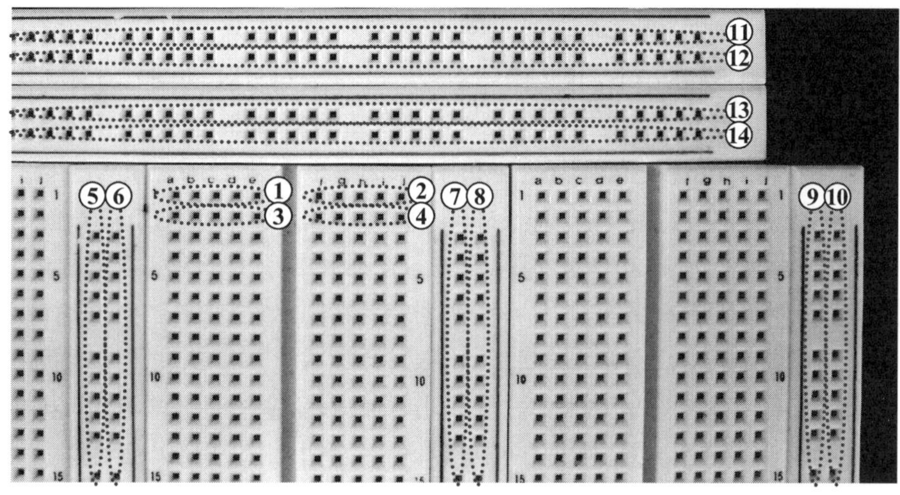

그림 2.6 홀 내부 연결 상태

실습 시에는 보통 빨간색으로 표시되어 있는 ⑥, ⑧, ⑩, ⑫, ⑭을 리드선을 이용해 모두 연결한 후 연결된 어느 하나를 전원의 (+)단자에 연결하여 사용하며, ⑤, ⑦, ⑨, ⑪, ⑬도 마찬가지로 모두 연결한 후 이를 다시 전원의 (-)단자에 연결하여 사용한다. 그림 2.7은 전원의 (+) 및 (-)단자를 각각 연결한 모습을 나타낸 그림으로, 브레드보드 사용 시에는 일반적으로 (+)라인을 빨간색 리드선을, (-)라인은 검은색 리드선을 이용하여 결선한다.

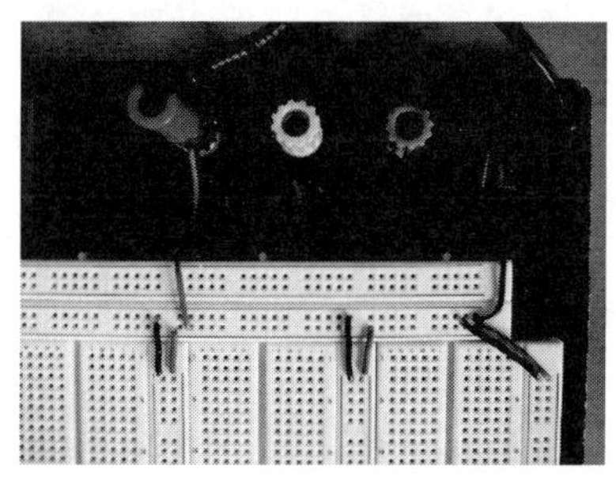

그림 2.7 브레드 보드의 전원라인 결선

2.4 오실로스코프(Oscilloscope)

오실로스코프는 전압 파형을 측정하는 장비로써, 전압 파형의 모양, 크기, 주파수 등을 관측할 수 있다. 또한 전류측정 장치를 추가하면 전류 파형도 전압 파형과 마찬가지로 관측할 수 있다. 과거에는 아날로그 타입의 오실로스코프가 사용되었으나, 반도체 기술의 발달과 함께 파형의 저장, 연산 등이 가능한 디지털 타입의 오실로스코프가 개발되어 최근에는 대부분 디지털 타입의 오실로스코프가 많이 사용되고 있다. 오실로스코프는 제조회사 및 성능에 따라 많은 종류가 시판되고 있으나, 본 실습에서는 오실로스코프의 기본 기능을 모두 포함하고 있으며, 초보자들이 쉽게 다룰 수 있는 Tektronix사의 디지털 오실로스코프 TDS1002B 모델을 선택하여 실습을 한다. 비슷한 성능의 오실로스코프는 제조회사가 다르다고 하더라도 사용법이 대부분 유사하기 때문에 한 종류의 오실로스코프를 완벽하게 다루게 되면 다른 모델의 오실로스코프도 쉽게 사용할 수 있다. 또한 본 교재에서는 오실로스코프에 포함된 모든 기능을 설명하기 보다는 실습에 필요한 몇 가지 기본 기능을 설명한 후 필요할 때마다 해당 기능을 추가로 설명하기로 한다.

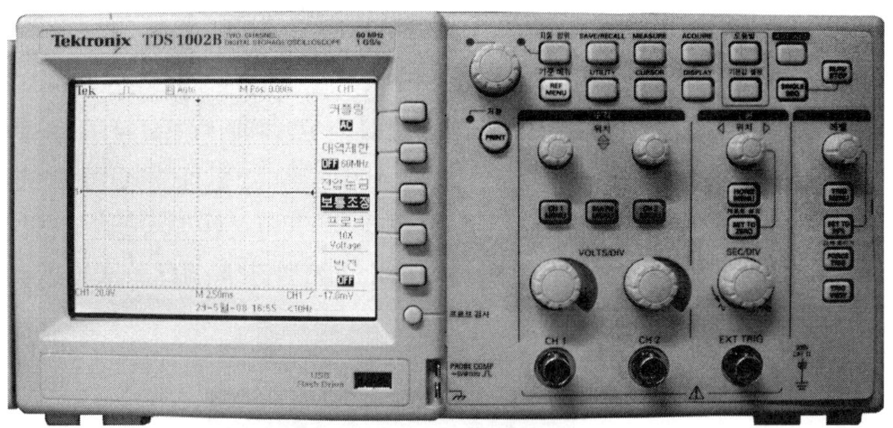

그림 2.8 오실로스코프의 외형

가. 오실로스코프 자체 검사

모든 오실로스코프는 본체와 프루브로 구성되는데, 프루브란 회로의 측정하고자 하는 지점에 접촉하여 해당 전압을 인식하는 탐침으로서, 전위차를 의미하는 전압을 측정하기 때문에 2지점을 접촉해야 할 필요성이 있으며, 프루브의 집게로 된 부분이 기준전압(흔히, (-)단자 또는 GND 단자라 지칭함) 부분에 접촉되며, 뾰족한 탐침이 측정코자 하는 지점에 접촉되도록 연결한다.

한 가지 주의할 것은 프루브에는 배율선택 스위치가 있는데, 배율이란 측정된 파형을 화면에 표시할 때 설정된 배율에 따라 전압의 크기를 1 : 1 또는 10 : 1로 변환하여 표시하는 기능이다. 일반적으로 측정범위를 넓게 하기 위해 프루브의 선택 스위치를 '×10'으로 설정하고, 오실로스코프 메뉴에서도 배율을 '×10'로 설정하여 사용한다. 따라서 본 실습에서는 항상 오실로스코프 프루브의 배율선택 스위치를 '×10'으로 설정하여 측정한다. 만일 배율선택 스위치가 '×1'로 선택되어 있으면 측정파형의 크기가 실제와 달라지기 때문에 파형을 측정하기 전에 항상 배율선택 스위치의 위치가 '×10'으로 설정되어 있는지 확인해야 한다.

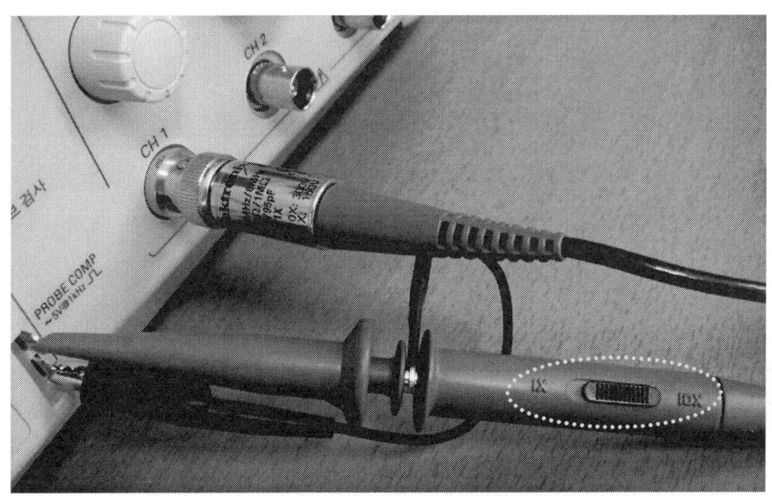

그림 2.9 프루브 검사

또한 모든 오실로스코프는 자체에 5[*V*], 1[*kHz*]의 구형파 발생 단자를 가지고 있는데, 이 구형파는 프루브를 포함한 오실로스코프 자체의 정상동작 여부를 판정하는데 이용된다.

그림 2.9와 같이 프루브를 연결한 후 화면에 그림 2.10과 같은 5[*V*], 1[*kHz*]의 구형파가 정상적으로 표시되는지 여부를 판정하여 오실로스코프 자체의 정상동작 여부를 판정한다.

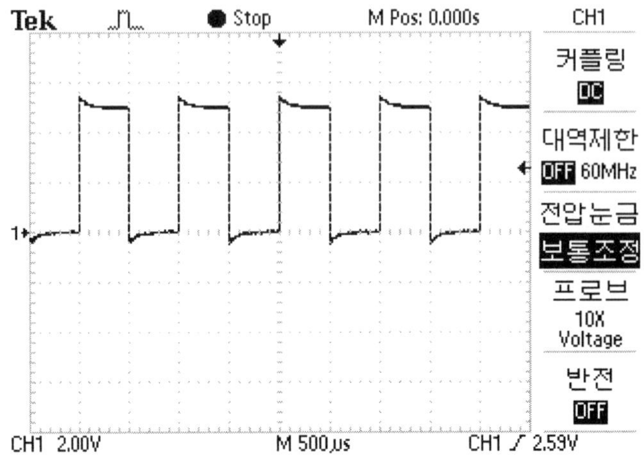

그림 2.10 프루브 검사용 구형파 출력

나. 스위치 판넬 조작 실습

오실로스코프 스위치 판넬에는 파형측정, 화면설정, 환경설정 등의 기능을 담당하는 각종 스위치 및 다이얼이 있는데, 그림 2.11은 스위치 판넬부에 해당하는 것으로써 각 스위치별로 고유의 기능이 할당되어 있기 때문에 해당 스위치의 기능을 정확히 알고 사용하는 것이 중요하다.

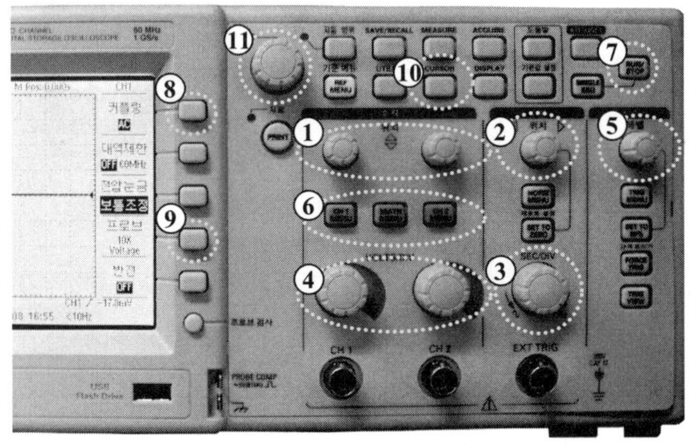

① 상하위치이동 다이얼
② 좌우위치이동 다이얼
③ 시간조정 다이얼
④ 전압크기조정 다이얼
⑤ 레벨조정 다이얼
⑥ 채널메뉴선택 버튼
⑦ **Run/Stop** 버튼
⑧ 입력신호 결합모드 선택 버튼
⑨ 프루브 배율 선택 버튼
⑩ 커서 버튼
⑪ 커서이동 다이얼

그림 2.11 오실로스코프 스위치 판넬

여기서는 스위치 판넬 전체에 대한 설명은 생략하며, 일반적으로 실습 시에 많이 사용하는 필수적인 스위치에 대해서만 설명하기로 한다.

1) 상하위치 이동 다이얼

상하위치 이동 다이얼은 채널의 기준, 즉 GND의 위치를 상하로 이동시키는 다이얼이다. GND점은 프루브 양 단자간의 기준전압 지점을 의미하는 것으로서, 화면의 좌측에 채널 1은 '1', 채널 2는 '2'로 각 채널의 GND 점의 위치가 표시되어 있다.

상하위치이동 다이얼을 좌측으로 돌리면 해당 기준점이 아래로 이동하고, 우측으로 돌리면 해당 기준점이 위로 이동하게 된다. 이와 같은 상하위치이동 다이얼은 채널 1 및 채널 2의 다이얼이 별도로 마련되어 있다.

그림 2.12는 상하위치 이동 다이얼을 돌려 채널 1의 기준점을 화면의 하부로 이동한 모습을 나타내는 그림이다.

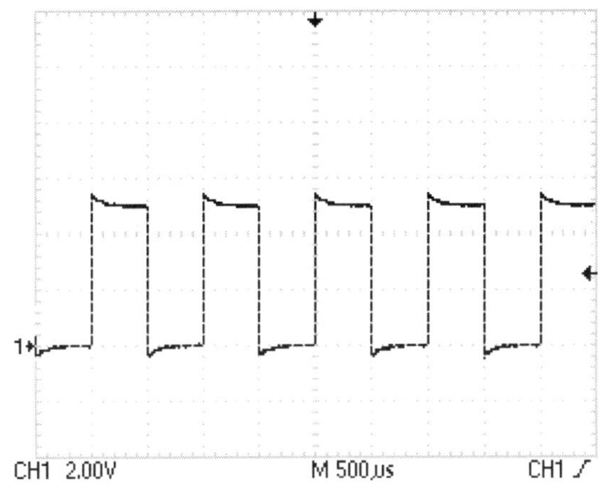

그림 2.12 파형의 상하 위치 이동

2) 좌우위치 이동 다이얼

파형의 위치를 트리거되는 시점을 기준으로 좌우로 이동시키는 다이얼이며, 채널 1 및 채널 2의 신호가 동시에 이동한다. 여기서 트리거되는 시점이란 화면 상부 중앙에 위치한 'Trig'd'라고 표시된 화살표 시점을 말한다.

3) 시간조정 다이얼

시간조정 다이얼은 측정파형에서 시간축(화면의 가로축)의 눈금 단위를 변경하는 조정 다이얼로서, 좌측으로 돌리면, 시간축의 한 칸 당 눈금이 커지고, 우측으로 돌리면 한 칸 당 눈금이 작아진다. 그림 2.12의 기본 화면에서 시간조정 다이얼을 좌측으로 한 칸 돌리면 화면 하단 중앙부에 나타나 있는 눈금 당 시간의 단위가 그림 2.13의 좌측화면과 같이 500[㎲]에서 1[ms]로 커진다.

한 가지 주의할 점은 시간축의 눈금 당 단위가 변화되더라도 파형 자체의 절대시간은 변화되지 않는다는 점이다. 다시 말하면 그림 2.12와 같이 시간축 눈금 단위가 500[㎲]일 때 파형의 한 주기는 2[칸]을 차지하므로 실제 시간은 500[㎲] × 2[칸] = 1[ms]이다.

이에 비해 시간조정 다이얼을 조정하여 시간축의 눈금 당 단위를 변화시켜 한 칸 당 눈금을 1[ms]로 설정했을 때에는 그림 2.13에서 알 수 있듯이 파형의 한 주기가 한 칸에 해당하므로 파형의 실제 시간은 1[ms] × 1[칸] = 1[ms]로 시간의 절대값은 변화가 없음을 알 수 있다.

시간조정 다이얼을 오른쪽으로 돌렸을 때에는 시간축의 눈금 당 단위가 작아져 그림 2.13과 같이 파형이 시간축에 대해 자세히 보이지만 앞에서 설명한 바와 같이 파형의 절대시간은 변화되지 않고 있음을 알 수 있다.

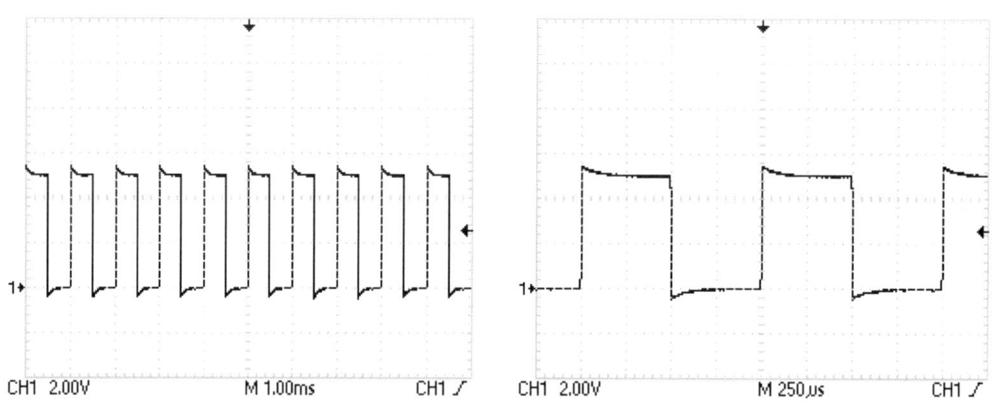

그림 2.13 시간조정 다이얼(SEC/DIV) 조정

4) 전압크기조정 다이얼

전압크기조정 다이얼은 측정파형에서 전압크기축(화면의 세로축)의 눈금 단위를 변경하는 조정 다이얼로서, 좌측으로 돌리면, 전압크기축의 한 칸 당 눈금이 커지고, 우측으로 돌리면 한 칸 당 눈금이 작아진다. 그림 2.12의 기본 화면에서 전압크기조정 다이얼을 좌측으로 한 칸 돌리면 화면 하단 좌측부에 나타나 있는 눈금 당 전압크기의 단위가 그림 2.14의 좌측화면과 같이 2[V]에서 5[V]로 커진다. 이와 반대로 오른쪽으로 다이얼을 돌리면 그림 2.14의 우측화면과 같이 눈금 당 전압크기의 단위가 2[V]에서 1[V]로 변화된다. 또한 앞에서 설명된 시간조정 다이얼과 마찬가지로 전압크기조정 다이얼을 좌우로 돌렸을 때 파형 표시 화면의 눈금 당 단위가 변화될 뿐이며, 파형의 전압의 절대값 자체가 변화되는 것은 아니다.

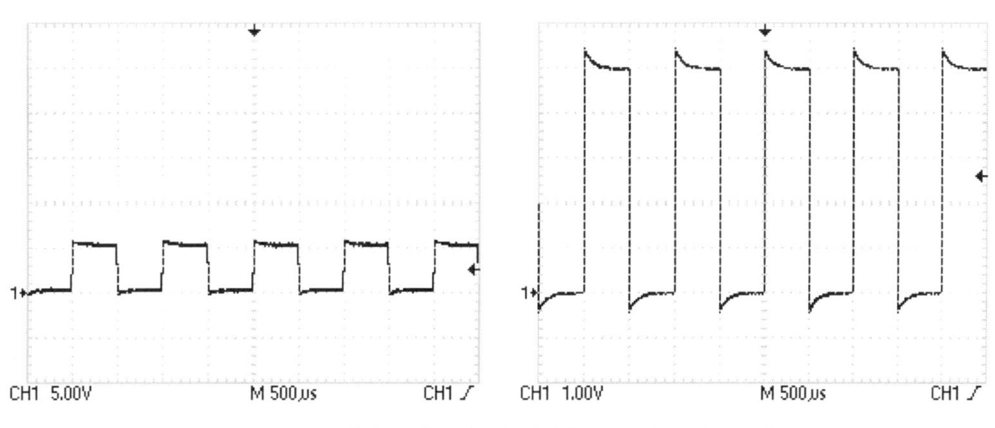

그림 2.14 전압크기조정 다이얼(VOLT/DIV) 조정

5) 레벨조정 다이얼

레벨조정 다이얼은 관측되는 파형 크기의 레벨을 조정하는 다이얼로서, 화면 오른쪽에 화살표로 표시된다. 레벨 다이얼을 돌리게 되면 화면 오른쪽의 레벨눈금이 상하로 이동하게 되는데 레벨눈금을 측정하고자 하는 파형의 최소값과 최대값 사이에 걸치도록 조정해야 파형을 관측할 수 있다. 만일 레벨눈금이 최소값 이하이거나 최대값 이상으로 맞춰진 경우에는 파형이 고정되지 않고 움직이는 현상이 발생하여 파형을 제대로 관측할 수 없게 된다.

6) 채널 메뉴 선택 버튼

오실로스코프는 2개의 채널을 가지고 있는데 각 채널의 세부 설정을 위해 화면 우측에는 채널세부조정 메뉴가 표시된다. 채널 1에 대한 세부사항을 조정하기 위해 채널 1의 채널 메뉴 화면을 선택할 때에는 [CH1 MENU] 버튼을 눌러야 하며, 채널 2에 대해서는 [CH2 MENU] 버튼을 눌러야 한다. 채널 1이 선택되면 화면 좌측에 표시되어 있는 파형 기준점의 숫자 1이 활성화되며, 채널 2가 선택되면 숫자 2가 활성화된다.

7) RUN/STOP 버튼

[RUN/ STOP] 버튼을 1회 누르면 화면에 표시되는 파형이 일시정지 되고, 정지된 상태에서 다시 1회 누르면 파형이 활성화된다.

8) 입력신호 결합모드 선택 버튼

파형의 입력신호 결합이란 입력되는 신호를 오실로스코프 화면의 세로축과 결합하는 방식을 말하는 것으로 입력신호 결합모드 선택 버튼을 누를 때 마다 'DC' → 'AC' → 'GND' → 'DC'를 반복하면서 선택된다. 각각의 선택 항목에 대한 자세한 동작은 표 2.3과 같으며, 'DC' 결합모드와 'AC' 결합모드의 차이는 그림 2.15를 보면 알 수 있다.

'AC' 결합모드에서는 신호의 DC 성분을 제거하고 AC 성분만을 나타내기 때문에 화면에서와 같이 '0', 즉 GND를 중심으로 파형이 분포되어 (+) 최대값이 절반으로 감소하는 대신 (-) 최대값이 증가하여 신호의 파형이 최대값 2.5[V], 최소값 -2.5[V]로 나타나는 것을 알 수 있다. 이에 비해 'DC' 결합모드는 AC 성분과 DC 성분을 모두 관측할 수 있도록 하는 입력결합방식이기 때문에 화면에 표시되는 신호의 파형이 최대값 5[V], 최소값 0[V] 사이에서 파형이 나타나고 있음을 알 수 있다.

본 교재를 이용하여 앞으로 수행하게 될 실습은 대부분 직류신호를 이용한 회로이기 때문에 오실로스코프의 입력신호 커플링은 'DC' 결합모드로 선택하여 파형을 측정하게 된다. 초보자들이 흔히 범하는 실수 중에 입력신호 커플링 모드를 잘못 맞추어 파형 측정에 실패하는 경우가 발생하는데, 본 실습교재에서는 특별한 언급이 없는 한 'DC' 결합모드 상태에서 파형을 측정하기로 한다.

표 2.3 입력신호 결합모드 설명

결합모드	내용
AC	입력신호에서 DC 성분을 제거하고 AC 성분만을 측정하는 모드
DC	입력신호에 포함된 AC 성분 및 DC 성분을 모두 측정하는 모드
GND	입력채널의 0[V], 즉 GND의 위치를 표시

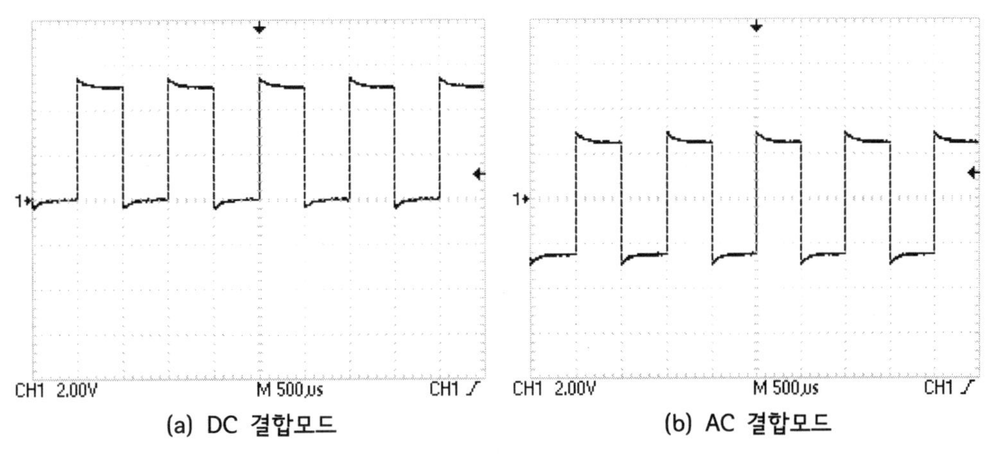

(a) DC 결합모드 (b) AC 결합모드

그림 2.15 입력신호 결합모드에 따른 파형의 차이

9) 프루브 배율 선택 버튼

프루브의 배율은 '×1', '×10', '×20', '×50', '×100', '×500', '×1000'의 7가지 종류가 있으며, 한 가지 배율을 선택하게 되면 해당 배율에 따라 세로축, 즉 전압크기의 눈금 단위가 변화된다. 본 교재에서는 프루브 자체에 있는 배율 선택 스위치를 '×10'으로 설정하였으므로 프루브 배율 선택 버튼도 '×10'을 선택한다. 만일 이 배율 선택이 잘못 이루어지면 실제 신호의 값과 화면에 표시되는 값의 크기가 달라질 수도 있으므로 주의해야 한다.

10) 커서 버튼 및 커서이동 다이얼

오실로스코프를 이용하여 파형의 특정부분에 대한 전압의 크기 또는 시간 등을 알아보고자 할 때 커서기능을 이용한다.

커서기능을 이용하기 위해서는 먼저 ⑩ 커서선택 버튼을 눌러야 한다. 커서선택 버튼을 누르게 되면 그림 2.16과 같이 화면우측에 커서의 종류 및 신호원을 선택하는 화면이 표시된다. 커서의 종류 버튼을 누를 때마다 'OFF/진폭/시간' 3가지 항목이 바뀌어 표시되며, 신호원 버튼은 측정코자 하는 파형의 신호원을 선택하는 기능을 한다.

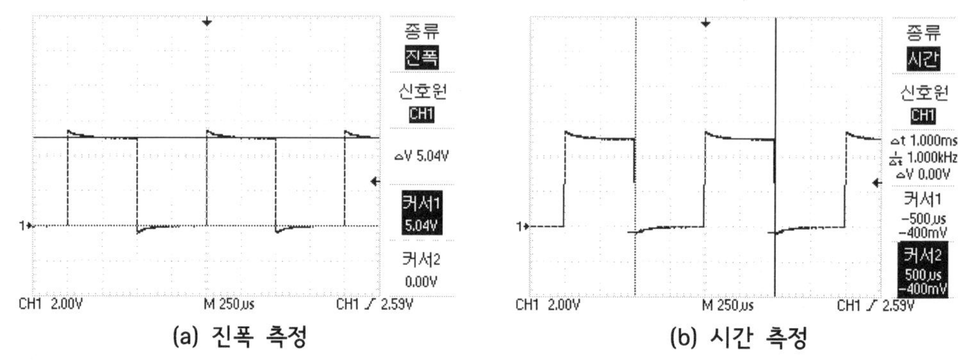

(a) 진폭 측정　　　(b) 시간 측정

그림 2.16 커서기능을 이용한 파형 측정

1 진폭측정방법

파형의 진폭을 측정하기 위해서는 커서종류를 진폭으로 선택한 후 ⑪번의 커서이동 다이얼을 돌려 커서 보조선 1을 측정코자 하는 부위의 한쪽 끝으로 이동시킨다. 커서 보조선 1을 원하는 위치에 고정한 후에 오실로스코프 화면 우측의 커서 2 버튼을 눌러 커서 보조선 2를 선택한 후 커서이동 다이얼을 돌려 필요한 부분까지 커서 보조선 2를 이동시킨다. 이와 같이 커서 보조선 1, 2를 위치시키면 화면 우측 중앙부에 ΔV의 값이 표시되는데, 이 ΔV의 값이 커서 보조선 1과 2 사이의 전위차로써, 측정하고자 하는 파형의 진폭을 의미한다. 그림 2.16(a)의 경우 ΔV의 값이 5.04[V]이므로 커서 보조선 1, 2 사이의 전위차는 5.04[V]임을 알 수 있다.

2 시간측정방법

파형의 시간을 측정하는 방법은 커서종류를 시간으로 선택하는 것을 제외하면 진폭측정방법과 동일하다.

그림 2.16(b)는 시간측정방법의 한 예를 나타낸 것으로, Δt가 1.0[ms]를 나타내므로 커서 보조선 1, 2 사이의 시간은 1.0[ms]이며, 이를 주파수로 나타내면 1[Hz]가 됨을 알 수 있다.

CHAPTER

03 기본 수동 소자

3.1 저항(抵抗 : Resistor)

가. 저항의 정의

저항이란 저항기라고도 부르는데 이는 영어의 'resist', 즉 '저항하다'라는 의미에서 유래된 이름이다.

그렇다면 무엇에 저항한다는 의미일까?

저항이란 한마디로 말하면 전류의 흐름에 저항하는 성질이라고 할 수 있다. 전류의 흐름이 자유전자의 흐름이라고 생각할 때 바로 그 자유전자의 흐름을 방해하는 성질을 의미하며, 저항의 전기적인 기호도 그림 3.1과 같이 전류의 흐름이 원활하지 못하도록 한다는 의미에서 자유전자가 이동하는 경로를 굴곡이 지도록 만든 기호를 사용한다. 즉, 저항은 전류의 흐름을 방해하는 성질을 가지고 있기 때문에 저항값이 크면 클수록 전류의 흐름은 반대로 작아지는 특성을 가지고 있다.

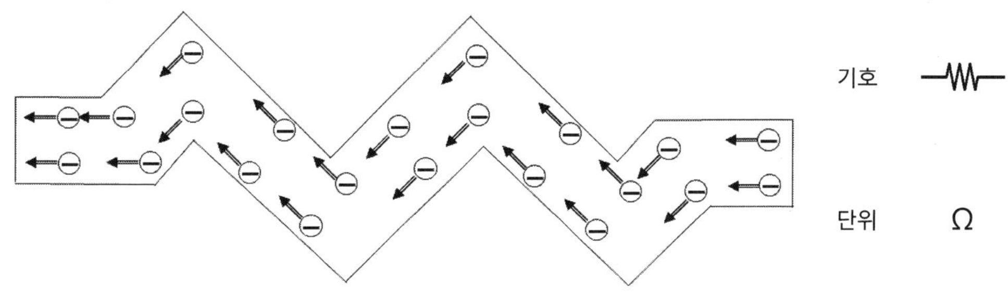

그림 3.1 저항의 개념

저항은 회로에서 그림 3.1과 같은 심벌로 표시되며, 기호는 'resistor'에서 유래한 'R'로, 단위는 [Ω]으로 표시하며, '옴(Ohm)'이라고 읽는다. 단위를 [Ω]으로 표시하는 이유는 '도체에 흐르는 전류의 양은 도체의 형상과 크기에 따라 다르며, 저항은 전류에 대한 전압의 비로 정의된다.'고 저항의 개념을 정립한 19세기 독일의 물리학자 게오르크 시몬 옴(Georg Simon Ohm : 1789~1854)을 기념하기 위해 그리스 문자 'Ω(오메가)'를 선택하여 표시하고 있다.

나. 저항의 크기

저항의 크기를 설명하기 위해 물의 흐름 현상을 인용하여 설명하기로 한다. 물의 흐름은 관의 길이가 짧을수록, 관의 직경이 굵을수록, 관의 재질이 물을 흡수하거나 새나가지 않도록 할수록 물이 더 잘 흐르게 되는데, 전류도 마찬가지로 도체의 길이가 짧을수록, 도체의 단면적이 클수록, 전류를 잘 흘려줄 수 있는 도체 재질일수록 더 잘 흐르게 된다. 이와 같은 전류의 흐름 특성을 바꾸어 생각해 보면 저항은 전류의 흐름을 방해하는 성질이기 때문에 전류가 잘 흐른다는 말은 저항이 작다는 말로 대치해 생각할 수 있다.

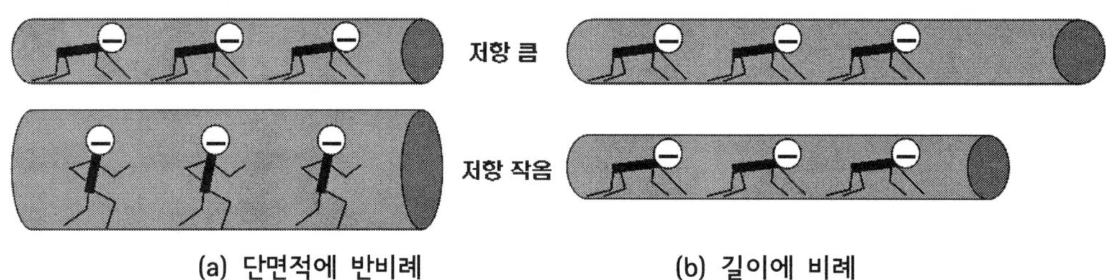

(a) 단면적에 반비례 (b) 길이에 비례

그림 3.2 도체의 모양과 저항값 크기와의 관계

따라서 그림 3.2와 같이 도체의 길이가 짧을수록, 도체의 단면적이 클수록, 도체의 재질이 전류를 잘 흘려줄 수 있는 재질일수록 저항은 작아진다고 할 수 있다. 이를 수학적으로 표현하면 저항의 크기는 도체의 길이에 반비례하고, 도체의 단면적 및 저항률에 비례한다고 할 수 있으며, 수식으로는 식 (3.1)과 같이 표현할 수 있다.

$$R = \frac{\rho \cdot l}{S}\ [\Omega] \tag{3.1}$$

R : 저항 [Ω], ρ : 저항률 [$\Omega \cdot m$], l : 길이 [m], S : 단면적 [m^2]

여기서 저항률이란 도체의 재질에 따라 결정되는 고유저항률을 말하는 것으로 저항률이 높다는 말은 도체의 재질이 전류를 잘 흘려주지 못한다는 말이며, 반대로 저항률이 낮다는 말은 전류를 잘 흘려줄 수 있는 재질의 도체임을 나타낸다.

다. 저항의 특성

저항의 전기적인 특징은 에너지 소비 소자라는 점이다. 에너지 소비 소자란 의미는 저항에 전류가 흐르게 되면 저항내부에는 주울열($p= i^2R$)이 발생하게 되는데, 이러한 주울열은 대부분의 회로에서 사용하지 않는 손실의 형태이기 때문에 저항은 에너지를 소비하는 소자라고 할 수 있다. 따라서 꼭 필요한 곳에만 적정한 저항값을 설계하여 회로에 적용하는 것이 필요하다.

그렇다면 저항은 회로에서 어떤 목적으로 사용될까?

첫째, 저항은 전류의 흐름을 방해하는 특성을 가지고 있기 때문에 이러한 특성을 이용하여 어떤 소자에 흐르는 전류의 값을 제한하기 위한 목적으로 주로 사용한다. 만일 어떤 소자에 정격전류 이상의 전류가 인가되면 해당 소자는 소손될 확률이 높아진다. 이러한 경우 적정한 값의 저항을 이용하여 소자에 흐르는 전류를 제한함으로써 소자를 보호하고 회로가 안정적으로 동작되도록 한다.

둘째, 우리 일상생활에서는 어떤 전기전자제품의 동작을 제어하기 위해 사용하는 경우도 있는데, 예를 들면 빛의 밝기를 조절한다든지, 음량의 크기를 조절한다든지, 회전기의 속도를 바꾼다든지 할 때 저항의 값을 변화시켜 해당 동작을 제어하는 시스템도 있다.

셋째, 저항에서 발생하는 주울열을 직접 이용하기도 한다. 예를 들면 헤어드라이기, 전기히터, 전기장판과 같이 열선을 사용하는 전열기는 저항에서 발생하는 열을 직접 이용하여 필요한 열을 얻는 시스템이다.

라. 저항의 종류

저항의 종류는 크기, 용량, 용도, 재질 등에 따라 매우 많은 종류가 있기 때문에 이들을 모두 설명할 순 없으며, 전기·전자회로 설계 시 대표적으로 많이 사용되는 저항에 대해서만 설명하기로 한다.

1) 탄소피막 저항 (Carbon Film Resistor)

탄소피막 저항은 세라믹 막대에 탄소분말을 피막 형태로 코팅한 후 나선형으로 홈을 파서 저항값을 다르게 제작하는 고정저항으로, 저렴하기 때문에 고정밀도나 대전력이 아닌 일반적인 경우에 가장 널리 사용되고 있다.

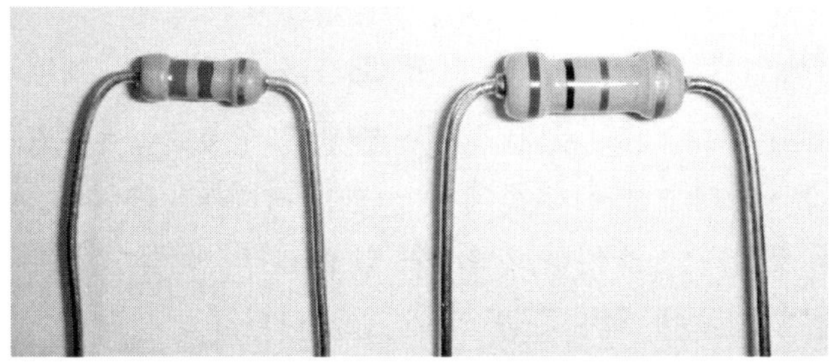

그림 3.3 탄소피막 저항

그림 3.3은 탄소피막 저항의 사진으로 적용용량에 따라 1/8[*W*], 1/4[*W*], 1/2[*W*]의 3가지 종류가 있으며, 저항값의 범위는 1.0[*Ω*]~100[*MΩ*]으로 매우 다양한 값의 저항이 생산되고 있으나, 오차범위가 ±10[%], ±5[%], ±2[%]로 비교적 높으며, 전류 잡음이 큰 단점이 있다.

2) 금속피막 저항(Metal Film Resistor)

금속피막 저항은 오차범위가 ±0.5[%], ±1[%], ±2[%]이기 때문에 탄소피막 저항에 비해 정밀도가 높으며, 온도 특성 및 고주파 특성이 좋고, 전류 잡음면에서 유리하기 때문에 고정밀 디지털회로에 주로 사용된다. 구조는 세라믹 막대에 니켈, 크롬 등의 합금을 필름 형태로 코팅한 후 홈을 파서 저항값을 다르게 제작하는 고정저항이다.

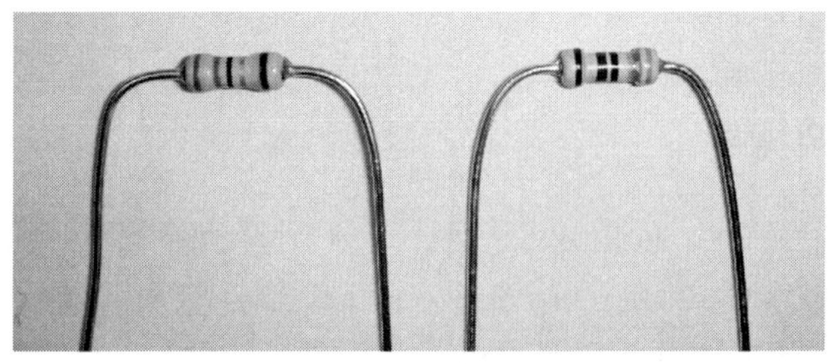

그림 3.4 금속피막 저항

3) 산화금속피막 저항(Metaloxide Film Resistor)

산화금속피막 저항은 세라믹 막대에 금속산화물의 도전성 피막을 코팅하여 저항체를 형성하는 구조로, 전력용량이 0.5[W], 1[W], 2[W], 3[W]로 크고, 오차범위도 ±2[%], ±5[%]로 비교적 높다. 또한 저항값의 범위는 10[Ω]~100[kΩ]로 넓진 않지만 전류잡음 및 주파수 특성이 우수한 특징을 가지고 있으며, 특히 실리콘계의 도료를 사용함으로써 내열성 및 불연성이 강하고 소형에 많은 전류를 흘릴 수 있기 때문에 전원 회로 등에 많이 적용된다.

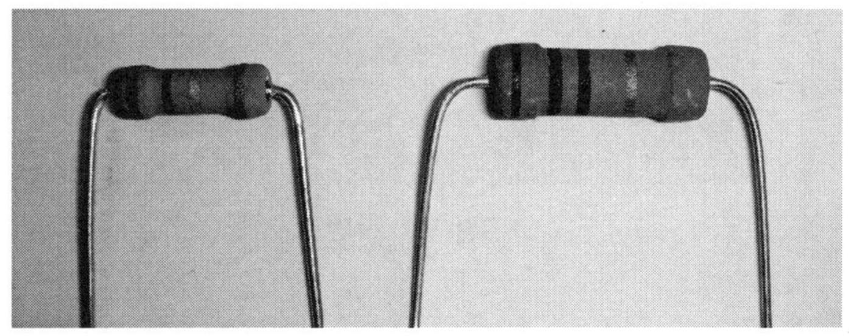

그림 3.5 산화금속피막 저항

4) 권선형 저항(Wire Wound Resistor)

권선형 저항은 피막형 저항과는 달리 세라믹 막대와 같은 권심에 금속 저항선을 감아서 필요한 저항값을 갖도록 제작한 저항으로, 정밀도가 높고 고온 및 습도에도 강하며 잡음이 적고 안정성이 뛰어나 주로 계측기 등에 많이 적용된다.

권선형 저항의 저항범위는 0.1[Ω]~200[kΩ]이며, 전력범위는 1/8[W]~2[W], 오차율은 ±0.1[%], 1[%]이다.

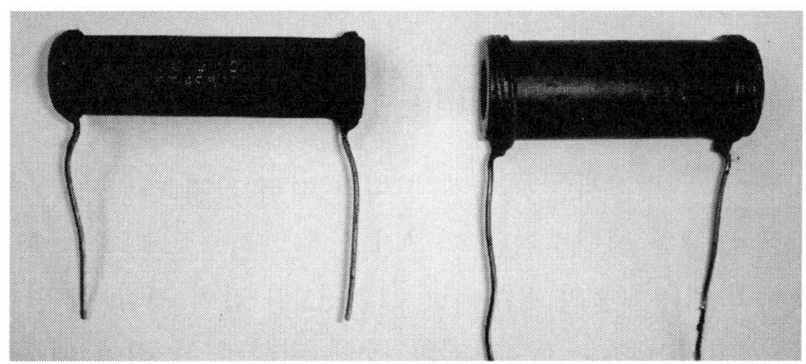

그림 3.6 권선형 저항

5) 시멘트 저항(Cement Resistor)

시멘트 저항은 방열성을 높이기 위하여 저항체에 시멘트 몰딩을 한 저항으로, 내전압 특성이 우수하며 고온 및 습도에도 잘 견딜 수 있기 때문에 1[*W*], 5[*W*], 10[*W*] 등 주로 대전력 회로에 적용된다. 시멘트 저항은 불연성이며 방열이 우수한 반면, 부피가 크고 무거운 단점이 있다.

그림 3.7 시멘트 저항

6) 어레이 저항(Array Resistor)

어레이 저항은 '네트워크 저항(network resistor)'이라고도 하며, 디지털 신호라인과 같이 회로의 구조가 같은 부분이 반복되는 부분에서 부품의 집적도를 높이기 위해 적용하는 저항으로, IC와 같이 하나의 패키지 안에 여러 개의 저항을 포함하고 있다. 어레이 저항은 외형에 따라 DIP(Dual In Line Package) 타입과 SIP(Single In Line Package) 타입의 두 가지 모델로 공급된다.

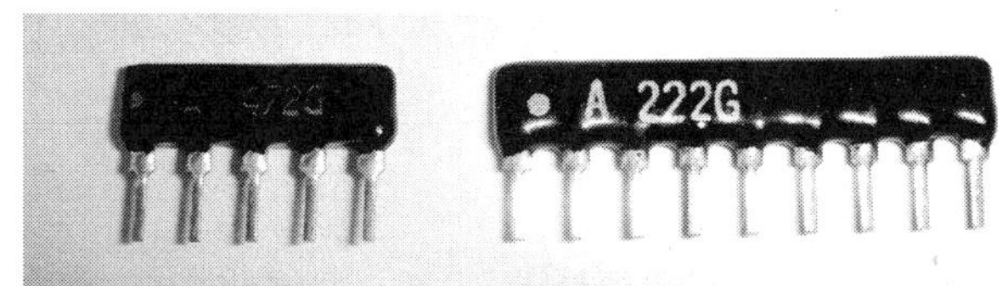

그림 3.8 어레이 저항

어레이 저항의 내부 결선은 제작사에 따라 여러 가지 타입으로 제작하여 공급하고 있기 때문에 전체를 설명하기는 어렵지만, 일반적으로 디지털 회로에서 많이 사용하는 ABCO의 SIP 제품의 경우에는 그림 3.9와 같이 저항 두 핀이 각각 별도의 외부 핀으로 연결되어 있는 'Y' 타입과, 모든 저항의 한 핀이 내부에서 서로 연결되어 있고 반대쪽 핀만 외부 핀으로 각각 연결되는 'X' 타입이 있다. 내부 회로의 특징으로 인해 'Y' 타입은 패키지의 핀 수가 항상 짝수이고, 반대로 'X' 타입은 항상 홀수가 되기 때문에 쉽게 구분이 가능하며, 회로의 목적에 따라 'X' 타입과 'Y' 타입 중에서 필요한 타입을 선정하면 된다. 'X' 타입의 경우 내부에서 서로 연결된 핀은 반드시 패키지 표면에 도트 '•'가 표시된 1번 핀에 연결되기 때문에 결선 시 주의하여야 한다.

ANR 9 X 472 J

ANR	9	X	472	J
모델	핀수	결선타입	소자값	오차율
네트워크 저항	4~14	X : 저항 내부 common Y : 저항 별도	$47\times 10^2 = 4700[\Omega]$ $= 4.7[k\Omega]$	F : ±1 [%] G : ±2 [%] J : ±5 [%] K : ±10 [%]

<X타입>

1 2 3 4 5 6 7 8 9

<Y타입>

1 2 3 4 5 6 7 8

그림 3.9 어레이 저항의 내부 결선도

7) 가변 저항(Variable Resistor)

가변 저항은 저항값이 고정되어 있는 고정 저항과는 달리 필요 시 저항값을 바꿀 수 있도록 제작된 저항으로서, 재질, 형태, 용도 등에 따라 여러 종류의 가변 저항이 제작되고 있으며, 개발 초창기에 손잡이를 돌려 저항값을 변화시킴으로 인해 음향기기의 볼륨을 조정했던 데서 유래하여 '볼륨 저항(Volume Resistor)'이라고도 불린다.

가변 저항은 형태에 따라 볼륨형, 슬라이드형, 반고정형 등으로 구분하는데, 흔히 PCB(Printed Circuit Board : 인쇄회로기판) 기판에 장착하여 사용하는 가변 저항은 반고정형 가변 저항이라고 한다.

반고정 저항은 그림 3.10과 같이 ①~③의 세 핀으로 이루어져 있으며, ①번과 ③번 사이의 일정한 저항값 사이를 ②번 핀이 이동하면서 ①-②, ②-③ 사이의 저항값을 변화시키는 구조이다. 또한 1회전 또는 270°의 회전각으로 저항값을 조정하는 일반형 가변 저항에 비해 2~20 회전으로 저항값을 조절할 수 있는 정밀 가변 저항이 있는데, 좀 더 세밀하게 저항값을 조정할 수 있기 때문에 미세조정 가변 저항이라고도 부른다.

그림 3.10 가변 저항

마. 저항값 표기법

저항은 종류에 따라 저항값의 표기방법이 다른데, 일반적으로 색깔띠로 저항의 값을 표시하는 것이 대부분이지만, 가변저항, 어레이 저항은 색깔띠로 표시하지 않고 숫자로 저항값을 표기하기 때문에 두 가지 방법을 다 정확히 알고 있어야 한다.

1) 색깔띠 표기법

저항값은 저항의 표면에 표시된 색깔띠를 이용하여 판독하게 되는데, 각 색깔마다 특정 숫자로 정의되어 있기 때문에 색깔과 설정 숫자를 알고 있으면 쉽게 저항값을 읽을 수 있다.

표 3.1은 저항의 표면에 표시된 색깔띠에 정의된 숫자 및 이를 이용하여 색깔띠 표기 읽는 법을 나타낸 표이다. 색깔띠는 모두 4개로 구성되는데 1번째 색깔띠는 10의 자리수를, 2번째 색깔띠는 1의 자리수를 각각 나타내어 1, 2번째 색깔띠가 저항값의 2자리수 유효숫자를 나타낸다. 또한 3번째 색깔띠는 밑수 10에 대한 승수를 나타내며, 4번째 자리수는 저항의 허용오차율을 각각 나타낸다. 허용오차율이란 색깔띠 판독을 통해 계산된 유효값과 계측기를 이용해 측정한 실제 저항값 사이에 존재하는 오차율을 말하는데, 오차의 범위가 금색은 ±5[%], 은색은 ±10[%] 이내로 제작된다는 것을 의미한다. 표 3.1의 예 1)에서 보면 계산값은 39[Ω]이지만 은색띠

의 허용오차를 고려한 실제 측정값은 35.1~42.9[Ω]의 값으로 측정됨을 의미한다. 따라서 정확한 저항값을 필요로 하는 회로 설계 시에는 오차율이 ±1[%] 이하의 정밀 저항급을 사용하여야 한다.

표 3.1 색깔띠를 이용한 저항값 표기법

<table>
<tr><th>색깔</th><th>숫자</th><th colspan="2">저항값 읽기</th></tr>
<tr><td>검정(흑 : 黑)</td><td>0</td><td rowspan="4">①②③ ④</td><td>① ‘10’의 자리 수</td></tr>
<tr><td>갈색(갈 : 褐)</td><td>1</td><td>② ‘1’의 자리 수</td></tr>
<tr><td>빨강(적 : 赤)</td><td>2</td><td>③ 10의 제곱수</td></tr>
<tr><td>주황(등 : 橙)</td><td>3</td><td>④ 허용오차율 [%]</td></tr>
<tr><td>노랑(황 : 黃)</td><td>4</td><td rowspan="4">예 1)
주황 흰색 검정 은색</td><td rowspan="4">$39 \times 10^0 = 39[\Omega]$
$39[\Omega] \pm 10[\%] = 35.1 \sim 42.9[\Omega]$</td></tr>
<tr><td>초록(록 : 綠)</td><td>5</td></tr>
<tr><td>파랑(청 : 靑)</td><td>6</td></tr>
<tr><td>보라(자 : 紫)</td><td>7</td></tr>
<tr><td>회색(회 : 灰)</td><td>8</td><td rowspan="4">예 2)
파랑 회색 초록 은색</td><td rowspan="4">$68 \times 10^5 = 6800000[\Omega] = 6.8[M\Omega]$
$6.8[M\Omega] \pm 10[\%] = 6.12 \sim 7.48[M\Omega]$</td></tr>
<tr><td>흰색(백 : 白)</td><td>9</td></tr>
<tr><td>금색(금 : 金)</td><td>5[%]</td></tr>
<tr><td>은색(은 : 銀)</td><td>10[%]</td></tr>
</table>

2) 숫자 표기법

저항 중에 가변 저항, 어레이 저항은 색깔띠 대신에 숫자를 이용하여 저항값을 표시하는데, 숫자 표기법은 색깔 대신 숫자로 표시할 뿐 판독법은 색깔띠 표기법과 동일하다.

$47 \times 10^1 = 470[\Omega]$

$50 \times 10^4 = 500000[\Omega] = 500[k\Omega]$

그림 3.11 숫자 표기법 판독

숫자 표기법의 숫자는 3자리 숫자로 표시되는데, 앞의 1번째, 2번째의 2자리는 각각 '10'의 자리, '1'의 자리 숫자를 의미한다. 또한 3번째 숫자는 밑수 10에 대한 승수를 나타내며, 저항값 계산은 색깔띠 방법과 동일하다. 이와 같은 숫자 표기법은 커패시터나 인덕터의 용량 표시에도 사용되는데, 판독법에 다소 차이가 있기 때문에 주의해야 한다.

바. 저항의 연결 및 합성저항

저항을 서로 연결하는 방법은 그림 3.12와 같이 직렬과 병렬 방식이 있다. 저항 낱개의 저항값이 아니라 직렬 또는 병렬로 연결된 상태에서의 통합 저항값을 '합성저항'이라고 부르며, 합성저항을 구하는 공식은 직렬과 병렬일 때가 서로 다른 특징을 가지고 있다. 직렬연결된 저항 2개의 합성저항은 두 저항의 값을 합해야 하기 때문에 합성저항값이 커지게 되며 결과적으로 전류가 흐르는 통로는 좁아지게 된다. 이와는 반대로 병렬연결된 경우에는 2개의 저항 중 값이 작은 저항값보다도 합성저항의 값이 더 작아지는 특성을 보이는데 이는 곧 전류가 흐를 수 있는 길이 더 넓어졌음을 의미한다. 저항을 병렬연결하면 할수록 합성저항은 병렬연결된 저항 중 가장 작은 저항값보다도 더 작아지게 된다.

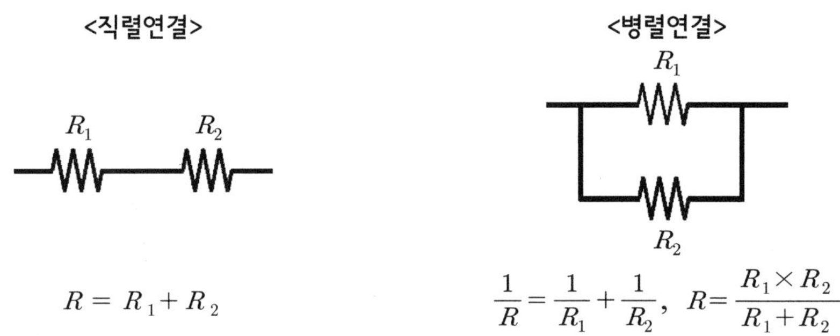

그림 3.12 저항의 직렬, 병렬연결

저항은 직렬 및 병렬을 혼합하여 사용하는 경우도 발생하는데 이때의 합성저항을 구하기 위해서는 병렬연결된 저항끼리의 합성저항을 먼저 구한 후 이 값에 직렬연결된 저항값을 나중에 더하여 전체 합성저항을 구한다.

그림 3.13은 직병렬연결된 저항의 전체 합성저항을 구하는 방법을 설명하고 있다.

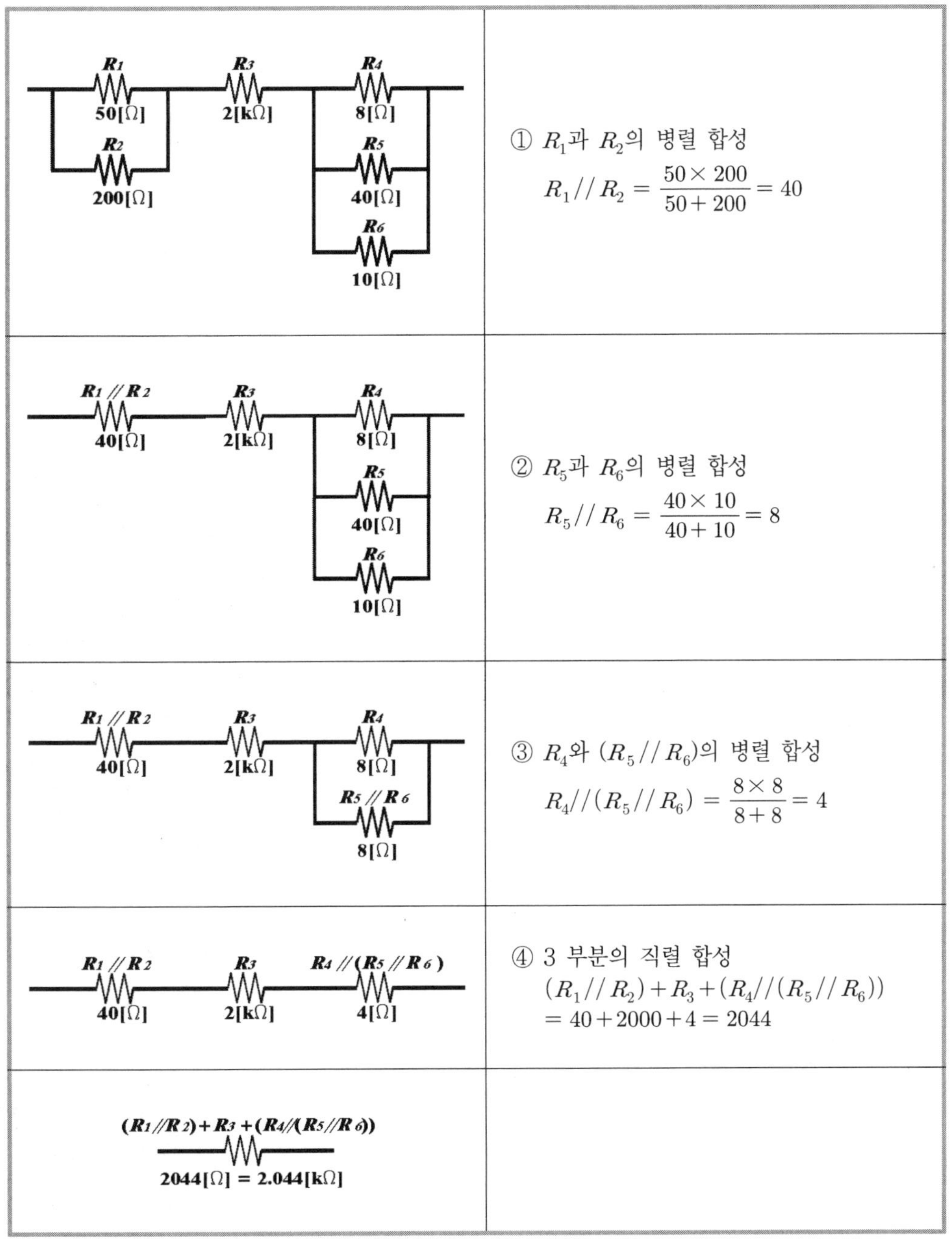

그림 3.13 직병렬 회로의 합성저항 구하기

기/본/실/습 3-1. 저항의 직병렬연결 실습

① 회로도	② 합성저항	③ 결선
R1 470 R2 1k	$R = R_1 + R_2 = 470 + 1000$ $= 1.47[k\Omega]$	
R1 470 R2 1k	$R = \dfrac{R_1 \times R_2}{R_1 + R_2} = \dfrac{470 \times 1000}{470 + 1000}$ $= 320[\Omega]$	
R1 470 R2 1k R3 2k	$R = R_1 + \dfrac{R_2 \times R_3}{R_2 + R_3}$ $= 470 + \dfrac{1000 \times 2000}{1000 + 2000}$ $= 1.14[k\Omega]$	

3.2 커패시터(Capacitor)

가. 커패시터의 정의

커패시터는 영어의 'capacity', 즉 '받아들이는 능력'이라는 말에서 유래된 이름으로서, 커패시터 외부에 연결된 회로의 동작에 의해 전하를 모아 에너지를 축적한 후에, 역시 외부 회로의 동작에 의해 축적된 에너지를 다시 방출하는 역할을 하는 수동소자이다. 산업현장에서는 '콘덴서(Condenser)'라는 용어를 혼용하기도 하지만 콘덴서라는 말은 일본에서 영문이름을 콘덴서라고 번역하면서 생긴 이름으로써, 일반적으로 커패시터라는 말 보다는 콘덴서라는 말이 더 익숙하긴 하지만, '커패시터라'는 말이 좀 더 정확한 전기적인 표현이라고 할 수 있기 때문에 본 교재에서는 커패시터라는 말을 사용하기로 한다.

그림 3.14는 커패시터의 일반적인 구조를 나타내는 그림으로서, 도체로 이루어진 2개의 전극 사이에 유전체(誘電體)를 삽입한 구조이다. 여기서 유전체란 전기가 흐를 수 없는 절연체(絶緣體)의 일종으로서, 전압이 인가되면 전류는 흐르지 않지만 전압에 의해 생성된 정전계에 의해 표면에 전하가 유기되는 절연체를 말한다.

커패시터는 회로에서 그림 3.14와 같은 심벌로 표시되며, 기호는 'capacity'에서 유래한 'C'로, 단위는 [F]로 표시된다. 단위 [F]는 '전기분해법칙'으로 유명한 영국의 전기학자 마이클 패러데이(Michael Faraday : 1791~1867)를 기념하기 위해 정한 것으로 커패시터의 단위로 읽을 때에는 '패럿(Farad)'이라고 읽는다.

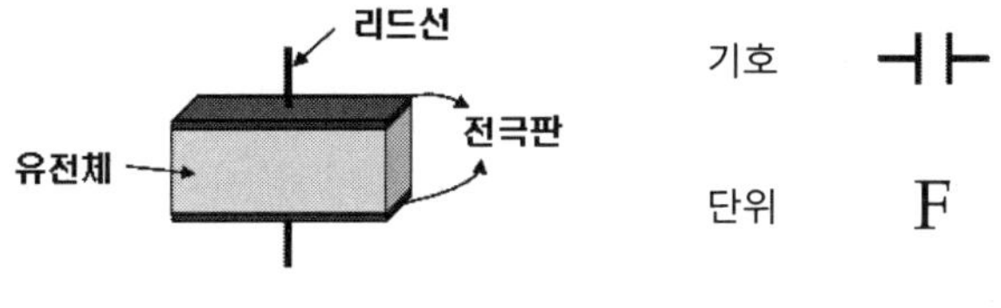

그림 3.14 커패시터의 구조

커패시터에 축적되는 전하의 양 Q는 인가된 전압의 크기에 비례하는데, 전하량과 전압의 관계를 성립하도록 하는 비례상수를 '커패시턴스(Capacitance)' 또는 '정전용량(靜電容量) C'라고 한다.

$$Q = CV\ [C] \tag{3.2}$$

여기서, Q는 전하량, V는 인가된 전압을 의미하며, 식 (3.2)를 커패시턴스 C에 대해 표현하면 식 (3.3)과 같다.

$$C = \frac{Q}{V}\ [F] \tag{3.3}$$

나. 커패시터의 크기

커패시터의 크기를 정전용량이라고 하는데, 이는 전하의 저장능력을 말한다. 그림 3.16은 정전용량을 결정하는 요소를 나타내는 그림으로서, 두 전극판 사이의 거리가 가까울수록 전계(電界 : Electric Field)가 크기 때문에 커패시터의 크기가 크고, 두 전극판의 넓이가 넓을수록 커패시터의 크기가 커지게 된다.

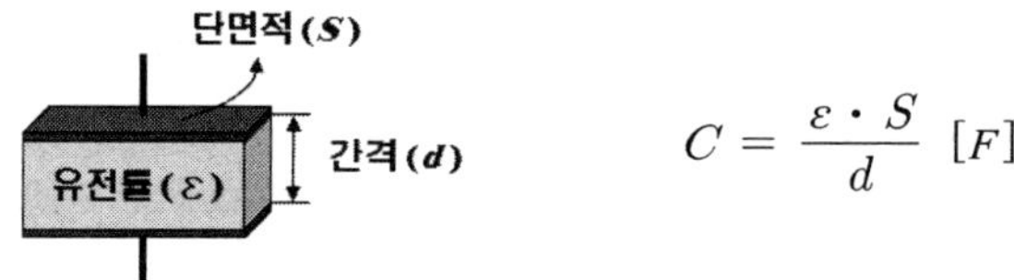

그림 3.15 커패시터의 구조

여기서 전계라는 말을 이해하기 위해서 자석을 생각해 보기로 하자. 자석의 N극과 S극을 가까이 하면 서로 끌어당기는 힘을 느낄 수 있는데 이는 눈에 보이지는 않지만 N극과 S극 사이에 어떤 힘이 존재함을 알 수 있다. 이와 마찬가지로 (+)양전하와 (-)음전하 사이에는 보이지도 않고 느껴지지도 않지만 서로 끌어당기는 인력이 존재하게 되는데 이러한 양전하와 음전하 사이에 분포하는 힘의 원천을 전계라고 한다.

식 (3.4)는 커패시터의 크기를 나타낸 식으로서, S는 전극판의 단면적, d는 두 전극판 사이의 간격, ε은 유전체의 유전율을 각각 의미한다. 유전체의 유전율이란 커패시터의 두 전극판 사이에 유전체를 채우면 정전용량의 값은 유전체를 채우지 않았을 때인 진공상태일 때 보다 더 커지게 되는데 정전용량이 진공인 경우에 비해 몇 배로 증가하는가를 나타내는 상수값이며, 재질에 따라 크기가 달라진다.

$$C = \frac{\varepsilon \cdot S}{d} \ [F] \tag{3.4}$$

다. 커패시터의 특성

커패시터는 내부에 포함된 유전체에 전하를 저장하였다가 이를 다시 방출하는 에너지 저장소자이다. 저장이라는 말을 쉽게 이해하기 위해 댐을 생각해 보면, 댐을 건설하는 목적은 홍수 시에 댐의 하류에 수량의 변화가 크지 않도록 하기 위해 댐이 물을 저장하고, 갈수기에는 저장된 물을 방류하여 댐의 하류에 일정량의 수량을 확보하도록 하는 것이다. 즉, 댐의 역할은 댐 상류에서 유입되는 수량이 급하게 변한다 하더라도 이를 조정하여 댐의 하류에는 수량이 급하게 변하지 않도록 하는 것이다. 여기서 커패시터를 댐으로 생각하고 수량의 변화를 전압으로 바꾸어 생각하면 커패시터는 전하의 저장 및 방출과정을 통해 전압의 변동이 급하게 변하지 않도록 조절하는 소자라고 생각할 수 있다.

그림 3.16은 커패시터의 동작을 나타내는 그림으로 전하를 저장 시에는 전류가 외부로부터 커패시터의 (+)전극판으로 흘러들어가면서 전압의 크기가 상승하며, 방전 시에는 전류의 방향이 바뀌어 (+)전극판에서 외부방향으로 흘러나감과 동시에 전압 크기가 감소하는 특성을 가지고 있다. 그러나 저장 시에나 방전 시에나 전압의 극성은 변하지 않고 같은 방향을 유지하며, 전류의 방향만 변할 뿐이다. 결론적으로 커패시터의 전류는 급하게 변하는 것이 가능하지만 전압은 급하게 변할 수가 없다는 점을 꼭 기억해야 한다.

그림 3.16 커패시터의 동작특성

그림 3.17은 커패시터의 동작특성을 나타내는 그림으로 만일 커패시터의 값이 충분히 크다고 가정하면 에너지 저장 시에는 커패시터의 전압은 직선적으로 서서히 증가하게 되고, 반대로 에너지 방출 시에는 직선적으로 서서히 감소하게 된다. 이에 비해 전류의 방향은 매우 급격하게 변화되어 에너지 저장 시와 방출 시 전류의

방향이 반대로 변화됨을 알 수 있다.

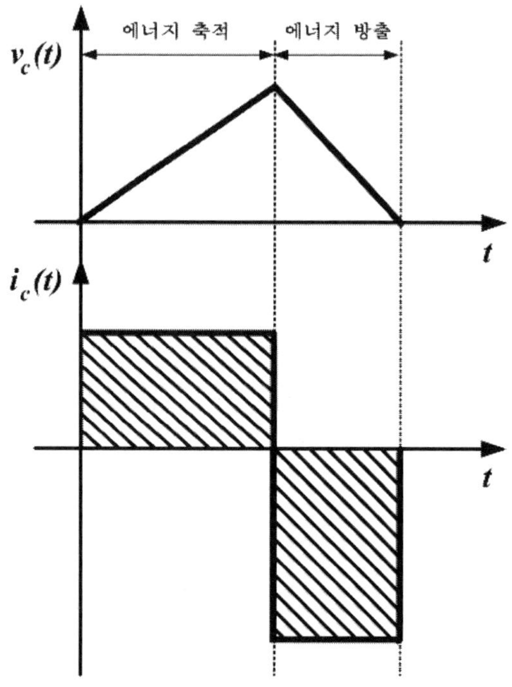

그림 3.17 커패시터의 동작 파형

이때 커패시터에 흐르는 전류의 방향은 에너지 저장 시와 방출 시가 서로 반대의 방향을 나타내게 되는데, 전압과 전류 사이의 관계는 식 (3.5)와 같다.

$$i_c(t) = C\frac{dv_c(t)}{dt} \quad \text{or} \quad v_c(t) = \frac{1}{C}\int i_c(t)dt \tag{3.5}$$

식을 통해서 알 수 있듯이 커패시터에 인가되는 전압을 미분하면 커패시터에 흐르는 전류를 얻을 수 있는데, 에너지 축적 시 커패시터 전압의 모양은 기울기가 증가하는 직선 모양의 1차 함수이므로 이를 미분하면 양의 상수값을 얻을 수 있으며, 반대로 에너지 방출 시에는 커패시터 전압의 모양이 기울기가 감소하는 직선 모양의 1차 함수가 되므로 이를 미분하면 음의 상수값을 갖게 됨을 알 수 있다.

라. 커패시터의 종류

1) 세라믹 커패시터(Ceramic Capacitor)

세라믹 커패시터는 가장 일반적인 소용량 커패시터 타입으로써, 전극판 사이에 유전율이 큰 티탄산 바륨(Titanium Barium)을 유전체로 사용한다. 무극성이고, 고주파 특성이 좋으며, 회로에서 다양한 목적으로 사용되는데, 특히 마이컴용 수정발진회로, IC의 전원 디커플링회로, 동조회로, 고주파 필터회로 등에 많이 적용된다.

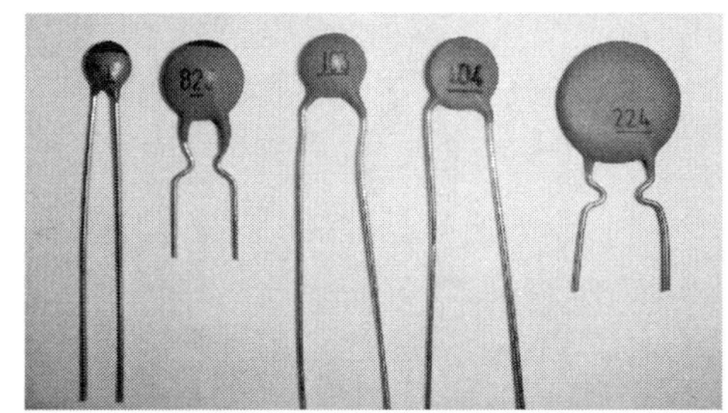

그림 3.18 세라믹 커패시터

2) 전해 커패시터(Electrolytic Capacitor)

전해 커패시터는 알루미늄 필름에 산화피막을 형성하여 (+) 전극으로 이용하고, 전극 사이에 전해액이 포함된 유전체를 삽입하여 제작한 커패시터로서, 전원회로의 평활이나 바이어스를 인가할 때에 직류전압에 남아 있는 맥류성분을 제거하기 위해 사용된다. 극성을 가지고 있으며, 전기전자회로에서 일반적으로 많이 사용되고 있는 저렴한 커패시터이다.

그림 3.19 전해 커패시터

3) 탄탈 커패시터(Tantalum Capacitor)

탄탈 커패시터는 탄탈륨(Tantalum)을 유전체로 사용하며 전해 커패시터와 마찬가지로 극성을 가지고 있다. 따라서 연결 시에는 극성에 주의해야 하며, 정격전압을 고려하여 설계하여야 한다. 탄탈 커패시터는 온도 특성 및 주파수 특성이 전해 커패시터에 비해 우수하기 때문에 고주파 회로, 정밀도가 높아야 하는 회로 등에 사용한다.

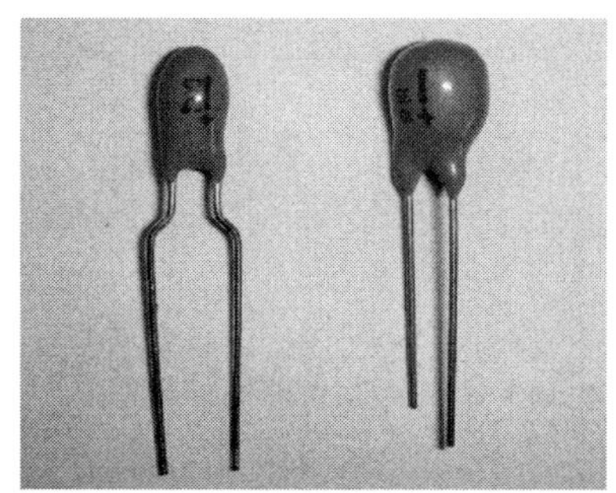

그림 3.20 탄탈 커패시터

4) 마일러 커패시터(Mylar Capacitor)

마일러 커패시터는 주석 또는 알루미늄박으로 이루어진 전극판 사이에 폴리에스테르 필름의 유전체를 사용하는 커패시터로서, 일반적으로 중간 정도의 커패시터 용량값을 가지며, 저렴한 반면에 정밀도가 떨어지고 유전체 손실도 다소 큰 단점이 있다.

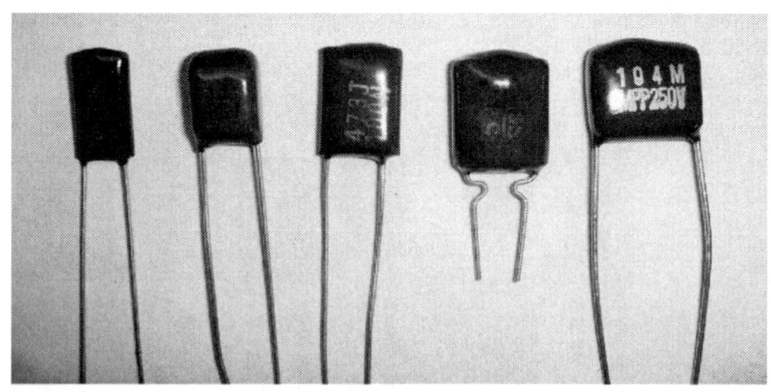

그림 3.21 마일러 커패시터

마. 커패시터값 표기법

커패시터의 정전용량값은 숫자로 표기하는데 100[pF] 미만은 2자리 또는 1자리 숫자로, 100[pF] 이상은 3자리 숫자로 표기한다.

100[pF] 이상의 3자리 숫자로 표기하는 방법은 저항의 숫자표기법과 동일하게 1번째, 2번째의 2자리는 각각 '10'의 자리, '1'의 자리 숫자를 의미하며, 3번째 숫자는 밑수 10에 대한 승수를 나타낸다. 한 가지 저항의 숫자표기법과 다른 점은 저항의 경우는 기본 단위가 [Ω]이었던 것에 비해, 정전용량은 [pF]이라는 점만 다를 뿐이다.

100[pF] 미만 시에는 숫자 밑에 밑줄을 그어 표시하는데 2자리 또는 1자리 숫자 자체가 유효숫자가 되기 때문에 유효숫자에 [pF] 단위를 붙이면 된다. 또한 소수점으로 표기된 커패시터값도 있는데 이러한 경우에는 소수점값 자체가 유효숫자가 되며, 단지 기본단위가 [μF]인 점만 주의하면 된다.

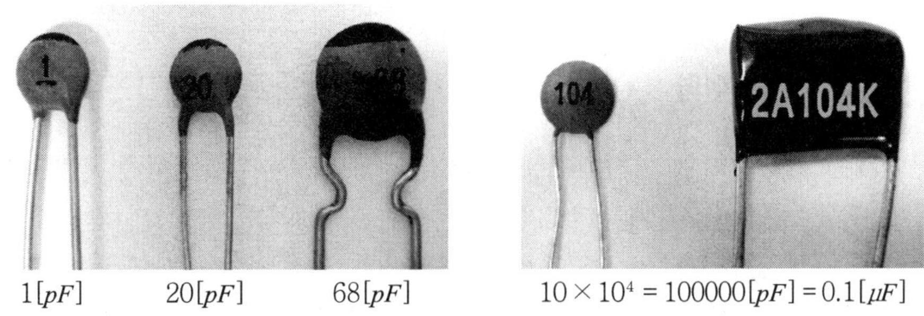

1[pF] 20[pF] 68[pF] $10 \times 10^4 = 100000[pF] = 0.1[\mu F]$

그림 3.22 커패시터값 판독법

바. 커패시터의 연결 및 합성용량

커패시터를 서로 연결하는 방법은 저항의 연결과 마찬가지로 직렬과 병렬 방식이 있다. 커패시터의 직렬 또는 병렬연결 상태에서의 통합 커패시터값을 '합성용량'이라고 부르는데, 저항 두 개의 직렬연결에서는 합성저항이 증가하고 병렬연결에서는 감소하는 것에 비해 커패시터 두 개를 직렬로 연결하면 합성용량은 감소하고, 병렬연결하면 증가하여 저항의 직렬, 병렬연결과는 정반대의 특성을 나타낸다.

그림 3.23은 커패시터의 직렬 또는 병렬연결 시의 합성용량을 구하는 방법을 나타내는데 저항의 경우와 정반대임을 알 수 있다. 또한 커패시터를 직병렬로 연결했

을 때에는 저항에서와 마찬가지로 병렬연결된 커패시터의 합성용량을 먼저 구한 후 직렬연결된 커패시터의 정전용량을 나중에 구한다.

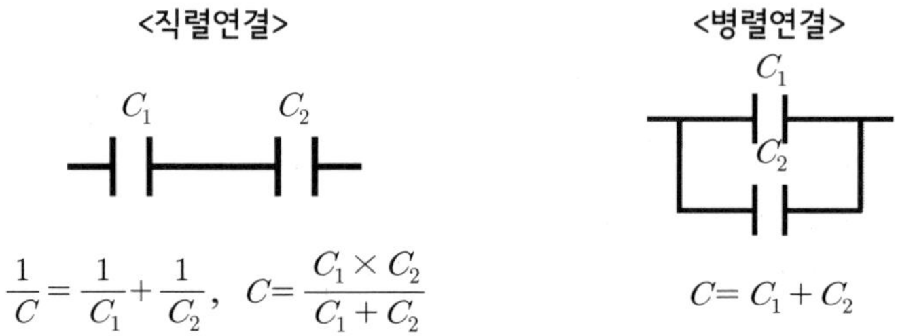

그림 3.23 커패시터의 직렬, 병렬연결

3.3 인덕터(Inductor)

가. 인덕터의 정의

인덕터는 커패시터와 마찬가지로 에너지를 모아 축적하고, 다시 방출하는 역할을 하는 수동소자로서, 커패시터가 전계와 관련된 동작특성을 나타내는 것에 비해 인덕터는 자계(磁界 : Magnetic Field)와 관련된 동작특성을 나타내며, 모든 전기적인 특성이 커패시터와 쌍대를 이루는 소자이다. 인덕터는 회로에서 그림 3.24와 같은 심벌로 표시되며, 기호는 'L'로, 단위는 [H]로 표시한다. 단위 [H]는 미국의 물리학자 조셉 헨리(Joseph Henry : 1797~1878)를 기념하기 위해 정한 것으로 인덕터의 단위로 읽을 때에는 '헨리(Henry)'라고 읽는다.

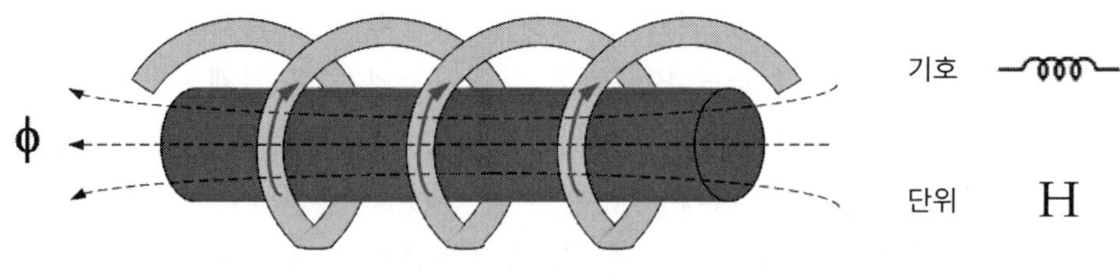

그림 3.24 코일전류와 자속

인덕터를 이해하기 위해서는 먼저 코일전류와 자속(磁束 : Magnetic Flux)의 관계를 알아야 하는데, 그림 3.24와 같이 코일을 감아놓고 코일에 전류를 흘려주면 코일 주변에서는 그림과 같은 방향으로 자속이 발생하게 되며, 만일 자성체의 코어를 코일 내부에 삽입하면 코어는 자석의 성질을 갖게 되어 전자력(電磁力)을 발생시키게 되는데 이것이 바로 전자석(電磁石)이다.

또한 전자유도(電磁誘導) 현상에 대해서 알아보면, 그림 3.25에서와 같이 코일을 감아 놓고 영구자석을 코일면과 수직이 되도록 유지하면서 코일 속으로 넣었다 뺐다하면 외부에서 전기적인 에너지를 인가하지 않아도 코일의 양단에 기전력이 발생하여 전류가 흐르게 되는데, 이와 같은 기전력을 전기적인 입력이 없이 전자유도현상에 의해 유기되는 전압이라고 해서 '유도기전력(誘導起電力)'이라고 부르며, 유도기전력에 의해 코일에 흐르는 전류를 '유도전류(誘導電流)'라고 한다. 유도기전력의 크기는 식 (3.6)과 같이 코일을 감은 횟수와 단위시간당 변화된 자속의 크기에 비례하게 된다.

$$e = -N\frac{d\Phi}{dt}\ [V] \tag{3.6}$$

식 (3.6)과 같이 코일에 쇄교되는 자속의 양을 변화시켜주면 코일에는 유도기전력이 발생하게 되고, 그 크기는 코일의 권수와 자속의 변화량에 비례하는데 이를 '페러데이(Faraday)의 법칙'이라고 한다.

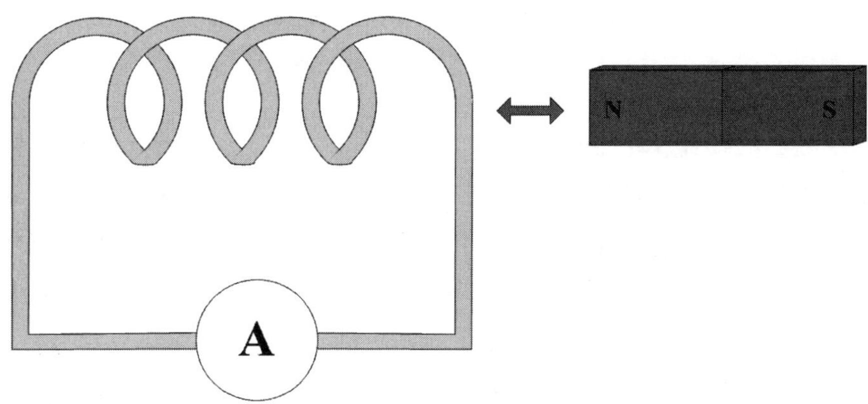

그림 3.25 페러데이의 법칙

페러데이의 법칙이 코일에 유도되는 유도기전력의 크기를 정의했다면 렌쯔(Lenz)의 법칙은 유도기전력의 방향을 정의한 법칙으로, 그림 3.26(a)와 같이 코일 쪽으로 영구자석을 접근시키면, 코일 내부에서는 접근하는 영구자석의 자속을 감쇄시키기 위한 방향으로 자속을 발생시키기 위해 그림 3.26(a)와 같은 방향으로 전류를 유도하게 되며, 반대로 영구자석을 코일과 멀어지도록 움직이면, 코일 내부에서는 영구자석의 세기가 약해지기 때문에 그림 3.26(b)와 같이 자속을 증가시키기 위한 방향으로 전류를 유도하게 된다.

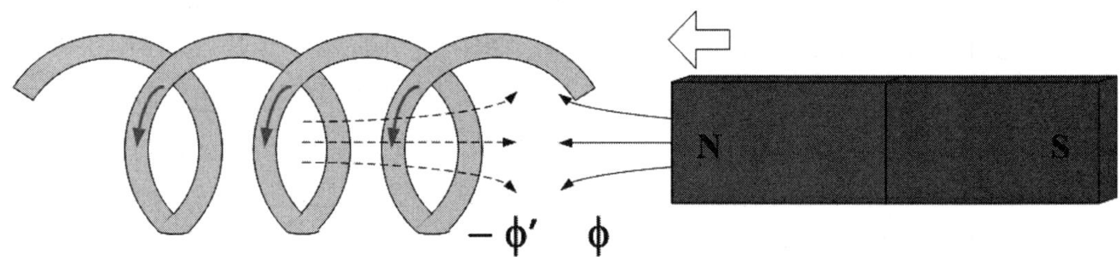

(a) 자석을 코일쪽으로 접근시킬 때

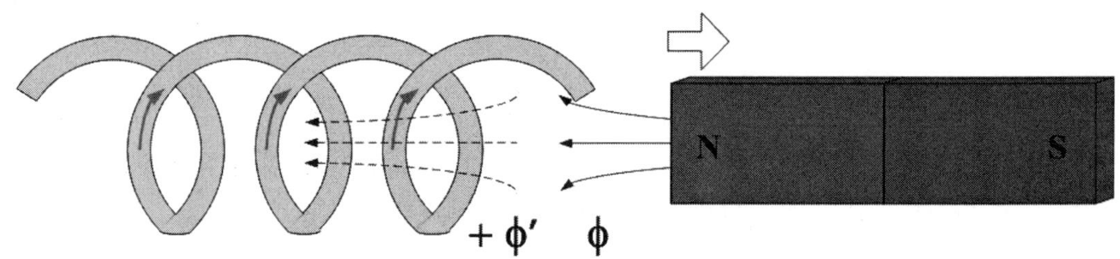

(b) 자석을 코일로부터 멀어지게 만들 때

그림 3.26 렌쯔의 법칙

다음으로 그림 3.27과 같이 회로를 구성한 후 전원 스위치를 ON시키면 코일에는 전류 I가 흘러 코일권선의 감은 방향에 따라 자속 Φ가 발생하게 된다. 이때 코일의 권수를 N이라고 하면, 전류와 쇄교하는 전체 자속 $N\Phi$는 식 (3.7)과 같이 전류 I에 비례하게 되며, 이때의 비례상수 L을 '인덕턴스(Inductance)'라고 정의한다.

인덕턴스 L은 코일의 형상과 코어의 재질에 따라 달라지는 상수로서, L값이 크면 유도기전력도 증가하게 되며 이러한 인덕턴스 성분을 갖는 소자를 '인덕터(Inductor)'라고 정의한다.

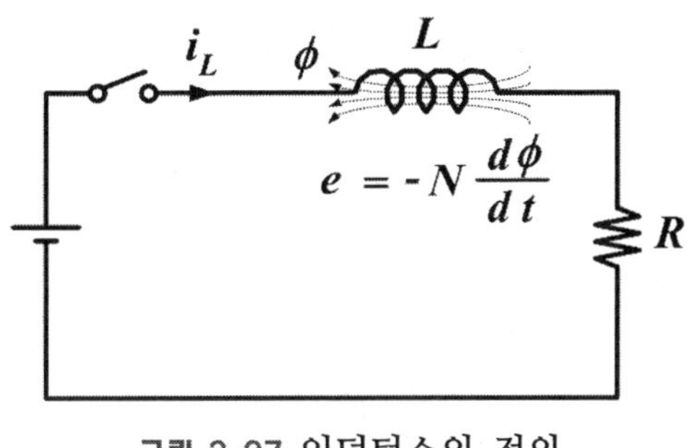

그림 3.27 인덕턴스의 정의

$$N\Phi = LI, \quad L = \frac{N\Phi}{I} \ [H] \tag{3.7}$$

나. 인덕터의 특성

인덕터는 커패시터와 마찬가지로 에너지를 축적 및 방출하는 소자로서, 그림 3.28과 같이 에너지 저장 시에는 전류가 외부로부터 인덕터 코일로 흘러들어가면서 전류의 크기가 상승하며, 방전 시에는 전압의 극성이 바뀌면서 전류가 외부로 흘러나가는 특성을 가지고 있다. 이와 같이 인덕터는 커패시터와는 정반대로 전압은 급하게 변하는 것이 가능하지만 전류는 급하게 변할 수 없다는 점을 꼭 기억해야 한다.

에너지 저장 시 / 에너지 방출 시

그림 3.28 인덕터의 동작특성

그림 3.29는 인덕터의 동작특성을 나타내는 그림으로 만일 인덕터의 값이 충분히 크다고 가정하면 에너지 저장 시에는 인덕터의 전류가 직선적으로 서서히 증가하게 되고, 반대로 에너지 방출 시에는 직선적으로 서서히 감소하게 된다. 이에 비해 전압의 방향은 매우 급격하게 변화되어 에너지 저장 시와 방출 시 전압의 방향이 반대로 변화됨을 알 수 있다.

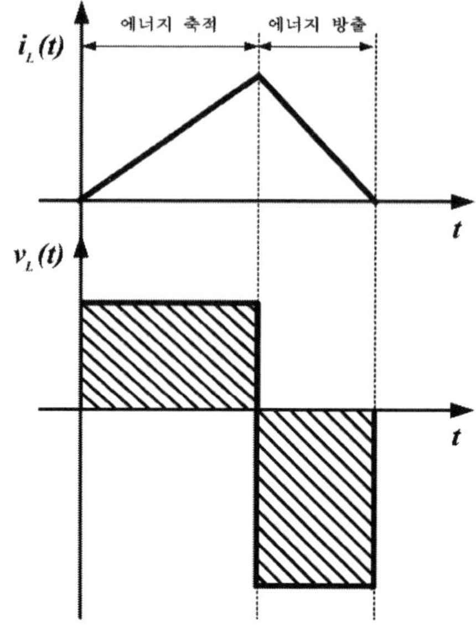

그림 3.29 인덕터의 동작 파형

이때 인덕터에 유기되는 전압의 방향은 에너지 저장 시와 방출 시가 서로 반대의 방향을 나타내게 되는데, 전압과 전류 사이의 관계는 식 (3.8)과 같다.

식을 통해서 알 수 있듯이 인덕터에 흐르는 전류를 미분하면 인덕터에 유기되는 전압을 얻을 수 있는데, 에너지 축적 시 인덕터 전류의 모양은 기울기가 증가하는 직선 모양의 1차 함수이므로 이를 미분하면 양의 상수값을 얻을 수 있으며, 반대로 에너지 방출 시에는 인덕터 전류의 모양이 기울기가 감소하는 직선 모양의 1차 함수가 되므로 이를 미분하면 음의 상수값을 갖게 됨을 알 수 있다.

$$v_L(t) = L\frac{di_L(t)}{dt} \quad \text{or} \quad i_L(t) = \frac{1}{L}\int v_L(t)dt \tag{3.8}$$

다. 인덕터의 종류

인덕터는 주로 코어의 형상 및 재질, 용도 등에 따라 구분하는데, 그 종류 및 크기가 매우 다양하기 때문에 용도에 따라 코어 및 인덕터의 용량을 적정히 설계하여 사용해야 한다. 그림 3.30에 몇 가지 종류의 인덕터를 나타내는 그림이다.

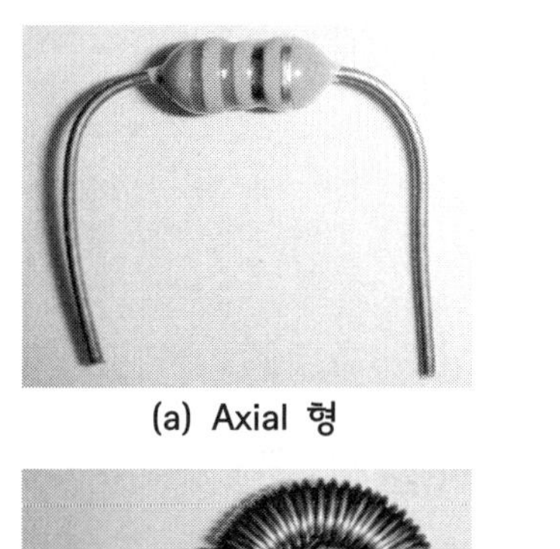

(a) Axial 형

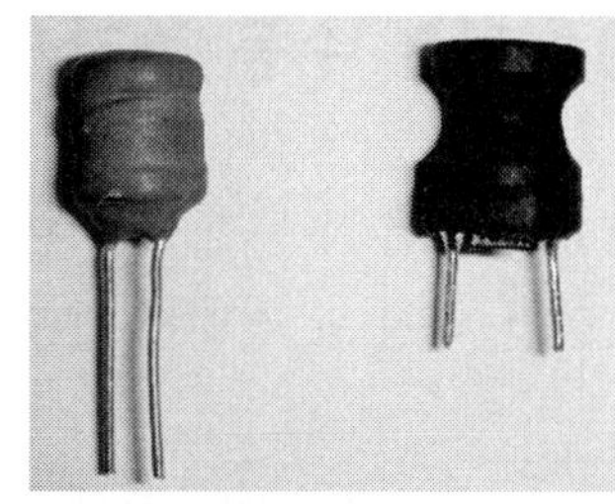

(b) 드럼형

(c) 트로이달형

(d) EI, EE 코어형

그림 3.30 인덕터의 종류

라. 인덕터의 연결 및 합성 인덕턴스

인덕터를 서로 연결하는 방법은 저항의 연결과 마찬가지로 직렬과 병렬 방식이 있다. 인덕터의 직렬연결에서는 합성 인덕턴스 값이 증가하고 병렬연결에서는 감소하여 저항의 직렬, 병렬연결과 같은 특성을 나타낸다.

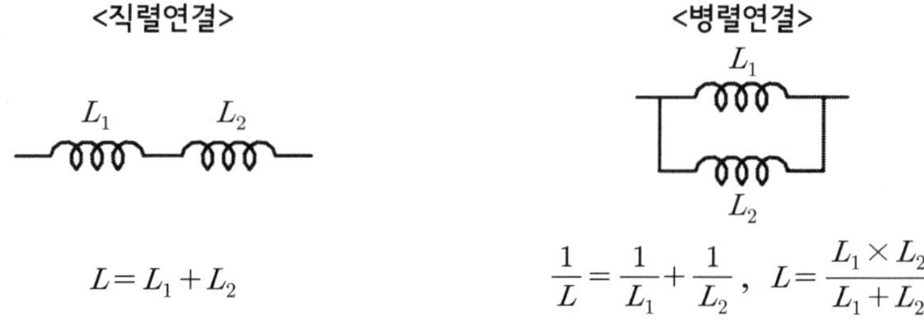

그림 3.31 인덕터의 직렬, 병렬연결

그림 3.31은 인덕터의 직렬 또는 병렬연결 시의 합성용량을 구하는 방법을 나타내며 또한 인덕터를 직병렬로 연결했을 때에는 저항에서와 마찬가지로 병렬연결된 인덕터의 합성 인덕턴스 값을 먼저 구한 후 직렬연결된 인덕터의 합성 인덕턴스를 나중에 구한다.

3.4 기본 수동 소자 특성 이해

지금까지 기본 수동소자인 R, L, C에 대해 살펴보았는데, 표 3.2에 R, L, C의 가장 기본적인 내용을 정리해 놓았다.

표 3.2 R, L, C **소자의 특성 비교표**

	R(저항)	L(인덕턴스)	C(커패시턴스)
단위	Ω (Ohm)	H(Henry)	F(Farad)
기호	i_R, R, + v_R − 에너지 소비	i_L, L, + v_L − 에너지 저장시 L, i_L, − v_L + 에너지 방출시	i_C, C, + v_C − 에너지 저장시 i_C, C, + v_C − 에너지 방출시
주요 특징	에너지 소비 소자 (I^2R의 Joule열 발생)	에너지 저장 소자 (자계에너지 발생)	에너지 저장 소자 (전계에너지 발생)
	전류의 흐름을 방해	전류흐름 → 자계발생	전압인가 → 전계발생
	전류의 급변 가능 전압의 급변 가능	전류의 급변 불가능 전압의 급변 가능	전류의 급변 가능 전압의 급변 불가능
주요 관련식	$R=\rho\frac{l}{s}$, $V=IR$	$\lambda=N\phi=\frac{N^2}{\mathbb{R}}i=Li$	$C=\epsilon\frac{S}{d}$, $Q=CV$
	ρ : 고유저항률 l : 저항체의 길이 s : 저항체의 단면적	λ : 전체 자속 ϕ : 자속 N : 권선수 $\mathbb{R}$: 자기 저항	ϵ : 유전율 S : 전극판의 면적 d : 전극판 간의 거리 Q : 전하량
전압식	$v_R(t)=Ri_R(t)$	$v_L(t)=L\frac{di_L(t)}{dt}$	$v_C(t)=\frac{1}{C}\int i_C(t)dt$
전류식	$i_R(t)=\frac{v_R(t)}{R}$	$i_L(t)=\frac{1}{L}\int v_L(t)dt$	$i_C(t)=C\frac{dv_C(t)}{dt}$

R, L, C 기본 수동소자에서 반드시 기억해야 할 것은 저항 R은 에너지 소비소자이며, 커패시터 C 및 인덕터 L은 에너지 저장소자라는 점이다. 따라서 저항은 전류를 제한하고자 할 때나 저항에서 발산되는 열을 이용하고자 할 때와 같이 꼭 필

요할 때, 꼭 필요한 값의 저항만을 사용해야 회로의 전체적인 에너지 효율을 높일 수 있다. 커패시터는 에너지를 저장하되 전계에너지 형태로 저장하며, 모든 동작의 특성이 전계에너지 형태로 해석되는 특징이 있다.

또한 커패시터 양단간의 전압은 급하게 변할 수 없다는 사실은 꼭 기억해야 할 사항이다. 이에 비해 인덕터는 자계에너지 형태로 에너지를 저장하고 동작특성도 자계에너지 형태에서 해석이 가능하며, 인덕터에 흐르는 전류는 급하게 변하지 못하는 특징을 가지고 있다.

가. 옴의 법칙

옴의 법칙은 전압, 전류, 저항 사이의 관계를 정의한 법칙으로서, 도체에 흐르는 전류 I는 인가된 전압 V에 비례하고, 도체의 저항 R에 반비례함을 정의하고 있다. 즉, 저항이 증가하면 전류가 감소하고, 전압이 증가하면 전류가 상승하게 됨을 나타내고 있는데, 옴의 법칙은 전기전자회로에서 사용되는 가장 기본적인 법칙이라고 할 수 있으며, 앞에서 저항에 대해 설명할 때 전류의 흐름을 막는 것이 저항의 성질이기 때문에 저항이 증가하면 전류가 감소하고, 저항이 감소하면 전류가 증가한다는 설명과 일맥상통한다고 할 수 있다.

옴의 법칙을 식으로 나타내면 식 (3.9)와 같다.

$$I = \frac{V}{R} \tag{3.9}$$

그림 3.32는 옴의 법칙을 확인하기 위한 기본회로로서, 직류전원에 저항을 연결하면 저항에는 전류가 흐르게 되는데 이때의 전류는 식 (3.9)로 정의된다.

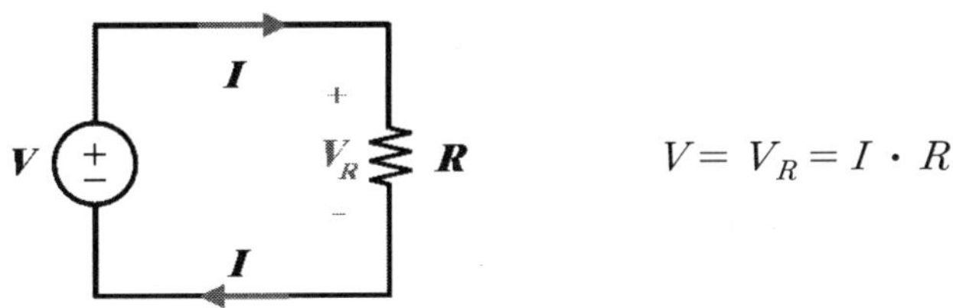

그림 3.32 옴의 법칙

기/본/실/습 3-2. 옴의 법칙 실습

① 회로도	② 전류계산	③ 결선	④ 결과측정
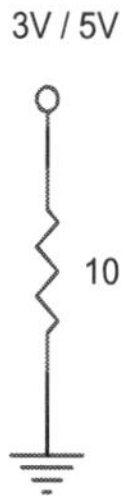 3V / 5V, 10	$I=\frac{V}{R}=\frac{3}{10}=0.3[A]$	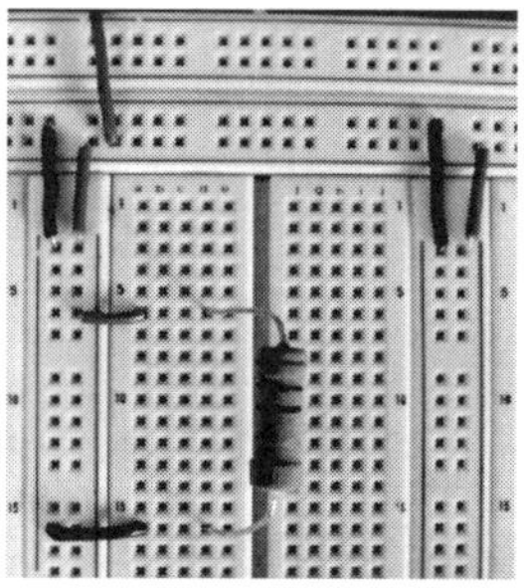	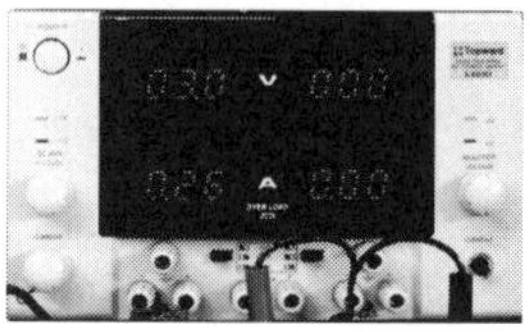
	$I=\frac{V}{R}=\frac{5}{10}=0.5[A]$		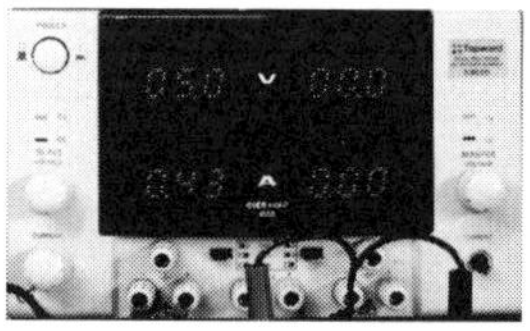
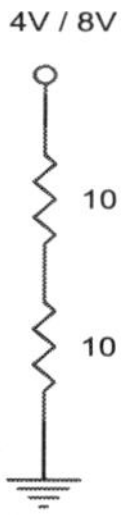 4V / 8V, 10, 10	$I=\frac{V}{R}=\frac{4}{20}=0.2[A]$	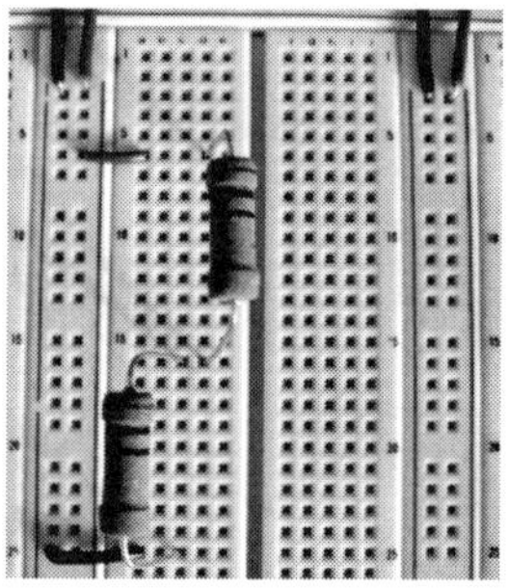	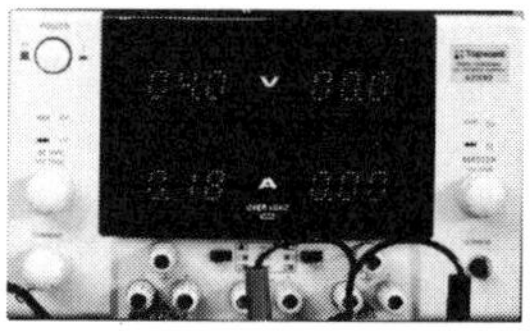
	$I=\frac{V}{R}=\frac{8}{20}=0.4[A]$		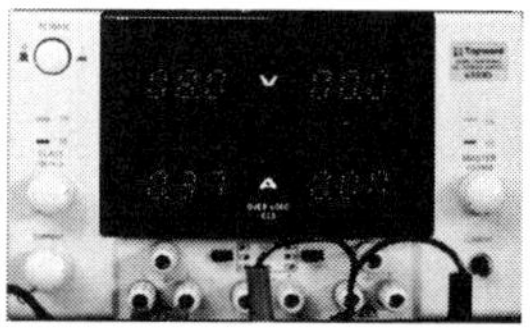

위의 실습에서 전류값의 계산치와 실험치에 다소 차이가 발생하는 이유는 저항값의 오차 및 전원공급장치에 내장된 전류 측정장치의 오차 때문이다.

나. 직렬회로, 병렬회로의 주요특징

전기소자를 연결하는 방식은 직렬연결방식과 병렬연결방식이 있는데, 각 연결방식에 따라 회로의 특성이 어떻게 나타나는지 살펴보기로 한다.

먼저, 굵기 또는 길이가 서로 다른 수도관 1과 2를 그림 3.33과 같이 나란히 또는 이어서 연결하고 물을 흘려주는 그림을 생각해 보자.

그림 3.33(a)의 좌측 그림은 길이가 다른 수도관 1과 2를 이어서 연결한 그림으로서, 이 경우에 수도관 1은 2에 비해 길이가 길기 때문에 수도관 1 내부의 물높이 차이는 2 내부의 물높이 차이보다 더 높게 됨을 알 수 있으며, 전체 물높이의 차이는 수도관 1 높이차와 수도관 2 높이차의 합으로 나타남을 알 수 있다.

이에 비해 수도관 1을 흐르는 물이 2로 바로 유입되기 때문에 1을 흐르는 물의 양과 2를 흐르는 물의 양은 서로 같음을 알 수 있다.

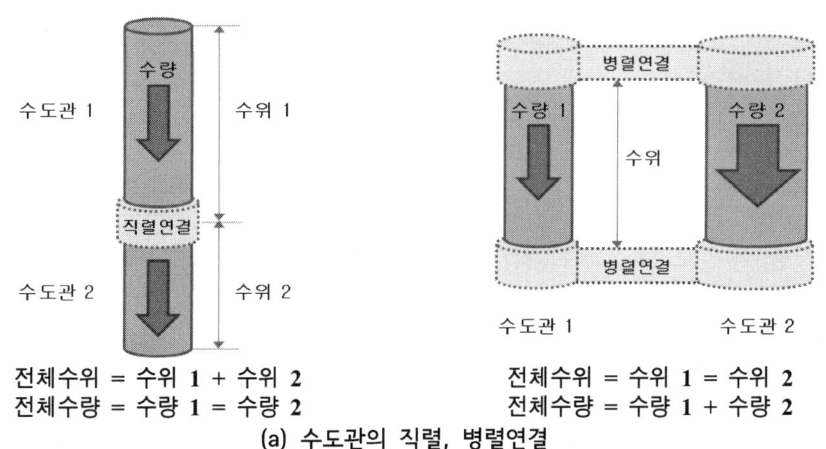

(a) 수도관의 직렬, 병렬연결

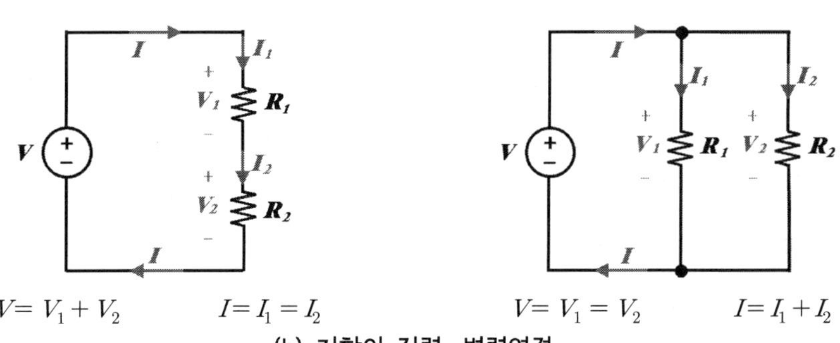

$V = V_1 + V_2$ $I = I_1 = I_2$ $V = V_1 = V_2$ $I = I_1 + I_2$

(b) 저항의 직렬, 병렬연결

그림 3.33 직렬회로 및 병렬회로

그림 3.33(a)의 우측 그림은 굵기가 서로 다른 2개의 수도관을 나란히 연결했을 때의 그림으로써, 하나의 관을 통해 흐르던 물이 이음새에서 두 갈래로 나누어졌다가 다시 합해지는 모습으로 흐르게 된다. 두 갈래로 나누어지는 물은 굵기가 굵은 쪽으로 많이 흐르고, 굵기가 가는 쪽으로는 상대적으로 조금밖에 흐르지 않게 될 것이다.

물의 현상을 전기 저항의 연결로 바꾸어 생각하면 그림 3.33(b)와 같다. 저항의 직렬연결에서는 각 저항에 흐르는 전류가 같지만, 전압은 저항의 크기에 따라 다른데, 전체 입력전압의 크기 중 저항값이 큰 저항에 더 많은 전압이 인가되고 저항값이 낮은 저항에는 전체 입력전압에서 큰 저항에 인가되는 전압을 뺀 나머지 전압이 인가된다. 즉, 전체 전압의 크기는 각 저항에 인가되는 전압의 합이 된다. 저항의 병렬연결에서는 반대의 현상이 나타나는데, 각 저항에 인가되는 전압은 같지만, 전류는 저항의 크기에 따라 다른데, 전체 입력전류의 크기 중 저항값이 작은 저항에 더 많은 전류가 흐르고, 낮은 저항에는 전체 입력전류에서 큰 저항에 흐르는 전류를 뺀 나머지 전류가 흐르게 된다. 즉, 전체 전류의 크기는 각 저항에 흐르는 전류의 합이 된다.

다. 분압 법칙

저항을 직렬로 연결하고 직렬연결된 저항의 양끝단에 전압을 인가하게 되면, 각 저항별 전압의 크기는 저항값의 크기에 비례하여 결정되는데, 이를 저항의 '분압법칙'이라고 한다. 그림 3.34와 같이 2개의 저항 R_1, R_2를 직렬로 연결하고 전압 V를 인가하면 각 저항에는 V_{R1}, V_{R2}의 전압이 각각 인가된다. 이때 전체 전압 V와 각 저항에 인가되는 전압 V_{R1}, V_{R2} 사이에는 식 (3.10)과 같은 관계식이 성립한다.

$$V = V_{R1} + V_{R2} = I_1 R_1 + I_2 R_2 \tag{3.10}$$

여기서 직렬연결된 저항에 흐르는 전류는 식 (3.11)과 같이 모두 같기 때문에 식 (3.10)은 식 (3.12)와 같이 고쳐 쓸 수 있으며, 이를 이용해 직렬회로에 흐르는 전류는 식 (3.13)과 같게 된다.

$$I = I_1 = I_2 \tag{3.11}$$

$$V = I_1R_1 + I_2R_2 = IR_1 + IR_2 = I(R_1 + R_2) \tag{3.12}$$

$$I = \frac{V}{R_1 + R_2} \tag{3.13}$$

따라서 식 (3.13)의 전류식을 이용하여 각 저항에 인가되는 전압 V_{R1}, V_{R2}를 구하면 식 (3.14), (3.15)와 같다.

$$V_{R1} = IR_1 = \frac{V}{R_1 + R_2}R_1 = \frac{R_1}{R_1 + R_2}V \tag{3.14}$$

$$V_{R2} = IR_2 = \frac{V}{R_1 + R_2}R_2 = \frac{R_2}{R_1 + R_2}V \tag{3.15}$$

V_{R1}은 R_1의 크기에 비례하고, V_{R2}은 R_2의 크기에 비례하기 때문에 저항값이 증가하면 인가되는 전압도 증가하고, 저항값이 감소하면 전압값도 감소함을 알 수 있다.

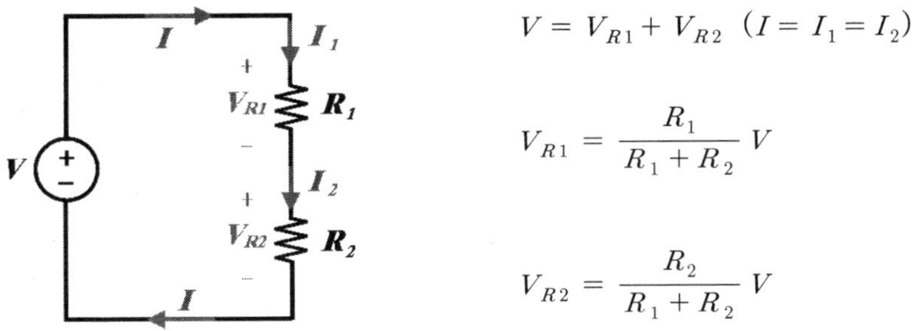

그림 3.34 저항의 분압 법칙

기/본/실/습 3-3. 분압 법칙 실습

① 회로도	② 각 저항별 전압	③ 결선
+5V, R1 1k, R2 1k	$V_{R1}=\frac{R_1}{R_1+R_2}V=\frac{1000}{1000+1000}\times 5=2.5[V]$	
	$V_{R1}=\frac{R_2}{R_1+R_2}V=\frac{1000}{1000+1000}\times 5=2.5[V]$	
+5V, R1 1k, R2 4.7k	$V_{R1}=\frac{R_1}{R_1+R_2}V=\frac{1000}{1000+4700}\times 5=0.88[V]$	
	$V_{R2}=\frac{R_2}{R_1+R_2}V=\frac{4700}{1000+4700}\times 5=4.12[V]$	
+5V, VR1 103	$V_{R1}=\frac{R_1}{R_1+R_2}V,\ V_{R2}=\frac{R_2}{R_1+R_2}V$	

라. R-C 직렬회로

앞에서 저항과 저항을 직렬로 연결하면 저항의 크기에 비례하여 전압이 분압된다는 것을 확인하였다. 그렇다면 저항과 커패시터를 직렬로 연결하면 저항과 저항을 직렬로 연결했을 때와 어떤 차이가 있을까?

R-C 직렬회로에 전원을 인가하면 전압이 급하게 변하지 못하도록 하는 커패시터의 전기적인 특성으로 인해 커패시터 양단간의 전압은 바로 상승하지 못하고 '0[*V*]'에서부터 서서히 증가하게 된다.

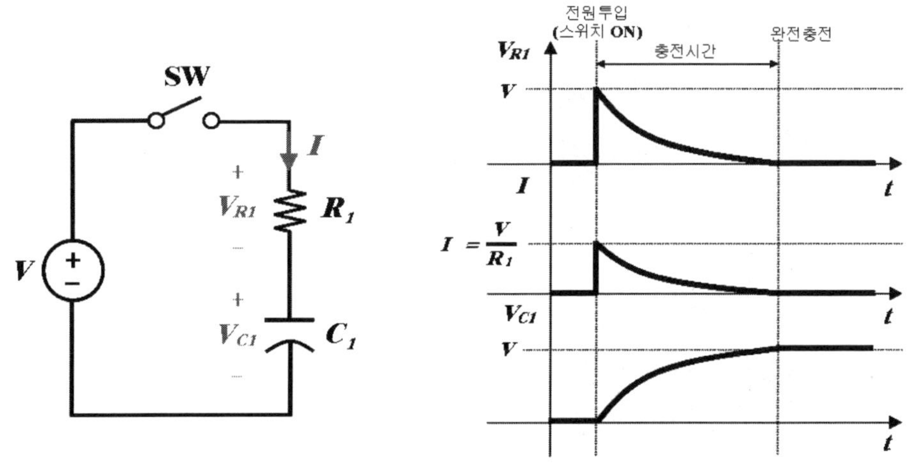

그림 3.35 R-C **직렬회로의 동작특성**

그림 3.35는 *R-C* 직렬회로 및 파형을 나타내는 그림으로서, *R-C* 직렬회로에 전원을 투입하면 투입 직후의 모든 전압은 저항에 인가되고, 커패시터 양단간의 전압은 0[*V*]가 되어 전기적 단락과 같은 특성을 나타낸다. 이후 커패시터에 전압이 서서히 충전되면서 인가전압과 커패시터 충전전압의 차이만큼만 저항에 인가되며, 시간이 지남에 따라 커패시터 충전전압은 서서히 증가하고, 반대로 저항의 전압은 서서히 감소하여 커패시터의 충전이 모두 끝나는 시점에서 인가전압이 모두 커패시터에 나타나고, 저항양단간에는 전압이 인가되지 않는 동작특성을 나타낸다.

같은 순간을 전류의 측면에서 살펴보면, 전원이 투입된 순간 최대 전류가 흐르게 되며, 이후 커패시터 충전전압이 상승함에 따라 전류도 서서히 감소하여 충전이 완료되면 전류가 더 이상 흐르지 않게 되어 전기적인 개방상태의 특성을 나타낸다.

그림 3.35와 같은 $R-C$ 직렬회로에서 완전충전이 이루어지면 스위치를 OFF시켜도 커패시터의 전압이 그대로 유지되며, OFF 상태에서 오랜 시간이 흘러야 자연방전되는 현상을 확인할 수 있다.

기/본/실/습 3-4. R-C 직렬회로 실습

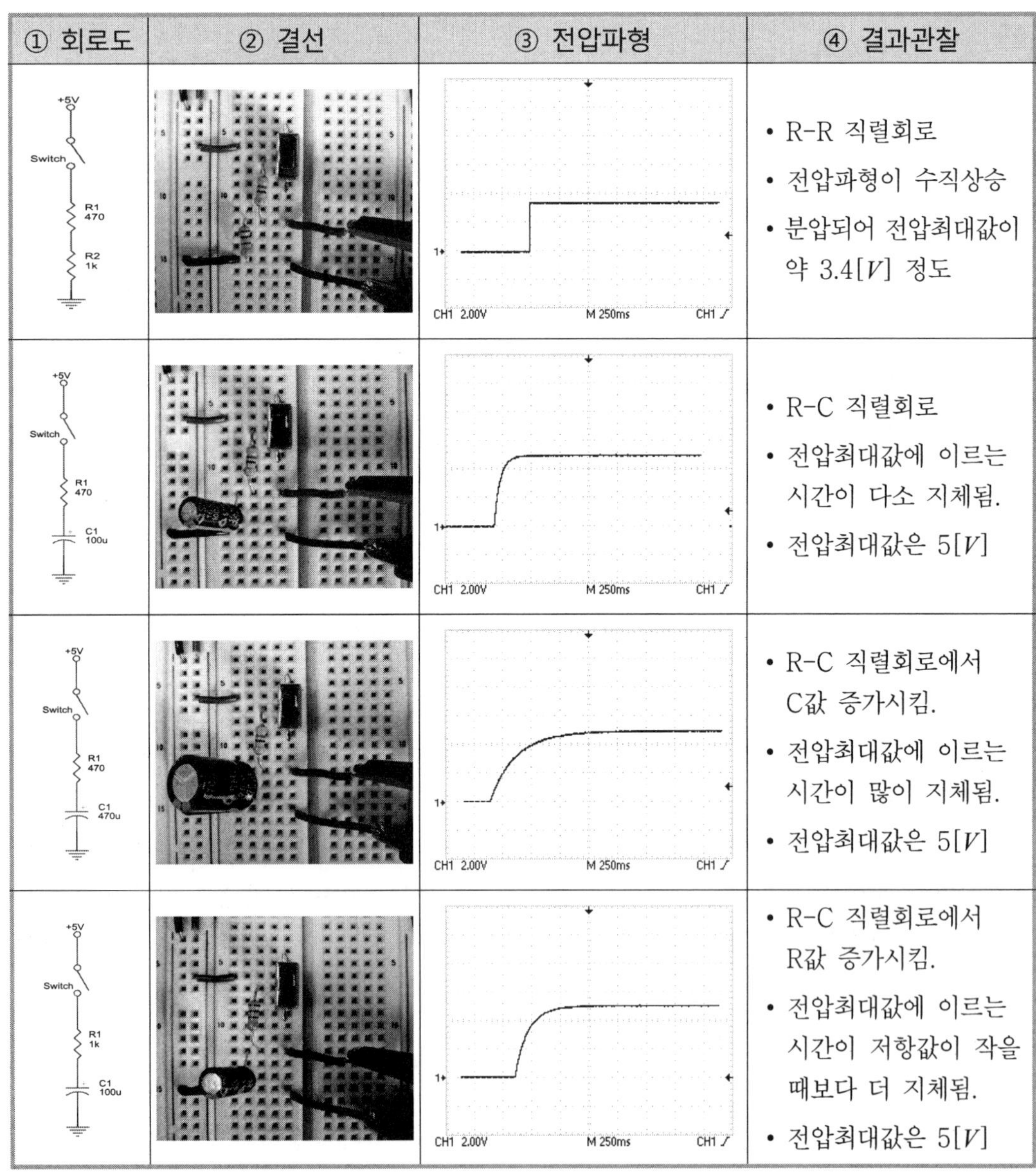

① 회로도	② 결선	③ 전압파형	④ 결과관찰
+5V, Switch, R1 470, R2 1k		CH1 2.00V M 250ms CH1	• R-R 직렬회로 • 전압파형이 수직상승 • 분압되어 전압최대값이 약 3.4[V] 정도
+5V, Switch, R1 470, C1 100u		CH1 2.00V M 250ms CH1	• R-C 직렬회로 • 전압최대값에 이르는 시간이 다소 지체됨. • 전압최대값은 5[V]
+5V, Switch, R1 470, C1 470u		CH1 2.00V M 250ms CH1	• R-C 직렬회로에서 C값 증가시킴. • 전압최대값에 이르는 시간이 많이 지체됨. • 전압최대값은 5[V]
+5V, Switch, R1 1k, C1 100u		CH1 2.00V M 250ms CH1	• R-C 직렬회로에서 R값 증가시킴. • 전압최대값에 이르는 시간이 저항값이 작을 때보다 더 지체됨. • 전압최대값은 5[V]

마. *R*-*L* 직렬회로

R-*L* 직렬회로에 전원을 인가하면 전류가 급하게 변하지 못하도록 하는 인덕터의 전기적인 특성으로 인해 인덕터에 흐르는 전류는 바로 상승하지 못하고 '0[*A*]'에서부터 서서히 증가하게 된다.

그림 3.36은 *R*-*L* 직렬회로 및 파형을 나타내는 그림으로서, *R*-*L* 직렬회로에 전원을 투입하면, 투입 직후의 모든 전압은 인덕터에 인가되고 저항에는 0[*V*]의 전압이 인가되어 인덕터는 전기적으로 개방되는 모습을 나타낸다. 이후 전류가 서서히 흐르면서 인덕터에 에너지가 축적되기 시작함과 동시에 저항에 전압강하가 발생한다. 따라서 인가전압과 저항의 전압강하 차이만큼만 인덕터에 인가되며, 시간이 지남에 따라 저항 양단간의 전압강하는 증가하고 인덕터의 전압은 낮아져 인덕터에 에너지가 완전히 축적되는 시점에서 인덕터는 전기적으로 단락되는 모습을 나타내며, 모든 인가전압은 저항 양단간에 나타나게 된다.

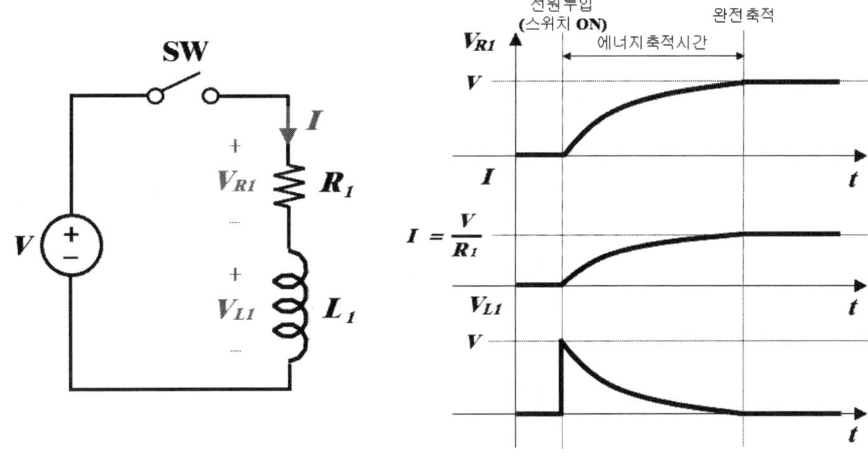

그림 3.36 R-L 직렬회로의 동작특성

04 스위칭 소자

4.1 스위치(Switch)

가. 스위치의 정의

일반적으로 스위치가 무엇이냐고 질문을 하면 대부분 '전기를 ON, OFF하는 것'이라고 대답한다. 전기를 ON, OFF하는 것을 전류의 관점에서 보면 스위치가 ON된다는 말은 전류가 흐르는 것을 의미하고, 스위치가 OFF된다는 말은 전류가 흐르지 않음을 의미한다.

그렇다면 전류가 왜 흐르거나 흐르지 않게 될까? 대답은 명료하다. 스위치가 ON되면 전류가 흐를 수 있는 경로가 만들어져 전류가 흐르게 되는 것이며, 반대로 스위치가 OFF되면 전류의 경로가 차단되어 전류가 흐를 수 없게 된다. 이와 같은 전류의 경로를 연결하느냐 차단하느냐에 대한 관점을 전기적인 특성을 적용하여 생각해 보면 식 (3.5)의 옴의 법칙으로 설명할 수 있는데, 도체에 흐르는 전류의 크기는 도체의 저항에 반비례하기 때문에 저항이 증가하면 전류가 감소하고, 저항이 감소하면 전류가 증가한다는 특성이다.

따라서 스위치의 동작특성을 옴의 법칙을 적용하여 생각해 보면, 스위치가 ON이 된다는 것의 전기적인 의미는 스위치 양단간의 등가저항이 '0[Ω]'이 된다는 의미(즉, $R_S = 0$)로서, $R_S = 0$이기 때문에 스위치 양단간의 전압도 '0[V]'가 되며, 전류가 스위치를 통해 흐르게 된다. 또한 스위치가 OFF된다는 것의 전기적인 의미는 스위치 양단간의 등가저항이 '∞[Ω]'이 된다는 의미(즉, $R_S = \infty$)로서, $R_S = \infty$이기 때문에 스위치를 통하여 전류가 흐르지 못하게 된다. 결국 스위치 ON/OFF의 전기적인 의미는 스위치 양단간의 저항값이 '0' 또는 '∞'로 변하는 것을 의미하며, 그림 4.1과 같이 '0' 또는 '∞'의 2가지 상태값을 갖는 가변저항 R로 스위치를 등가화하여 해석할 수 있다.

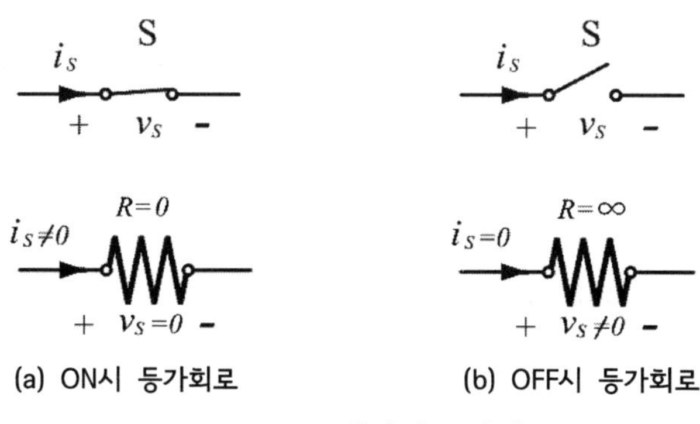

그림 4.1 스위치의 등가회로

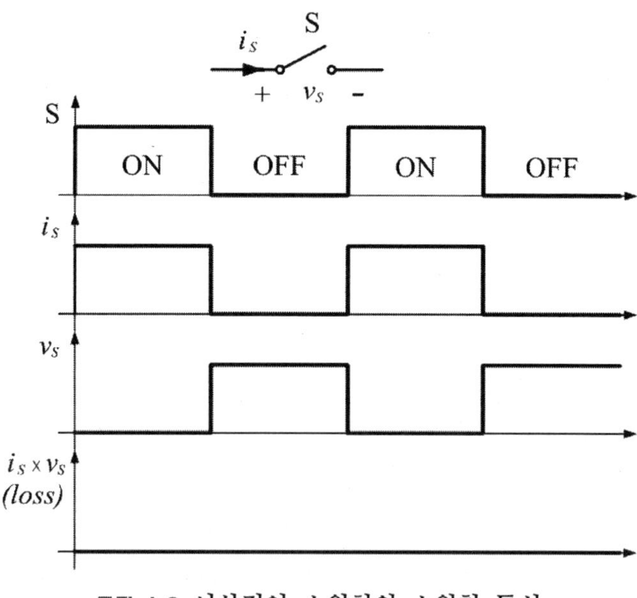

그림 4.2 이상적인 스위치의 스위칭 특성

그림 4.2는 이상적인 스위치의 전압, 전류 특성을 나타낸 그림으로서, 이상적인 스위치의 경우 ON 기간에는 $v_S = 0$이고, OFF 기간에는 $i_S = 0$이므로 v_S와 i_S의 곱

으로 나타나는 스위칭 손실은 ON/OFF 기간에 관계없이 항상 '0'이 된다.

그러나 실제적인 스위치에서는 스위칭 시 상승시간과 하강시간이 존재한다. 상승시간이란 스위치의 전압 또는 전류가 '0'의 값에서부터 시작하여 정해진 값까지 상승할 때 걸리는 시간을 의미하는 것으로 그림 4.2와 같이 수직으로 상승하는 것이 아니라 그림 4.3과 같이 기울기를 가지고 상승하게 되는 것을 의미한다. 하강시간이란 반대로 어떤 설정된 값에서부터 '0'까지 하강 시에 걸리는 시간을 의미한다. 이러한 상승시간 및 하강시간은 스위치에 따라 모두 다르게 결정되는데 스위치의 상승 및 하강시간 동안에는 전류값과 전압값이 동시에 존재하게 되어 v_S와 i_S의 곱으로 나타나는 스위칭 손실 p_S가 발생한다. v_S와 i_S를 각각 1차함수로 근사화하면 스위칭 손실 p_S는 v_S와 i_S의 곱이기 때문에 2차함수의 모양을 띄게 되며, 그림 4.3의 빗금친 부분의 면적으로 나타난다. 또한 스위칭 손실 p_S는 열의 형태로 나타나게 되어 스위칭 시에 스위치에서 많은 열이 발생하게 되며, 스위칭을 빈번히 할수록, 다시 말하면 스위칭 주파수가 높을수록 스위칭 손실이 크게 발생한다.

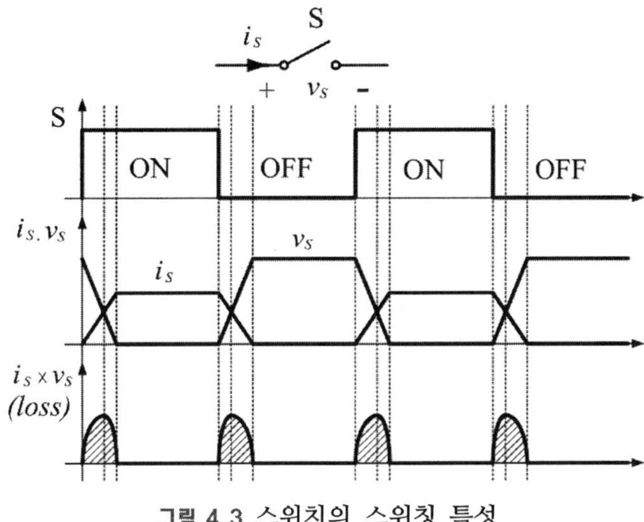

그림 4.3 스위치의 스위칭 특성

나. 스위치의 종류

스위치의 종류는 크게 기계적인 스위치와 전기적인 스위치로 분류할 수 있다.

기계적인 스위치는 외부에서 물리적인 힘을 가해 스위치의 ON/OFF 동작이 이루어지도록 하는 것이며, 전기적인 스위치는 전력의 공급 또는 차단동작을 통해 ON/OFF 동작이 이루어지도록 하는 스위치이다.

또한 유접점 스위치란 스위치의 ON/OFF 시에 접점의 직접적인 접촉에 의해 신호의 연결 및 차단동작이 이루어지는 스위치를 말하며, 대개의 경우 접점의 접촉동작을 눈으로 보거나 소리를 통해 확인할 수 있다.

이와 반대로 무접점 스위치는 기계적으로 움직이는 접점이 없으며, 전하의 이동에 의해 전원의 공급 및 차단 동작이 이루어지는 반도체 스위치를 의미한다. 표 4.1은 스위치의 종류를 분류하여 나타내고 있다.

표 4.1 스위치의 종류

	분 류		
기계 스위치	스위치	toggle switch,	
	버튼	button, tact switch	
전기 스위치	유접점 스위치	relay, contactor	
	무접점 스위치 (반도체 스위치)	diode 계열	diode, thyristor, GTO, TRIAC
		TR 계열	TR, FET, IGBT

기/본/실/습 4-1. 스위치 특성 실습

① 회로도	② 결선
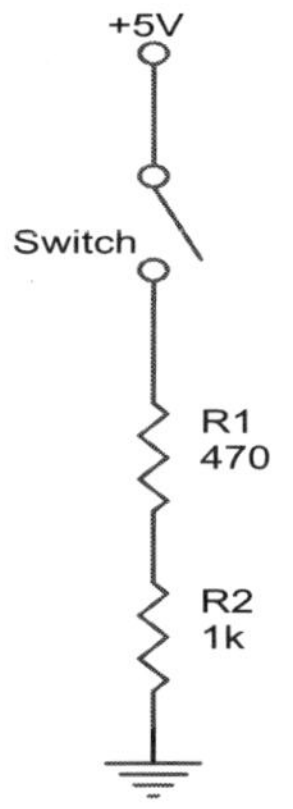 +5V Switch R1 470 R2 1k	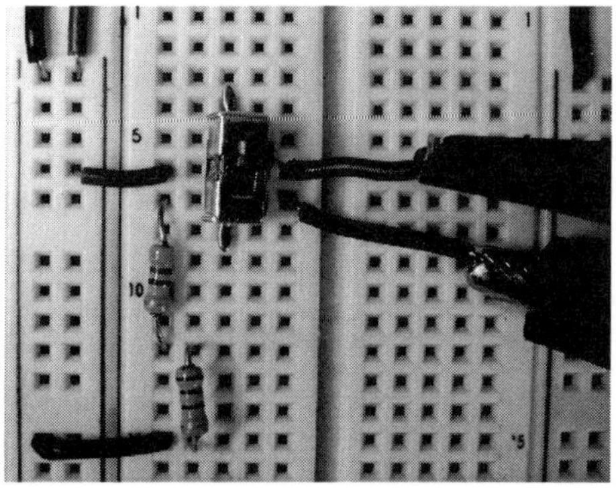
③ 전압파형	**④ 실습결과 고찰**
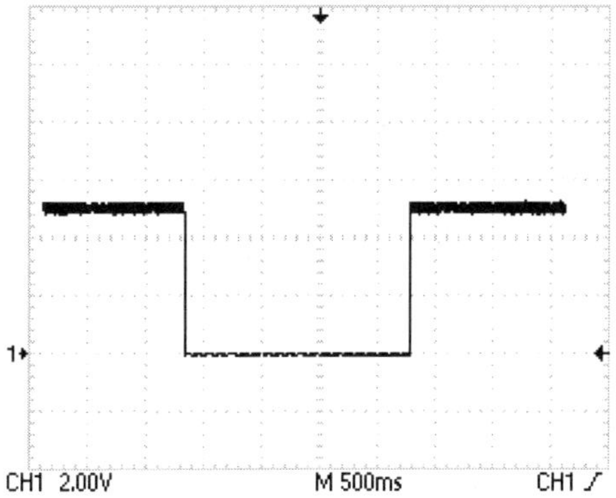 1 CH1 2.00V M 500ms CH1	• 스위치 OFF : 5[V] • 스위치 ON : 0[V]

4.2 다이오드(Diode)

가. 다이오드

다이오드라는 말은 2개를 뜻하는 영어의 접두사 'di'와 전극을 의미하는 'electrode'의 'ode'가 합쳐져 만들어진 말로써, 직역한다면 '2극관'이라고 할 수 있는데, 2개의 전극판과 열전자 방출특성을 이용하여 동작되는 진공관이 처음 개발되었을 때에 붙여진 이름이다. 오늘날의 '다이오드'라고 하면 초창기의 진공관 다이오드를 의미하는 것이 아니라 반도체 P-N 접합에 의해 동작되는 다이오드를 의미한다. 반도체 관련 기술의 발전에 따라 전극을 이용한 진공관이 사라지고 전하의 이동에 의해 전류의 흐름을 제어하는 반도체 다이오드가 주류를 이루고 있는데, 진공관 다이오드와 반도체 다이오드는 구조가 다르긴 하지만 동작특성 및 기능이 유사하기 때문에 다이오드라는 말을 바꾸지 않고 그대로 사용하고 있다.

그렇다면 다이오드가 회로에서 하는 역할은 무엇일까?

다이오드는 한마디로 반도체 스위치라고 한다. 스위치란 앞에서 설명한 바와 같이 ON, OFF 동작이 있는데, ON일 때에는 스위치 양단간의 등가저항이 '0[Ω]'이 되어 전류가 스위치를 통해 흐르고, OFF일 때에는 등가저항이 '∞[Ω]'이 되어 전류가 흐르지 않는 동작특성을 나타낸다. 다이오드는 반도체 스위치이기 때문에 외부의 물리적인 힘에 의해 ON, OFF되는 것이 아니라 외부에서 인가되는 전압의 방향 및 크기에 의해 ON, OFF되는 스위치라는 점이 다를 뿐이다.

그림 4.4는 다이오드의 기호 및 ON/OFF 조건을 나타내는 그림으로 애노드(Anode)와 캐소드(Cathode) 2개의 단자로 이루어져 있으며, 캐소드에 비해 애노드의 전압을 문턱전압값 이상으로 외부에서 전압을 인가하면 '정바이어스 상태'라고 하여 다이오드가 ON되고, 그렇지 않은 경우에는 '역바이어스 상태'라고 하여 OFF된다.

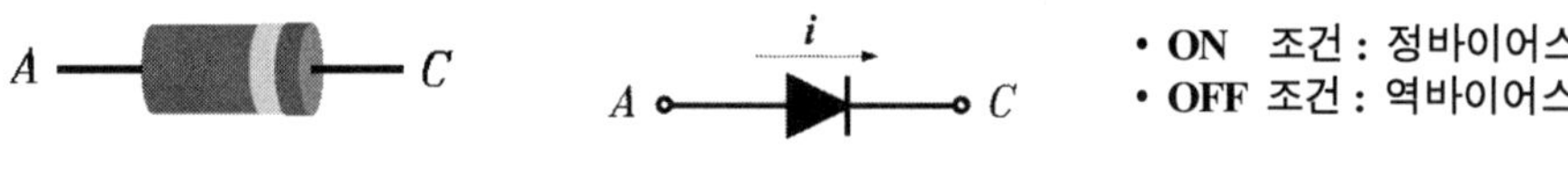

그림 4.4 다이오드의 기호

나. 다이오드의 특성

외부에서 전압을 인가하지 않은 상태에서 P형 반도체와 N형 반도체를 접합시키면 다수 캐리어들의 농도차에 의하여 확산이 일어나는데 접합면을 중심으로 N형 영역의 다수 캐리어(Majority Carrier)인 전자(Electon)는 P형 영역으로 이동하여 N형 영역으로 확산하려고 하는 정공(Hole)과 만나 재결합하고, 반대로 P형의 다수 캐리어인 정공은 N형 영역으로 이동하여 N형 영역의 전자와 만나 재결합한다.

따라서 접합면 부근의 P형 영역에는 N형 영역에서 확산된 전자와 재결합되어 (-)로 대전된 P형 반도체 원소(전자와 재결합되어 (-)로 대전된 다수 캐리어 정공)가 존재하게 되며, 반대로 접합면 부근의 N형 영역에는 P형 영역에서 확산된 정공과 재결합되어 (+)로 대전된 N형 반도체 원소(정공과 재결합되어 (+)로 대전된 다수 캐리어 전자)가 존재하게 된다. 이러한 영역을 '공핍층(Depletion Layer)'이라고 하는데 그림 4.5에서도 알 수 있듯이 공핍층의 N형 접합 부근은 (+)로 대전되고, P형 접합 부근은 (-)로 대전되어 있기 때문에 접합면에는 내부 전계 E가 형성된다. 이때 내부 전계의 양이온과 P형 영역의 다수 캐리어인 정공 사이에 척력이 발생되며, 동시에 내부 전계 음이온과 N형 영역의 다수 캐리어인 전자 사이에 척력이 발생되어 더 이상 다수 캐리어의 이동이 이루어지지 않는 열평형 상태가 된다. 이와 같이 PN 접합의 공핍층에 형성된 전계는 캐리어의 확산을 억제하는 기능을 하므로 이를 '전위장벽(Potential Barrier)' 또는 '문턱전압(Threshold Voltage)'이라고 하며, 전위장벽 V_B는 상온(25[℃])에서 실리콘 반도체는 0.7[V], 게르마늄 반도체는 0.3[V] 정도이다. 그림 4.5와 같이 P형 반도체와 N형 반도체를 접합시켜 놓은 반도체 소자를 'PN 접합 다이오드'라고 하며 P형 쪽의 단자를 애노드, N형 쪽의 단자를 '캐소드'라고 한다.

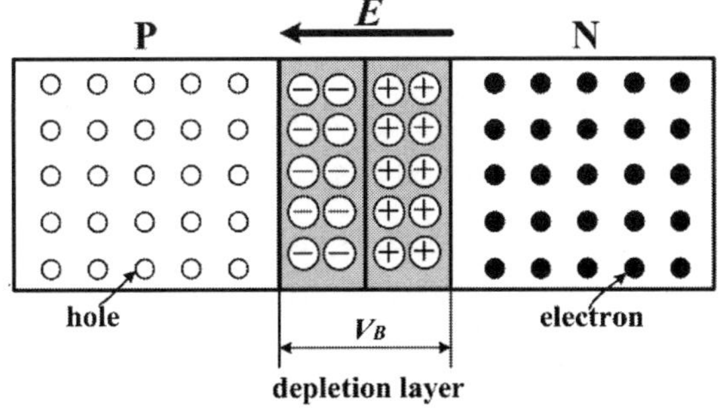

그림 4.5 PN 접합

그림 4.6은 다이오드 문턱전압값의 이해를 돕기 위한 그림으로써, 물이 흐르기 위해서는 물의 높이가 수중보보다 높아야만 하는 것과 마찬가지로 다이오드에서도 전류가 흐르기 위해서는 문턱전압값 이상의 정바이어스 전압이 인가되어야만 전류가 흐르게 된다.

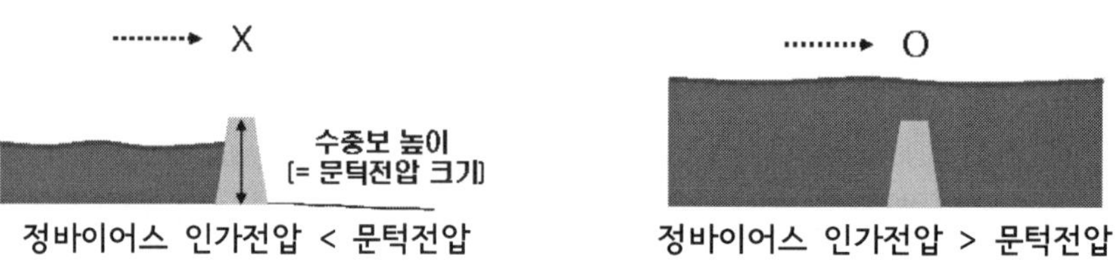

그림 4.6 다이오드 문턱전압의 개념

그림 4.7은 다이오드의 기호 및 ON/OFF 동작조건을 나타내는 그림으로서, 다이오드를 ON시키기 위해서는 다이오드의 애노드 단자에 (+)전압을, 캐소드 단자에는 (−)전압을 인가하면 되며 이와 같은 전압인가 방법을 정바이어스(Forward Bias) 또는 순방향 바이어스라고 한다. 반대로 OFF시키기 위해서는 전압의 극성을 맞바꾸어 인가하며, 이를 역바이어스(Reverse Bias) 또는 역방향 바이어스라고 한다.

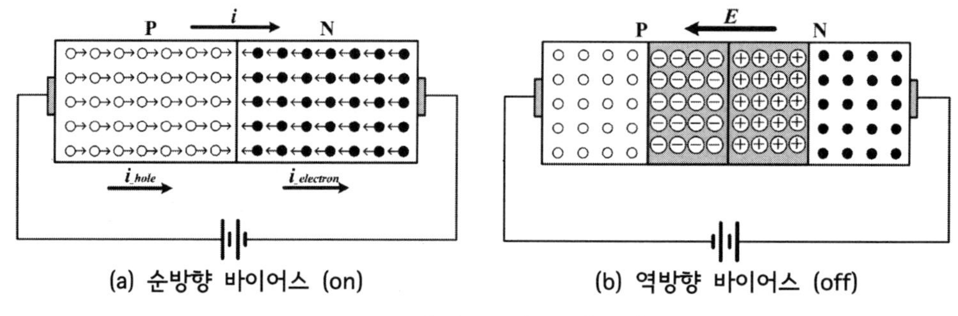

그림 4.7 다이오드의 동작조건

다이오드에 순방향 바이어스 전압을 인가하면, PN 접합부근의 공핍층에 형성된 전위장벽의 극성과 반대로 외부 전압을 인가하는 결과가 되므로 전위장벽을 낮추게 되어 열평형 상태를 깨뜨리게 된다. 따라서 캐리어의 확산이 일어나 P형 영역의 정공은 N형 영역으로, N형 영역의 전자는 P형 영역으로 각각 이동하게 된다. 이때 정공의 움직임에 의해 발생되는 전류 i_{hole}와 전자의 움직임에 의해 발생되는 전류 $i_{electron}$의 방향은 그림 4.7(a)와 같이 동일한 방향이 된다.

순방향 바이어스 전압이 더 상승하게 되면 전위장벽은 상대적으로 더 낮아지므로 전류도 약간씩 증가하게 되며, 바이어스 전압이 전위장벽을 초과하는 순간에 전류는 급격히 증가한다.

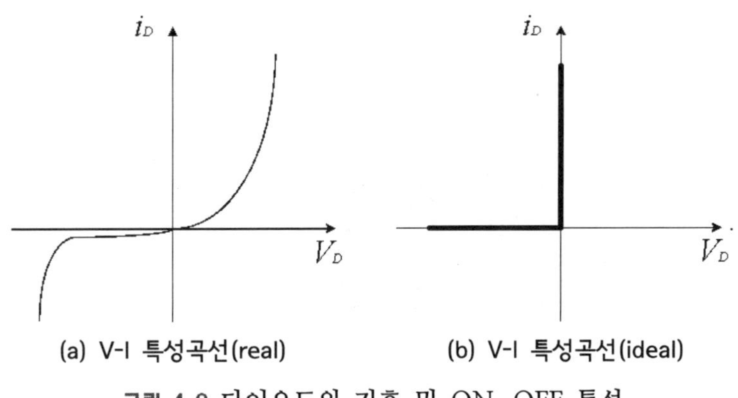

(a) V-I 특성곡선(real) (b) V-I 특성곡선(ideal)

그림 4.8 다이오드의 기호 및 ON, OFF 특성

한편 다이오드에 역방향 바이어스 전압을 인가하면, 바이어스 전압이 공핍층의 전위장벽을 높이는 방향으로 인가되므로 캐리어의 이동은 열평형 상태일 때보다 더 어려워지게 되어 전류는 흐르지 않게 된다. 즉, 외부 바이어스 전압의 (-)단자는 P 영역의 정공을 바깥쪽으로 끌어당기고, (+)단자는 N형 영역의 전자를 바깥쪽으로 끌어당기므로 공핍층의 면적이 더 확장되는 결과를 가져오게 된다.

그림 4.8은 다이오드의 기호 및 동작특성을 나타내는 그림이다.

기/본/실/습 4-2. 다이오드 문턱전압 실습

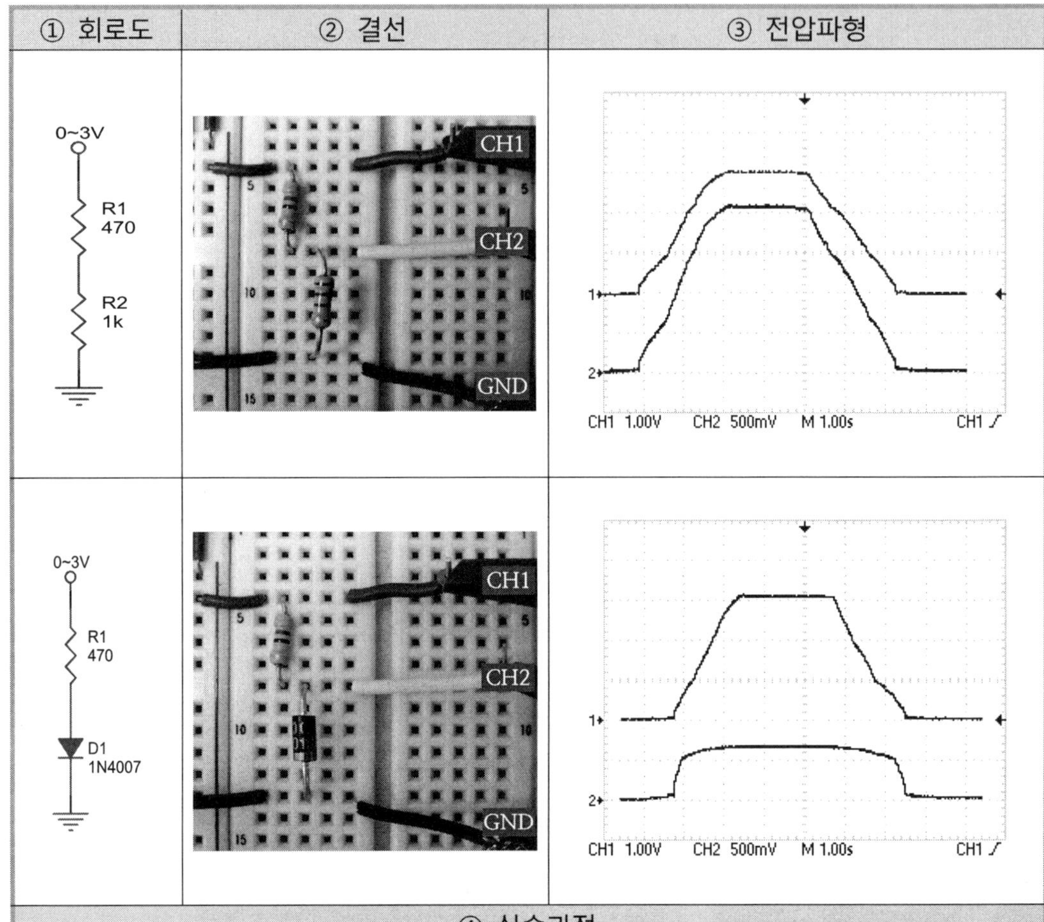

④ 실습과정

ⓐ 저항과 저항을 직렬로 연결한 후 오실로스코프를 해당위치에 연결한다.

ⓑ 전원을 0[V] → 3[V] → 0[V]로 변화시키면서 파형을 관찰한다.

ⓒ 저항과 다이오드를 직렬로 연결한 후 실험을 반복한다.

⑤ 실습결과 고찰

ⓐ $R-R$일 때에는 공급전압을 상승시킴에 따라 분압전압의 크기도 같이 상승된다.

ⓑ $R-Diode$일 때에는 공급전압을 상승시켜도 다이오드 양단의 전압이 문턱전압값인 약 0.7[V]로 일정하게 유지된다.

4.3 트랜지스터(Transistor)

가. 트랜지스터

트랜지스터는 회로에서 스위칭 기능 또는 증폭 기능의 2가지 목적으로 사용되는 대표적인 반도체 소자로서, 스위칭 기능으로 사용할 때에는 ON 및 OFF 상태가 존재하여 ON일 때는 트랜지스터 에미터와 컬렉터 사이의 전기적인 등가저항이 '0[Ω]'이 되고, OFF 시에는 '∞[Ω]'이 되는 스위칭 특성을 가지고 있다. 또한 증폭 기능으로 사용할 때에는 트랜지스터 에미터와 컬렉터 사이의 전기적인 등가저항이 '0[Ω]'과 '∞[Ω]' 사이의 값을 갖게 되어 저항의 크기에 따라 증폭률이 변화하는 특성을 가지고 있다. 이러한 특성은 트랜지스터라는 용어의 의미에서도 확인할 수 있는데, 트랜지스터라는 말은 'Trans' + 'Resistor'의 합성어이며, 트랜지스터의 동작모드에 따라 전기적인 등가저항의 값이 변화한다는 의미를 내포하고 있다.

이러한 트랜지스터는 그림 4.9와 같이 NPN 접합 트랜지스터와 PNP 접합 트랜지스터가 있으며, 이들은 전자와 정공, 두 전하의 흐름에 의해 작용하므로 'BJT(Bipolar Junction Transistor)'라고 한다. 트랜지스터는 컬렉터(Collector), 에미터(Emitter), 베이스(Base)의 3개의 단자로 이루어져 있으며, 트랜지스터 기호에서 화살표가 붙여진 단자가 에미터 단자가 되며, 화살표 방향으로 전류가 흐름을 의미한다. 또한 화살표의 방향에 따라 PNP, NPN 형이 결정된다.

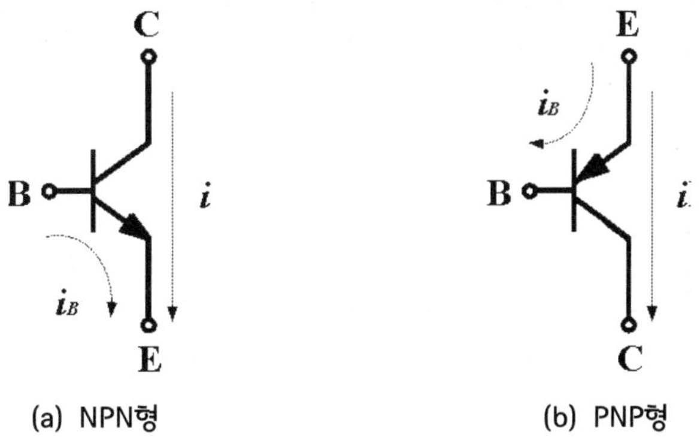

(a) NPN형 (b) PNP형

그림 4.9 트랜지스터의 기호

나. 트랜지스터의 특성

트랜지스터의 동작원리를 이해하기 위하여 NPN 트랜지스터를 그림 4.10과 같이 결선하고 스위치 SW_1을 닫으면 베이스와 컬렉터 사이는 역바이어스 전압이 인가되어 PN 접합의 P형 영역에는 (-)이온이, N형 영역에는 (+)이온이 남아 강한 내부전계가 형성된다. 이때 SW_2를 닫으면 N형 영역의 다수 캐리어인 전자는 P형 영역으로 이동하게 되며 이들 중에 극히 일부는 베이스 전류가 되고, 대부분은 이미 형성된 강한 내부전계 (+)에 이끌려 N형 영역으로 이동하게 된다. 이와 같이 에미터 단자에서 출발한 전자는 컬렉터 단자까지 이동하게 되며, 이후 외부 바이어스 전압에 의해 생성된 전계에 의해 외부로 이끌려 이동하게 된다. 따라서 트랜지스터는 동작이 되고 식 (4.1)과 같은 전류가 흐르게 된다.

$$I_E = I_C + I_B \tag{4.1}$$

여기서 I_E는 에미터 전류를, I_C는 컬렉터 전류를, I_B는 베이스 전류를 각각 의미하며, 또한, I_B와 I_C 사이에는 식 (4.2)와 같은 관계가 있다.

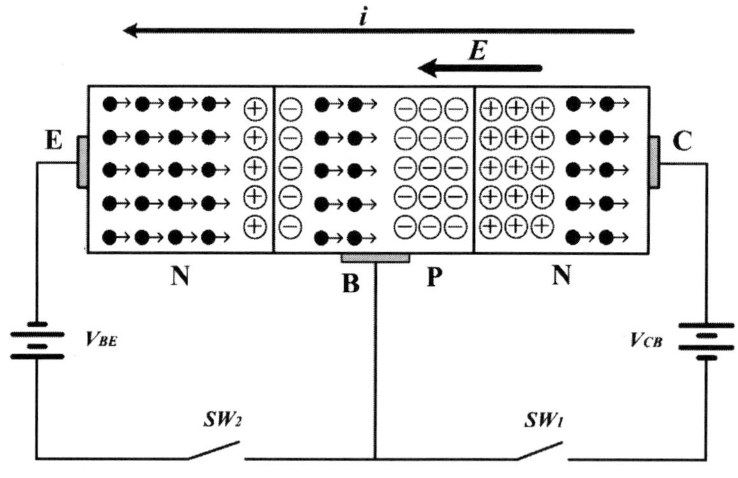

그림 4.10 NPN 트랜지스터의 동작원리

$$I_C = h_{FE} \cdot I_B \tag{4.2}$$

여기서 h_{FE}는 트랜지스터의 전류이득이라고 한다.

트랜지스터는 전기적인 등가저항 값에 따라 전류제어 증폭기 소자로 사용되거나 또는 스위칭 소자로 사용되기도 한다. 증폭기 소자로 사용하는 경우는 트랜지스터가 활성영역(Active Region)에서 동작되도록 하는 것으로서, 이때의 등가저항은 $0 < R_{Tr} < \infty$의 값을 갖게 되며, 스위칭 소자로 사용하고자 할 때에는 포화영역(Saturation Region)과 차단영역(Cut-off Region)에서 동작시켜야 하는데, 스위치 ON에 해당되는 포화영역일 때는 $R_{Tr} = 0$이 되고, 반대로 스위치 OFF에 해당하는 차단영역일 때에는 $R_{Tr} = \infty$가 되는 특성을 나타낸다.

그림 4.11은 트랜지스터의 V-I 특성곡선을 나타내는 그림으로서, 트랜지스터의 동작영역에 따른 ON/OFF 특성을 알 수 있다.

이와 같이 BJT는 전류제어 소자이며, ON 상태를 유지하기 위해서는 베이스 전류를 항상 공급해야만 하는 특성이 있다.

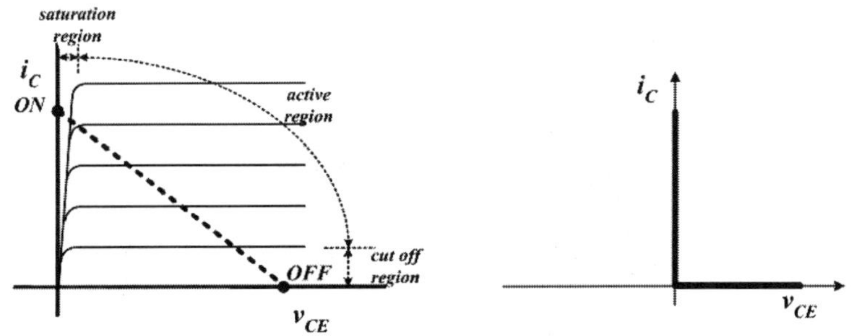

동작모드	내부 등가저항	전압, 전류	동작영역
스위칭 작용 ON	$R_{Tr} = 0$	$v_{CE} = 0,\ i_C \neq 0$	포화영역
스위칭 작용 OFF	$R_{Tr} = \infty$	$v_{CE} \neq 0,\ i_C = 0$	차단영역
증폭 작용	$0 < R_{Tr} < \infty$	$v_{CE} \neq 0,\ i_C \neq 0$	활성영역

그림 4.11 트랜지스터 V-I 특성곡선

그림 4.12는 트랜지스터를 스위치로 생각할 때의 개념도로써, 손가락으로 스위치를 누르면 스위치가 ON되어 스위치로 전류가 흐르게 되는 것과 마찬가지로 베이스에 구동전류를 인가하면 컬렉터로부터 에미터로 전류가 흐르고, 반대로 베이스 전류를 인가하지 않으면 전류가 흐르지 않게 된다.

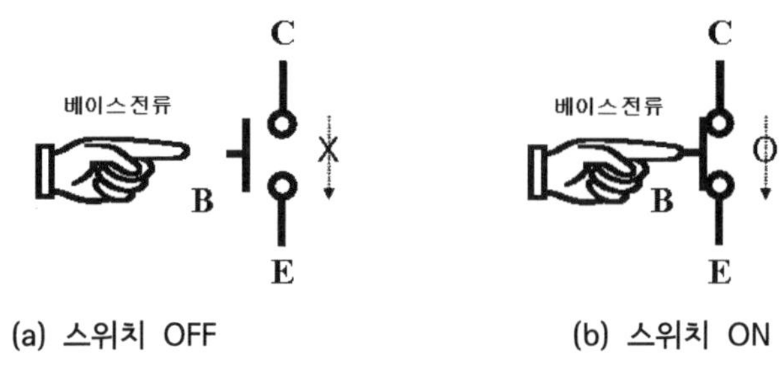

(a) 스위치 OFF (b) 스위치 ON

그림 4.12 트랜지스터의 스위칭 개념

다. 트랜지스터의 종류

트랜지스터의 종류는 매우 많기 때문에 분류 방법도 다양하다. 가장 큰 분류는 PNP 타입과 NPN 타입으로 분류할 수 있으며, 구조, 재질, 용도, 패키지 외형 등에 따라 분류할 수 있다.

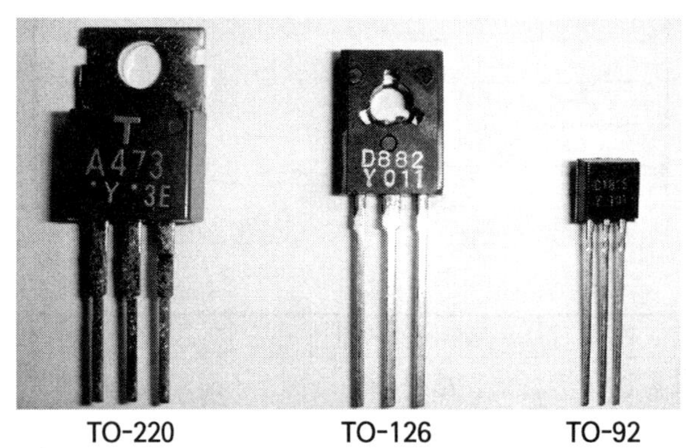

TO-220 TO-126 TO-92

그림 4.13 패키지 외형별 소용량 트랜지스터

Motorola, Fairchild 등의 미국계 업체에서는 트랜지스터의 모델번호를 2N××××, MJ××××, TIP×××, BD×××, PTB××××× 등으로 표시하며, NEC, Toshiba 등과 같은 일본 업체와 국내 업체에서는 2SA××××(고주파용 PNP형), 2SB××××(저주파용 PNP형), 2SC××××(고주파용 NPN형), 2SD××××(저주파용 NPN형) 등으로 표시한다. 또한 Toshiba의 경우에는 RN×××× 시리즈도 생산하고 있다.

패키지 외형을 표시하는 방법은 제조사에 따라 다른 경우도 있지만, 산업현장에서는 흔히 TO 시리즈로 표시하는 경우가 많이 있는데, 그림 4.13은 소용량 회로에서 대표적으로 많이 사용되는 몇 가지 패키지 외형을 모아 놓은 것으로서, TO-92, TO-126, TO-220의 패키지 외형이 있다.

각 패키지 외형마다 매우 많은 종류의 트랜지스터가 생산되고 있는데, 초보자들이 한 가지 주의해야 할 점은 패키지의 외형이 같다고 해서 트랜지스터의 핀 단자가 항상 같은 것은 아니며, 핀 단자는 트랜지스터 표면에 표시되어 있는 모델번호가 같을 때에만 같다는 점이다. 따라서 트랜지스터를 올바르게 사용하기 위해서는 핀 단자를 정확히 알아야 하는데, 핀 단자는 제조사에서 공급하는 데이터 북을 통해 확인할 수 있기 때문에 트랜지스터를 사용하기 전에 반드시 데이터 북을 통해 핀 단자를 확인하는 습관을 길러야 한다.

그림 4.14의 트랜지스터는 모두 TO-92 패키지의 NPN형 트랜지스터이지만 핀 단자는 모델에 따라 같을 수도 있고 다를 수도 있다는 것을 보여주고 있다.

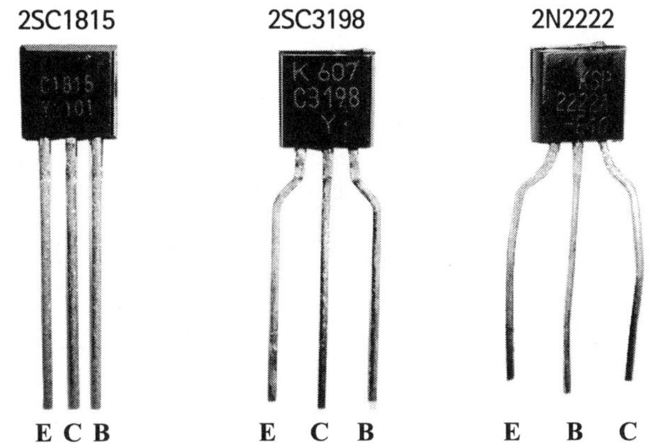

그림 4.14 TO-92 **타입** NPN **트랜지스터의 핀 단자 예**

기/본/실/습 4-3. NPN 트랜지스터 스위칭 동작 실습

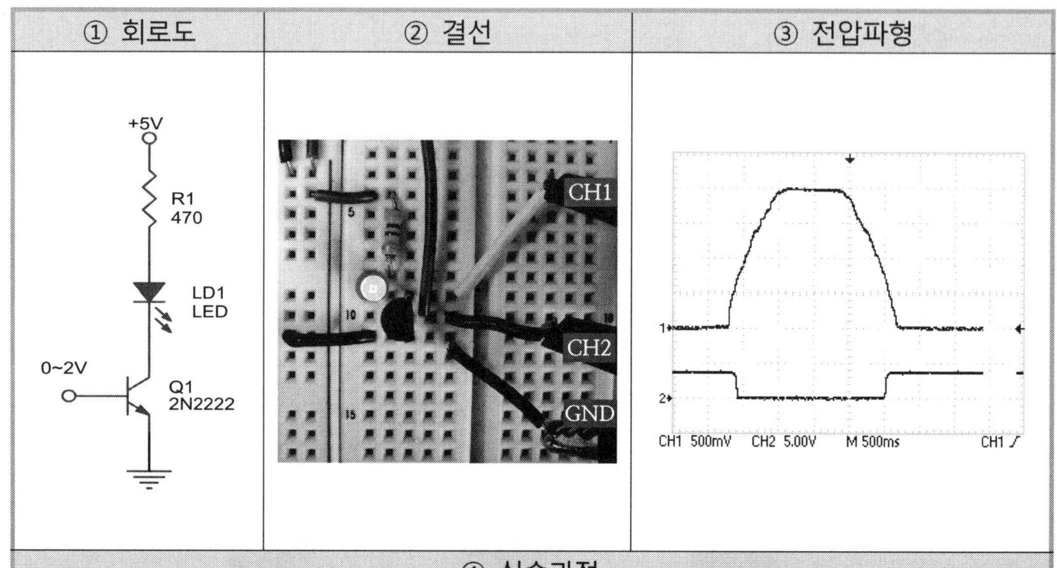

④ 실습과정

ⓐ 회로를 결선한 후 오실로스코프를 해당 위치에 연결한다.

ⓑ 전원공급장치의 채널 2는 5[*V*]로 고정시키고, 채널 1은 0[*V*]로 맞춘 후 2[*V*]까지 서서히 증가시켰다가 다시 0[*V*]까지 감소시킨다.

ⓒ LED가 점등되기 시작할 때 채널 1 전압이 얼마인지를 측정한다.

ⓓ 트랜지스터가 ON 또는 OFF되었을 때의 에미터-컬렉터 양단 전압이 어떻게 변하는지 관찰한다.

⑤ 실습결과 고찰

ⓐ 트랜지스터가 OFF되면, 에미터-컬렉터 전압이 약 4[*V*]로 측정된다.

ⓑ 베이스 구동전압이 약 0.7[*V*]에 이르면 트랜지스터가 ON된다.

ⓒ 트랜지스터가 ON되면, 컬렉터에서 에미터로 전류가 흘러 LED가 점등된다.

ⓓ 트랜지스터가 ON되면, 에미터-컬렉터 전압(오실로스코프 채널 2의 전압)도 0[*V*]로 떨어진다.

4.4 FET(Field Effect Transistor)

전계효과 트랜지스터(FET)는 전자와 정공의 이동에 의하여 동작되는 BJT와는 달리 전자 또는 정공 두 가지 중 한 가지에 의해서만 전류가 발생되는 단극성 소자로서, 증폭, 발진, 스위칭용으로 사용되는 반도체 소자이다. FET도 트랜지스터와 같이 3개의 단자로 구성되어 있으며, 베이스는 게이트(Gate), 에미터는 소스(Source), 컬렉터는 드레인(Drain)에 각각 대응된다.

FET는 접합형 FET(Junction FET : J-FET)와 금속산화물 반도체 FET(Metal Oxide Semiconductor FET : MOSFET)의 두 종류가 있는데, MOSFET는 게이트가 산화실리콘(SiO_2) 층에 의해 채널과 격리되어 있다는 점이 J-FET와의 차이점이다.

MOSFET는 다시 공핍형(Depletion) MOSFET와 증가형(Enhancement) MOSFET로 분류할 수 있는데, 공핍형 MOSFET는 물리적인 채널을 가지고 있고, 증가형 MOSFET는 물리적인 채널을 가지고 있지 않다는 차이점이 있으며, 전기전자 회로에서 FET라 함은 일반적으로 증가형 MOSFET를 의미한다고 볼 수 있다.

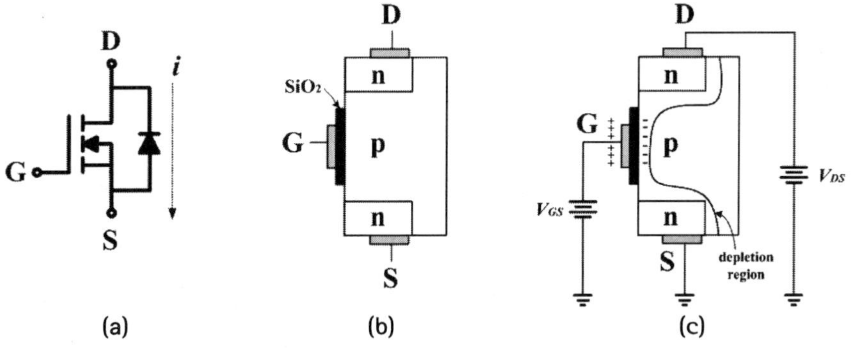

그림 4.15 증가형 MOSFET의 구조와 동작

그림 4.15(a)는 증가형 n 채널 MOSFET의 기호를 나타내는 그림이며, 그림 4.15(b)는 증가형 MOSFET의 구조와 동작을 나타내는 그림이다.

그림 4.15(b)를 보면 기판이 SiO_2층으로 완전히 확장되어 있다. 이러한 MOSFET에 그림 4.15(c)와 같이 게이트와 소스간의 전압 V_{GS}를 양의 전압으로 인가하면 이 전압은 모두 SiO_2 양단에 인가되므로, 게이트 전극에 (+)전하, SiO_2와 접한 P형 반도체에 (-)전하가 모여들고, 이로 인하여 자유전자가 모임으로써 채널이 형성되어

드레인 전류가 흐를 수 있게 된다. 즉, P형 반도체의 일부가 N형 반도체로 반전된 것이며, 이렇게 반전되는 부분을 N형 반전층이라고 하며 반전층은 게이트에 인가되는 전압과 관계가 있다. N형 반전층을 형성하는 최소의 V_{GS}를 문턱전압이라고 하며, V_{GS}가 문턱전압보다 낮을 때에는 드레인에서 소스로 전류가 흐르지 않는다.

MOSFET는 트랜지스터와 비교해 보았을 때 입력임피던스가 높기 때문에 드라이브가 쉽고 간단하며, 소수 캐리어의 축적현상이 없기 때문에 스위칭 시간을 줄여 고속으로 스위칭 할 수 있는 반면에, 고압이 되면 게이트의 절연층 두께가 두꺼워지기 때문에 온저항 $R_{DS(ON)}$이 커지는 단점을 가지고 있다.

여기서 온저항 $R_{DS(ON)}$란 MOSFET가 ON되었을 때에 드레인과 소스 사이의 등가저항값을 말하는 것으로 온저항값이 크면 클수록 손실도 크게 되어 MOSFET에서 발생하는 열도 증가하게 된다. 따라서 MOSFET를 이용한 회로 설계 시에는 정격전압(V_{DS}), 정격전류(I_D)를 확인해야 함은 물론이며, 동시에 반드시 온저항값을 확인하여, 가능하면 온저항값이 작은 모델을 선정해 사용하는 것이 바람직하다.

표 4.2는 트랜지스터 및 MOSFET의 특성을 비교한 표로써, 트랜지스터와 MOSFET는 서로 장단점을 가지고 있기 때문에 회로 설계 시에 전기적인 특성을 고려하여 적용하여야 한다.

표 4.2 트랜지스터 계열 반도체 스위치 특성 비교

	전력용 트랜지스터	전력용 MOSFET
기호	C, i, B, E	D, i, G, S
캐리어	양극성 (전자와 정공)	단극성 (전자 또는 정공)
구동방식	전류 구동	전압 구동
구동회로	입력임피던스 낮음 → 베이스전류 큼 → 구동회로 구조 복잡	구동회로 구조 간단
스위칭손실	MOSFET에 비해 큼	TR에 비해 작음
스위칭주파수	수십 kHz 이하	수십 MHz 이하
특성	베이스 비절연	게이트 절연 내부 역병렬 다이오드 활용
고려해야할 중요정격	V_{CE}, I_C	V_{DS}, I_D, $R_{DS(ON)}$

기/본/실/습 4-4. MOSFET 스위칭 동작 실습

① 회로도	② IRF540	③ 결선
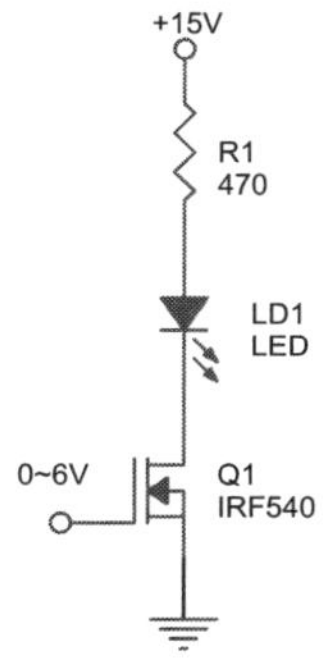 +15V R1 470 LD1 LED 0~6V Q1 IRF540	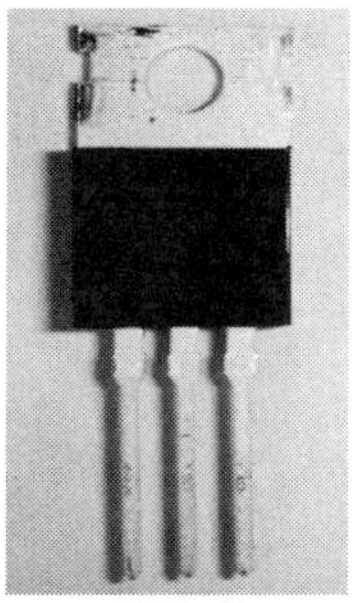 G D S	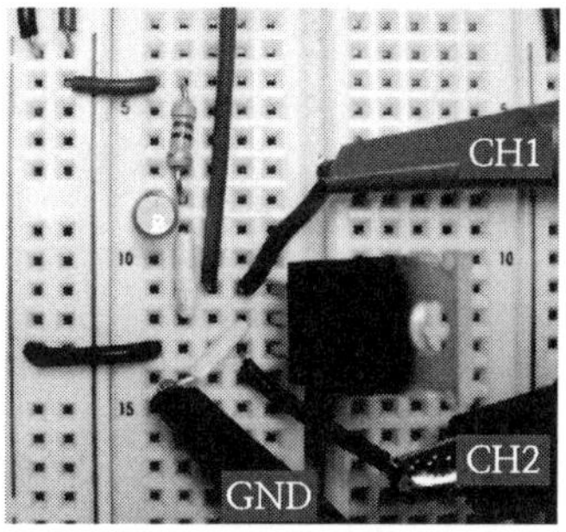 CH1 CH2 GND

④ 전압파형

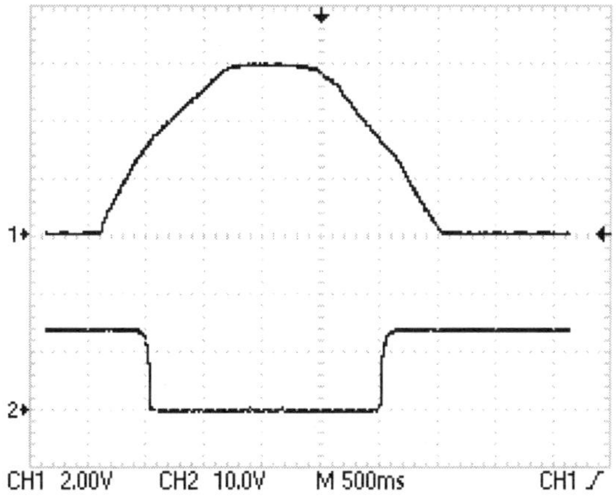

1
2
CH1 2.00V CH2 10.0V M 500ms CH1 ⁄

⑤ 실습과정

ⓐ 회로를 결선한 후 오실로스코프를 해당 위치에 연결한다.

ⓑ 전원공급장치의 채널 2는 15[*V*]로 고정시키고, 채널 1은 0[*V*]로 맞춘 후 6[*V*]까지 서서히 증가시켰다가 다시 0[*V*]까지 감소시킨다.

ⓒ LED가 점등되기 시작할 때 채널 1 전압이 얼마인지를 측정한다.

ⓓ 트랜지스터가 ON 또는 OFF되었을 때의 드레인-소스 양단 전압이 어떻게 변하는지 관찰한다.

⑥ 실습결과 고찰
ⓐ MOSFET가 OFF되면, 드레인-소스 전압이 약 14[V]로 측정된다. ⓑ 게이트 구동전압이 약 3[V]에 이르면 MOSFET가 ON된다. ⓒ MOSFET가 ON되면, 드레인에서 소스로 전류가 흘러 LED가 점등된다. ⓓ MOSFET가 ON되면, 드레인-소스전압(오실로스코프 채널 2의 전압)도 0[V]로 떨어진다.

4.5 릴레이(Relay)

기계적인 스위치는 외부에서 가해지는 물리적인 힘에 의해 스위치의 ON/OFF 동작이 이루어지는 스위치를 말한다. 이에 비해 전자적인 스위치는 전류의 흐름과 차단 동작을 통해 스위치를 ON/OFF하는 것을 말한다. 이러한 전자적인 스위치는 반도체 스위치와 릴레이 종류의 스위치로 크게 나누어 생각할 수 있는데 반도체 스위치는 접점이 없이 반도체의 특성에 의해 동작되는 스위치라고 해서 무접점 스위치라고 부르며, 릴레이는 접점을 이용해 스위치 ON/OFF 기능을 수행한다고 해서 유접점 스위치라고 부른다.

그림 4.16은 일반적인 릴레이의 구조를 나타내는 그림으로 평소에는 릴레이 접점의 1번 핀과 9번 핀이 서로 연결되어 있는 구조이다. 이때 만약 철심에 감겨진 코일에 전류를 인가하면 철심이 자화되어 금속편을 잡고 있는 용수철의 탄성을 이길 정도의 힘이 발생하게 되어 철심 위에 있는 금속편을 아래로 잡아당기게 된다. 따라서 릴레이 1번 핀과 연결되어 있던 금속편(릴레이 9번 핀)이 1번 핀에서 떨어져 5번 핀으로 연결되게 된다. 이와 같이 릴레이는 금속편의 움직임에 의해 접점연결 위치가 변화하여 부하 전류가 흐르는 길을 바꿔주는 역할을 한다. 또한 코일의 전류를 차단하면 철심의 자화가 끝나기 때문에 금속편을 아래로 잡아당기는 힘이 없어지고 용수철에 의해 금속편이 원래 위치로 복원되어 9번 핀은 다시 1번 핀과 연결되는 동작을 한다. 이와 같이 코일에 전류를 인가하기 전에 서로 연결되어 있다가 전류를 인가하면 떨어지는 접점을 'b접점'(9번-1번)이라고 부르고, 반대로 전류를 인가하기 전에는 떨어져 있다가 전류를 인가하면 연결되는 접점을 'a접점'(9번-5번)이라고 부른다.

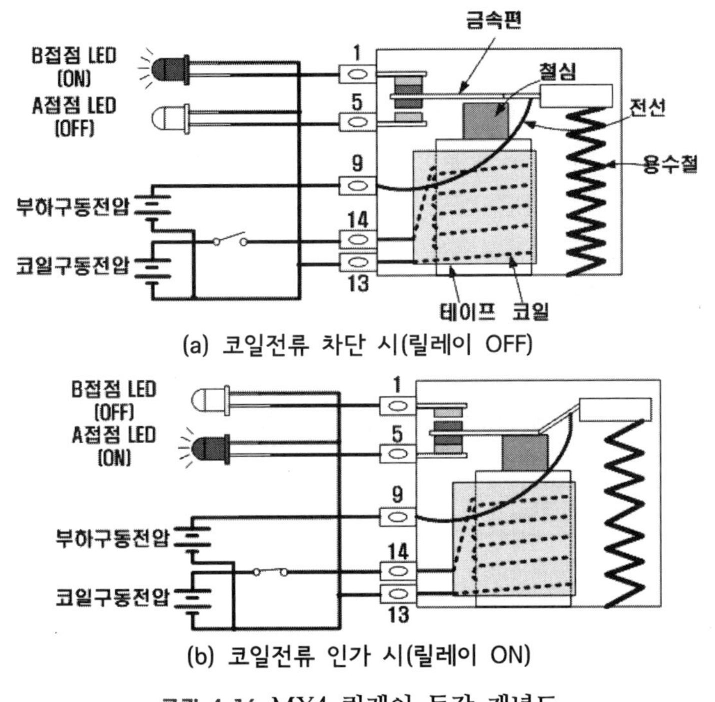

(a) 코일전류 차단 시(릴레이 OFF)

(b) 코일전류 인가 시(릴레이 ON)

그림 4.16 MY4 릴레이 동작 개념도

릴레이의 동작을 설명하기 위하여 그림 4.16과 같이 릴레이 외부에 LED를 연결한다. 먼저 DC 5[V]의 (+)와 코일 14번을 연결하는 스위치를 OFF시켜 코일에 전류를 인가하지 않은 경우, 즉 릴레이가 OFF된 경우에는 전류가 DC 5[V]의 (+)로부터 릴레이의 9번-1번 핀을 통해 b접점 LED로 흐르게 되어 b접점 LED가 점등된다. 그러나 릴레이 코일의 스위치를 ON시켜 릴레이가 ON되면 전류가 DC 5[V]의 (+)로부터 릴레이의 9번-5번 핀을 통해 a접점 LED로 흐르게 되어 a접점 LED가 점등된다.

그림과 같이 a접점이 4개, b접점이 4개로 쌍을 이루고 있는 릴레이를 MY4 타입의 릴레이라고 하는데 산업현장에서 가장 많이 사용되고 있는 릴레이 종류 중의 하나이다. 릴레이의 종류는 매우 많기 때문에 일일이 열거하기는 힘들지만 크게 기판형 릴레이, 표준형 릴레이, 파워용 릴레이로 구분하는데, 기판형 릴레이란 PCB 기판에 장착하여 사용할 수 있는 타입이며, 표준형 릴레이는 일반적으로 릴레이 소켓을 이용하여 기판 외부에 설치하여 사용하고, 파워용 릴레이는 역시 소켓을 이용하여 기판 외부에 설치하여 사용하게 되는데 접점의 용량이 큰 릴레이를 지칭한다.

또한 릴레이를 구분하는 중요한 사양은 접점의 개수와 코일의 동작전압이다. 접점의 개수는 흔히 1a(a접점 1개), 2a-2b(a접점 2개, b접점 2개), 4a-4b(a접점 4개, b접점 4개) 등과 같이 나타내는데 접점에 따라 종류가 다양하게 제공된다. 접점과 더불어 릴레이의 종류를 구분하는 것은 코일의 동작전압으로 DC 5[V], DC 12[V], DC 24[V], DC 48[V], DC 125[V] 등 직류전압을 공급하는 타입과 AC 110[V], AC 220[V] 등 교류전압을 공급하는 타입이 있다. 따라서 사용자는 시스템에 적합한 릴레이 타입을 선정해야 한다.

기/본/실/습 4-5. MY2 릴레이 동작 실습

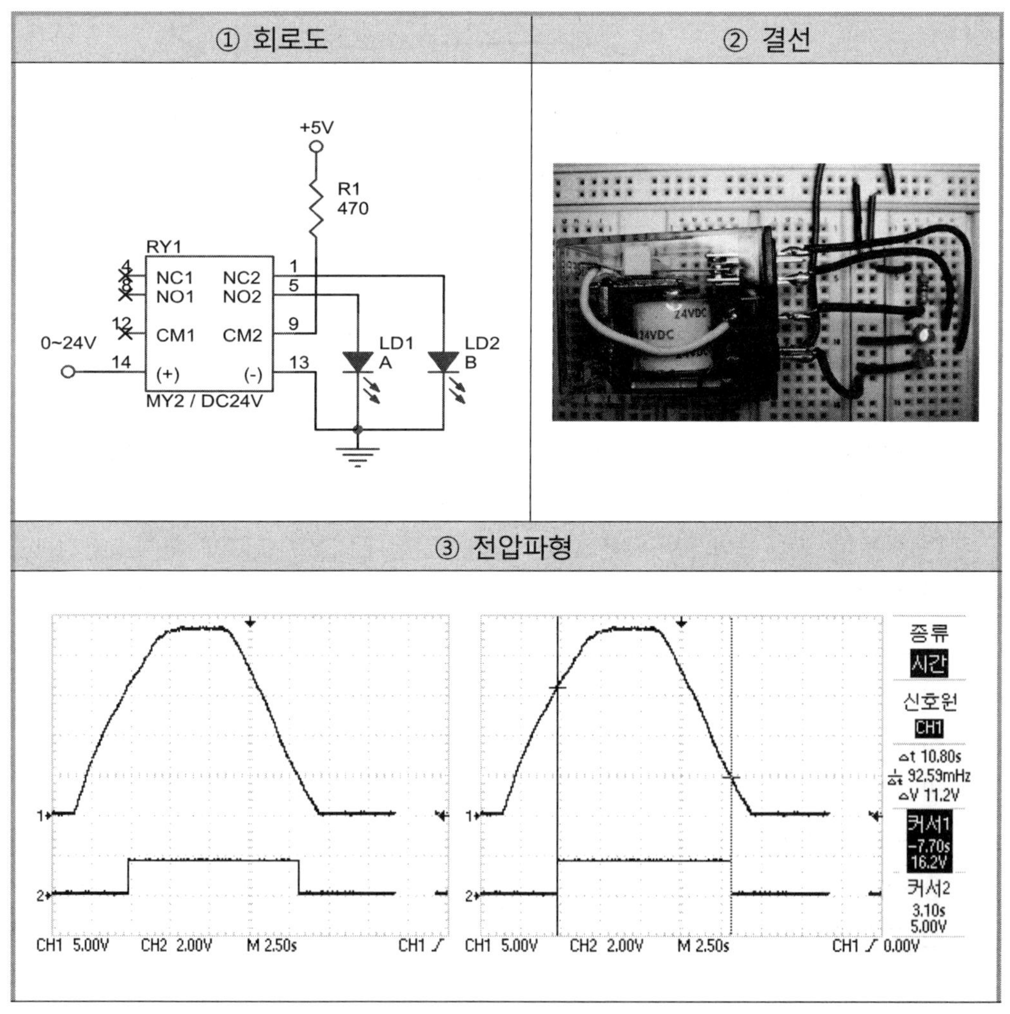

④ 실습과정

ⓐ 회로 결선 후 오실로스코프의 채널 1은 릴레이 코일전압에 채널 2는 RY_1의 5번 핀과 LD_1의 애노드 연결부분에 연결한다.

ⓑ 전원공급장치의 채널 2는 5[V]로 고정시키고, 채널 1은 0[V]로 맞춘 후 24[V]까지 서서히 증가시켰다가 다시 0[V]까지 감소시킨다.

ⓒ 릴레이 ON 전압(pick up 전압), 즉 LD_1이 점등될 때의 코일전압을 측정한다.

ⓓ 릴레이가 OFF되는 전압, 즉 LD_1이 소등될 때의 코일전압을 측정한다.

ⓔ 릴레이 ON 전압 및 OFF 전압을 정확하게 측정하기 위하여 오실로스코프의 커서 기능을 이용한다.

⑤ 실습결과 고찰

ⓐ 채널 2가 0[V]에서 2[V]로 변하는 순간이 릴레이가 ON되는 순간으로 커서1을 보면 16.2[V]에서 릴레이가 ON됨을 알 수 있다.

ⓑ 채널 2가 2[V]에서 0[V]로 변하는 순간이 릴레이가 OFF되는 순간으로 커서2를 보면 5[V]에서 릴레이가 OFF 됨을 알 수 있다.

ⓒ 코일전압이 DC 24[V]인 릴레이의 실제 ON 전압은 24[V] 이하인 약 16[V]에서 ON되며, OFF 전압은 매우 낮아 5[V]까지 낮춰야 OFF가 됨을 알 수 있다.

ⓓ 이와 같이 ON 전압과 OFF 전압이 차이가 있는 것은 릴레이 코일의 잔류자속에 의해 낮은 전압에서도 릴레이가 ON 상태를 유지하기 때문이다.

ⓔ 릴레이를 이용한 회로를 설계할 때에 정격 상의 코일전압과 실제 ON/OFF 전압 사이에 차이가 있음을 간과하고 회로를 설계하여 시스템이 오동작하는 경우가 발생하기도 하므로 주의해야 한다.

기/본/실/습 4-6. TQ2 릴레이 동작 실습

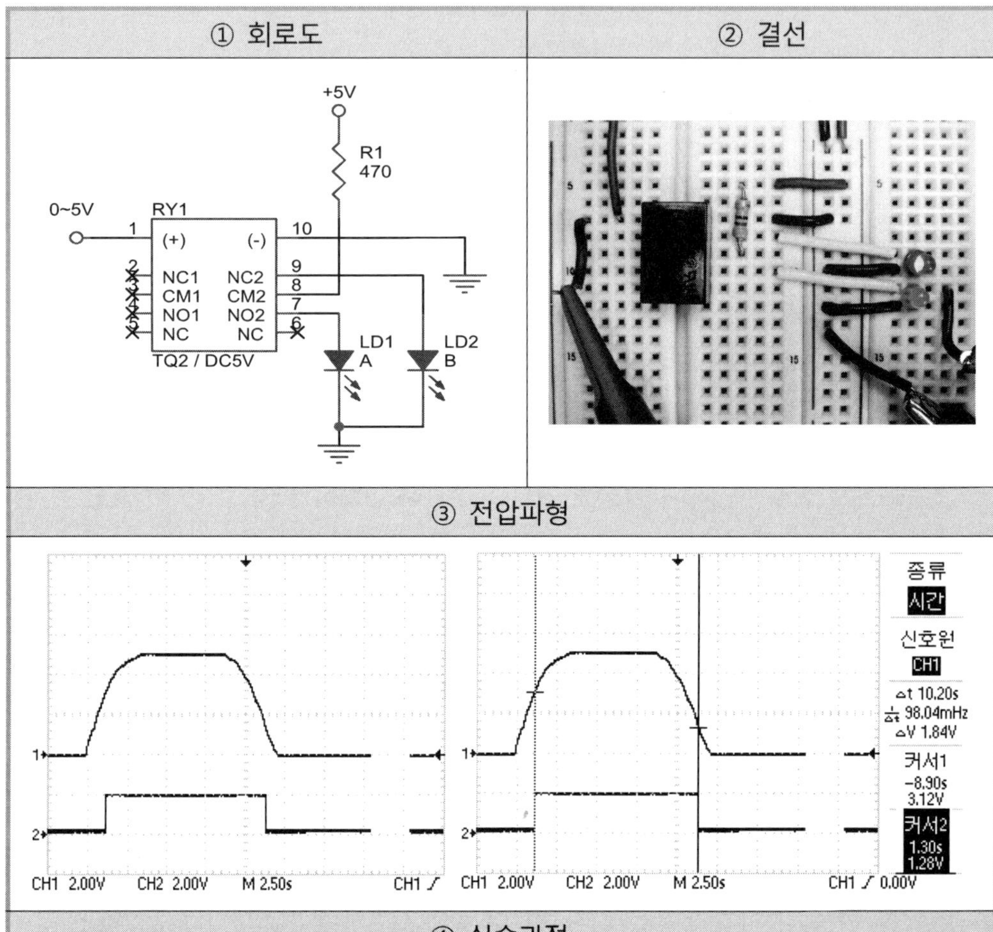

④ 실습과정

ⓐ 회로 결선 후 오실로스코프의 채널 1은 릴레이 코일전압에 채널 2는 RY_1의 7번 핀과 LD_1의 애노드 연결부분에 연결한다.

ⓑ 전원공급장치의 채널 2는 5[V]로 고정시키고, 채널 1은 0[V]로 맞춘 후 5[V]까지 서서히 증가시켰다가 다시 0[V]까지 감소시킨다.

ⓒ 릴레이 ON 전압(pick up 전압), 즉 LD_1이 점등될 때의 코일전압을 측정한다.

ⓓ 릴레이가 OFF되는 전압, 즉 LD_1이 소등될 때의 코일전압을 측정한다.

ⓔ 릴레이 ON 전압 및 OFF 전압을 정확하게 측정하기 위하여 오실로스코프의 커서 기능을 이용한다.

⑤ 실습결과 고찰

ⓐ 채널 2가 0[V]에서 2[V]로 변하는 순간이 릴레이가 ON되는 순간으로 커서1을 보면 3.12[V]에서 릴레이가 ON됨을 알 수 있다.

ⓑ 채널 2가 2[V]에서 0[V]로 변하는 순간이 릴레이가 OFF되는 순간으로 커서2를 보면 1.28[V]에서 릴레이가 OFF 됨을 알 수 있다.

ⓒ 코일전압이 DC 5[V]인 릴레이의 실제 ON 전압은 5[V] 이하인 3.12[V]에서 ON되며, OFF 전압은 매우 낮아 1.28[V]까지 낮춰야 OFF 됨을 알 수 있다.

ⓓ 이와 같이 모든 릴레이는 정격에 표시된 코일전압과 실제 ON/OFF 전압 사이에는 차이가 반드시 존재하기 때문에 회로 설계 시 주의하여야 한다.

릴레이는 철심에 감겨진 코일에 전류를 흘려 자속을 발생시킴으로써 동작되는 소자로서, 코일의 인덕턴스 성분에 의해 동작특성이 결정된다. 인덕턴스 성분이란 전류의 갑작스런 흐름을 방해하는 성질로써, 만일 인덕터에 흐르는 전류가 급한 기울기를 가지고 변화된다면 인덕터 양단간에는 매우 높은 기전력이 유기되어 높은 전압 스트레스를 발생하게 된다. 이러한 높은 전압 스트레스는 소자의 파괴 또는 노이즈를 일으키는 요인이 되기 때문에 전압 스트레스를 제거하기 위한 회로보완이 필요하다.

그림 4.17(a)는 역기전압 방지용 다이오드를 추가하지 않았을 때의 릴레이 코일에 흐르는 전류를 나타내는 그림인데, 릴레이를 OFF시키게 되면 전류가 흐를 수 있는 경로가 전혀 없기 때문에 전류가 바로 '0'까지 떨어지게 된다. 이때 인덕터 L에는 식 (4.3)과 같이 전압 $v_L(t)$가 유기되는데, 전류 $i_L(t)$가 급작스럽게 '0'으로 변하게 되므로 전류 파형의 변화율, 즉, $di_L(t)/dt$가 커지게 되어 매우 높은 역기전압 $v_L(t)$가 코일 양단간에 유기된다. 여기서 부호가 (-)라는 의미는 에너지를 저장할 때와 반대방향으로 역기전압이 발생됨을 의미한다.

$$v_L(t) = -L\frac{di_L(t)}{dt} \tag{4.3}$$

이에 비해 그림 4.17(b)는 역기전압 방지용 다이오드를 연결했을 때의 그림으로서, 릴레이가 OFF되면 인덕터 L에 저장되었던 에너지가 전압의 극성이 반대방향으로 바뀌면서 다이오드를 통해 전류 $i_L(t)$가 계속 흐르게 된다. 이때 전류의 방향을 에너지를 저장할 때와 마찬가지의 방향으로 흐르게 되며, 코일에 포함된 내부 저항에 의해 방출되는 에너지가 자체적으로 소비되어 일정시간이 경과한 뒤에는 $i_L(t) = 0$ 상태가 되어 더 이상 전류가 흐르지 않고 완전히 릴레이가 OFF된다. 다이오드를 통해 전류가 흐르는 시간의 절대적인 길이는 길지 않지만 다이오드가 없을 때 곧바로 '0'까지 감소하는 것에 비해서는 상대적으로 긴 시간이라고 할 수 있다. 따라서 $di_L(t)/dt$가 크지 않기 때문에 과도한 역기전압이 유도되지 않고 무시할 수 있을 정도의 낮은 역기전압만 발생하게 되어 전체 회로동작에 영향을 미치지 않게 된다.

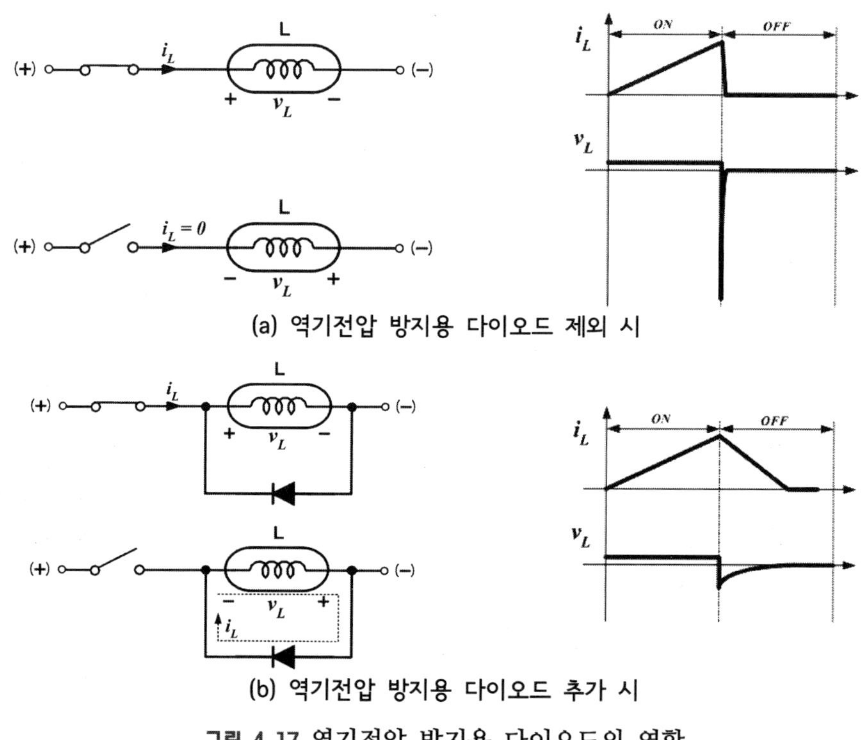

그림 4.17 역기전압 방지용 다이오드의 역할

기본실습 4-7은 릴레이 코일에 포함된 인덕턴스 성분에 의해 높은 전압 스트레스가 발생하는 것과 이를 해결하기 위한 방법을 제시하는 실습이다. 먼저 다이오드 D_1이 연결되지 않은 ①번 회로 및 파형을 살펴보면, 릴레이가 ON되어 있는 상태에서 스위치 S_1을 OFF시키게 되면 릴레이 코일에 흐르던 전류가 순간적으로 '0'까지 떨어지게 되므로, 릴레이 코일 인덕턴스에 저장되어 있던 에너지가 시간을 두고 자연스럽게 방출되지 못하고, 순간적으로 모든 에너지를 집중적으로 방출하기 때문에 매우 큰 역기전압이 릴레이 코일의 양단에 유기된다. 이러한 역기전압이 높은 경우에는 불꽃이 발생할 정도이며, 이와 같은 현상이 지속되면 주변 소자의 전압 스트레스에 대한 피로도를 높여 결국에는 소자가 파괴되는 경우가 발생하기도 하고, 매우 높은 전압으로 인해 주변에 노이즈를 발생시켜 회로의 동작을 왜곡시키는 경우도 발생한다.

이와 같은 역기전압 문제를 해결하기 위해 기본실습 4-7의 ②번 회로와 같이 릴레이 코일의 양단에 역방향으로 다이오드 D_1을 병렬연결한다. 다이오드 D_1을 연결하게 되면 스위치 S_1이 OFF가 될 때 릴레이 코일의 인덕턴스에 저장되어 있던 에너지가 릴레이 코일 양단간의 전압극성이 반대로 변하면서 에너지가 모두 소비될 때까지 다이오드 D_1을 통해 환류(Freewheeling)하게 되어 전압 스트레스가 발생하지 않게 되며, 이러한 역기전압 방지용 다이오드를 환류 다이오드라고도 한다.

한 가지 주의해야 할 점은 릴레이 코일전압이 AC인 릴레이를 사용할 때에는 환류 다이오드를 연결하지 말아야 하며, 코일전압이 DC인 릴레이에 대해서만 환류 다이오드가 필요하다는 점에 주의해야 한다.

기/본/실/습 4-7. 릴레이 코일의 역기전압 저감대책을 위한 실습

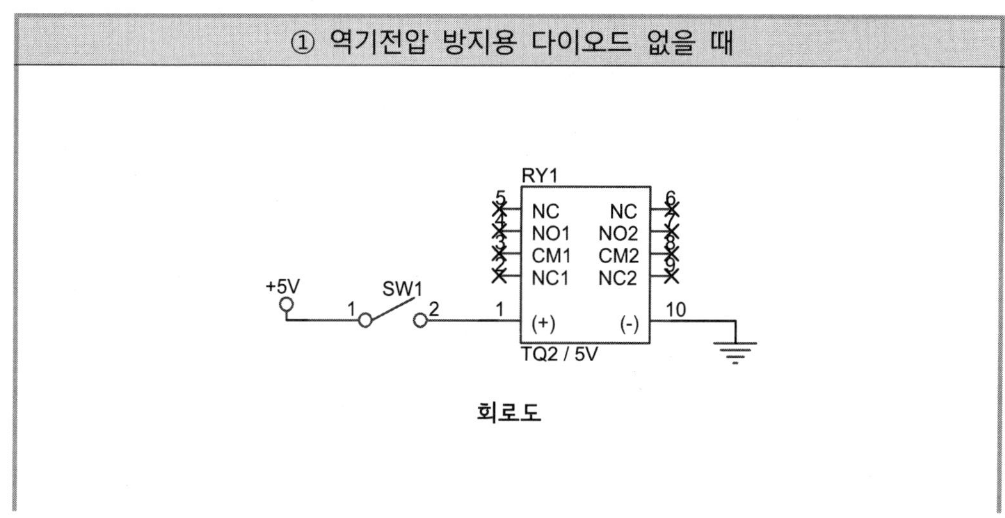

회로도

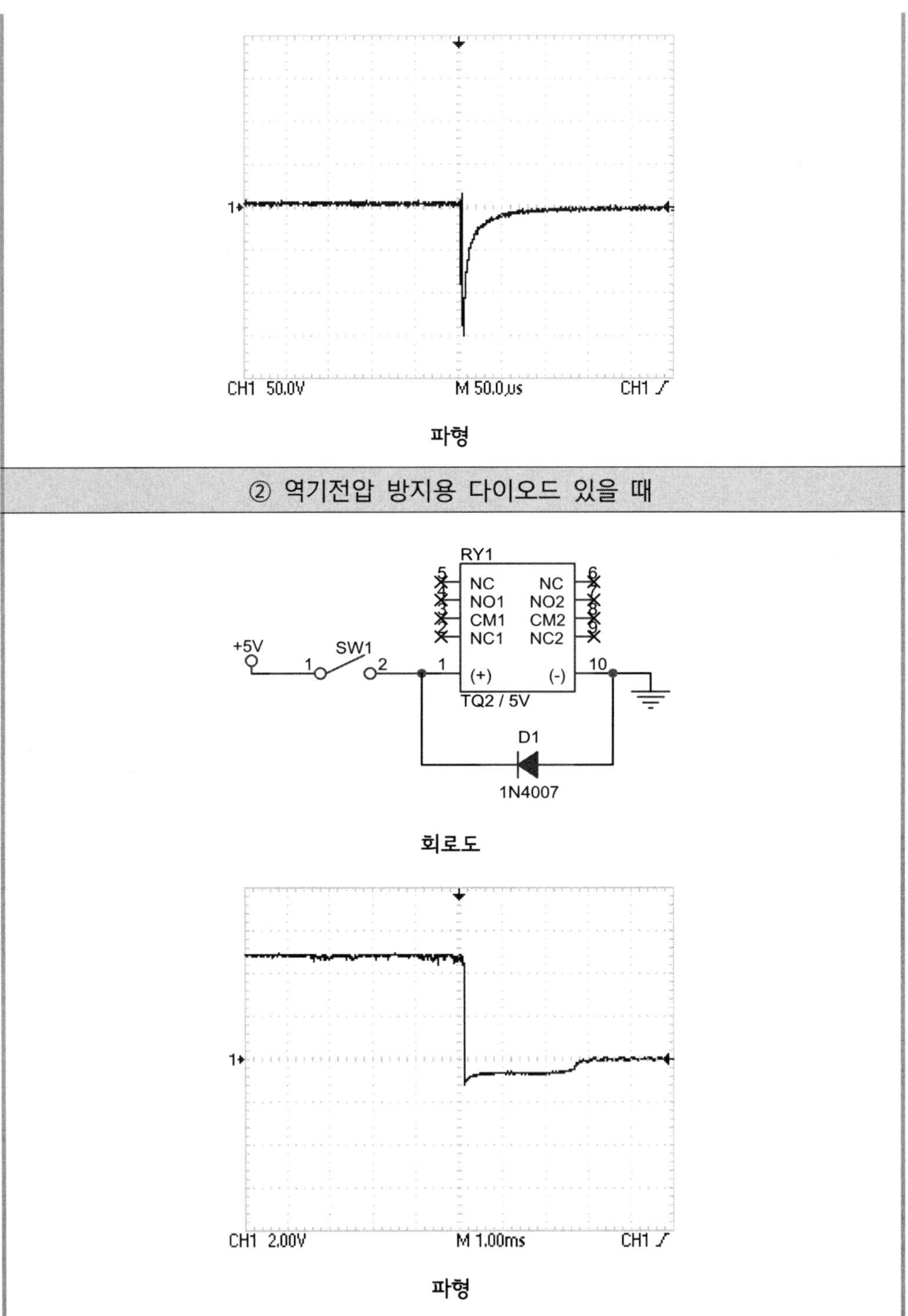
CH1 50.0V
M 50.0μs
CH1 ⁄
② 역기전압 방지용 다이오드 있을 때
RY1
NC
NO1
CM1
NC1
NC
NO2
CM2
NC2
+5V
SW1
(+)
(-)
TQ2 / 5V
D1
1N4007
CH1 2.00V
M 1.00ms
CH1 ⁄

파형

회로도

파형

③ 실습과정

ⓐ 역기전압 방지용 다이오드를 연결하지 않은 상태에서 릴레이 코일에 연결된 스위치 SW_1을 ON하게 릴레이를 ON 시킨다.

ⓑ 스위치 SW_1을 OFF시키면서 릴레이 코일양단의 전압을 측정한다.

ⓒ 릴레이가 양단에 역기전압 방지용 다이오드를 역병렬로 연결한 후 스위치 SW_1을 ON한다.

ⓓ 스위치 SW_1을 OFF시키면서 릴레이 코일양단의 전압을 측정한다.

④ 실습결과 고찰

ⓐ 역기전압 방지용 다이오드를 연결하지 않은 상태에서 스위치를 OFF시켜 릴레이를 OFF시키면 릴레이 코일의 인덕턴스에 저장되어 있던 에너지가 매우 짧은 시간에 한꺼번에 방출이 되기 때문에 매우 높은 전압 스트레스가 발생한다. 측정된 파형을 관찰하면, 약 100[μs] 동안의 짧은 순간에 저장된 에너지를 방출하며, 최대 전압값은 약 150[V]로 매우 높게 나타남을 알 수 있다.

ⓑ 역기전압 방지용 다이오드를 연결한 상태에서는 약 280[ms]의 상대적으로 긴 시간동안 에너지를 방출하게 되며, 최대 전압값도 1[V] 가량으로 매우 낮게 측정됨을 알 수 있다.

ⓒ 릴레이 코일의 양단에 역병렬로 연결되는 다이오드는 릴레이를 OFF하기 위하여 코일에 인가되는 전류를 차단할 때, 릴레이 코일의 내부 인덕턴스에 저장되어 있는 에너지를 방출하기 위한 경로를 제공한다. 따라서 릴레이 코일의 전류가 곧바로 '0'으로 떨어지는 것이 아니라 다이오드를 통해 짧은 시간동안 흘러 높은 전압 스트레스가 발생하는 것을 방지한다.

CHAPTER

05 디지털 논리회로

5.1 디지털 논리회로란?

디지털 논리회로는 'high' 또는 'low'의 2가지 상태로만 표현되는 디지털 신호에 대해 논리적인 연산을 수행하는 회로를 말하는 것으로 NOT, AND, OR, NAND, NOR, EX-OR, EX-NOR 등을 '기본 논리회로'라고 부른다.

그렇다면 '디지털 신호', '논리적인 연산', 이러한 말들은 무슨 의미일까?

이러한 말을 이해하기 위해서는 먼저 '디지털(Digital)'과 '아날로그(Analog)'의 개념을 이해해야 한다. 흔히 '아날로그'라는 말을 사전에서 찾아보면 '어떤 자료를 연속적인 물리량으로 표현하는 방식'이라 설명하고, '디지털'이라는 말은 '어떤 자료를 유한한 자릿수의 숫자로 표현하는 방식'이라고 설명하고 있는데, 두 개념의 가장 큰 차이는 어떤 물리량을 표현하는데 있어서 연속적인 값으로 표현할 것인지, 아니면 중간값을 생략하고 미리 정해진 기준에 따라 유한한 숫자 또는 기호로 표현할 것인지에 있다고 볼 수 있다.

그림 5.1(a), (b)는 아날로그 및 디지털의 개념을 설명하기 위해 1번부터 7번까지 학생의 교문통과 시간을 기본 자료로 하여 아날로그 및 디지털 방식으로 표현한 것으로, 표현 방식에 의해 표의 제목부터 달라져야 함을 알 수 있다. 즉, 아날로그 방식의 표현에서는 '학생 등교시간'이라는 제목이 어울리지만 디지털로 표현했을 때에는 등교시간 자체가 중요한 것이 아니라 지각기준에 의해 지각을 했는지 혹은 안했는지에 대해 표현의 초점이 맞춰지기 때문에 제목도 '학생 등교시간' 보다는 '학생 지각상황'이라는 표현이 더 어울린다고 할 수 있다. 월요일의 경우 4번, 7번 학생은 기준시간 내에 등교했기 때문에 정상 판정을 받은 반면에 2번 학생의 경우

에는 단 1초가 늦어 지각 판정을 받게 되었는데, 디지털의 개념에서는 단 1초건, 1시간이건 상관없이 기준시간 이내인지 여부만을 판정하게 된다. 또한 2번 학생의 경우 월요일에 비해 화요일에는 1분 58초 더 늦게 도착했지만 화요일은 지각이 아니라 정상 판정을 받았는데, 그 이유는 화요일의 지각기준시간이 8시 2분으로 변했기 때문이다. 이와 같이 디지털이란 어떤 정해진 기준에 의해 기준보다 큰지 혹은 작은지 여부를 판정하여 해당되는 표현으로 표시하는 방식으로써, 디지털 논리회로에서는 전압의 크기를 디지털적으로 표현하는데 기준전압보다 높을 때에는 'high' 또는 '1', 낮을 때에는 'low' 또는 '0'으로 표현한다. 그림 5.1(c)는 기준 전압을 1.5[V]로 설정하였을 때 디지털 신호의 변동에 대한 디지털 논리의 표현방식을 나타낸 그림이다.

	1번	2번	3번	4번	5번	6번	7번	비고
월요일	07:56:02	08:00:01	07:45:22	08:00:00	07:57:38	08:03:02	08:00:00	
화요일	08:01:02	08:01:59	07:45:00	07:58:53	07:50:41	08:02:02	08:05:28	

(a) 학생 등교시간 (아날로그 방식)

	1번	2번	3번	4번	5번	6번	7번	지각기준
월요일	정상	지각	정상	정상	정상	지각	정상	8시 정각까지만 지각이 아님
화요일	정상	정상	정상	정상	정상	지각	지각	8시 2분까지만 지각이 아님

(b) 학생 지각상황 (디지털 방식)

		측정1	측정2	측정3	측정4	측정5	high 기준
아날로그전압		1.49[V]	1.50[V]	2.35[V]	1.27[V]	0.76[V]	
디지털 논리회로	논리	low	high	high	low	low	1.5[V] 이상
		0	1	1	0	0	
	전압	0[V]	5[V]	5[V]	0[V]	0[V]	

(c) 디지털 논리회로의 표현

그림 5.1 아날로그 및 디지털의 개념

이와 같은 디지털 논리의 개념은 논리게이트 IC를 이용한 하드웨어 설계 시 뿐만 아니라 마이크로프로세서 또는 PLC 등의 프로그램 작성, 센서 신호 처리 등의 모든 디지털 회로에서 모두 사용되는 매우 중요한 개념이다.

이제 디지털의 개념에 대해 이해했으므로 디지털 논리회로에 대해 설명하면, 디지털 논리회로란 high/low로 표현되는 디지털 신호들 간의 논리적인 연산을 행하는 것으로, 예를 들면 앞의 학생 지각 상황표에서 '월요일, 화요일 모두 지각한 사람', '적어도 하루를 지각한 사람' 등과 같이 어떤 조건을 제시하면 이에 해당하는 결과가 도출되는데 이러한 것을 '디지털 논리연산'이라고 하며, 이 동작을 회로로 구성한 것을 '디지털 논리회로'라고 한다.

기/본/실/습 5-1. 디지털 개념 실습

① 회로도	② 결선

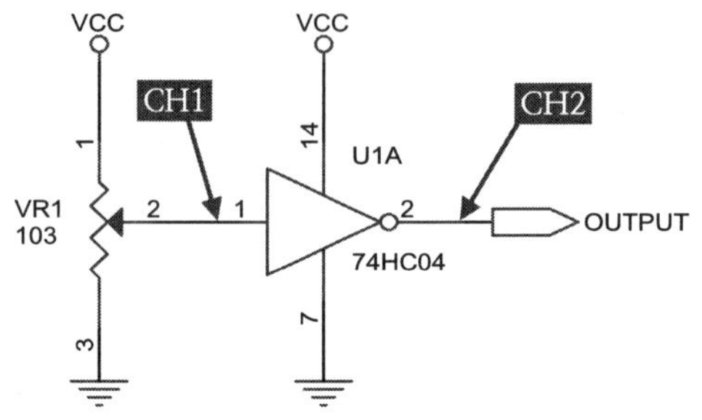

③ 전압파형

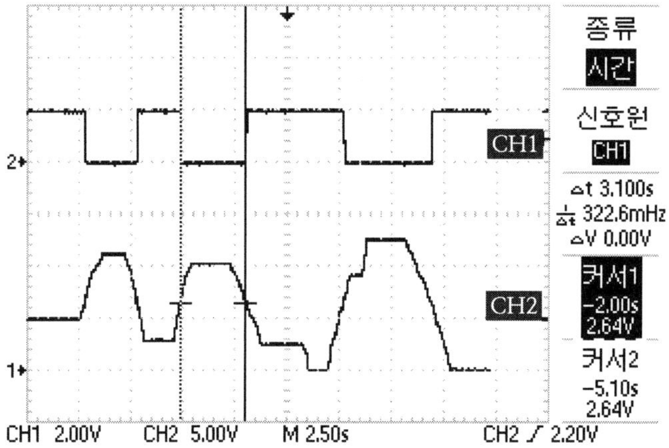

④ 실습과정

ⓐ 회로 결선한 후 오실로스코프의 채널 1은 NOT 게이트의 입력(U_1#①), 채널 2는 출력(U_1#②)에 연결한다.

ⓑ 가변저항을 조정해 입력전압을 변화시키면서 출력전압파형을 관찰한다.

ⓒ 출력전압이 high → low, low → high로 변할 때 기준이 되는 전압을 측정한다.

⑤ 실습결과 고찰

ⓐ 입력전압이 2.64[V]를 기준으로 2.64[V] 이상일 때에는 입력을 high로 인식해 출력이 low(0[V])가 되고, 2.64[V] 이하일 때에는 입력을 low로 인식해 출력이 high(5[V])가 됨을 알 수 있다.

기본실습 5-1은 디지털의 개념을 이해하기 위한 실습으로 가변저항을 이용하여 NOT 게이트에 입력되는 입력전압을 변화시키면서 출력파형을 관찰하면 2.64[V]를 기준으로 출력이 high 또는 low로 상태가 변화됨을 알 수 있다. 따라서 본 실습의 NOT 게이트는 2.64[V] 보다 낮을 때에는 low로 인식되며, 2.64[V] 보다 높을 때에는 high 상태로 인식함을 알 수 있다.

5.2 74 시리즈 논리게이트

가. 바이어스 전압

논리게이트란 디지털 논리 연산을 수행하는 회로를 집적화시켜 IC(Integrated Circuit : 집적회로)로 제작한 것을 말하는데, 모델 번호가 '74'로 시작하여 흔히 '74 시리즈 IC'라고 부르기도 한다. '54'로 시작하는 모델도 있는데, 이 모델은 온도, 습도 특성이 뛰어나기 때문에 야외에서 동작되는 시스템에 적합하여 'military spec' 적용 시 사용한다.

논리게이트는 반도체 소자로 이루어져 있기 때문에 이를 동작시키기 위해서는 바이어스 전압을 인가해야 하는데, 가전제품을 동작시키기 위해서는 먼저 전원을 인가한 후에 필요한 버튼을 눌러 동작시키는 것과 마찬가지로 논리게이트에서도 바이어스 전압을 먼저 인가한 후에 입력신호를 인가해야만 정상적인 출력동작이 이루어지게 된다. 일반적으로 14핀 74 시리즈 기본 논리게이트의 경우 14번 핀에 V_{CC}를 7번 핀에 GND를 연결해야 하는데, 회로도에 생략하는 경우가 많이 있어 논리게이트를 처음 접하는 사람들이 한번쯤은 결선을 누락하는 실수를 범하는 경우가 종종 발생한다. 따라서 14핀 74 시리즈 기본 논리게이트를 사용할 때에는 먼저 V_{CC}와 GND를 결선해 놓고 나머지 입출력을 결선하는 것이 필요하다.

바이어스 전압과 관련하여 한 가지 주의해야 할 사항은 디지털 논리회로에서 'high' 또는 '1'의 경우 '5[V]'로 표시하고 'low' 또는 '0'의 경우에는 '0[V]'로 표시했지만, 이 전압은 항상 '5[V]' 또는 '0[V]'로 고정된 것이 아니라 논리게이트 IC의 종류에 따라 공급해야 할 전압이 달라진다는 점이다. 예를 들어 CMOS 논리게이트 IC의 경우에는 바이어스 전압을 15[V]를 인가하게 되는데, 이때 'high'의 전압값은 15[V], 'low'의 전압값은 0[V]가 되며, OP 앰프회로의 경우 (-) 바이어스 전압을 인가하면 'low'의 전압값이 해당 (-)전압값(예를 들면 -5[V], -15[V])으로 설정되는 경우도 있다.

나. 74LS 시리즈와 74HC 시리즈

논리게이트를 이용해 실험하기 위해서는 먼저 논리게이트의 구조에 대해 이해할 필요가 있는데, 논리게이트는 IC 내부회로의 구조에 따라 TTL(Transistor Transistor Logic) 타입과 CMOS(Complementary Metal Oxide Semiconductor) 타입으로 구분되며, 두 타입의 특징은 표 5.1의 내용과 같다.

표 5.1 TTL과 CMOS 타입 비교

항목	TTL	CMOS
전원전압	4.75 ~ 5.25[V]	3 ~ 18[V]
문턱전압	1.2 ~ 1.4[V]	전원전압의 약 50%
소비전류	[mA] 레벨	[nA] 레벨
온도범위	0 ~ 70[℃]	-40 ~ 85[℃]
장점	전달 지연 시간이 짧음	구조 간단, 집적화가 용이
단점	선로 임피던스 영향 큼 소비전력 큼	정전기에 약함
종류	LS, ALS, S, AS, AL, H 시리즈	HC, HCT, AC, ACT, F 시리즈

TTL 타입은 트랜지스터를 이용하여 회로를 구성한 것으로 성능이 우수하고 종류가 다양하며 가격이 저렴한 장점이 있는 반면에, CMOS 타입은 FET를 이용하여 소비전력이 작고, 사용전압 범위가 넓은 장점이 있다.

이와 같이 두 타입의 특징이 다르기 때문에 회로 설계 시 주의해야 하는데, 특히 두 타입의 전원전압 및 문턱전압의 크기가 다른 점에 주의를 기울이지 않아 회로가 오동작하는 경우가 종종 발생한다.

기본실습 5-2는 딥 스위치를 이용하여 NOT 게이트에 high 또는 low 입력신호를 인가한 후에 출력상태를 관측하는 실습으로 74LS04를 이용할 때와 74HC04를 이용할 때의 출력 파형을 비교하였다. 5[V]의 바이어스 전압을 똑같이 인가한 상태에서 74LS04의 경우에는 출력이 high 상태일 때 4.28[V]인 것에 비해 74HC04의 경우에는 정확하게 5[V]로 측정되어 약 0.7[V] 가량의 차이가 발생하는 것을 알 수 있는데, 이렇게 high 상태일 때의 출력전압에 차이가 발생하는 이유는 74LS04는 TTL, 74HC04는 CMOS 타입으로 내부회로 구조가 다르기 때문이다. TTL 타입은 트랜지스터의 ON 시 발생하는 전압강하 때문에 high 상태 전압이 0.7[V] 가량 떨어지지만 CMOS 타입은 컴플리멘터리 구조이기 때문에 내부 전압강하가 발생하지 않는다. 논리게이트를 이용하여 회로를 설계할 때에 유의해야 할 점이다.

기/본/실/습 5-2. 74LS와 74HC 차이 비교 실습

① 회로도	② 결선
VCC, R1 2k, SW1 INPUT, VCC, U1A, 74HC04, OUTPUT	

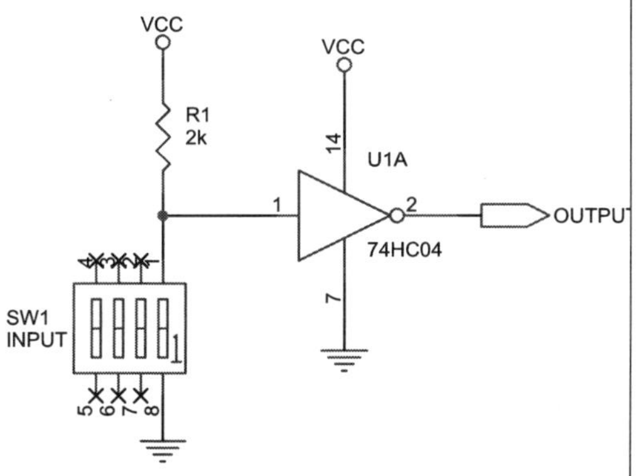

③ 전압파형

<74LS04 사용시>

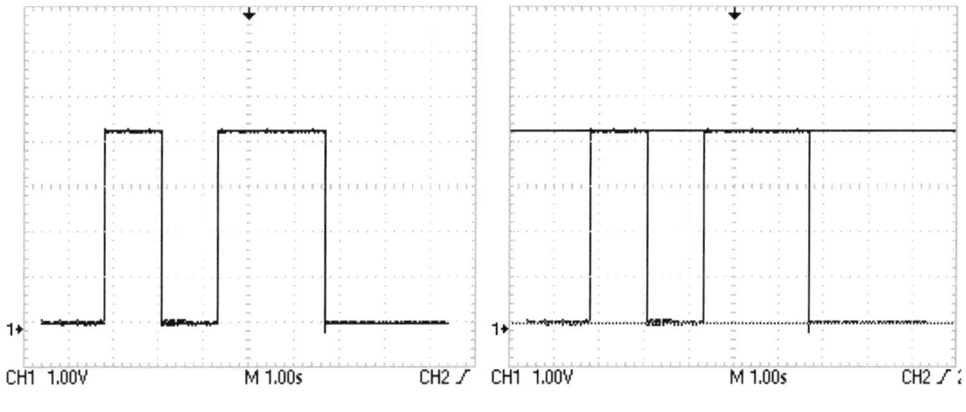

CH1 1.00V M 1.00s CH2 ⌐

CH1 1.00V M 1.00s CH2 ⌐

<74HC04 사용시>

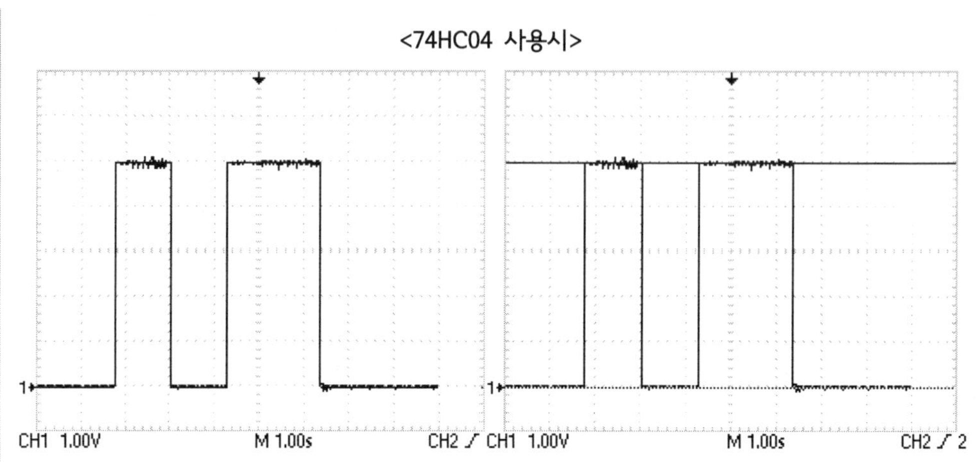

④ 실습과정

ⓐ 74LS04를 이용하여 회로를 결선한 후 오실로스코프의 채널 1을 NOT 게이트의 출력(U_1#②)에 연결한다.

ⓑ 딥 스위치 1번을 ON/OFF하면서 출력전압파형을 관찰한다. high 상태일 때의 전압의 크기를 측정한다.

ⓒ NOT 게이트를 74HC04로 바꾸어 동일한 실험을 한다.

⑤ 실습결과 고찰

ⓐ 딥 스위치 1번을 ON하면 NOT 게이트의 입력단자(U_1#①)에 low 신호가 입력되어 출력단자(U_1#②)의 전압은 high 상태가 되며, 반대로 딥 스위치를 OFF하면 입력이 high가 되어 출력은 low 상태가 된다.

ⓑ 74LS04를 사용할 때에는 high 전압이 약 4.3[V]이지만, 74HC04를 사용할 때에는 5[V]가 됨을 알 수 있는데, 이는 TTL 구조인 74LS 계열과 CMOS 구조인 74HC 계열의 내부 구조적인 차이로 인해 발생하는 현상이다.

5.3 기본 논리게이트

기본 논리게이트는 입력신호를 논리연산하는 IC를 말하며, 많은 종류의 논리게이트가 있지만 NOT, AND, OR, NAND, NOR, EX-OR, EX-NOR 등에 대해서 살펴본다.

<table>
<tr><th>기 호</th><th>논리식</th><th>진리표</th><th>핀배치</th></tr>
<tr>
<td>NOT 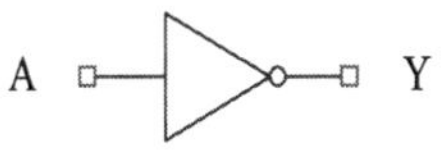
A Y</td>
<td>$Y=\overline{A}$</td>
<td><table><tr><th>입력</th><th>출력</th></tr><tr><th>A</th><th>Y</th></tr><tr><td>0</td><td>1</td></tr><tr><td>1</td><td>0</td></tr></table></td>
<td>1A 1 · 14 VCC
1Y 2 · 13 6A
2A 3 · 12 6Y
2Y 4 · 11 5A
3A 5 · 10 5Y
3Y 6 · 9 4A
GND 7 · 8 4Y</td>
</tr>
<tr>
<td>AND
 A
B Y</td>
<td>$Y=A \cdot B$</td>
<td><table><tr><th colspan="2">입력</th><th>출력</th></tr><tr><th>A</th><th>B</th><th>Y</th></tr><tr><td>0</td><td>0</td><td>0</td></tr><tr><td>0</td><td>1</td><td>0</td></tr><tr><td>1</td><td>0</td><td>0</td></tr><tr><td>1</td><td>1</td><td>1</td></tr></table></td>
<td>1A 1 · 14 VCC
1B 2 · 13 4B
1Y 3 · 12 4A
2A 4 · 11 4Y
2B 5 · 10 3B
2Y 6 · 9 3A
GND 7 · 8 3Y</td>
</tr>
<tr>
<td>OR
 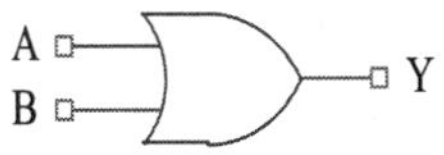A
B Y</td>
<td>$Y=A+B$</td>
<td><table><tr><th colspan="2">입력</th><th>출력</th></tr><tr><th>A</th><th>B</th><th>Y</th></tr><tr><td>0</td><td>0</td><td>0</td></tr><tr><td>0</td><td>1</td><td>1</td></tr><tr><td>1</td><td>0</td><td>1</td></tr><tr><td>1</td><td>1</td><td>1</td></tr></table></td>
<td>1A 1 · 14 VCC
1B 2 · 13 4B
1Y 3 · 12 4A
2A 4 · 11 4Y
2B 5 · 10 3B
2Y 6 · 9 3A
GND 7 · 8 3Y</td>
</tr>
</table>

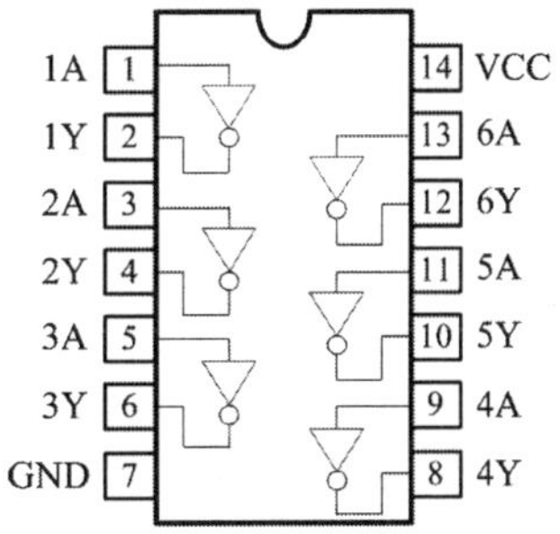

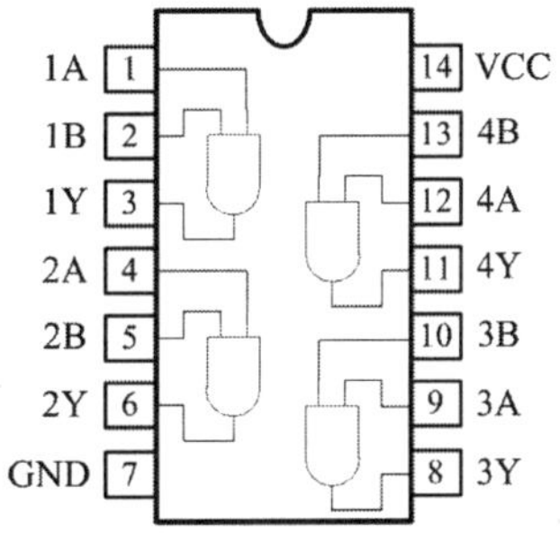

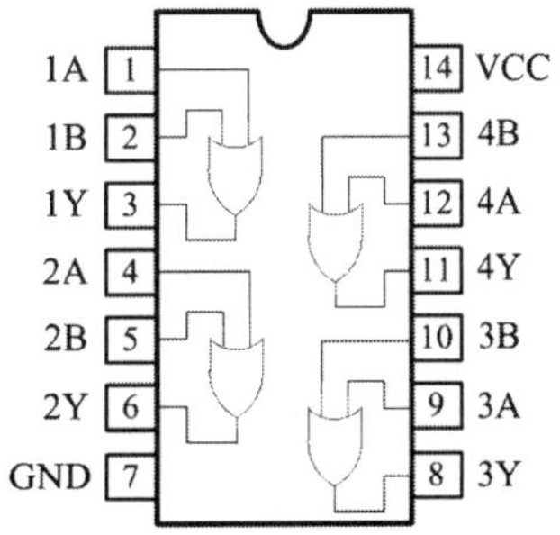

기 호	논리식	진리표	핀배치
NAND 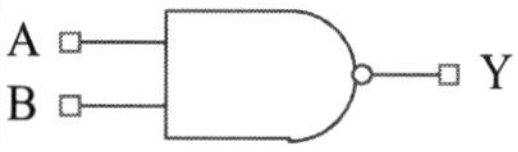 A, B → Y	$Y=\overline{A \cdot B}$	입력: A B / 출력: Y 0 0 1 0 1 1 1 0 1 1 1 0	1A 1 / 14 VCC 1B 2 / 13 4B 1Y 3 / 12 4A 2A 4 / 11 4Y 2B 5 / 10 3B 2Y 6 / 9 3A GND 7 / 8 3Y
NOR A, B → Y	$Y=\overline{A+B}$	입력: A B / 출력: Y 0 0 1 0 1 0 1 0 0 1 1 0	1Y 1 / 14 VCC 1A 2 / 13 4Y 1B 3 / 12 4B 2Y 4 / 11 4A 2A 5 / 10 3Y 2B 6 / 9 3B GND 7 / 8 3A
EX-OR A, B → Y	$Y=A\oplus B$	입력: A B / 출력: Y 0 0 0 0 1 1 1 0 1 1 1 0	1A 1 / 14 VCC 1B 2 / 13 4B 1Y 3 / 12 4A 2A 4 / 11 4Y 2B 5 / 10 3B 2Y 6 / 9 3A GND 7 / 8 3Y
EX-NOR A, B → Y	$Y=A\odot B$	입력: A B / 출력: Y 0 0 1 0 1 0 1 0 0 1 1 1	1A 1 / 14 VCC 1B 2 / 13 4A 1Y 3 / 12 4B 2Y 4 / 11 4Y 2B 5 / 10 3Y 2A 6 / 9 3B GND 7 / 8 3A

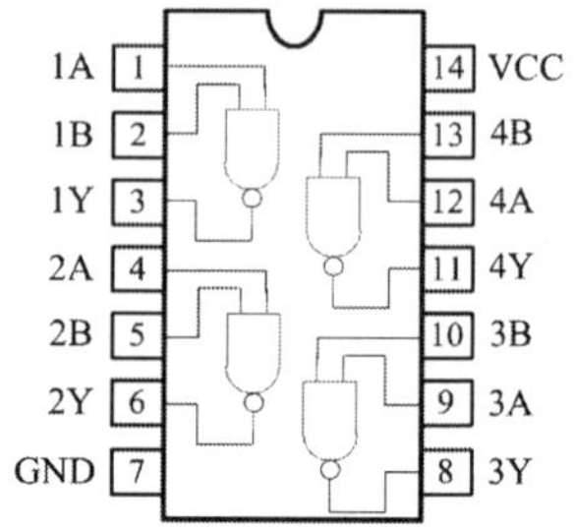

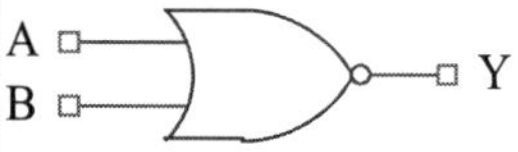

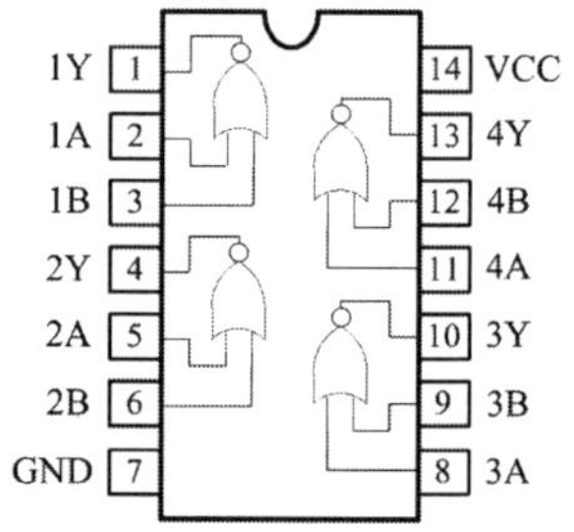

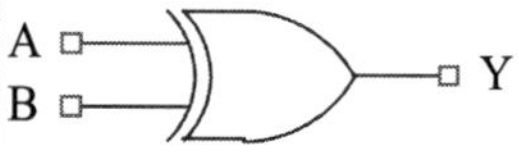

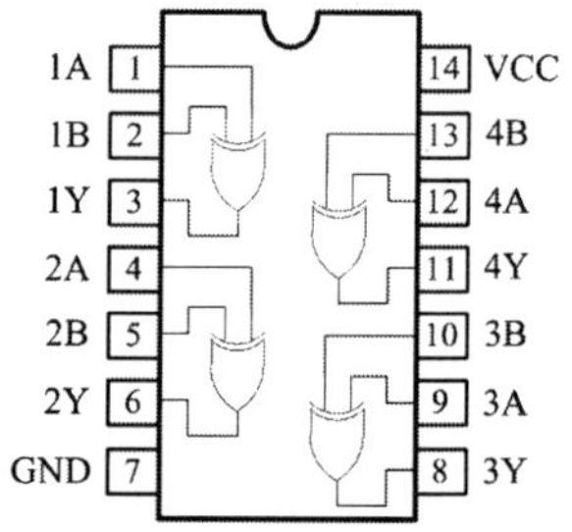

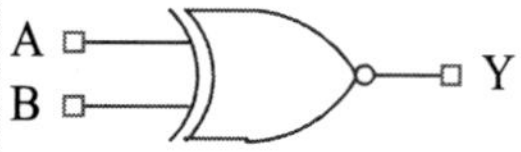

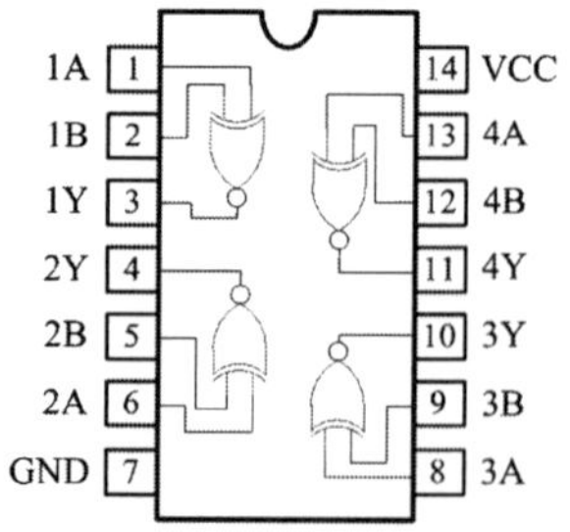

기/본/실/습 5-3. 논리게이트 실습

① 회로도

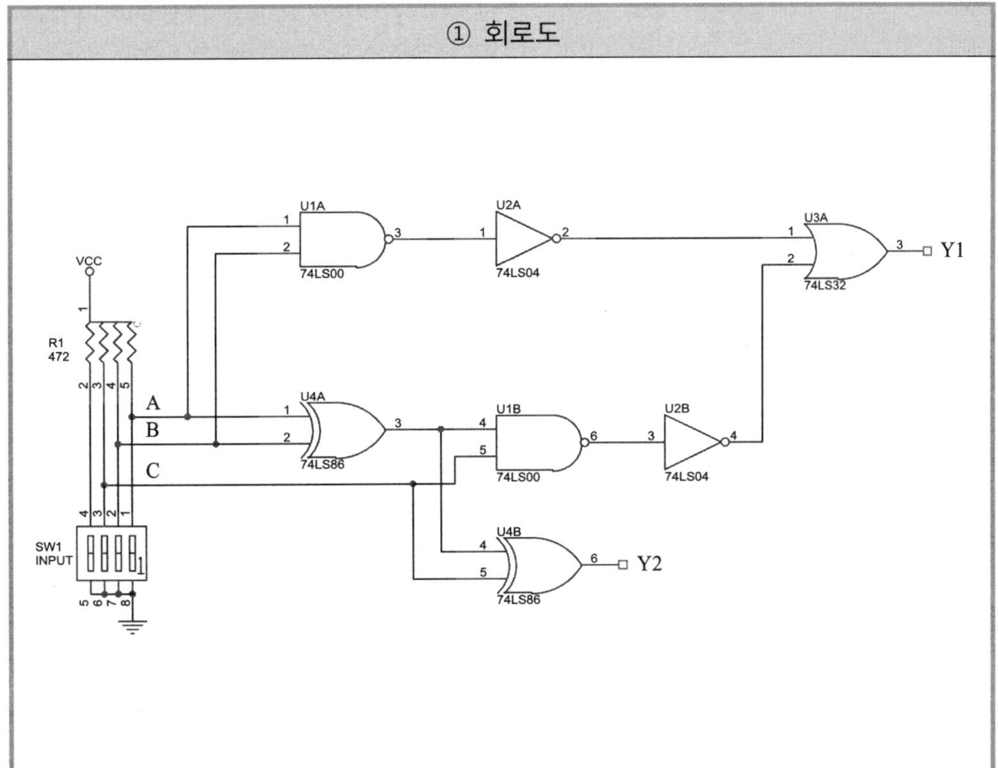

② 진리표

입력			출력	
A	B	C	Y1	Y2
0	0	0		
0	0	1		
0	1	0		
0	1	1		
1	0	0		
1	0	1		
1	1	0		
1	1	1		

③ 실습 과정

ⓐ 실험 전에 진리표를 미리 작성한다.

ⓑ 딥 스위치 1번을 ON/OFF하면서 출력 전압파형을 관찰하여 작성된 진리표와 일치하는지 확인한다.

06 실습에 활용되는 주요 소자

6.1 7 세그먼트

7 세그먼트는 LED 7개를 숫자모양을 구성할 수 있도록 배치하여 각각의 LED를 점등 또는 소등함으로써 전체적인 숫자를 표시하는 소자로서, 숫자용 LED 7개와 점을 표시하는 LED 1개로 구성되어 있다.

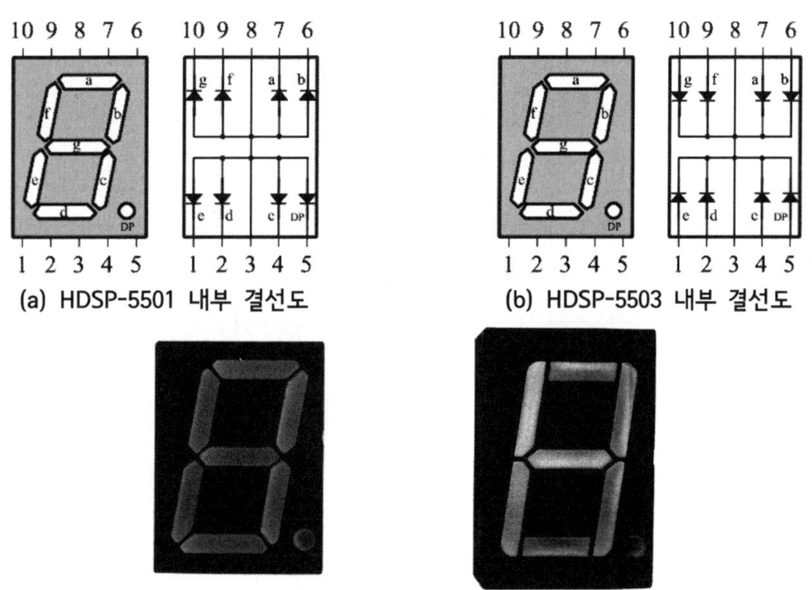

(a) HDSP-5501 내부 결선도

(b) HDSP-5503 내부 결선도

(c) HDSP-5501 및 5503 7 세그먼트

그림 6.1 7 세그먼트

그림 6.1은 7 세그먼트 HDSP-5501과 HDSP-5503의 내부결선을 나타낸다. 8개의 LED에는 각각의 이름(a~g, dp)이 부여되어 있으며, 내부적으로 HDSP-5501은 그림 6.1(a)와 같이 (+) 공통으로 결선되어 있으므로, (+) 공통핀(3번 또는 8번 핀)에 (+)를 연결한 후 점등시키고자 하는 LED 핀에 (-)를 연결하면 해당 LED가 점등된다. 이에 비해 HDSP-5503 타입은 그림 6.1(b)와 같이 (-) 공통이기 때문에 (-) 공통핀(3번 또는 8번 핀)에 (-)를 연결한 후 점등시키고자 하는 LED 핀에 (+)를 연결해야만 해당 LED를 점등시킬 수 있다. 7 세그먼트의 공통핀 3번과 8번은 내부에서 서로 연결되어 있기 때문에 외부에서 별도로 결선할 필요는 없으며, 3번과 8번 어느 한 핀에만 (+) 또는 (-)를 연결하면 된다.

7 세그먼트를 이용하여 10진수뿐만 아니라 16진수까지 표현하기도 하는데, 표 6.1은 10진수를 표현하고자 할 때 각 핀에 연결되어야 하는 신호와 표시 상태를 나타낸 표이다. 표에서 'H'는 디지털 신호의 'high' 상태를 의미하며, 'L'은 디지털 신호의 'low' 상태를 의미한다.

표 6.1 7 세그먼트를 이용한 16진수 표시법

숫자표시	HDSP-5501							HDSP-5503						
	a	b	c	d	e	f	g	a	b	c	d	e	f	g
	L	L	L	L	L	L	H	H	H	H	H	H	H	L
	H	L	L	H	H	H	H	L	H	H	L	L	L	L
	L	L	H	L	L	H	L	H	H	L	H	H	L	H

	L	L	L	L	H	H	L	H	H	H	H	L	L	H
	H	L	L	H	H	L	L	L	H	H	L	L	H	H
	L	H	L	L	H	L	L	H	L	H	H	L	H	H
	H	H	L	L	L	L	L	L	L	H	H	H	H	H
	L	L	L	H	H	H	H	H	H	H	L	L	L	L
	L	L	L	L	L	L	L	H	H	H	H	H	H	H
	L	L	L	H	H	L	L	H	H	H	L	L	H	H

기/본/실/습 6-1. 7 세그먼트 구동 실습

① 회로도

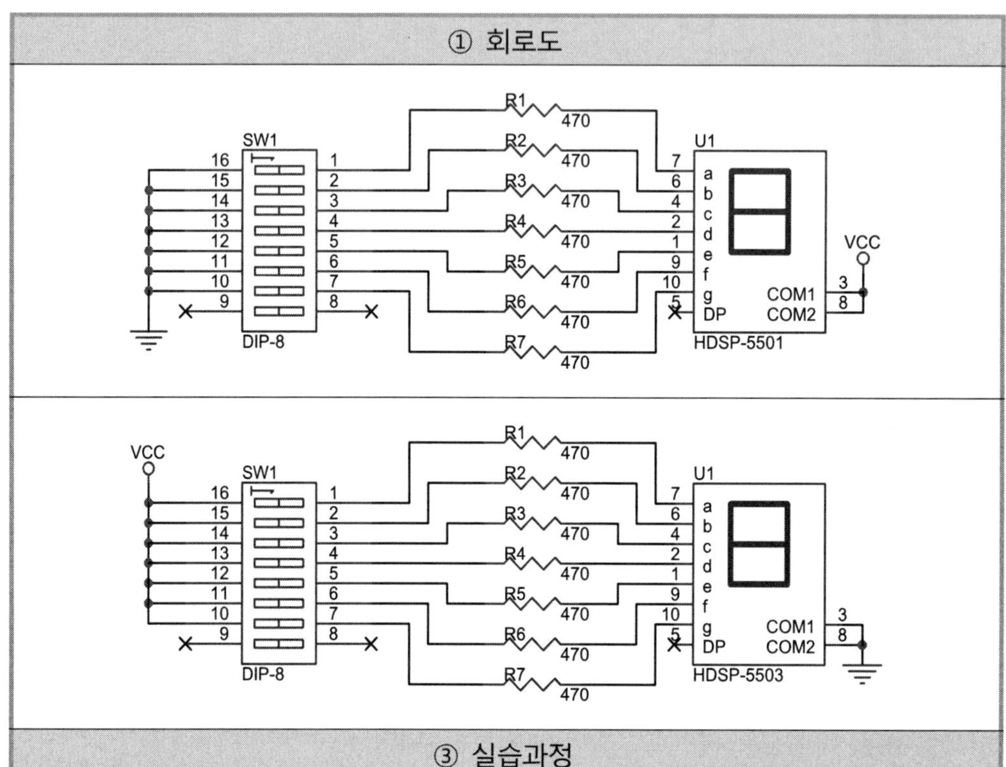

③ 실습과정

ⓐ HDSP-5501 결선을 마친 후 표 6.1을 참조하면서 딥 스위치 SW_1을 ON/OFF 시킨다. 이때 딥 스위치를 ON 상태로 설정하면 7 세그먼트의 해당 핀에 'low'를 입력하는 것이 된다.

ⓑ 딥 스위치의 설정을 바꾸어가면서 숫자 '0'에서부터 '9'까지 표시되도록 한다.

ⓒ HDSP-5503에 대해서도 같은 순서로 동작시켜 본다.

④ 실습결과 고찰

ⓐ 7 세그먼트는 LED로 이루어져 있기 때문에 LED의 ON/OFF 조합을 맞추어 원하는 숫자 폰트를 구성하여 표시하는 방식이다.

ⓑ HDSP-5501은 내부적으로 LED의 애노드가 모두 연결되어 있는 애노드 공통회로이기 때문에 외부에 'low'를 입력시켜 주면 점등되지만 HDSP-5503은 캐소드 공통이므로 'high' 상태를 입력해 주어야 점등된다.

6.2 포토 커플러(Photo-coupler)

포토 커플러는 이름에서 알 수 있듯이 빛을 이용해 전기적인 신호를 결합시키는 소자이다. 즉, 포토 커플러에는 입력부와 출력부가 있는데, 입력부로 전기 입력신호가 입력되면 이 신호를 빛의 형태로 변환하여 출력부로 전달하고, 출력부에서는 빛의 세기로 전달된 신호를 다시 전기 신호로 변환하여 외부로 출력하는 소자이다. 그림 6.2는 포토 커플러의 내부 회로도이다. 입력부는 다이오드이며 출력부는 트랜지스터 구조로 구성되어 있다.

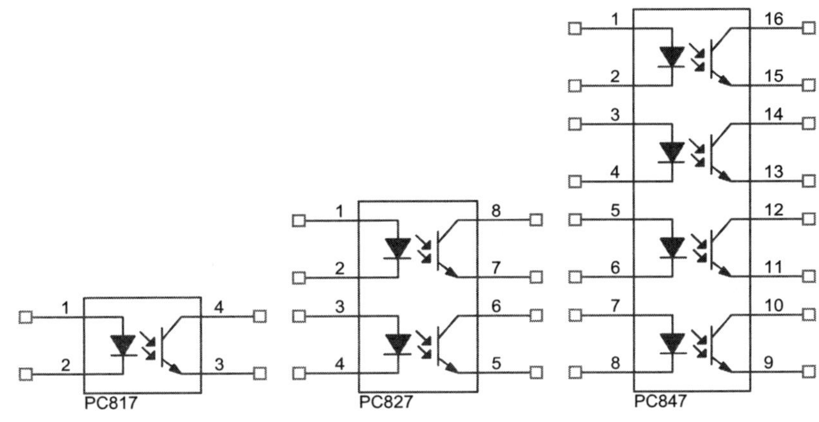

그림 6.2 포토 커플러

이와 같이 입력부와 출력부 사이에 전기신호가 직접적으로 흐르는 것이 아니라 빛의 형태로 변환되어 신호가 전달되기 때문에 입력부와 출력부는 전기적으로는 완전히 구분된 구조이며, 이러한 구조를 전기적으로 절연되었다고 표현한다. 전기적으로 절연되면 어떤 요인에 의해 입력부가 전기적으로 소손 되었다고 하더라도 이러한 영향이 출력부로 전달되지 않기 때문에 입력부 회로만 수정하면 되며, 반대로 출력부의 전기적인 이상상태가 입력부로 전달되지 않기 때문에 출력부의 이상시 출력부만 회로를 수정하면 된다. 또한 입력부와 출력부가 전기적으로 절연되어 있기 때문에 입력부의 구동전압과 출력부의 구동전압을 서로 다른 전압을 사용하여도 되는 장점이 있다.

그림 6.3은 일반적으로 디지털 전기전자 시스템에서 포토 커플러를 사용하는 목적을 나타내는 그림이다. 디지털 전기전자 시스템에서 사용하는 논리처리장치는 대

부분 마이크로컨트롤러와 같은 CPU와 PLC 등을 사용하는데, 이러한 논리처리장치의 신호레벨은 3[V]~5[V]이다. 이에 비해 대부분의 입력장치 및 출력장치는 12[V]~24[V]의 동작전압을 가지고 있는데, 이와 같이 논리처리장치에 비해 높은 전압을 사용하는 이유는 결선 선로에서 발생할 수 있는 선로전압 강하, 노이즈에 의한 전압왜곡 등의 악조건 속에서도 정확하게 디지털 신호를 처리하기 위함이다. 따라서 입력장치에서 논리처리장치로, 또는 논리처리장치에서 출력장치로 신호를 전달하는 과정에서 전압 크기의 변환이 필요한데, 포토 커플러는 입출력부가 전기적으로 절연이 되어 있어서 입출력부 전압의 크기가 상이해도 되기 때문에 디지털 전기전자 시스템의 입출력부 인터페이스 목적에 매우 적합하다고 할 수 있다.

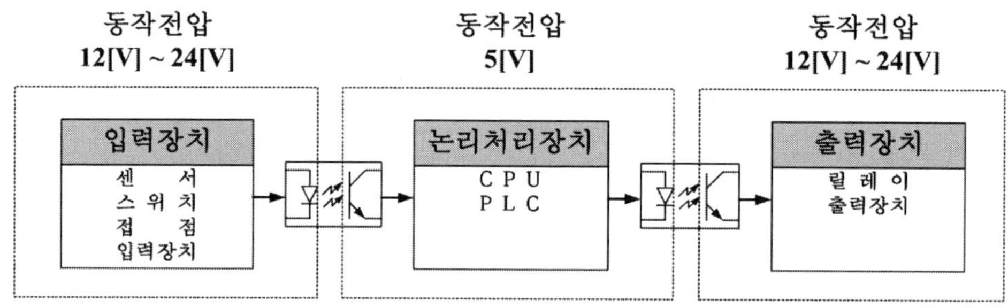

그림 6.3 포토 커플러의 용도

포토 커플러를 입출력 인터페이스 회로에 적용하는 방법은 여러 가지 방법이 있지만 기본실습 6-2에서는 가장 대표적인 방법을 소개하였다. 입력 인터페이스 회로에 적용할 때에는 기본실습 6-2의 회로와 같이 'low active' 방식으로 결선하면 센서가 동작 시에 센서 내부에 있는 트랜지스터 또는 접점이 동작하여 포토 커플러의 입력부 다이오드의 캐소드가 그라운딩 되어 포토 커플러에 전류가 흘러 CPU로 5[V] 레벨의 신호를 전달한다. 또한 출력 인터페이스 회로에 적용 시에는 'high active'로 동작되도록 구성하여 릴레이와 같은 출력장치를 구동한다.

기/본/실/습 6-2. 포토 커플러 구동 실습

① 회로도

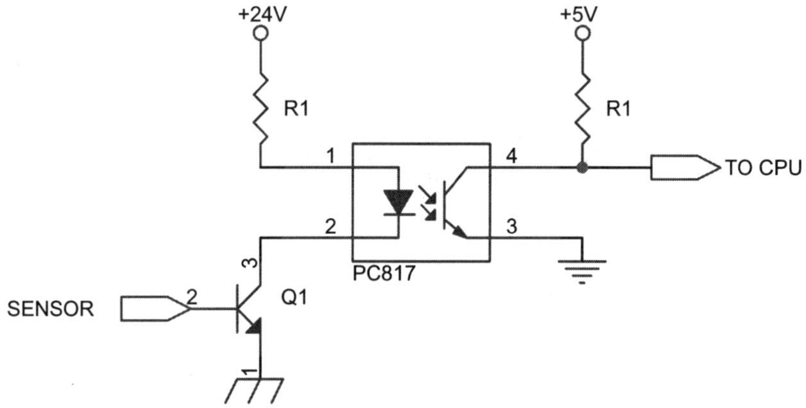

<입력 인터페이스 회로>

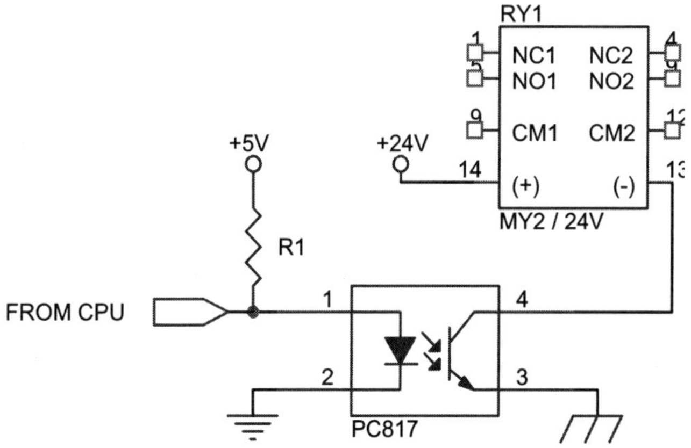

<출력 인터페이스 회로>

6.3 스피커 (Speaker)

스피커는 전기신호를 음파로 변환시키는 부품으로서, 자속이 분포하는 영역 내에 코일을 위치시키고 코일에 전류를 인가하면 코일에 힘이 발생함으로써 회전하게 되는 전동기와 기본적으로 유사한 개념의 동작원리를 갖는다.

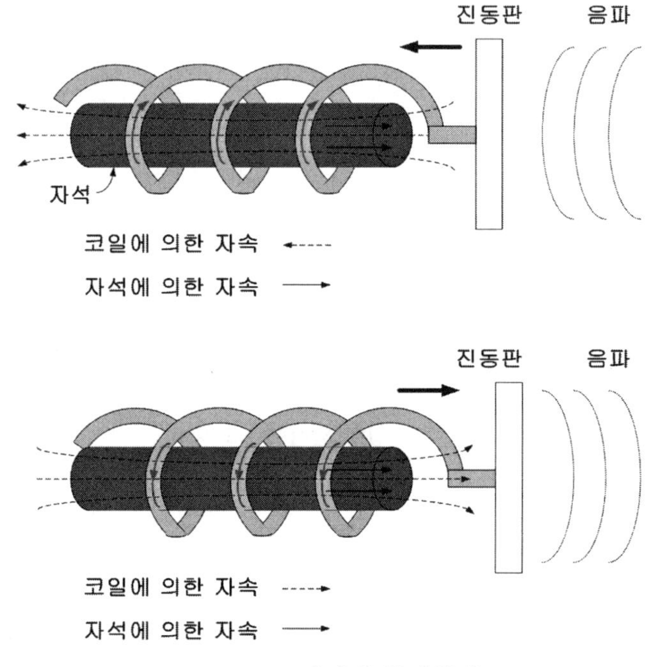

그림 6.4 스피커의 동작원리

그림 6.4는 스피커의 동작원리를 설명해 주는 그림으로, 그림과 같이 원통형으로 코일을 감은 후 코일을 관통하도록 코일 중간에 자석을 위치시키고 음성신호에 해당하는 전류파형을 코일에 흘려주면, 페러데이의 법칙에 의해 코일이 움직이게 된다. 페러데이의 법칙에 대해서는 제8장의 전동기 동작원리에 대해 설명할 때 자세히 다루기로 한다.

그림 6.4의 구조에서 음성신호의 전류파형을 교류형태로 공급하게 되면 코일이 음성신호 전류파형에 따라 자석의 바깥에서 앞뒤로 움직이게 되는데, 이때 코일이 움직일 때 같이 움직이도록 스피커의 진동판을 코일과 일체형으로 설치하면, 코일이 앞뒤로 움직일 때마다 진동판도 따라 움직이게 되므로 진동판이 공기를 밀어주거

나 당겨주는 동작을 하게 되어 전기신호가 음파로 변하게 된다.

그림 6.5 스피커

CHAPTER

07

교류전원의 변환

7.1 직류 및 교류

전원은 직류(Direct Current : DC)와 교류(Alternating Current : AC) 전원으로 나눌 수 있다. 직류전원에는 직류전류원 또는 직류전압원이 포함되는데, 직류전류란 한쪽 방향으로만 흐르는 전류를 말하며, 직류전압은 두 단자사이의 전위차가 어느 한쪽이 항상 높은 전압을 말한다. 가장 대표적인 직류전원인 건전지는 (+)와 (-)의 극성이 있기 때문에 (+)단자가 (-)단자에 비해 항상 전위가 높은 상태를 유지하고 있으며, 전류는 항상 (+)단자에서 (-)단자로 흐르는 특성을 가지고 있다.

여기서 한 가지 주의해야 할 점은 전류 또는 전압에서 크기가 마이너스인 전류 또는 전압은 없다는 점이다. 그렇다면 우리가 -12[*V*], -1[*A*]와 같이 마이너스 전압, 마이너스 전류라는 말을 사용하는 것은 무엇일까? 마이너스 전압, 마이너스 전류의 개념을 설명하기에 앞서, 먼저 그림 7.1과 같이 두 사람의 키를 비교하는 경우를 생각해 보기로 하자.

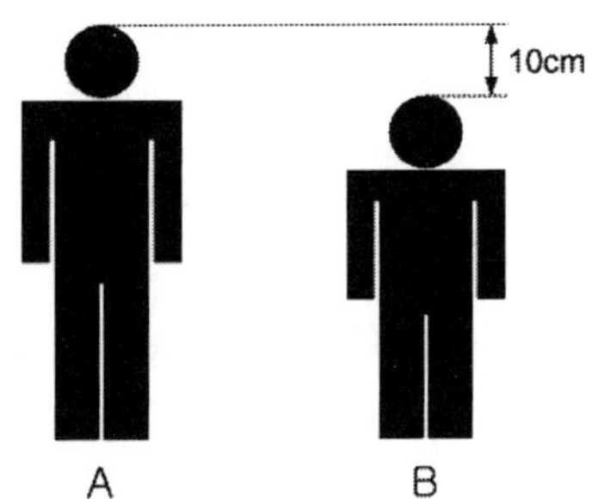

<누가 더 큰가에 기준>
A는 B보다 10cm 크다.
B는 A보다 -10cm 크다.

<누가 더 작은가에 기준>
A는 B보다 -10cm 작다.
B는 A보다 10cm 작다.

그림 7.1 기준에 따른 표현의 차이

일반적으로 'A는 B보다 10cm 크다.' 또는 'B는 A보다 10cm 작다.'라고 표현한다. 그러나 만일 '누가 더 큰가?'에 기준을 맞춰 B의 입장에서 이 상황을 표현하면, 'B는 A보다 -10cm 크다.'라고 표현할 수 있다. 사람의 키는 길이라는 물리량을 사용하기 때문에 -10cm와 같은 (-) 값은 존재하지 않지만, 이와 같이 기준을 어디에 두느냐에 따라서는 '-10cm'라고 표현할 수도 있으며, 이때의 (-) 기호는 기준방향을 의미하게 되는 것이다.

이와 같은 개념을 가지고 다시 전압, 전류의 (-) 값이 의미하는 바를 생각해 보면, 전압이나 전류라는 물리량에도 크기 자체가 (-) 값인 전압이나 전류는 존재하지 않는다. 따라서 마이너스 전압, 전류라는 말은 크기 자체가 '0'보다 작다는 의미가 아니라, 두 단자 중에서 어느 한쪽의 전위가 다른 한쪽의 전위에 비해 높을 것이라고 가정했는데 실제 측정해 보니 반대의 결과가 얻어졌다는 것을 의미한다. 만일 전위의 크고 작음이 예상한 것과 일치하게 되면 '플러스 전압'이라고 표현하는 것이다. 이와 같이 어느 쪽의 전위가 크고, 어느 쪽의 전위가 작은지를 미리 결정하는 것을 기준방향을 설정한다고 하는데, 기준방향과 일치하면 플러스, 불일치하면 '마이너스 전압'이라고 표현하는 것이다. 전류에 대해서도 동일한데, 만약 어떤 회로에 '마이너스 전류가 흐른다'라고 한다면 이 말은 곧 전류가 흐르는 방향이 생각했던 기준방향과 반대방향으로 흐른다는 것을 의미하게 된다.

그림 7.2는 기준방향과 (-)전압, (-)전류의 개념을 설명하는 그림으로써, 그림 7.2(a)와 같이 기준방향을 설정했을 때, 만일 실제 전압 및 전류가 7.2(b)~(e)와 같다고 한다면, 각각에 대한 전압 및 전류값은 그림과 같이 표현할 수 있다.

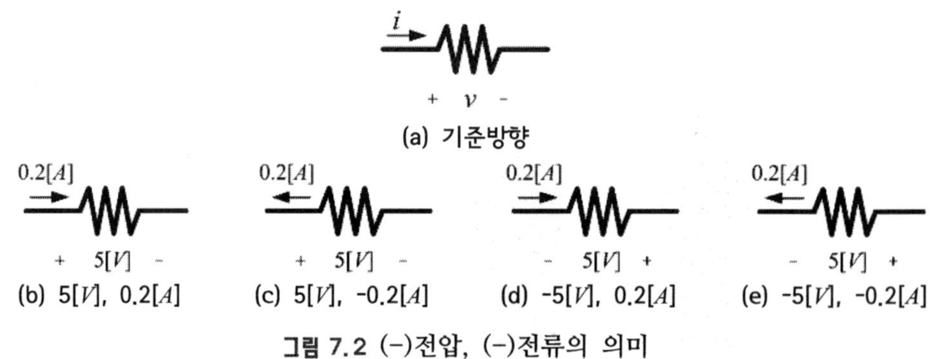

그림 7.2 (-)전압, (-)전류의 의미

그림 7.3은 멀티테스터를 이용하여 건전지의 전압을 측정하는 모습을 나타낸 것으로써, 멀티테스터의 COM 단자(검은색)는 전압을 측정할 때 기준점이 되는 단자이다. 멀티테스터를 이용하여 전압을 측정할 때 액정화면에 표시되는 값의 의미는 COM 단자를 기준으로 했을 때, 다시 말하면 COM 단자의 전위상태를 '0'으로 가정했을 때, 전압측정단자(빨간색)의 전위가 COM 단자에 비해 얼마나 높은지를 나타내는 값이다. 즉, COM 단자를 기준으로 했을 때 전압측정단자의 전압이 얼마나 높은지를 액정화면에 표시하는 것이다. 건전지는 (+)와 (-)전극이 있는데 멀티테스터의 COM 단자를 건전지의 (-)전극에 연결하고 전압측정단자를 (+)전극에 연결하면 액정화면에 '1.5[V]'라고 표시된다. COM 단자를 (-)전극에 연결하였으므로 기준이 (-)전극이 된다. 만일 멀티테스터의 COM 단자를 (+)전극에 연결하고 전압측정단자를 (-)전극에 연결하면 액정화면에 '-1.5[V]'라고 표시되는데 이때는 기준이 되는 COM 단자를 (+)전극에 연결하였기 때문에 측정된 -1.5[V]의 의미는 '(+)전극에 비해 (-)전극이 -1.5[V] 높다'는 것을 의미한다. 이와 같이 전압 및 전류의 크기는 설정된 기준방향과 일치하는지 여부에 따라 (+) 값인지, (-) 값인지 결정되는데, 설정된 기준방향과 일치하면 (+) 값을, 반대이면 (-) 값으로 표현한다.

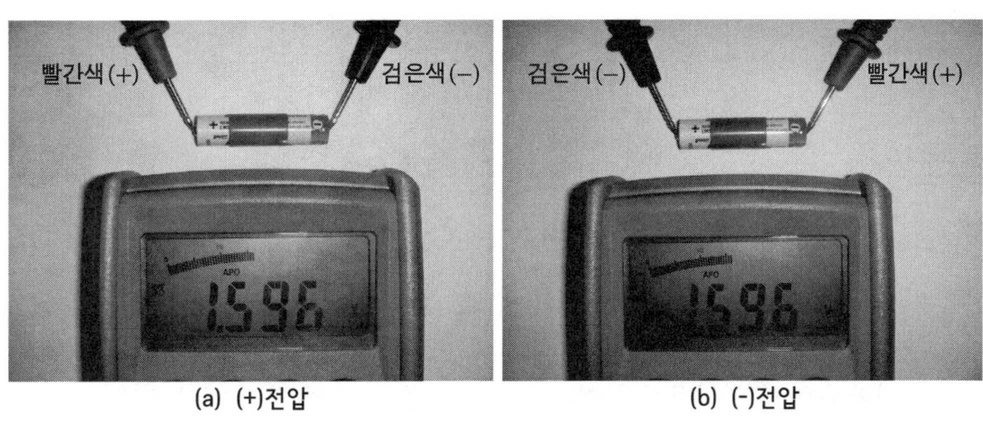

(a) (+)전압 (b) (-)전압

그림 7.3 멀티테스터를 이용한 전압 측정

교류전압, 교류전류란 어느 한 방향으로만 흐르게 되는 직류와는 달리, 시간이 지남에 따라 일정한 주기(T)를 가지고 크기와 방향이 계속 변화되면서, 동시에 한 주기 동안의 평균값이 '0'이 되는 전압 또는 전류를 말한다. 여기서 일정한 주기를 갖는다는 말은 일정한 시간 간격으로 같은 모양의 파형이 반복된다는 의미로써 이와 같은 개념은 '주파수(f)'라고 표현한다. 다시 말하면 주파수란 일정한 시간 동안에 같은 모양의 파형이 몇 회 반복되는가를 의미하는 것이며, 식 (7.1)과 같이 주기에 반비례하게 된다.

$$T = \frac{1}{f} \tag{7.1}$$

주파수의 단위는 [*Hz*]를 사용하는데, 예를 들어 어떤 파형의 주파수가 60[*Hz*]라고 한다면 이 파형은 1[초] 동안에 똑같은 파형이 60번 반복됨을 의미한다. 따라서 주기 T는 1/60[초]가 된다.

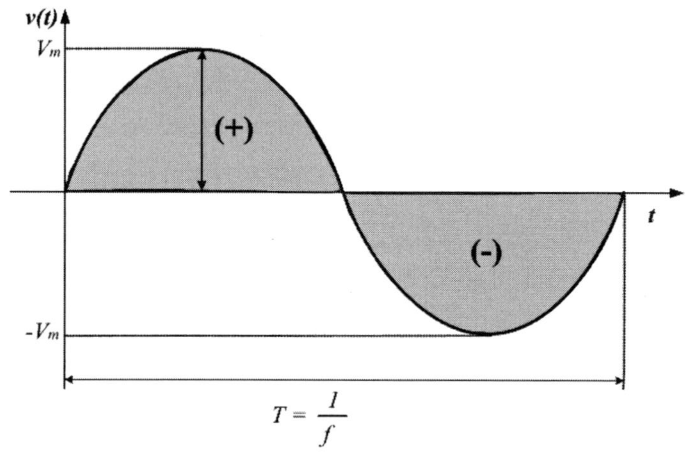

그림 7.4 교류 파형

다음으로 한 주기 동안의 평균값이 '0'이라는 의미는 무엇일까?

평균이란 한 주기 동안에 나타나는 모든 값을 다 더해서 평균을 산출한다는 의미로써 그림 7.4와 같은 정현파의 경우에는 (+)에 해당하는 값과 (-)에 해당하는 값이 정확하게 서로 대칭이기 때문에 모든 값을 더하게 되면 '0'이 된다. 평균값을 수식적으로 풀어보면 결국 파형의 (+)부분의 면적과 (-)부분의 면적을 서로 마이너스 연산하는 결과가 되는데, 정현파의 경우에는 (+)부분의 면적과 (-)부분의 면적이 정확하게 같기 때문에 두 면적의 마이너스 연산 결과인 평균값은 '0'이 되는 것이다. 결론적으로 교류란, ① 주파수가 존재하고, ② 한 주기 동안의 평균값이 '0'인 전압 또는 전류를 의미한다.

그렇다면 그림 7.5(a)와 같은 사각 펄스파형은 직류일까? 교류일까?

앞에서 설명한 직류 및 교류의 조건에 합당한지 살펴보자. 먼저 그림 7.5(a) 파형은 일정한 주기를 가지고 같은 모양의 파형이 반복됨을 알 수 있다. 다시 말하면 주파수를 가지고 있다는 얘기다. 따라서 교류의 첫 번째 조건을 만족한다.

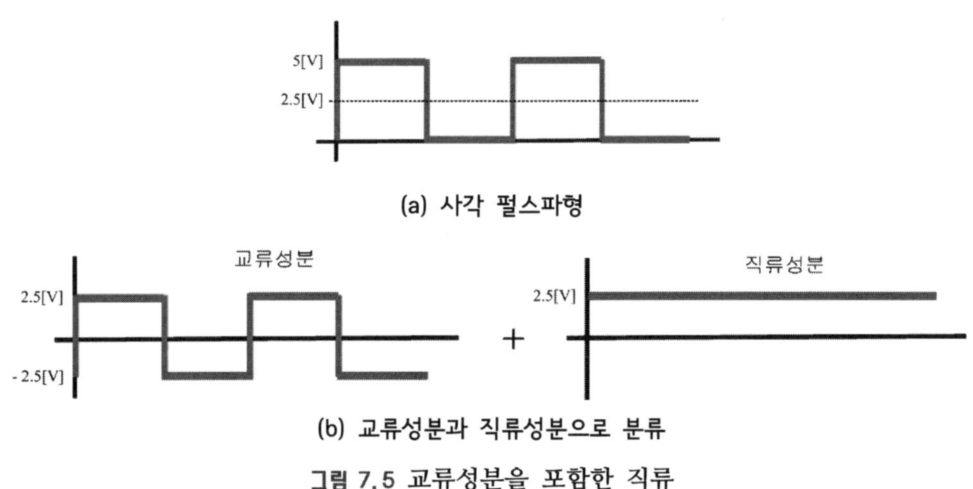

(a) 사각 펄스파형

(b) 교류성분과 직류성분으로 분류

그림 7.5 교류성분을 포함한 직류

다음으로 한 주기 동안의 평균값을 살펴보자. 한 주기 동안의 평균값은 (+)와 (-) 면적의 마이너스 연산이라고 했는데 파형에서 보면 주기의 절반은 (+) 면적이 되어 사각형의 면적으로 나타나는데 비해, 주기의 나머지 절반은 '0'이 되어 (-)부분의 면적이 나타나지 않음을 볼 수 있다. 따라서 이 파형의 평균값은 (+)부분의 면적과 같기 때문에 한 주기 동안의 평균값이 '0'이 되지 않아 교류의 두 번째 조건을 만족하지 않음을 알 수 있다. 그렇다면 직류의 조건은 만족할까? 직류는 한 방향으로만 인가되는 전압 또는 전류를 의미하는데, 이 파형을 살펴보면 전압이 항상 0[*V*] 아니면 (+)전압의 크기를 갖기 때문에 한쪽 방향으로만 인가되고 있음을 알 수 있다. 즉, 직류전압의 조건을 만족하고 있다. 이와 같이 주파수는 가지고 있지만 평균값이 '0'이 아니며, 동시에 직류조건을 만족하는 이러한 파형을 교류성분을 포함한 직류전압, 또는 맥동분을 포함한 직류전압이라고 말한다. 이러한 파형은 그림 7.5(b)와 같이 교류성분과 직류성분이 함께 섞여 있는 것으로 생각할 수 있다. 앞에서 실습했던 그림 2.15에서 오실로스코프의 입력신호 결합모드 선택 시 결합모드를 AC로 선택할 것인가 또는 DC로 선택할 것인가에 따라 0[*V*]를 기준으로 파형이 변하는 것을 확인할 수 있었는데 이와 같은 것이 모두 직류와 교류의 성질 때문에 발생하는 현상이다.

7.2 AC220[V], 60[Hz] 상용전원

가. 상용전원의 모양

상용전원이란 한국전력공사에서 판매용으로 공급하는 전원을 일컫는 말로서 AC220[V], 60[Hz]의 전원을 일반 가정용 전원으로 공급하고 있다.

그렇다면 AC220[V], 60[Hz]의 상용전원은 어떤 모습일까? 이를 확인하기 위하여 기본실습 7-1, 7-2와 같이 멀티테스터 및 오실로스코프를 이용하여 상용전원을 측정해 보기로 한다.

콘센트에는 AC220[V]의 전압이 항상 인가되고 있기 때문에 측정을 위해 멀티테스터 탐침을 연결할 때 단락되지 않도록 주의해야 한다. 또한 전류가 흐르는 도체에 피부가 접촉되거나 도체를 직접 만지게 되면 감전사고의 위험이 있기 때문에 이에 대한 주의를 기울이면서 실습에 임하도록 한다.

기/본/실/습 7-1. 멀티테스터를 이용한 상용전원 측정실습

① 실습과정
ⓐ 멀티테스터를 교류전압 측정 모드로 설정하고 콘센트의 전압을 측정한다.
ⓑ 멀티테스터를 직류전압 측정 모드로 설정하고 콘센트의 전압을 측정한다.
② 실습결과 고찰
ⓐ 교류전압 측정 모드에서 멀티테스터의 전압값이 220[V]의 근사값으로 측정된다.
ⓑ 직류전압 측정 모드에서 멀티테스터의 전압값이 0[V]의 근사값으로 측정된다.

멀티테스터를 AC 모드로 설정하고 상용전압의 크기를 측정하면 선로 전압강하, 계측기 오차 등으로 인해 다소 차이가 있을 수는 있으나, 대략 220[V]의 근사값을 얻게 된다. 그런데 멀티테스터를 DC 모드로 설정하고 똑같은 지점의 전압을 측정하게 되면 거의 0[V]에 가까운 값이 표시됨을 알 수 있다. 이와 같이 멀티테스터의 설정모드에 따라 값이 다르게 표시되게 되는데, 그 이유는 AC 모드는 입력파형의 AC 성분값을 나타내며, DC 모드는 DC 성분값을 나타내기 때문이다. DC 모드로 설정했을 때 0[V]가 측정되는 것은 입력전압인 상용전원에 DC 성분이 전혀 포함

되어 있지 않다는 것을 의미하며, 매우 이상적인 교류전압이라고 할 수 있다.

기/본/실/습 7-2. 오실로스코프를 이용한 상용전원 측정실습

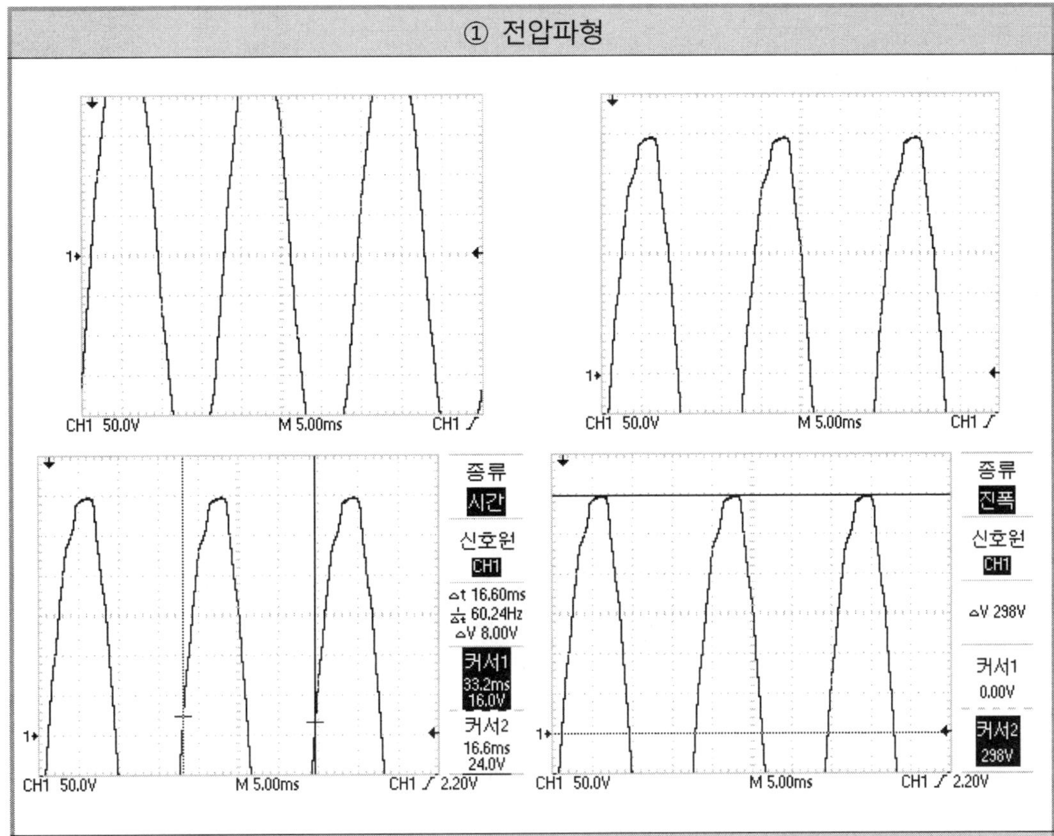

② 실습과정

ⓐ 오실로스코프를 이용하여 콘센트의 전압을 측정한다.

ⓑ 파형의 수직이동 다이얼을 돌려 (+) 최대값이 화면에 나타나도록 조정한다.

ⓒ 커서기능을 이용하여 주파수를 측정한다.

ⓓ 커서기능을 이용하여 최대전압값을 측정한다.

③ 실습결과 고찰

ⓐ 주파수를 측정하면 60[Hz] 근사값이 측정된다.

ⓑ 최대전압값이 310[V] 근사값으로 측정된다.

기본실습 7-1, 7-2를 통해 상용전원의 모양을 살펴보았는데, 상용전원은 주파수 60[Hz]의 정현파로 측정되었다. 따라서 상용전압 AC220[V]는 식 (7.2)의 식으로 표현할 수 있다.

$$v(t) = V_m \sin\omega t \tag{7.2}$$

식 (7.2)는 최대값이 V_m인 정현파 형태의 파형을 표현하는 식이다.

그렇다면 왜 여러 가지 파형의 형태 중에 상용전원 AC220[V]는 정현파의 파형으로 나타날까? 그 이유는 교류발전기의 원리를 이해하면 알 수 있다. 그림 7.6은 교류의 발생원리를 설명하기 위한 교류발전기의 그림으로서, 그림과 같이 자석에 의해 발생된 자속 내에 코일을 위치시키고 코일을 회전시키면 플레밍의 오른손법칙에 의해 결정되는 방향으로 코일 내부에 전류가 발생한다. 코일이 자석에 가까워질 때 가장 크게 되며, 코일이 N극과 S극 사이에 위치할 때 가장 작은 값을 갖게 된다.

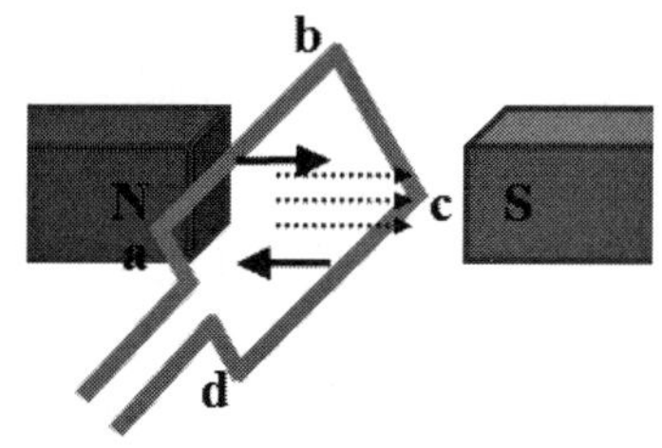

그림 7.6 교류 발전기의 구조

그림 7.7은 그림 7.6의 교류 발전기를 회전하는 코일을 관점으로 하여 그린 그림으로서, 그림 7.7(a)와 같이 코일 a-b, c-d가 N극과 S극 중간지점에 위치한 상태를 전기각 0°로 가정하고 시계방향으로 코일을 회전시키는 경우를 생각해 보면, 전기각 0°일 때에는 코일에 전류가 흐르지 않다가 회전하여 코일의 위치가 이동함과 동시에 전류가 d→c→b→a의 방향으로 흐르게 되며, 코일 a-b변이 S극에 가장 가까워졌을 때 최대의 전류가 흐르게 된다. 이후에는 점차 전류의 값이 작아지게 되어 전기각 180°일 때에는 다시 전류가 흐르지 않게 된다. 또한 전기각 180°~270° 사이에서는 전류의 방향이 반대가 되어 a→b→c→d로 전류가 흐르게 되며, a-b변이 N극에 가까워지면 (-)방향으로 전류가 최대로 흐르게 됨을 알 수 있

다. 결국 a-b변의 코일을 중심으로 생각하여 ◉의 방향을 (+)전류의 방향으로 하고, ⊗의 방향을 (-)로 정했을 때, 전기각 0°~90°까지는 (+)의 방향으로 증가하다가 90°~180°의 구간에서는 (+)의 방향으로 감소하며, 180°~270°의 구간에서는 (-)의 방향으로 증가하고, 270°~360°의 구간에서는 (-)의 방향으로 감소하는 크기를 갖게 됨을 알 수 있다.

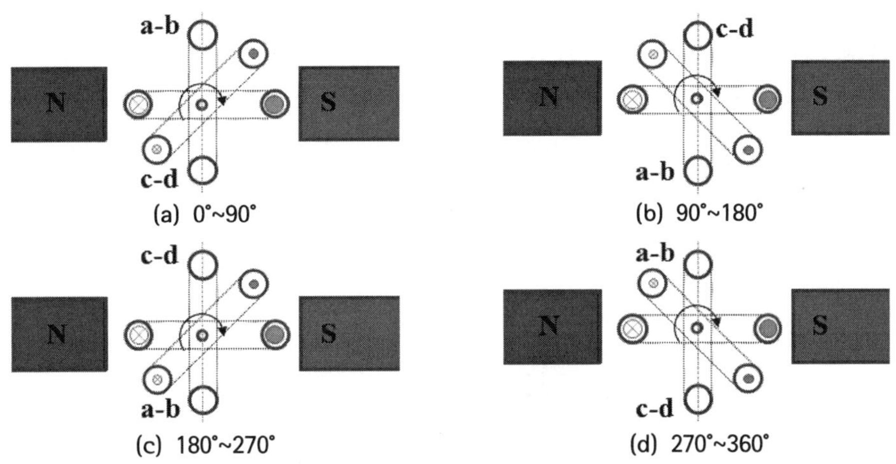

그림 7.7 교류전압 발생원리

그림 7.8은 코일 a-b변 하나만을 생각했을 때, 코일의 위치에 따른 코일전류의 방향 및 크기를 나타내며, 그에 따른 교류전압의 발생을 나타낸 그림이다. 코일 a-b변이 S극에 근접할 때에는 (+) 최대전류가, N극에 근접할 때에는 (-) 최대전류가 흐르게 되며, 코일 a-b변이 1회전을 하게 되면 교류의 1사이클이 완성되는 것을 확인할 수 있다.

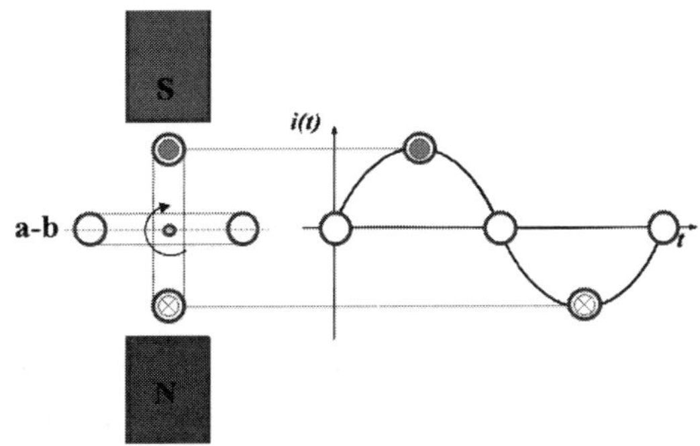

그림 7.8 코일 a-b변에 흐르는 전류

나. 교류전압의 크기 표시방법

기본실습 7-1과 7-2의 상용전압을 측정해 보았는데, 실습과정에서 한 가지 이상한 점을 발견하게 된다. 기본실습 7-1에서 멀티테스터로 상용전압을 측정하면 220[V]을 얻을 수 있었는데 비해, 기본실습 7-2의 오실로스코프를 이용하여 상용전원의 전체 파형을 관측하면 -310[V]~310[V] 사이의 정현파 모양을 관측하게 된다.

AC220[V]를 측정했으니까 당연히 -220[V]~220[V] 사이의 정현파일 것이라고 생각했는데 결과는 다르게 나타남을 확인할 수 있다. 이와 같이 예상과 다르게 상용전원의 정현파 모양이 -310[V]~310[V]로 나타나는 이유를 이해하기 위해서는 교류전압의 크기를 표시하는 방법에 대해 먼저 이해하면 자연스럽게 이해할 수 있게 되는데, 그림 7.9를 보면서 파형의 크기를 표시하는 방법에 대해 설명하기로 한다.

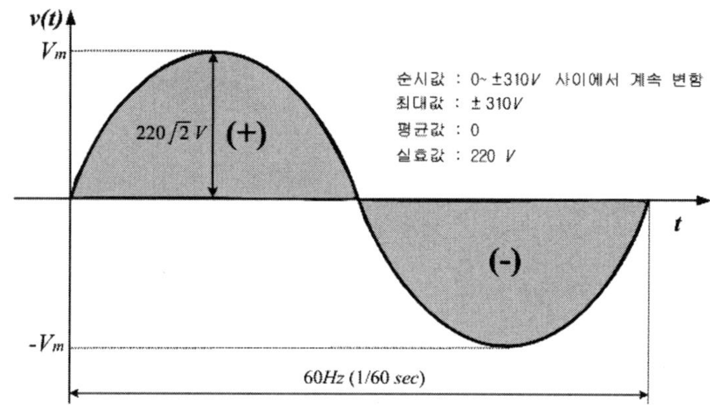

그림 7.9 상용전원의 전압파형

그림 7.9는 우리나라의 가정용 전원인 AC 220[V], 60[Hz] 상용전원의 전압파형을 나타내는 그림인데, 그림을 통해 확인할 수 있듯이 상용전압은 60[Hz]의 주파수를 갖고, 최대값 V_m이 $220\sqrt{2}$[V](=310[V])인 정현파이며, 평균값이 '0'인 교류전압이다.

1) 순시값(Instantaneous Value)

순시값이란 시간에 따라 주기적으로 변화되는 파형에서 어떤 임의의 순간에 대응되는 값을 말하며, 매 순간 순간마다 그 값이 다르다. 따라서 한 주기 동안의 순시값은 정의할 수 없으며, 임의의 순간에 대해서만 순시값이 존재하고, 그 크기는 -310[V]~310[V] 사이의 값이 된다.

2) 최대값(Maximum Value)

최대값이란 순시값 중에서 제일 큰 값을 의미하는데, 그림 7.9에서 V_m으로 나타난 크기를 의미한다. 상용전원에서는 (+) 최대값은 310[V], (-) 최소값은 -310[V]임을 알 수 있다.

3) 평균값(Mean Value)

평균값이란 파형의 1주기 동안의 평균을 의미하는데, (+)와 (-)가 동시에 존재하는 파형에서는 부호를 고려하여 1주기 동안의 파형의 면적을 모두 더한 결과와 같다. 그림 7.9의 정현파 교류전압의 경우에는 (+) 면적과 (-) 면적이 같기 때문에 서로 상쇄되어, 한 주기 동안의 정현파 교류전압의 평균값은 '0'이 된다. 이와 같이 교류파형의 경우, 한 주기 동안의 평균값은 항상 '0'이 되기 때문에 교류파형의 평균값을 나타낼 때에는 반주기 동안의 파형에 대해 평균값을 산출하며, 반주기 동안의 평균값 V_{aver}는 식 (7.3)과 같이 주어진다.

$$V_{aver} = \frac{2}{\pi} V_m \tag{7.3}$$

주기적인 파형에서 한 주기 동안의 평균값은 직류성분의 크기로 생각할 수 있는데, 교류파형의 경우 한 주기 동안의 평균값이 '0'이기 때문에, 정현파 교류전압인 상용전원은 직류성분이 '0'이 된다.

4) 실효값(Effective Value)

실효값이란 임의의 주기파형을 회로에 인가했을 때 발생되는 열량에 따라 그 크기를 결정하는 값으로서, 전기적 의미에서 교류파형을 대표하는 값이다. 실효값의 결정방법은 임의의 주기파형을 회로에 인가해서 발생시키는 열량을 확인한 후 동일한 회로에 직류파형을 인가하여 동일한 열량이 발생되기까지 직류파형의 크기를 조정한다. 직류파형의 크기를 변화시키면서 주기파형을 인가했을 때와 동일한 열량을 발생시키는 시점에서 직류전압의 변화를 멈추고 해당 직류값을 주기파형의 실효값으로 정의한다. 예를 들면, 그림 7.9의 상용전원 AC220[V]는 최대값이 ±310[V]인 교류전압의 파형이지만 DC220[V]를 회로에 인가했을 때와 같은 열량을 발생시키기 때문에 AC220[V]라고 결정한다. 그러므로 상용전원을 AC220[V]로 표현할 때의 '220'은 최대값이 아니라 실효값을 의미하며, 멀티테스터를 교류측정 모드로 설정하고 교류전압을 측정했을 때 멀티테스터의 눈금에 표시되는 값은 바로 실효값을 의미한다. 이러한 실효값은 평균값의 제곱근으로 나타낸 형태의 값이기 때문에 'RMS(Root Mean Square) 값'이라고도 하며, 파형의 모양에 따라 달라지지만 교류 정현파의 경우 실효값과 최대값의 관계는 식 (7.4)와 같다.

$$V_S = \frac{V_m}{\sqrt{2}} \tag{7.4}$$

표 7.1은 교류전압의 실효값을 결정하는 방법에 대한 설명을 나타낸 것으로 상용 전원을 예로 들어 설명하기로 한다.

표 7.1 임의의 교류전압에 대한 실효값 결정방법

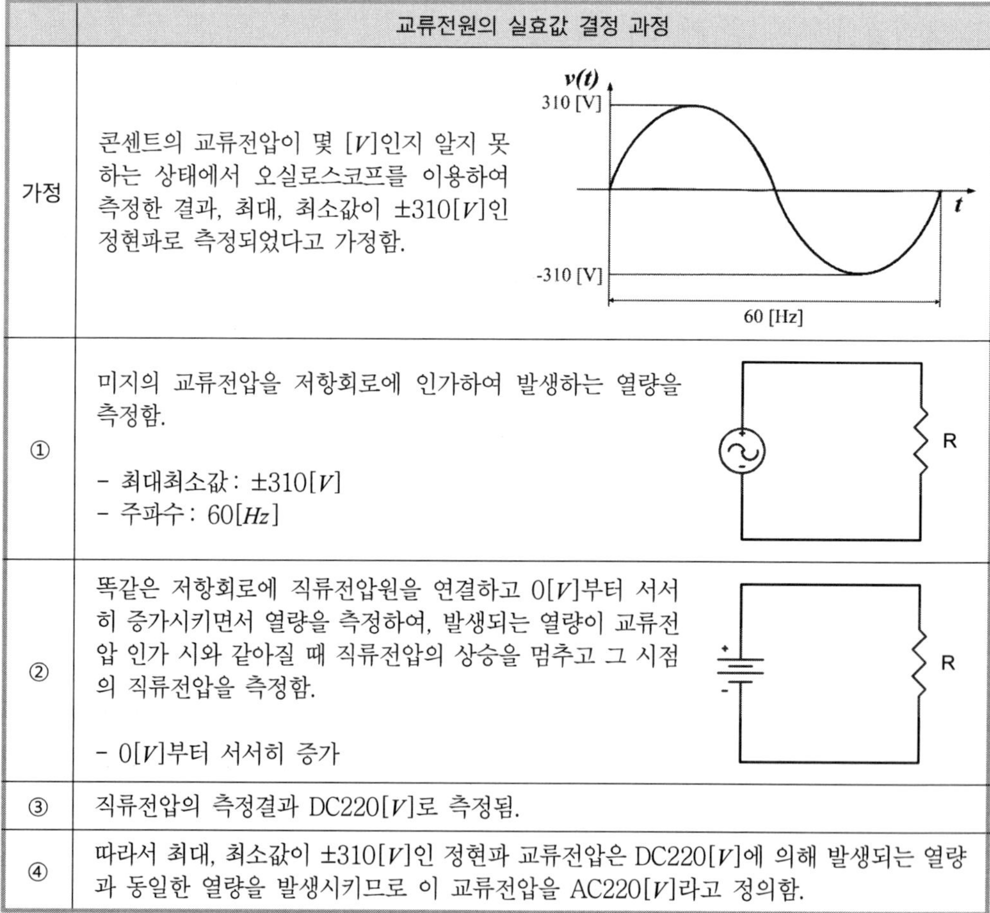

	교류전원의 실효값 결정 과정
가정	콘센트의 교류전압이 몇 [V]인지 알지 못하는 상태에서 오실로스코프를 이용하여 측정한 결과, 최대, 최소값이 ±310[V]인 정현파로 측정되었다고 가정함. (그래프: $v(t)$, 310 [V], -310 [V], t, 60 [Hz])
①	미지의 교류전압을 저항회로에 인가하여 발생하는 열량을 측정함. - 최대최소값: ±310[V] - 주파수: 60[Hz] (회로: R)
②	똑같은 저항회로에 직류전압원을 연결하고 0[V]부터 서서히 증가시키면서 열량을 측정하여, 발생되는 열량이 교류전압 인가 시와 같아질 때 직류전압의 상승을 멈추고 그 시점의 직류전압을 측정함. - 0[V]부터 서서히 증가 (회로: +, -, R)
③	직류전압의 측정결과 DC220[V]로 측정됨.
④	따라서 최대, 최소값이 ±310[V]인 정현파 교류전압은 DC220[V]에 의해 발생되는 열량과 동일한 열량을 발생시키므로 이 교류전압을 AC220[V]라고 정의함.

7.3 변압기(Transformer)

변압기란 전자(電磁) 유도작용에 의해 1차측의 전력에너지를 2차측으로 전달하는 전기기기로서, 전달되는 전력에너지는 전압 및 전류의 형태가 될 수 있다.

그림 7.10은 변압기를 통해 전력에너지가 전달되는 과정을 나타내는 그림이다.

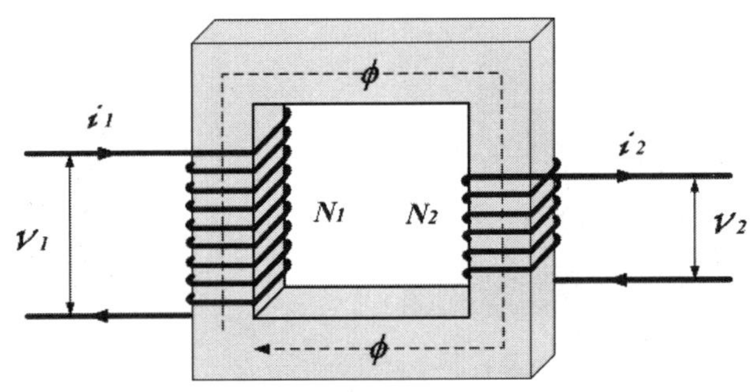

그림 7.10 변압기의 동작원리

자속이 흐를 수 있는 자성체로 철심을 제작하여 철심의 1차측에 권선을 감은 후 교류전압 v_1을 인가하면, 1차측 코일에 교류전류 i_1이 흐르게 되고, i_1에 의해 암페어의 법칙에 따라 시계방향으로 자속 Φ가 발생하여 철심 내부를 따라 자속이 흐르게 된다. 철심 내부에 흐르는 자속은 철심에 감겨있는 2차측 권선에 쇄교되기 때문에 2차측 권선에 유도기전력을 발생시켜 2차측 전압 v_2를 발생시키게 된다. 변압기는 1차측과 2차측이 서로 전기적으로 연결되어 있지 않고 절연되어 있으며, 1차측 권선에 의해 발생되는 자속에 의해 자기적으로 결합되어 있는 특징을 가지고 있다. 2차측 권선에 유기되는 전압 및 전류는 1, 2차측 권선비에 의해 결정되는데, 식 (7.5)는 1, 2차측 권선비와 1, 2차측 전압 및 전류의 관계를 나타내고 있다.

식 (7.5)를 통해 알 수 있듯이, 변압기의 1, 2차측 전압비는 권선비에 비례하고, 전류비는 권선비에 반비례함을 알 수 있다. 따라서 1차측 권선에 비해 2차측 권선을 더 많이 감으면 1차측 전압에 비해 2차측 전압이 더 높아지는 승압형 변압기가 되며, 반대의 경우에는 2차측 전압이 작아지는 강압형 변압기의 특성을 나타내게 된다.

$$\frac{N_1}{N_2} = \frac{v_1}{v_2} = \frac{i_2}{i_1} \tag{7.5}$$

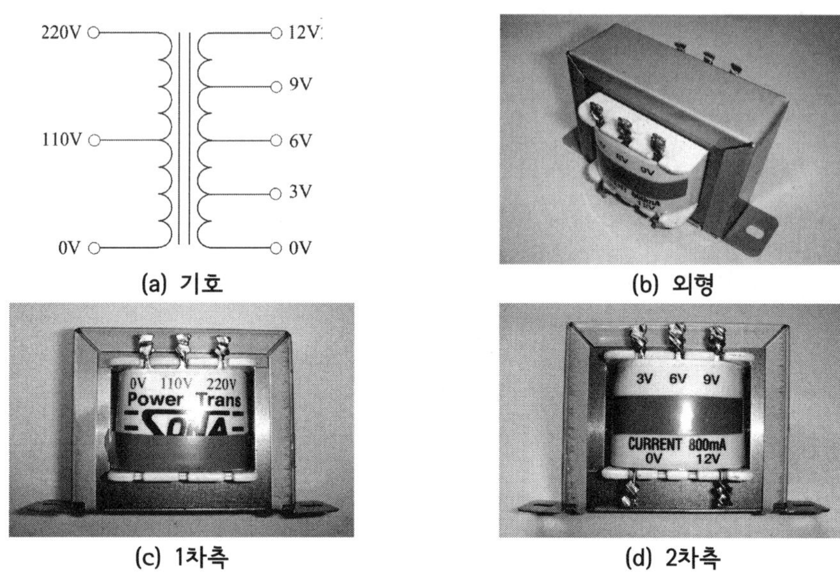

(a) 기호 (b) 외형

(c) 1차측 (d) 2차측

그림 7.11 변압기의 기호 및 외형

그림 7.11은 회로도에서 사용되는 변압기의 기호와 본 교재의 실습에서 사용하게 될 변압기의 외형사진이다. 변압기의 1차측은 AC 110[V] 및 220[V]용의 탭이 있고, 2차측에는 3, 6, 9, 12[V] 탭이 각각 하나씩 있기 때문에 필요한 탭에 입출력 전압을 연결하여 사용할 수 있도록 제작된 변압기이다. 예를 들어 1차측 전압을 상용전압 AC 220[V]로, 2차측 전압을 AC 9[V]로 설정하여 사용하고자 할 때에는 상용전원의 두 선을 변압기의 1차측 220[V]와 0[V] 탭에 각각 연결하고, 2차측 9[V] 및 0[V] 탭에 부하를 연결하여 사용하면 된다.

기/본/실/습 7-3. 변압기 2차측 전압측정 실습

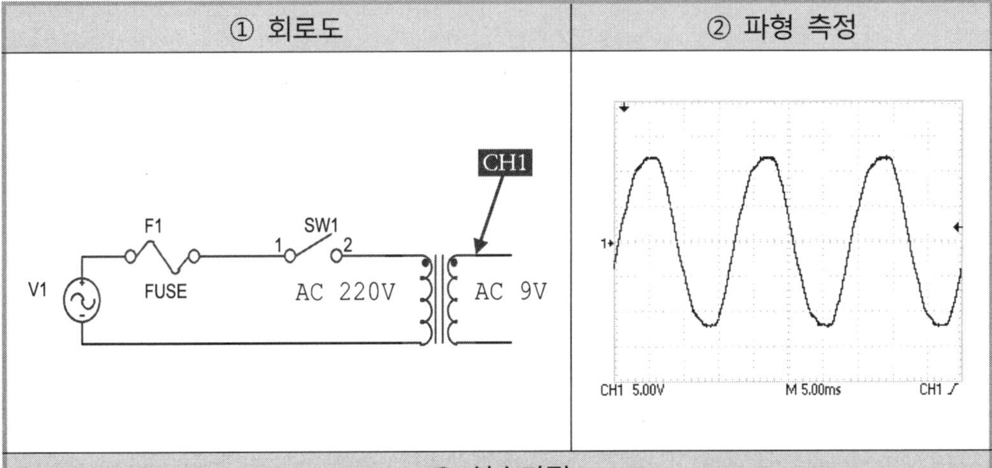

③ 실습과정

ⓐ 결선을 마친 후 스위치 SW_1을 ON시킨다.

ⓑ 트랜스 2차측 각 탭의 전압을 멀티테스터 및 오실로스코프를 이용하여 측정한다.

④ 실습결과 고찰

ⓐ 멀티테스터의 측정값은 AC 9[V]이다.

ⓑ 오실로스코프에 나타난 파형은 최대값 12[V], 주파수 60[Hz]의 정현파이다.

ⓑ 변압기는 주파수에 대해서는 영향을 미치지 못하며 전압의 크기만을 변화시킴을 확인할 수 있다.

08 전동기 제어

전동기란 전기적인 에너지를 이용하여 회전력 또는 추력을 발생시킴으로써 물체의 회전이나 이동을 가능케 하는 장치로서, 동작전원에 따라 크게 직류전동기, 교류전동기로 분류할 수 있다. 전동기는 가전제품, 일반적인 산업용 기기, 정밀 로봇 기기, 운송 기기, 우주항공 관련 기기 등 거의 모든 분야에서 적용되고 있는 매우 유용한 전기기기이며, 전동기의 제어성능은 시스템의 성능을 결정하는 중요한 요인이 되기 때문에 전동기를 시스템 및 동작조건에 따라 적절하게 제어하는 기술이 매우 중요하다.

전동기의 동작원리를 설명하기에 앞서 발전기와 전동기의 상호관계를 살펴보면, 발전기는 풍력, 수력, 화력, 원자력 등의 에너지를 이용하여 터빈을 회전시킴으로써 발생되는 기계에너지를 입력으로 하여 전기에너지를 얻는 전기기기이며, 반대로 전동기는 전기에너지를 입력하여 기계에너지를 얻는 전기기기이다. 여기서 말하는 기계에너지는 곧 힘 F를 의미하고, 전기에너지는 전류 I를 의미한다고 볼 수 있다.

그렇다면 기계에너지가 전기에너지로 변환되고, 반대로 전기에너지가 기계에너지로 변화되는 조건은 무엇일까?

이 질문에 대한 해답은 바로 '자속 Φ(Magnetic Flux)'라고 할 수 있다. 즉, 기계에너지가 전기에너지로 변환되기 위해서는 그 힘이 자속 내에서 발생되는 힘이어야 하며, 반대로 전기에너지가 기계에너지로 변환되기 위해서도 전류는 자속 내에서 흐르는 전류이어야 함을 의미한다.

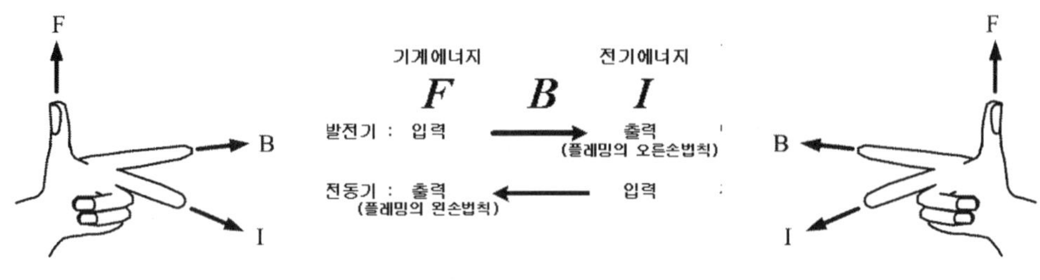

그림 8.1 발전기와 전동기의 관계

그림 8.1은 자속의 크기와 비례하는 자속 밀도(Magnetic Flux Density) B를 이용하여 발전기와 전동기의 관계를 나타내는 그림이다. 여기서 플레밍의 오른손법칙, 왼손법칙이란 왼손과 오른손의 첫째, 둘째, 셋째 세 손가락이 각각 직각이 되도록 곧게 편 후 첫 번째 손가락의 끝이 가리키는 방향을 힘(F)의 방향, 두 번째 손가락의 끝이 가리키는 방향을 자속밀도(B)의 방향, 세 번째 손가락의 끝이 가리키는 방향을 전류(I)의 방향으로 정의하여 발전기를 해석할 때에는 오른손법칙을, 전동기를 해석할 때에는 왼손법칙을 이용하여 각 요소의 방향을 결정하는 법칙이다.

결론적으로, 발전기란 도체를 자속 내에 위치시킨 후 도체에 기계에너지인 힘을 가하여 움직임을 만들어 주면, 도체 내에 기전력이 발생하여 전류가 흐르게 되는 전기기기로써, 입력의 요인은 힘과 자속이며, 출력은 전류가 된다. 이때 발생하는 전류의 방향은 플레밍의 오른손법칙에 의해 오른손의 세 번째 손가락이 가리키는 방향으로 전류가 흐르게 된다. 전동기란 도체를 자속 내에 위치시킨 후 도체에 전기에너지인 전류를 인가하면, 도체에 힘이 발생하여 도체가 움직이게 되는 전기기기로써, 입력의 요인은 전류와 자속이며, 출력은 힘이 된다. 이때 발생하는 힘의 방향은 플레밍의 왼손법칙에 의해 왼손의 첫 번째 손가락이 가리키는 방향으로 힘이 발생하게 된다.

8.1 직류전동기

가. 직류전동기의 회전원리

직류전동기는 직류전원을 공급받아 회전력을 발생시키는 회전기기로서, 회전하지 않고 고정된 상태에서 자속을 발생시키는 역할을 하는 계자(界磁 : Field System)와, 계자의 사이에 위치하며 중심축을 중심으로 회전할 수 있도록 설계된 구조물에 전류를 흘려주기 위한 코일을 감아 놓은 구조의 전기자(電機子 : Armature)로 구성되어지며, 계자 자속 Φ(또는 자속밀도 B)와 전기자 전류 I의 상호작용에 의하여 힘 F를 발생시키는 장치이다.

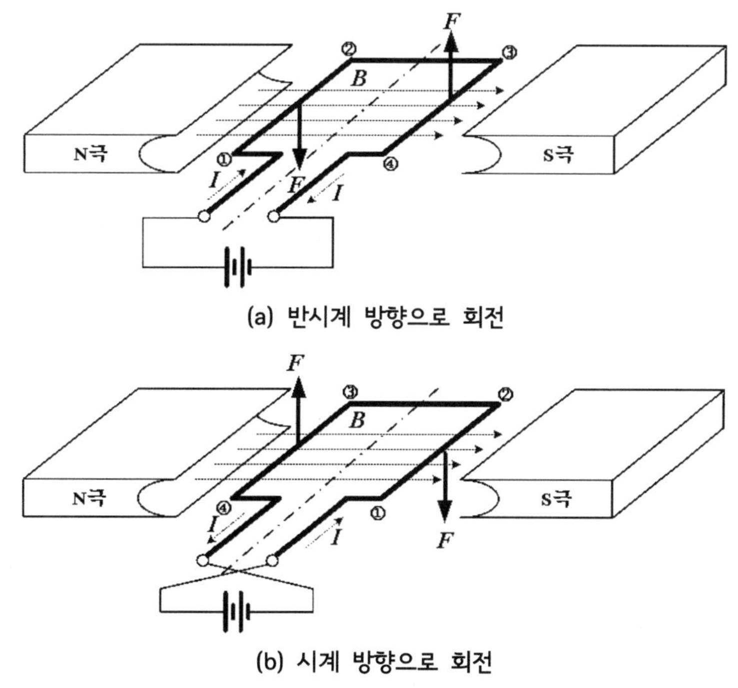

(a) 반시계 방향으로 회전

(b) 시계 방향으로 회전

그림 8.2 플레밍의 왼손법칙에 따른 회전력 발생 원리

직류전동기의 기본적인 동작원리는 일정하게 분포된 자속 안에 전류가 흐르는 도체를 놓으면 도체에는 왼손 엄지손가락이 가리키는 방향으로 힘이 발생하게 된다는 플레밍의 왼손법칙으로 설명할 수 있다. 그림 8.2는 플레밍의 왼손법칙에 따른 자속을 끊는 도체의 회전방향을 나타내는 그림이다.

그림 8.2(a)와 같이 N극에서 S극으로 자속이 흐르는 영구자석의 한 가운데에 중심축을 중심으로 회전할 수 있는 코일을 위치시킨 후 코일에 전원을 인가하여 ①→②→③→④의 방향으로 전류 I를 흘려주게 되면, 코일에 흐르는 전류가 자속을 끊게 되어 ①과 ② 사이의 코일은 아래 방향으로, ③과 ④ 사이의 코일은 위 방향으로 각각 힘이 발생하게 된다. 따라서 코일은 반시계방향으로 회전하여 그림 8.2(b)와 같이 ①, ② 사이의 코일은 S극에 가까워지고, ③, ④ 사이의 코일은 N극 쪽으로 가까워지는 상태가 된다.

그림 8.2(b)의 상태가 되면 코일에 역시 힘이 발생하게 되는데, ①과 ② 사이의 코일은 계속해서 아래 방향으로, ③과 ④ 사이의 코일은 위 방향으로 각각 힘이 발생하게 된다.

따라서 그림 8.2(a)와는 회전방향이 정반대로 발생하게 되어 코일은 시계방향으로 회전하게 된다. 결과적으로 코일은 일정방향으로 회전하는 것이 아니라 회전방향을 바꾸어가면서 반회전만을 반복하는 상태가 된다. 이러한 현상이 발생하는 이유는 코일의 전류방향이 ①→②→③→④의 방향으로 일정하게 흐르기 때문에 반회전마다 회전방향이 바뀌는 결과를 가져온다. 따라서 반회전마다 코일 전류의 방향을 바꿔주기 위한 장치가 필요한데, 이러한 장치로 정류자편(Commutator)과 브러시(Brush)를 추가하여 전류의 방향을 바꿔준다.

그림 8.3은 정류자편과 브러시를 이용하여 코일전류의 방향을 반회전마다 바꿔줌으로써 코일을 일정한 방향으로 회전시키는 원리를 설명하는 그림이다. 정류자편은 코일과 기계적으로 일체형으로 제작하여 코일과 함께 회전할 수 있도록 하며, 브러시는 회전하지 않도록 하고, 정류자편과 브러시를 밀착시켜 전류가 흐를 수 있도록 한다.

전류가 그림 8.3(a)와 같이 B1→C1→①→②→③→④→C2→B2의 방향으로 흐르면 코일이 반시계방향으로 반회전하게 되어 B1과 C1, B2와 C2가 접촉되어 있던 것이 그림 8.3(b)와 같이 B1과 C2, B2와 C1이 접촉하게 되며, 코일전류의 방향은 B1→C2→④→③→②→①→C1→B2로 흘러 반대방향으로 변하게 된다. 따라서 코일의 회전방향은 반시계방향을 유지하여 1회전 하게 되며, 이와 같은 동작이 직류전동기의 기본적인 회전원리이다.

직류전동기에서 자속을 생성하는 부분을 '계자', 회전하는 코일을 '전기자'라고 하며, 계자에 전류를 인가하여 자속을 생성시키는 과정을 '여자(勵磁 : Exciting)'시킨다고 표현한다. 이와 같이 직류전동기는 계자를 여자시킨 후 계자의 여자에 의해 생성된 자속 내에 위치한 전기자 권선에 전류를 흘려줌으로 인해 회전력이 발생하게 된다.

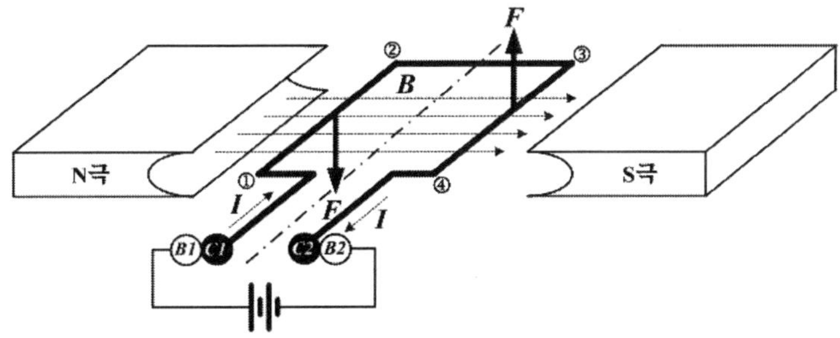

(a) 전류의 방향 : B1 → C1 → ① → ② → ③ → ④ → C2 → B2

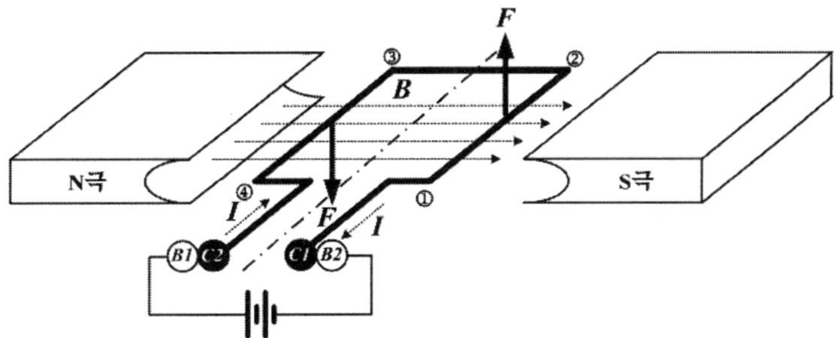

(b) 전류의 방향 : B1 → C2 → ④ → ③ → ② → ① → C1 → B2

그림 8.3 직류전동기의 회전 원리(반시계방향으로 회전)

그림 8.2에서는 계자에 영구자석을 이용하여 자속을 발생시키는 구조를 설명하고 있으나, 계자에 영구자석을 사용하게 되면 원가가 높고, 내구성이 약하며, 시간이 지남에 따라 외부자계의 영향에 의하여 자속이 약해질 가능성이 있고, 자속의 세기를 제어할 수 없는 단점이 있다. 따라서 실제적으로 사용되는 직류전동기에는 영구자석을 사용하지 않고 전자석을 이용하여 자속을 발생시키는 구조를 사용한다. 전자석은 철심에 코일을 감고 전류를 흘려주어 자속을 발생시키는 장치로서, 영구자석에 비하여 저렴하며, 자속의 크기를 자유로이 제어할 수 있는 장점이 있다. 그림 8.4는 전자석을 이용한 실제적인 직류전동기의 구조를 나타내는 그림이다.

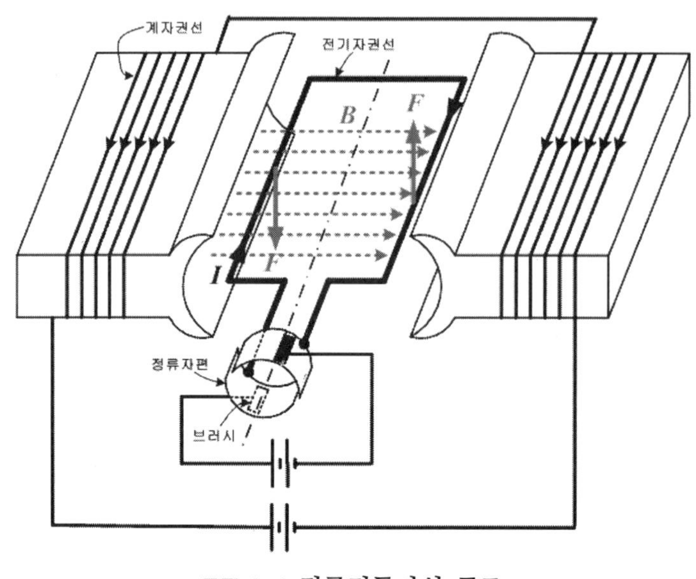

그림 8.4 직류전동기의 구조

나. 직류전동기의 구조

직류전동기는 계자와 전기자로 구성되어 있는데, 계자는 앞에서 설명한 바와 같이 권선을 감아 계자전류를 흘려줌으로써 자속을 발생시키게 되지만, 소형 전동기에서는 영구자석을 사용하기도 한다. 본 실습에서 사용하는 소형 직류전동기도 영구자석을 계자로 사용하는 전동기이며, 그림 8.5(c)는 본 실습의 소형 직류전동기의 모습을 나타내고 있다.

(a) 영구자석형 계자

(b) 전기자

(c) 소형 직류전동기

그림 8.5 소형 직류전동기의 구성

그림 8.5(a)는 영구자석형 계자를 나타내는 그림으로 전동기 케이스 양쪽 벽면에 영구자석의 N극 및 S극이 자리잡고 있다. 그림 8.5(b)는 전기자의 모습으로서, 회

전축을 중심으로 얇은 규소강판을 겹겹이 쌓은 형태의 전기자에 권선을 감았으며, 한쪽 끝에는 전기자와 한 몸체가 되도록 정류자편을 마련하여 전기자가 회전할 때 같이 따라 회전하도록 하였다.

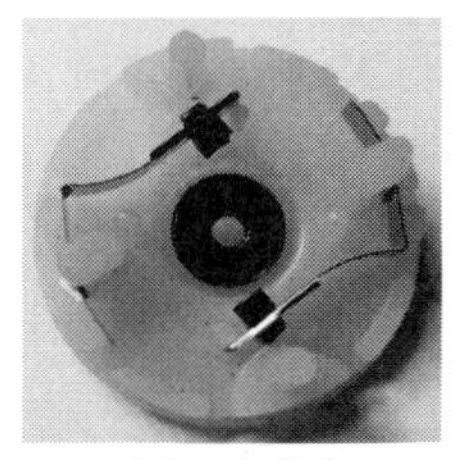

(a) 브러시

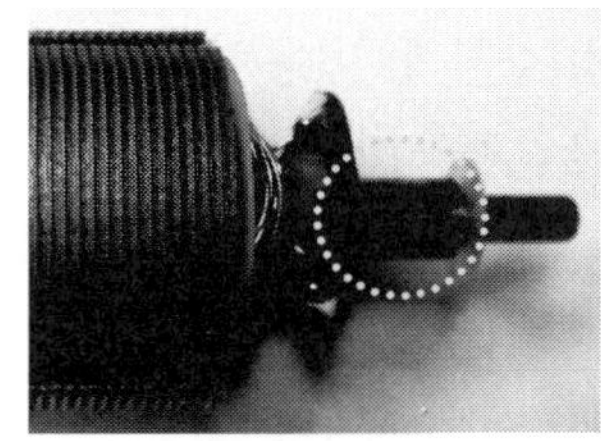
(b) 정류자편

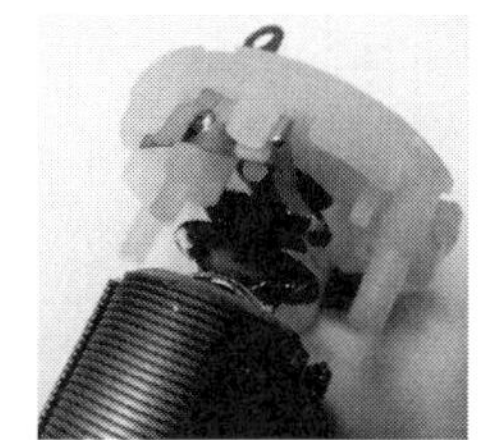
(c) 브러시-정류자편 접촉

그림 8.6 브러시와 정류자편의 접촉

그림 8.6은 정류자편과 브러시를 자세히 나타낸 그림으로서, 그림 8.6(a)는 외부 (+), (-) 전원단자와 전기적으로 연결된 브러시가 회전축을 중심으로 대칭인 위치에 자리잡고 있는 모습을 나타낸다. 이 브러시는 회전 시에 정류자편과 밀착된 상태를 유지하기 위해 탄력 있는 재질을 이용하여 회전축방향으로 밀어주는 힘이 발생하도록 설계되었다. 그림 8.6(b)는 정류자편의 그림으로 마모되지 않는 강한 재질의 물질을 회전축에 고정시킴으로써 회전축과 같이 회전되도록 하였으며, 2 조각으로 나누어 (+), (-)가 각각 공급되도록 설계하였다. 그림 8.6(c)는 브러시와 정류자편이 밀착된 모습을 나타낸다.

다. 직류전동기의 제어

1) 직류전동기의 회전방향

직류전동기의 회전방향은 전기자 전류의 방향과 자속의 방향을 알면 플레밍의 왼손법칙에 의해 왼손 세 번째 손가락이 가리키는 방향으로 결정된다. 소형 직류전동기를 다루는 본 교재의 실습에서는 영구자석을 계자로 이용하는 전동기이기 때문에 자속의 방향은 N극에서 S극으로 일정하게 결정되어 있다. 따라서 직류전동기의 방향을 바꿀 수 있는 유일한 방법은 전기자 권선에 인가되는 전류의 방향을 바꾸는 방법뿐이다.

전류의 방향은 전압의 극성을 바꾸면 되므로, 결과적으로 전기자 권선에 인가되는 직류전압의 (+), (-)극성을 바꾸면 전기자 권선에 흐르는 전류의 방향을 바꿔주는 효과가 되어 직류전동기의 회전방향이 반대방향으로 변하게 된다. 직류전동기를 이용한 산업설비 및 각종 기기에서는 직류전동기의 회전방향을 바꾸기 위해 릴레이를 비롯한 각종 스위칭 소자를 이용하여 정역회전 회로를 구성하게 되는데, 기본실습 8-1에서는 직류전원공급장치에 직접 전동기의 회전자 권선을 연결한 후 극성을 바꾸어가면서 회전방향의 변화를 확인해 본다.

기/본/실/습 8-1. 직류전동기의 정역회전 실습

① 회로도

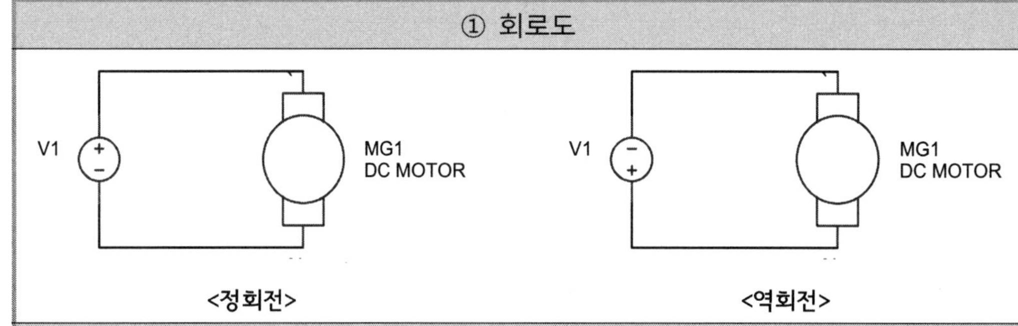

② 실습과정

ⓐ 직류전원공급장치의 전압을 0[V]로 맞춘 후 (+), (-) 라인을 전동기의 양쪽 단자에 연결한다.

ⓑ 직류전원공급장치의 전압을 9[V]까지 서서히 증가시키면서 전동기의 회전방향을 관측한다.

ⓒ 직류전원공급장치의 (+), (-) 라인을 맞바꾸어 결선한 후 전원을 인가하여 전동기의 회전방향을 관측한다.

③ 실습결과 고찰

ⓐ 직류전원공급장치로부터 (+), (-) 라인을 전동기에 연결하게 되면 전동기의 전기자에 (+), (-) 라인을 연결하게 되는 것을 의미하며, 전기자 권선에 (+) 방향에서 (-) 방향으로 전기자 전류를 인가하는 결과가 된다.

ⓑ 만일 직류전원공급장치의 (+), (-) 라인을 맞바꾸게 되면 전기자 전류의 방향을 반대로 인가하는 결과가 되므로, 전동기의 회전방향이 반대로 변화됨을 확인할 수 있다.

2) 직류전동기의 제어

전동기의 일반적인 제어요소는 속도 제어와 토오크 제어를 말할 수 있다. 속도 제어는 전동기의 회전수 제어를 의미하는 것으로 회전수의 단위는 보통 rpm(revolution per minute)을 사용하는데, 전동기가 1초 동안에 몇 회 회전하였는가를 의미하며, 토오크 제어는 전동기의 회전력 제어를 의미한다.

식 (8.1)은 직류전동기의 회전수를 구하는 식으로서, 단자전압 V, 전기자 전류 I_a, 전기자 권선저항 R_a, 계자 자속 Φ, 비례상수 k_1의 크기에 의해 직류전동기의 회전수가 결정된다.

$$N = k_1 \frac{V - I_a R_a}{\Phi} \, [rpm] \tag{8.1}$$

여기서 비례상수 k_1은 전동기의 기계적인 구조에 의해 결정되는 상수이며, 일단 전동기가 제작되면 변하지 않는 파라미터이다. 따라서 식 (8.1)의 속도식을 통해 직류전동기의 회전수를 변화시킬 수 있는 요소는 단자전압 V, 전기자 전류 I_a, 계자 자속 Φ의 3가지 요소임을 알 수 있다. 단자전압이 높을수록, 전기자 전류가 낮을수록, 계자 자속이 낮을수록 직류전동기의 회전수는 증가하며, 반대의 경우에는 감소함을 알 수 있다.

계자 자속 Φ는 계자권선에 인가되는 계자전류에 의해 크기가 결정되는데, 본 교재의 실습에서는 영구자석형 계자를 사용하는 소형 직류전동기를 이용하기 때문에 계자 자속 Φ도 상수로 생각할 수 있다. 따라서 본 실습에서는 단자전압과 전기자 전류를 제어하여 직류전동기의 회전수를 제어한다.

또한 직류전동기의 토오크 식은 식 (8.2)와 같다. 식 (8.2)를 통해 토오크 T는 계자 자속 Φ, 전기자 전류 I_a, 비례상수 k_2에 비례한다. 비례상수 k_2는 k_1과 마찬가지로 전동기의 기계적인 구조에 의해 결정되는 비례상수이다. 직류전동기의 속도제어 식에서와 마찬가지로, 본 교재의 실습에서는 영구자석형 계자를 사용하는 소형 직류전동기를 이용하기 때문에 계자 자속 Φ를 상수로 생각할 수 있다. 따라서 본 실습에서는 전기자 전류만이 직류전동기 토오크 제어의 요소라고 할 수 있다.

$$T = k_2 \Phi I_a \, [N \cdot m] \tag{8.2}$$

기본실습 8-2는 영구자석형 계자 구조를 갖는 소형 직류전동기 속도제어 실습에 관한 것으로서, 가변저항을 이용하여 전기자 전류 I_a를 변화시킬 때 전동기의 회전속도가 어떻게 변화되는지를 관측하는 것이 목적이다.

기/본/실/습 8-2. 직류전동기의 속도제어 실습

① 회로도

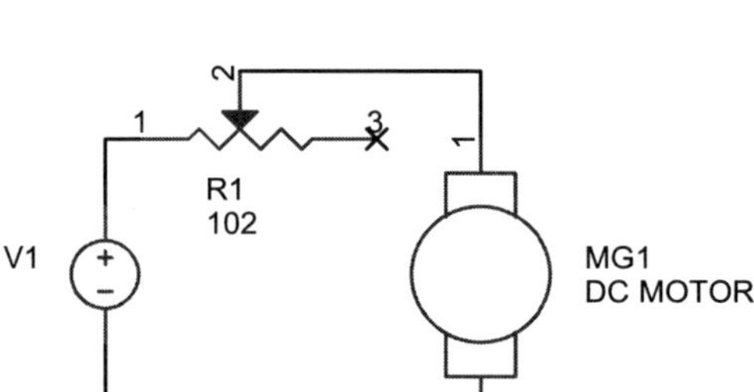

② 실습과정

ⓐ 가변저항의 저항값 R_1이 0[Ω]이 되도록 조정한다.

ⓑ 직류전원공급장치의 전압을 9[V]로 맞추고 전동기의 회전속도를 관측한다.

ⓒ 가변저항 R_1의 값을 서서히 증가시키면서 전동기의 회전속도를 관측한다.

③ 실습결과 고찰

ⓐ 가변저항 R_1은 전기자 권선에 직렬로 연결되어 있다. 따라서 R_1의 값을 증가시키면 전기자 권선에 흐르는 전류의 값을 감소시키는 결과가 되기 때문에 전동기의 회전속도는 낮아지게 된다. 반대로 R_1의 값을 감소시키면 전기자 전류가 상승하여 회전속도가 높아지게 된다.

라. 직류전동기의 특성

그림 8.2에서 자속을 끊을 수 있는 위치에 도선을 위치시키고 도선에 전류를 인가하면 도선에는 플레밍의 왼손법칙의 엄지손가락 방향으로 힘이 발생하게 되는데, 반 바퀴 회전하게 되면 회전하던 방향과 반대로 힘이 발생하여 전동기는 완전한 1회전을 하는 것이 아니라 반 바퀴 회전한 후 반대방향으로 다시 반 바퀴 회전하여 원래 위치로 복원된다는 것을 알았다. 이러한 문제를 해결하기 위하여 그림 8.3과 같이 브러시와 정류자편을 추가하여 반 바퀴 회전 후에는 전기자 권선에 흐르는 전류의 방향을 반대방향으로 바꿔줌으로써 전동기가 한 방향으로 지속적으로 회전할 수 있도록 하였다.

그러나 직류전동기를 지속적으로, 한 방향으로 회전시키기 위해 브러시와 정류자편을 추가함으로써 몇 가지 문제가 발생하게 된다. 브러시는 외부에서 공급되는 전류를 정류자편으로 전달하는 역할을 하며, 정류자편은 브러시로부터 전달받은 전류를 전기자 권선으로 전달하는 역할을 한다. 그런데 브러시는 움직이지 않고 정지되어 있는 반면에 정류자편은 전기자 몸체에 붙어 있는 구조이기 때문에 고속으로 회전하게 된다. 즉, 한 쪽은 정지되어 있고 다른 한 쪽은 고속으로 회전하는데 두 물체는 항상 접촉상태를 유지해야 하는 아주 까다로운 조건이 필요하다. 이와 같이 고속으로 회전 중에도 접촉상태를 유지하기 위해 그림 8.6(a)와 같이 탄성이 있는 재료를 이용하여 브러시를 정류자편에 밀착시키게 되고, 대용량의 직류전동기에서는 용수철 등을 이용하여 브러시를 정류자편 쪽으로 밀어줌으로써 접촉상태를 유지하도록 하고 있다. 결국, 브러시 및 정류자편을 사용함으로 인해 구조가 복잡해지고, 부피도 커지며, 이로 인해 전동기 가격이 상승하는 문제점을 안고 있다. 또한 두 물체가 고속으로 회전하면서 마찰하기 때문에 두 물체 사이에는 마모가 발생하여 주기적인 교체가 필요하게 되는데, 일반적으로 정류자편은 마모가 되지 않는 강한 재질을 사용하고 브러시는 탄소로 이루어진 약한 재질을 사용하여 브러시만을 교체해 주게 된다. 이로 인해 주기적인 유지보수 비용이 발생하며, 고속회전 상태에서의 마찰현상으로 인해 소음이 크고, 불꽃이 발생하여 화재의 위험이 있는 장소에서는 사용할 수 없는 단점이 있다.

이에 비해 직류전동기는 전기자 권선에 인가되는 전기자 전류를 제어하면 쉽게 전동기 회전수와 토오크를 제어할 수 있기 때문에 교류전동기에 비해 상대적으로 제어가 용이한 장점을 가지고 있다.

8.2 유도전동기

가. 유도전동기의 회전원리

유도전동기는 교류전원을 입력받아 회전력을 발생시키는 회전기기로서, 기본적인 회전원리는 그림 8.7와 같은 아라고 원판의 원리로 설명할 수 있다. 아라고 원판의 원리란 영구자석 N, S극 사이에 중심축을 중심으로 회전할 수 있는 원판을 놓고, 원판의 끝이 항상 자속의 N, S극 사이에 위치하도록 하여 자석을 임의의 방향으로 원판의 끝을 따라 회전시키면 원판이 자석의 회전방향과 같은 방향으로 따라서 회전하는 원리이다.

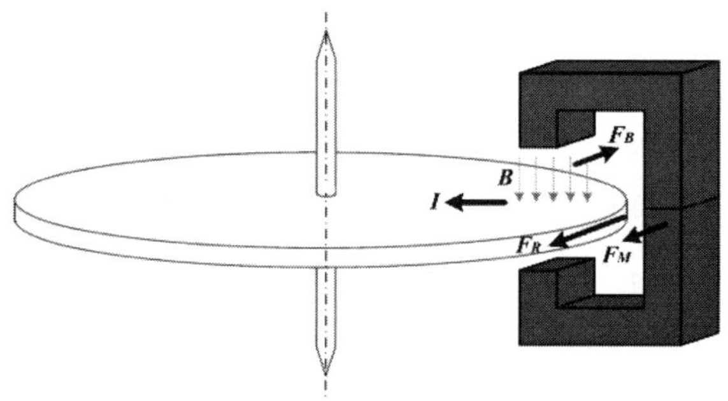

그림 8.7 아라고의 원판

그림 8.7, 8.8과 같이 원판을 자석의 N, S극 사이에 위치시키면 자석의 N극에서 S극으로 흐르는 자속이 원판에 의해 끊어지게 된다. 이때, 자석을 F_M 방향으로 움직이면 원판에 의해 끊겨지는 자속도 이동하게 되는데, 그 방향은 자석의 이동방향과 반대방향으로 움직인다. 즉, 자석이 F_M 방향으로 이동하면 원판에 의해 끊겨지는 자속은 F_B 방향으로 이동함을 의미한다. 따라서 자속 내에서 자속을 끊으면서 이동하는 도체에는 오른손의 세 번째 손가락이 가리키는 방향으로 전류가 유도된다는 플레밍의 오른손법칙에 따라 도체, 즉 원판에는 원판의 바깥에서 중심을 향하는 방향으로 전류가 흐르게 되며, 이 전류는 전원공급에 의해 흐르는 전류가 아니고, 전자장 유도 작용에 의해 유도된 전류이기 때문에 '유도전류(誘導電流)'라고 한다.

한편, 원판에 유도된 유도전류는 자속 내에서 흐르는 전류이기 때문에, 전류가 흐르는 도체를 자속 내에 위치시키면 왼손 첫 번째 손가락이 가리키는 방향으로 힘이 발생하게 된다는 플레밍의 왼손법칙에 따라 F_R의 방향으로 도체, 즉 원판에 힘이 작용하게 된다. 결과적으로 원판에 발생하는 힘의 방향 F_R은 자석의 이동방향 F_M과 일치하게 되며, 자석이 회전하는 방향으로 원판도 따라서 회전하게 됨을 알 수 있다. 이러한 아라고 원판의 회전원리를 이용하여 유도전동기의 회전원리를 설명할 수 있다. 아라고 원판의 영구자석은 유도전동기의 '고정자(固定子 : Stator)', 원판은 '회전자(回轉子 : Rotor)'에 각각 대응된다. 따라서 유도전동기는 고정자의 자속을 회전시키면 회전자에 유도전류가 유도되어 회전자가 고정자의 자속을 따라 회전하는 전기기기라고 설명할 수 있다.

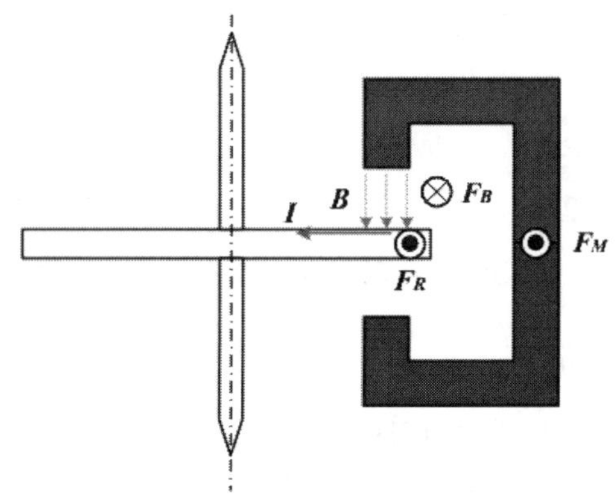

그림 8.8 아라고 원판의 회전원리

아라고의 원판에서 영구자석을 회전시키면 원판이 영구자석을 따라 회전한다는 것을 살펴보았는데, 여기서 영구자석을 어떻게 회전시킬 것인가에 대한 것은 언급하지 않고 영구자석을 회전시킨다고만 설명하였다. 그렇다면 영구자석을 어떻게 회전시킬 것인가?

실제적인 유도전동기에서는 영구자석을 회전시키는 것이 아니라 고정자에 권선을 감은 후 고정자 권선에 3상 평형전류를 인가하여 발생되는 회전자속(回轉磁束)을 이용한다. 회전자속이란 고정자 권선에 3상 평형전류를 인가하면, 3상 평형전류가 흐르는 고정자 권선에 의하여 자속이 발생하게 되는데, 이 자속은 일정방향으로 회전하게 되며 이러한 자속을 '회전자속'이라고 한다.

회전자속에 대해 자세히 알아보기 위해 그림 8.9와 같이 중심부가 뚫려 있는 원통 내부에 3개의 권선을 감는데, 각 권선이 시작점이 120° 차이가 나도록 권선을 감는다. 권선을 감는 방향은 권선 u의 경우에는 ②번 위치에서 권선을 감기 시작하여 ①번 위치에서 끝나고, 권선 v는 ④번 위치에서 시작해 ③번 위치에서 끝나며, 권선 w는 ⑥번 위치에서 시작해 ⑤번 위치에서 끝나도록 권선을 감는다. 여기서, 권선을 감는 방향을 전류가 흐르는 기준방향으로 설정하면 u상의 권선에는 ②번으로 전류가 흘러들어가 ①번으로 나오는 방향이 (+) 기준방향이 되며, v상은 ④번에서 ③번으로, w상은 ⑥번에서 ⑤번으로의 방향이 전류의 기준방향이 된다.

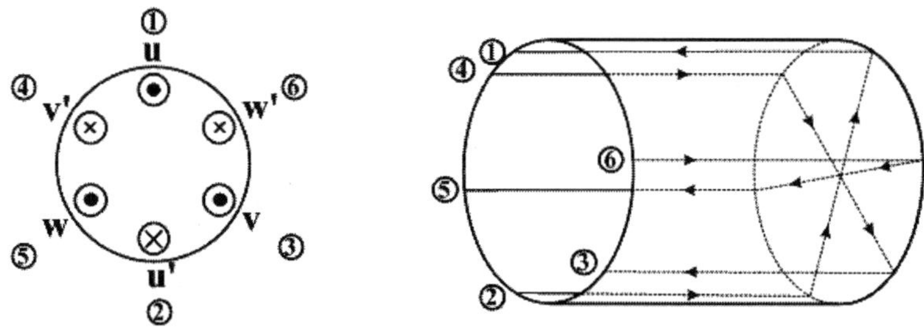

그림 8.9 회전자속 발생을 위한 권선법

권선을 그림 8.9와 같이 모두 감은 후에 그림 8.10과 같은 3상 평형전압을 각 권선에 흘려준다. 이때 3상 평형전압이란 각 상의 위상차가 120°가 되고, 3개 상전압의 매 순간의 순시값의 전체 합이 '0'이 되는 전압을 말한다. 예를 들어 t_a의 순간만을 놓고 보면, u상의 값 u_a는 (+)의 값을, v상의 값 v_a는 (-)의 값을, w상의 값 w_a는 (-)의 값을 각각 나타낸다. 세 개의 상전압을 모두 더하면 식 (8.3)과 같다.

$$u\text{상 전압} + v\text{ 상 전압} + w\text{상 전압} = u_a - v_a - w_a = 0 \tag{8.3}$$

다른 순간의 값도 마찬가지로 매 순간 3상 전압의 합은 '0'이 되는 전압을 '3상 평형전압'이라고 한다. 이러한 3상 평형전압을 그림 8.9의 전동기 각 상에 공급하면, 매 순간마다 각 상에 흐르는 전압의 크기와 방향이 변하면서 그림 8.10(b)와 같이 회전자속이 발생하게 된다.

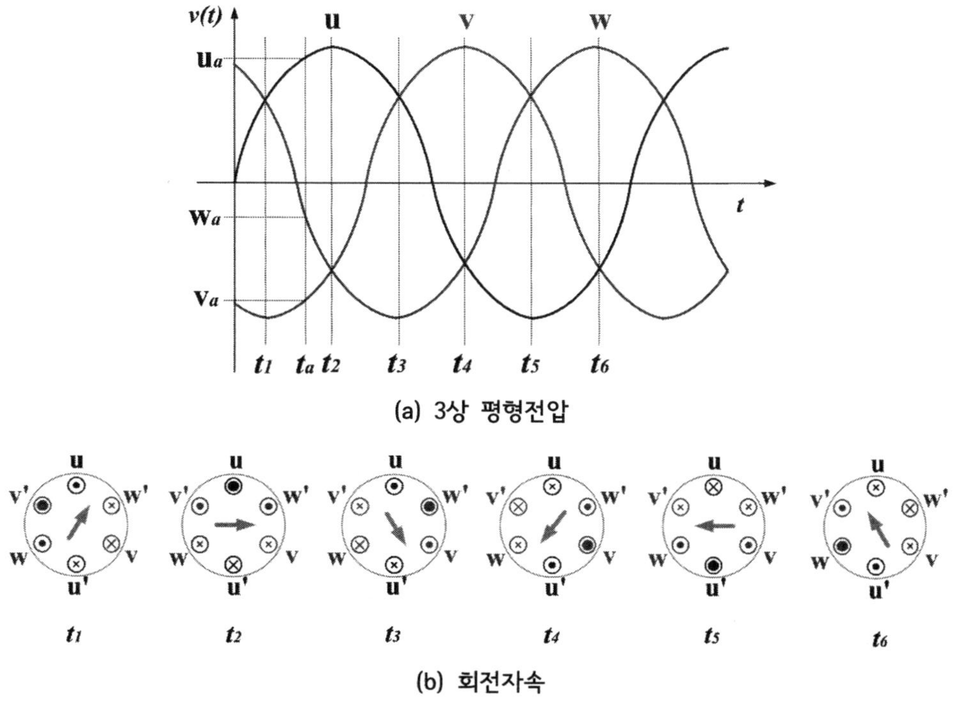

(a) 3상 평형전압

(b) 회전자속

그림 8.10 회전자속 발생 원리

회전자속의 원리를 상세히 살펴보기 위해 먼저 t_1의 순간을 살펴보면 u상과 w상은 (+)의 값을 가지며 크기도 같은 반면에, v상은 (-) 최대값을 가짐을 알 수 있다. 여기서 v상의 (-) 전압값의 의미를 생각해 보면, 전압이나 전류의 크기를 얘기할 때 (-) 크기는 존재하지 않으며, 전압이나 전류에서 (-) 값을 갖는다는 의미는 미리 설정한 기준방향과 반대 방향의 값을 갖는 것이라고 7장에서 설명하였다. 멀티테스터를 이용하여 1.5[V] 건전지의 전압을 측정할 때 (+)극에 적색, (-)극에 흑색 탐침을 연결하여 전압을 측정하면 1.5[V]가 표시되지만, 반대로 탐침을 연결하여 측정하면 -1.5[V]가 표시되는데, 이것은 건전지의 전압 크기가 (-) 값으로 떨어졌다는 의미가 아니라 기준전압 (흑색선)에 비해 적색선을 연결한 위치의 전위차가 높으면 (+), 낮으면 (-)를 표시함을 의미한다. 따라서 전압 및 전류에서 부호의 의미는 기준전압에 대한 방향을 나타내는 것으로 (+)일 때에는 기준방향과 전압 또는 전류의 방향이 일치하지만, (-)일 때에는 기준방향과 반대의 전압 또는 전류값을 가짐을 의미한다.

그림 8.10(b)의 t_1 순간에 u상과 w상은 (+)의 값을 가지므로 그림 8.9에서 설정한 권선의 방향과 전압의 방향이 일치하고, v상은 (−) 값을 가지므로 그림 8.9에서 설정한 권선의 방향과 반대의 방향으로 전압이 인가됨을 알 수 있다. 그림 8.11(b)의 t_1 순간에 실제로 전압이 인가되는 방향은 u상과 w상은 기준방향과 일치하여 u′ 권선(또는 w′ 권선)에서 들어가서 u 권선(또는 w 권선)으로 나오는 방향이지만, v상은 기준방향과 반대로 v 권선에서 들어가서 v′ 권선으로 나오는 방향이다. 이때 크기는 v상은 최대값을 가지며, u상과 w상은 크기는 같으며, 그 값은 v상의 절반 값을 갖게 된다. 이러한 내용을 그림으로 표현하면 그림 8.11(b)의 t_1 순간과 같다. 이때 이웃하고 있는 세 권선 w-v′-u는 모두 전류가 나오는 방향이고, 나머지 세 권선 w′-v-u′는 전류가 들어가는 방향이 되어 오른나사법칙에 의해 가운데 화살표 방향으로 자속이 발생하게 됨을 알 수 있다.

t_2의 순간에 대해서도 같은 과정을 거쳐 그림을 그리면 그림 8.11(c)와 같이 되는데 이때 발생하는 자속의 방향은 t_1의 순간에 비해 시계방향으로 회전하였음을 확인할 수 있다. t_1과 t_2 사이의 매 순간에도 자속은 시계방향으로 연속적으로 회전하게 되며, t_6의 순간에는 거의 한 바퀴 회전한 형태가 된다. 이후에는 다시 $t_1 \sim t_6$의 과정을 반복하여 유도되는 자속은 시계방향으로 연속적으로 회전하는 효과를 얻을 수 있다. 이와 같이 3상 평형전압에 의해 회전하면서 발생되는 자속을 '회전자속'이라고 한다.

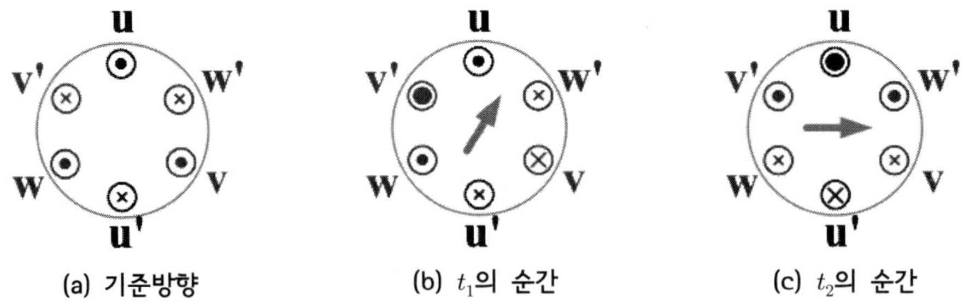

그림 8.11 인가전압의 기준방향과 실제 방향

아라고의 원판에서 영구자석을 회전시키면 원판이 영구자석을 따라 회전하게 되는데, 만일 영구자석 대신에 회전자속을 발생시키면 영구자석을 회전시키는 것과 같은 효과를 낼 수 있어 전동기가 연속적으로 회전하게 된다. 유도전동기에서 3상

권선을 감아 회전자속을 발생시키는 부분을 '고정자'라고 부르며, 고정자의 안에서 실제로 회전하는 부분을 '회전자'라고 부른다.

이제 회전자속에 의해 전동기가 회전하게 된다는 사실을 알게 되었는데, 그렇다면 전동기의 속도를 변화시키려면 어떻게 해야 할까?

회전자속에 의해 전동기가 회전하므로 회전자속의 회전속도를 변화시키면 전동기의 속도도 따라서 변하게 된다. 회전자속의 회전속도를 변화시키려면 또 어떻게 해야 할까?

회전자속을 발생시키기 위해서는 3상 평형전압을 인가해야 하는데, 3상 평형전압은 주파수를 가지고 변하게 된다. 따라서 회전자속을 좀 더 빠르게 회전시키기 위해서는 주파수를 높여주면 되며, 반대로 회전자속의 속도를 느리게 회전시키기 위해서는 주파수를 낮추면 된다. 따라서 3상 평형전압의 주파수를 제어하여 회전자속의 속도를 변화시키고, 이를 통해 전동기의 회전속도를 변화시킬 수 있다. 회전자속의 속도를 '동기속도(同期速度 : Synchronous Speed)'라고 부르며, 3상 평형전압의 주파수를 f, 전동기의 극수를 P라고 하면, 동기속도 N_S는 식 (8.4)와 같이 주어진다.

$$N_S = \frac{120\,f}{P} \qquad [rpm] \tag{8.4}$$

여기서, 동기속도 N_S는 회전자속의 속도라고 정의했는데, 그렇다면 전동기의 실제 회전속도가 동기속도와 동일할까?

결론부터 언급하면 전동기의 실제 회전속도와 동기속도는 같지 않다. 그 이유를 이해하기 위해 아라고의 원판을 다시 한 번 생각해 보면, 원판이 회전하기 위해서는 먼저 자석이 회전을 시작해야 한다. 자석이 회전을 시작하면 F, B, I 조건에서 F_B, B의 조건이 갖추어져 회전원판에 I가 유도되고, 이 유도된 I와 B의 작용에 의해 회전원판에 F_R이 발생하게 된다. 정리하면 자속 B의 회전이 먼저 이루어져야 회전원판이 자속을 끊을 수 있게 되므로 실제 전동기에서도 회전자속이 먼저 회전을 시작한 후에 전동기의 회전자가 회전자속에 뒤져서 회전을 시작하게 되는 것이다. 이와 같이 고정자의 회전자속의 속도와 회전자의 실제 회전속도 사이의 차이를 '슬립(Slip)'이라고 부른다. 슬립을 고려한 유도전동기 회전자의 실제 회전속도 N은 식 (8.5)와 같이 주어진다.

$$N = \frac{120f}{P}(1-s) = N_S(1-s)\,[rpm] \tag{8.5}$$

여기서 s는 유도전동기의 슬립을 의미하는데, 만일 $s=0$이면 $N=N_S$가 되어 동기 속도와 회전자 속도가 같다는 것을 의미하기 때문에 유도전동기에서는 발생할 수 없는 조건이 되며, $s=1$이면 $N=0$이 되어 전동기가 회전하지 않는다는 것을 의미하게 되므로, 결국 슬립 s는 $0<s<1$의 범위 내로 제한됨을 알 수 있다.

직류전동기는 브러시와 정류자편을 이용하여 전기자 코일에 흐르는 전류의 방향을 바꿔줌으로써 전동기를 회전시키는데 비해, 유도전동기는 이러한 장치가 필요없기 때문에 구조가 간단하며, 브러시와 정류자편의 마찰로 인한 소음, 불꽃, 마모 등의 문제도 발생하지 않는 장점이 있다. 그러나 식 (8.5)에서 확인할 수 있는 바와 같이 유도전동기의 속도를 제어하기 위해서는 주파수 f, 극수 P, 또는 슬립 s를 변경시켜야 하는데, 외부로부터 공급되는 상용전원의 주파수는 60[Hz]로 고정이 되어 있고, 극수는 전동기 운전 중 연속적인 값으로 자유롭게 변경할 수 없으며, 슬립은 손실과 관련되어 있기 때문에 유도전동기의 효율적인 속도제어가 사실 상 불가능하다고 볼 수 있다. 따라서 과거에는 직류전동기가 유도전동기에 비해 많은 단점을 가지고 있지만 제어가 용이하기 때문에 산업분야에서 많이 적용되어 왔다.

그러나 1980년대 후반부터 반도체 기술을 바탕으로 한 전력전자 산업의 발전으로 인해 상용전원의 주파수를 변경시키지 않고 유도전동기에 공급되는 주파수를 자유롭게 변환시킬 수 있는 전동기 제어용 전력변환장치가 개발되어 오늘날에는 대부분의 산업분야에서 구조가 간단하고, 저렴하며, 유지보수가 용이한 유도전동기를 적용하고 있다. 이러한 전동기 제어용 전력변환장치를 산업현장에서는 '인버터(Inverter)'라고 부르고 있는데, 전동기 제어용 인버터의 역할은 60[Hz]로 고정되어 있는 교류의 상용전원을 입력받아 내부에서 주파수 0[Hz]의 직류로 변환시킨 후 반도체 스위칭 기술을 이용하여 전동기의 속도를 제어하는데 필요한 주파수의 교류전력으로 변환시키는 장치이다. 전동기에 공급되는 교류전력의 주파수를 자유로이 변경시킬 수 있기 때문에 유도전동기의 속도를 연속적이며, 효율적으로 제어할 수 있다. 이러한 인버터의 개념 및 동작원리에 대해서는 본 교재의 10장에서 자세히 다루기로 한다.

09 센서

9.1 광도전센서(Photo Conductive Sensor)

광도전센서는 N형 반도체에 속하는 소자로써 빛이 닿으면 조도에 따라 전기저항이 달라지는 특성을 가지고 있는 일종의 가변 저항 소자이다. N형 반도체인 광도전센서는 빛에너지를 받으면 N형 반도체내의 전자가 자유전자로 되어 전기 전도를 활성화하기 때문에 조도에 따라 저항의 차이가 많이 발생한다. 따라서 광도전센서를 조도를 측정하는데 많이 사용하기 때문에 '조도센서'라고도 한다. 광도전센서는 조도에 따라 저항 차이를 발생시키는 저항체의 소재인 CdS(황화카드뮴), CdSe(셀렌화카드뮴) 또는 이들을 적당한 비율로 혼합하여 구워 고정시킨 것들이 있다.

가. CdS 광도전센서의 구조와 특징

그림 9.1은 CdS 광도전센서의 일반적인 구조를 나타내는 그림이다. 그림에서 알 수 있듯이 CdS 광도전센서는 CdS를 밀폐 용기에 넣고, 투명한 플라스틱이나 유리를 수광창으로 덮는 구조로 되어 있으며, 2개의 리드선이 연결되어 있으나 극성은 따로 없는 구조로 되어 있다. CdS 광도전센서의 치수는 지름이 5[*mm*]~250[*mm*]까지 다양하게 제공하고 있다.

CdS 광도전센서의 특징은 다음과 같다.

① 극성이 없다.

② 허용 동작 온도 범위는 -30~60[℃]이다.

③ CdS 광도전센서는 지름이 작은 것일수록 조도측정 범위가 작다.

그림 9.1 CdS 광도전센서

이상과 같은 CdS 광도전센서의 구조적 특징으로 치수에 따라 조도의 측정 범위에 차이가 있고, 허용 사용온도 범위가 작기 때문에 이 센서의 사용 시 조도측정 범위에 따라 센서의 지름을 결정하고 또한 센서 주변온도에 대한 주의가 필요하다.

나. CdS 광도전센서의 동작원리 및 특성

CdS 광도전센서는 N형 반도체에 속하는 소자로 빛이 닿으면 조도에 따라 전기저항이 달라지는 성질을 가지고 있는 일종의 가변저항이다. 따라서 CdS 광도전센서를 이용하여 조도를 측정하기 위해서는 일반적으로 부하저항 R_L을 직렬로 연결하여 사용하는데, 수광부 등가회로는 그림 9.2와 같이 그릴 수 있다.

그림 9.2에서 알 수 있듯이 CdS 광도전센서 양단간의 전압 V는 조도에 의해 변하는 CdS 광도전센서의 저항 R_{CdS}에 따라 변화됨을 알 수 있다.

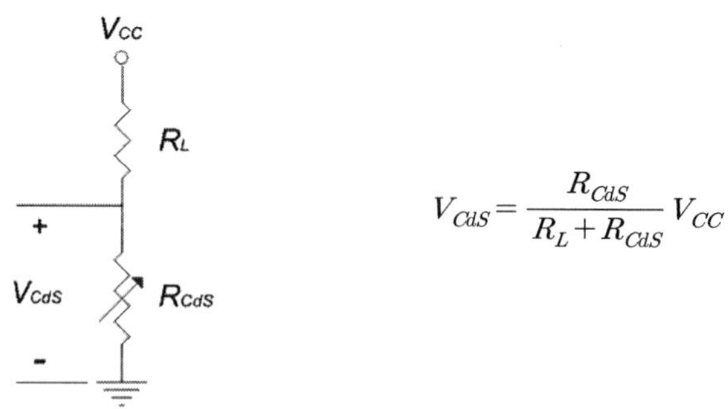

그림 9.2 CdS 광도전센서 수광부 등가회로

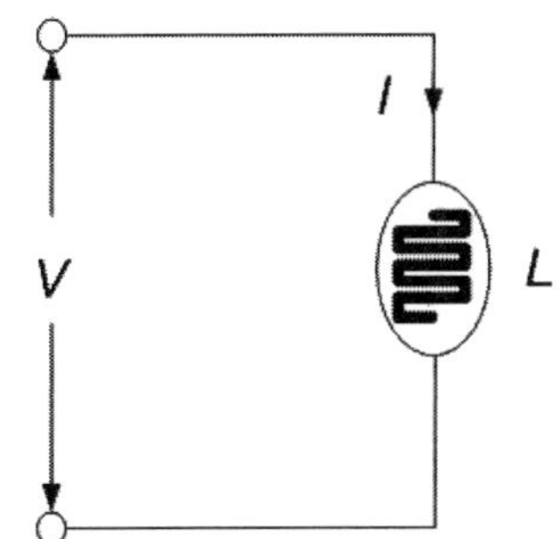

그림 9.3 CdS **광도전센서 등가회로**

CdS 광도전센서의 등가 저항 R_{CdS}를 구하기 위해 그림 9.3과 같은 등가회로를 생각한다. 그림과 같이 CdS 광도전센서에 전압 V를 인가하면 전류 I가 흐르게 된다. 이때 흐르는 전류 I는 식 (9.1)과 같다.

$$I = kVL^{r} \quad (r = 0.5 \sim 1) \tag{9.1}$$

여기서 k는 비례상수로, 만일 $r = 1$이라면 식 (9.1)은 옴의 법칙에 의해 저항 R_{CdS}에 해당된다. 또한 L은 '수광 강도(수광면 조도)'라고도 한다.

$$\frac{V}{I} = \frac{1}{kL} = R_{CdS} \tag{9.2}$$

따라서 이 식을 통해 수광 강도 L은 저항 R_{CdS}와 반비례 관계임을 알 수 있고, 조도변화에 대한 수광 강도 L의 특성을 살펴보면, 조도가 밝을수록 수광 강도 L은 커지고 저항 R_{CdS}는 작아진다. 반대로 조도가 어두울수록 수광 강도 L은 작아지고 저항 R_{CdS}는 커지게 된다.

기/본/실/습 9-1. CdS 광도전센서 실습

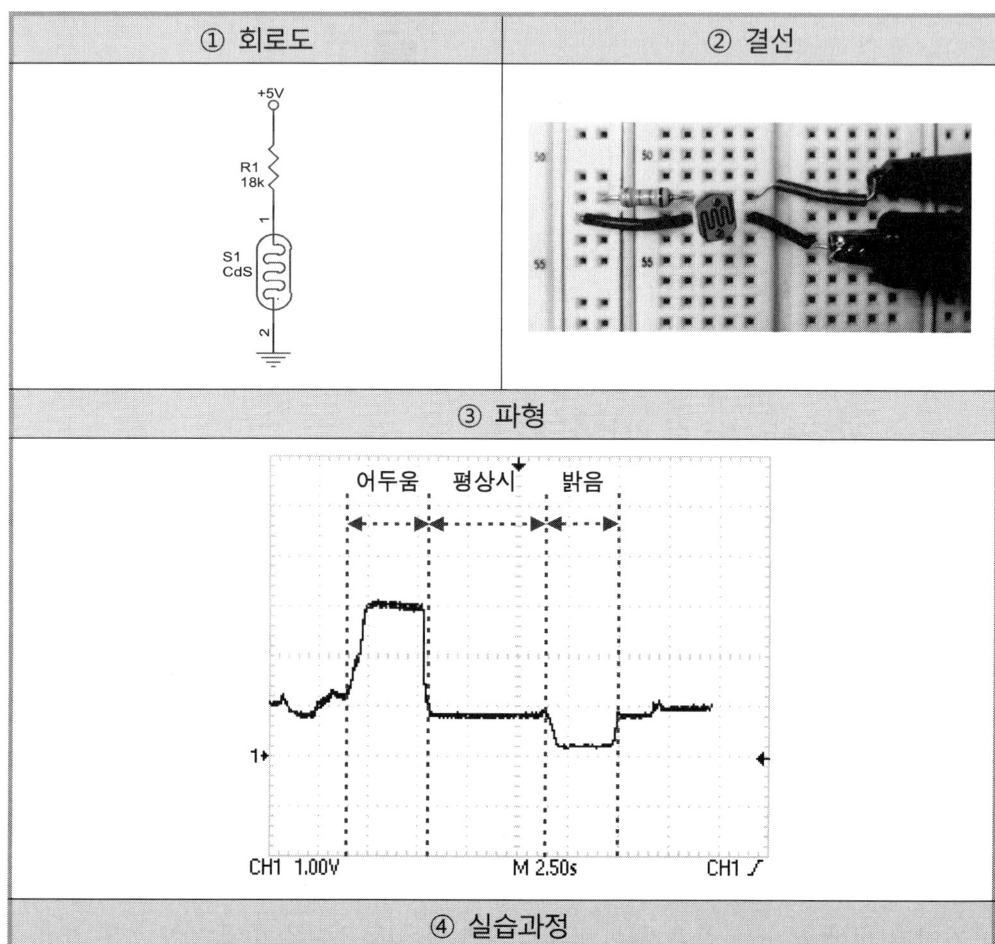

④ 실습과정

ⓐ 광도전센서의 결선을 마친 후 CdS의 창을 완전히 가리고 전압파형을 측정한다.

ⓑ CdS의 창을 가리지 않고 전압파형을 측정한다.

ⓒ CdS의 창에 휴대폰 랜턴 또는 기타 조명장치를 이용하여 빛을 조사하면서 전압파형을 측정한다.

⑤ 실습결과 고찰

ⓐ CdS의 창을 완전히 가렸을 때에는 최대전압 3[V]이며, 휴대폰 랜턴 불빛을 CdS 창에 직접 비추면 0.2[V]로 측정된다. 따라서 CdS 주변 빛의 밝기가 세면 CdS 양단의 저항값이 감소하여 전압이 감소하고, 반대의 경우에는 저항값이 매우 커져 전압이 상승함을 알 수 있다.

9.2 광센서(Photo Sensor)

광센서는 투광부(投光部)와 수광부(受光部)로 구성되어 있는데, 투광부는 적외선을 발광시키는 장치이며, 수광부는 투광부로부터 발광된 적외선을 감지하여 전기 신호를 발생시키는 장치이다. 광센서는 검출방식, 검출거리 등에 따라 매우 다양한 종류가 공급되고 있는데, 본 교재에서는 그림 9.4의 BY 시리즈와 BUD 시리즈 광센서에 대해 알아본다.

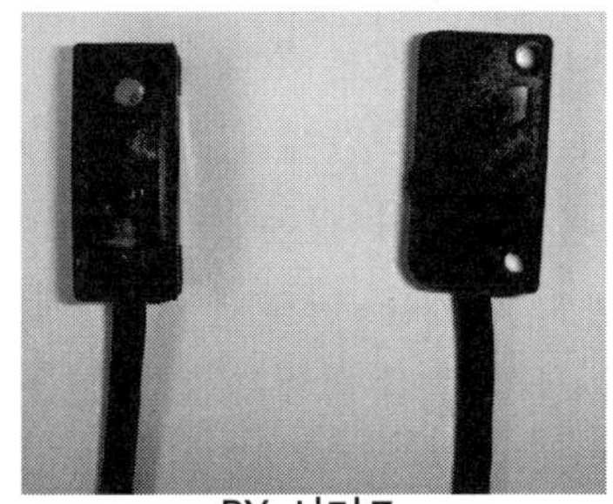

<BY 시리즈>

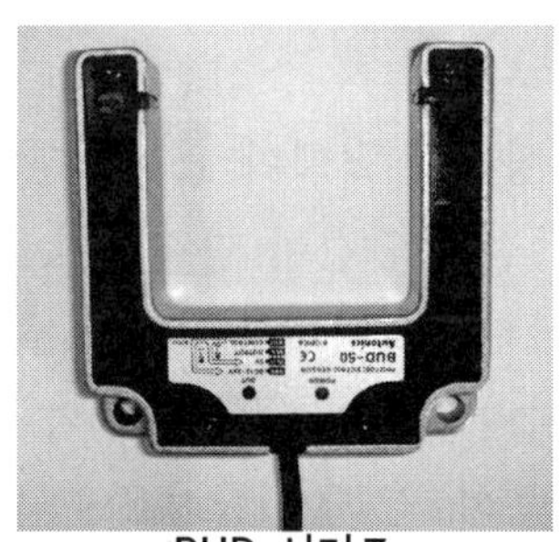

<BUD 시리즈>

그림 9.4 광센서

BY 시리즈 및 BUD 시리즈는 적외선을 이용하여 물체를 감지한다는 점에서 유사한 방식의 광센서라 할 수 있는데, 그림 9.4와 같이 투광부 및 수광부가 별도의 몸체로 구성되어 있는 것이 BY 시리즈이며, 한 몸체로 구성되어 있는 것이 BUD 시리즈이다.

그림 9.5는 광센서가 물체를 검출하는 기본개념을 설명한 그림이다. 그림에서와 같이 투광부 및 수광부 사이에 물체가 위치하게 되면 투광부에서 발광된 적외선이 수광부에 도달하지 못하게 되므로 수광부에서는 물체가 있음을 의미하는 신호를 접점 또는 반도체 스위치 동작형태로 출력하게 되며, 반대로 투광부와 수광부 사이에 물체가 없을 때에는 수광부에서 투광부로부터 적외선을 검출했을 때에 해당하는 신호를 출력하게 된다.

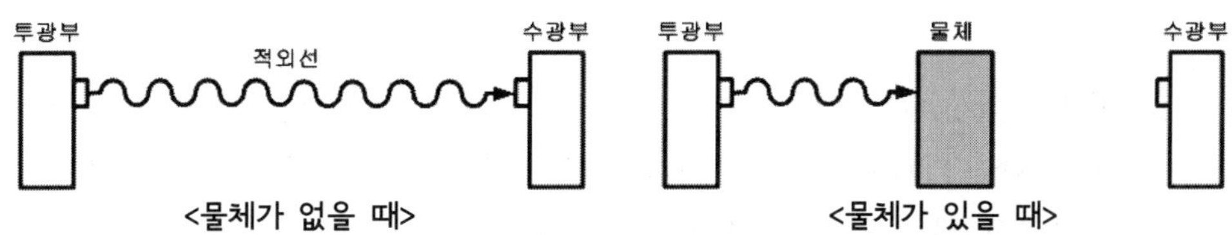

그림 9.5 광센서 동작개념

가. Light ON/Dark ON의 개념

광센서를 사용하기 위해서는 먼저 Light ON(입광동작)과 Dark ON(차광동작)의 개념을 이해해야 한다. Light ON이란 한마디로 말하면 투광부로부터 발광된 빛이 끊기지 않았을 때 수광부의 출력회로가 동작되는 것을 말하며, Dark ON이란 반대로 빛이 끊겼을 때 출력회로가 동작되는 상태를 말한다.

이에 대해 좀 더 자세히 살펴보면 Light ON이란 광센서의 투광부와 수광부 사이에 물체가 존재하지 않아 수광부에서 투광부로부터 발광된 적외선을 감지했을 때, 수광부의 릴레이 접점 또는 반도체 스위치가 동작되는 형태를 말한다. 수광부의 출력형태가 릴레이 접점형태일 때에는 Light ON의 순간에 릴레이가 ON되기 때문에 접점 양단간이 연결되며, 출력형태가 트랜지스터와 같은 반도체 스위치일 때에는 트랜지스터가 ON되어 출력단자의 전압이 0[V]를 나타낸다. 이에 비해 Dark ON이란 광센서의 투광부와 수광부 사이에 물체가 존재해서 적외선을 끊었을 때, 수광부의 릴레이 접점 또는 반도체 스위치가 동작되는 형태를 말한다.

표 9.1은 Light ON과 Dark ON의 동작상태를 설명하는 표이다.

표 9.1 광센서의 Light ON/Dark ON

	물체가 있을 때		물체가 없을 때	
	Light ON	Dark ON	Light ON	Dark ON
적외선 통과	차단	차단	통과	통과
수광부 LED 동작표시등	OFF	ON	ON	OFF
출력 트랜지스터	OFF	ON	ON	OFF
출력 단자 전압	High	Low	Low	High

나. BY 시리즈 광센서

BY 시리즈는 투광부와 수광부의 몸체가 분리되어 있는 형태로서 외형은 그림 9.6과 같다.

그림 9.7은 본 교재에서 사용하는 BY 시리즈 광센서의 결선을 나타낸 그림으로 투광부(BY500S-TDT1)와 수광부(BY500S-TDT2)의 동일한 색상의 선을 서로 연결한 후 전원선 및 출력 신호선을 결선한다.

BY500S의 500은 검출거리 500[*mm*]를 의미하는 숫자로써 투광부와 수광부 사이의 거리가 500[*mm*]를 넘지 않도록 설치해야 하며, BY 시리즈는 투광부와 수광부가 서로 분리되어 있기 때문에 설치 시에 투광창과 수광창이 정조준되어 마주 보도록 설치해야 한다. 만일 투광창과 수광창이 일직선상에 위치하지 않고 어긋나 있게 되면 빛이 항상 차단된 것으로 센서가 판단하여 차단동작에 해당하는 신호를 출력하게 되므로 이에 대한 주의가 필요하다.

또한 BY500S 시리즈 광센서는 Dark ON 동작모드만이 생산되며, Light ON 타입은 생산되지 않고 있다.

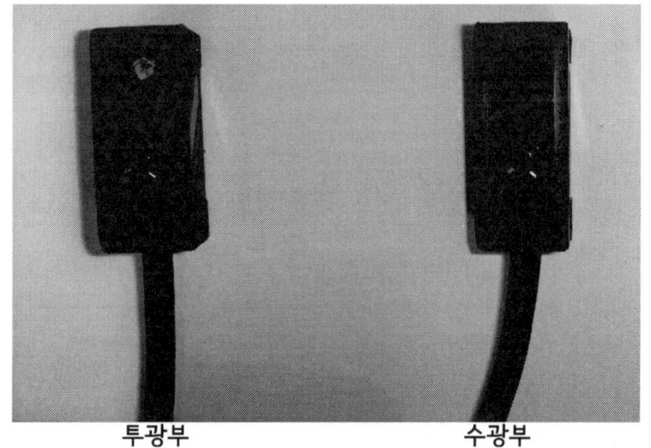

그림 9.6 BY 시리즈 광센서

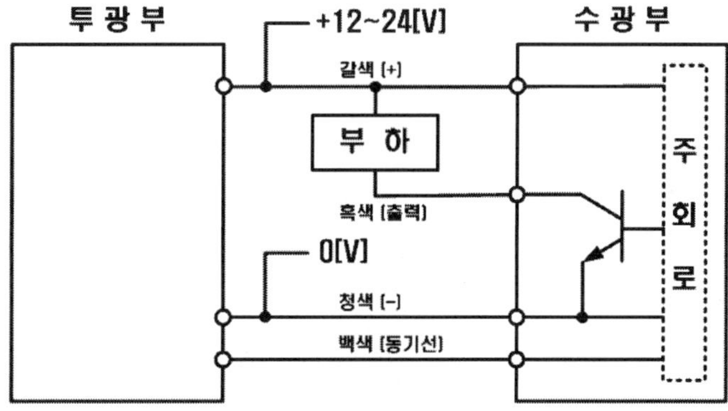

그림 9.7 BY500S 시리즈 광센서의 결선

기/본/실/습 9-2. BYS500 광센서 동작 실습

① 회로도

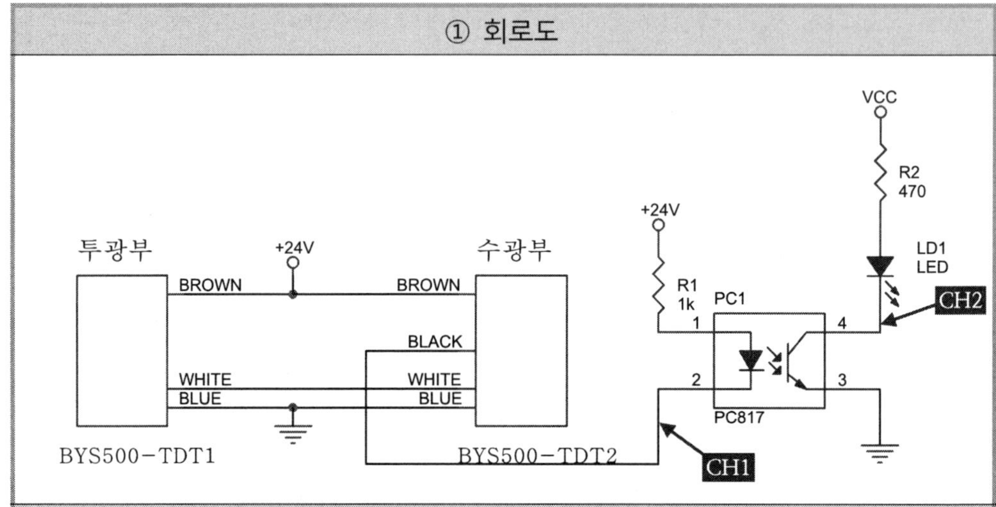

② 파형

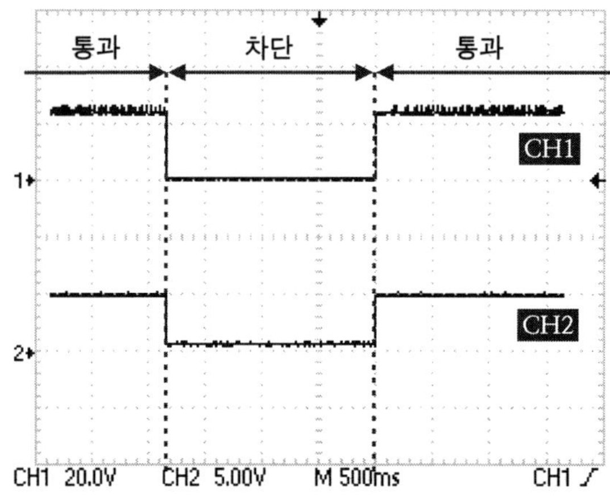

③ 실습과정

ⓐ 결선을 마친 후 손바닥이나 물체를 이용하여 빛을 차단 또는 통과시키는 동작을 반복하면서 파형을 측정한다.

④ 실습결과 고찰

ⓐ 빛이 차단될 때 센서의 출력선(black)이 'low'로 떨어지고, 빛이 통과되면 다시 'high' 상태로 복원됨을 알 수 있다.

다. BUD 시리즈 광센서

BUD 시리즈는 투광부와 수광부가 한 몸체에 있는 일체형 타입으로 Light ON 및 Dark ON 타입이 공급되고 있다. BUD 시리즈는 BY 시리즈에 비해 투광부 및 수광부의 발광 및 수광 포인트를 맞춰야 하는 번거로움은 없지만 검출거리가 짧은 특성을 가지고 있다.

본 교재에서 사용하는 모델은 BUD-50 타입으로 검출거리가 50[mm]이며, 컨트롤선(백색)을 +24[V]에 연결하면 Light ON 모드로 동작되며, 컨트롤선을 0[V]에 연결하면 Dark ON 모드로 동작된다.

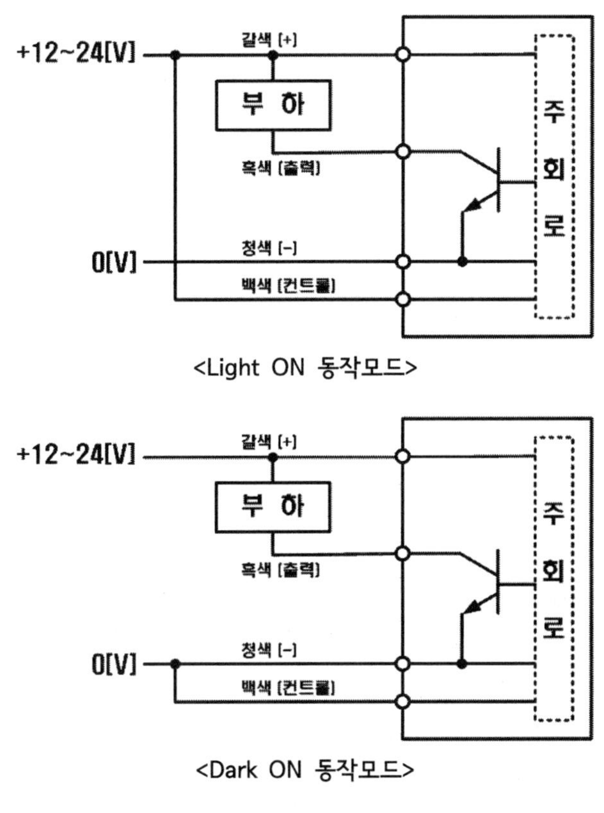

그림 9.8 BUD-50 결선

기/본/실/습 9-3. BUD-50 광센서 동작 실습

① 회로도

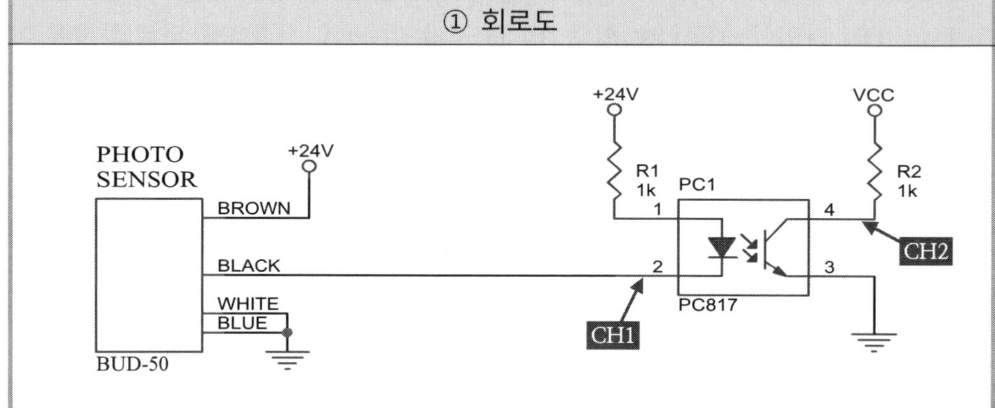

② 파형

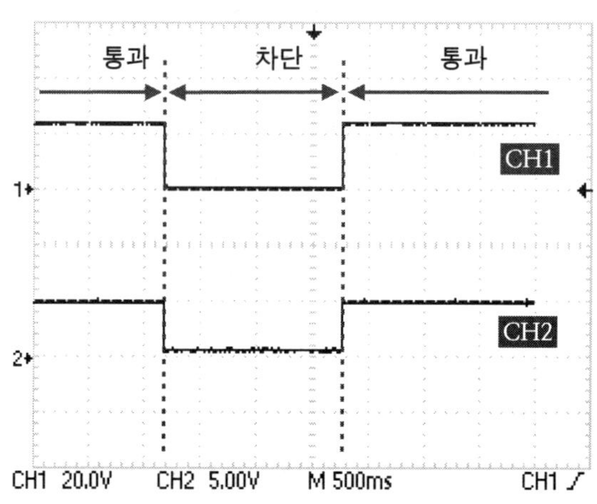

③ 실습과정

ⓐ 결선을 마친 후 손바닥이나 물체를 이용하여 빛을 차단 또는 통과시키는 동작을 반복하면서 파형을 측정한다.

④ 실습결과 고찰

ⓐ 빛이 차단될 때 센서의 출력선(black)이 'low'로 떨어지고, 빛이 통과되면 다시 'high' 상태로 복원됨을 알 수 있다.

9.3 근접센서(Inductive Proximity Sensor)

근접센서는 특정한 물체가 검출 제어부로 근접하게 되면 검출신호를 발생시키는 센서로서, 검출방식에 따라 자계에너지를 이용하는 고주파 발진형, 차동 코일형, 자기형과 전계에너지를 이용하는 정전용량형 등이 있다. 본 실습교재에서는 근접센서에 대한 세세한 설명은 생략하기로 하고, 고주파 발진형 근접센서인 PRW 시리즈에 대해서만 다루기로 한다. 고주파 발진형 근접센서는 금속체를 검출하는 센서로서, 근접센서 주위로 금속체를 접근시켰을 때 금속체의 간섭에 의해 센서 내부에 있는 고주파 발진코일의 저항과 인덕턴스 값이 변화되어 발진 주파수가 변화되는 현상을 이용하는 센서이다.

그림 9.9 PRW18-8DN **근접센서**

그림 9.9는 모델번호 PRW18-8DN의 근접센서의 그림으로 '18'이 의미하는 것은 검출면의 지름을 [*mm*] 단위로 표시한 것이며, '8'은 표준검출거리를 [*mm*] 단위로 표시한 것이다. 또한 'DN'의 의미는 출력단의 내부구조가 NPN 트랜지스터 구조이며, normal open 상태로 설정되어 있음을 의미한다. normal open이란 평상 시, 즉 물체를 감지하지 않았을 때 NPN 트랜지스터의 출력이 open되고, 물체를 감지했을 때 트랜지스터가 ON되는 구조를 의미하며, 릴레이의 a접점 개념과 동일하다. 이에 비해 근접센서에 'DN2'라고 표기되어 있는 모델은 normal close 형으로 물체를 감지하지 않았을 때 NPN 트랜지스터의 출력이 ON되고, 반대로 물체가 감지될 때 출력 트랜지스터가 OFF되는 동작특성을 나타내며, 릴레이의 b접점과 동일한 개념의 반도체 접점을 가지고 있는 모델이다.

그림 9.10은 PRW18-8DN 근접센서의 결선방식을 설명하는 회로도로서, (+)(갈색), (-)(청색), 출력(흑색)으로 이루어진 3선식 구조이며, 동작전원은 12[*V*]~24[*V*]이다.

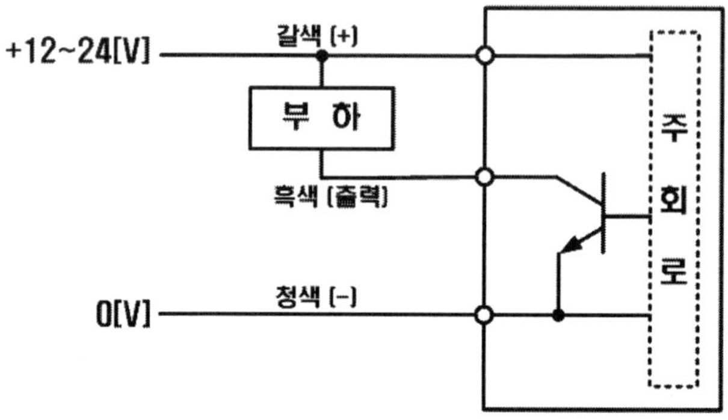

그림 9.10 제어출력 회로도 및 부하동작

표 9.2는 근접센서의 동작을 나타내는 그림으로 금속체를 감지했을 때와 감지하지 않았을 때의 각 주요 부분의 동작상태를 나타내는 표이다. 또한 근접센서는 검출거리가 짧은 센서로서, 센서의 표면에 먼지나 이물질이 끼게 되면 검출신호가 더욱 미약해지기 때문에 센서의 표면을 청결하게 유지하는 것이 매우 중요하다.

표 9.2 근접센서의 동작

	금속체가 있을 때		금속체가 없을 때	
	normal open	normal close	normal open	normal close
부하(갈색-흑색)	동작	복귀	복귀	동작
출력전압(흑색-청색)	Low	High	High	Low
표시등(LED)	점등	소등	소등	점등

기/본/실/습 9-4. PRW18-8DN 근접센서 동작 실습

① 회로도

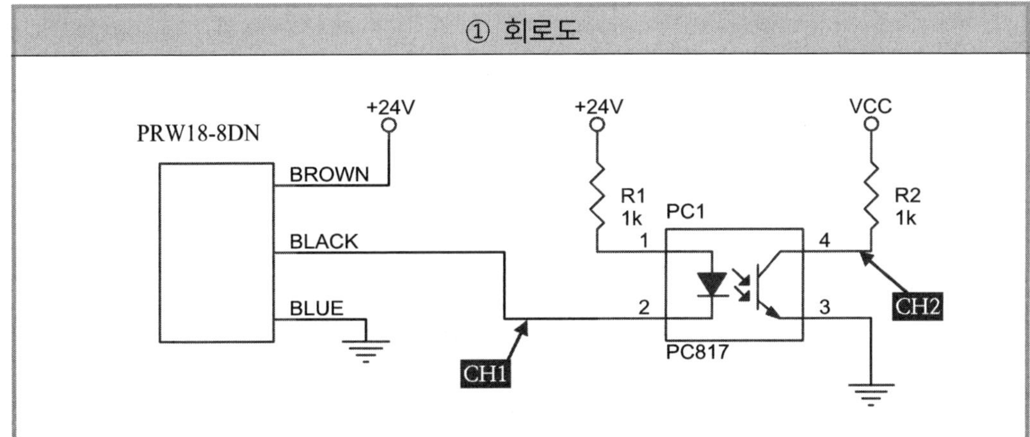

② 파형

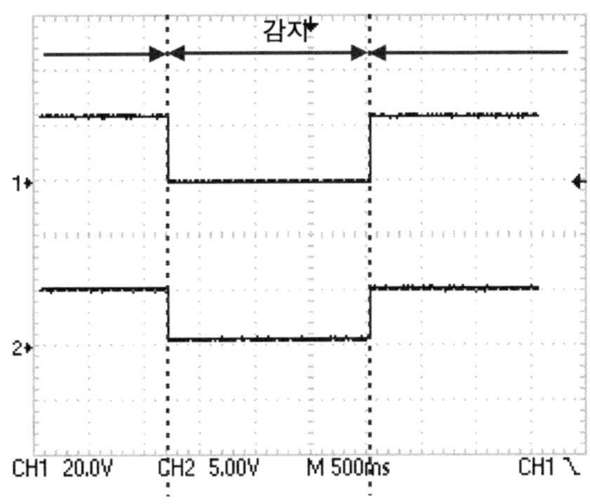

③ 실습과정

ⓐ 결선을 마친 후 금속체를 센서에 접근시키거나 간격을 떨어뜨리는 동작을 반복하면서 파형을 관측한다.

④ 실습결과 고찰

ⓐ 물체를 감지하면 센서의 출력선(black)이 'low'로 떨어지고, 반대의 경우에는 다시 'high' 상태로 복원됨을 알 수 있다.

9.4 적외선센서(Infrared Sensor)

적외선센서는 광센서의 한 종류로 볼 수 있는데, 적외선을 발생시키는 투광센서와 적외선을 감지하는 수광센서로 이루어져 있다.

투광센서는 '포토 다이오드(Photo Diode)'라고 하는 소자로서 전압을 인가하면 LED와 같이 다이오드 몸체에서 적외선을 발생시킨다. 포토 다이오드는 그림 9.11의 왼쪽 소자이며 몸체에 부착된 렌즈를 통해 적외선의 조사각이 결정된다.

수광센서는 '포토 트랜지스터(Photo Transistor)'라고 부르며, 포토 다이오드로부터 조사되는 적외선을 감지하여 동작되는 소자로서 트랜지스터의 구동신호가 적외선에 의해 구동된다는 점을 제외하면 일반적인 트랜지스터라고 생각해도 무방하다. 포토 트랜지스터는 그림 9.11의 오른쪽에 나타나 있으며, 외형적으로는 포토 다이오드와 포토 트랜지스터를 구분하는 것이 불가능하기 때문에 결선 시 주의해야 한다.

또한 포토 다이오드와 포토 트랜지스터는 각 핀을 구별하여 결선해야 하는데, 포토 다이오드는 그림 9.11(b)와 같이 몸체에 돌출부가 있는 핀이 애노드(A), 돌출부가 없는 핀이 캐소드(K)이며, 포토 트랜지스터는 돌출부가 있는 핀이 컬렉터(C), 돌출부가 없는 핀이 에미터(E) 이다.

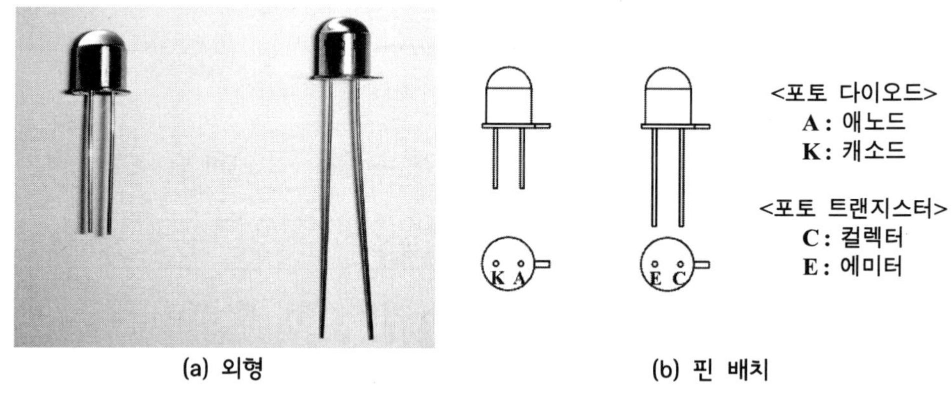

(a) 외형 (b) 핀 배치

그림 9.11 포토 다이오드 및 포토 트랜지스터

기본실습 9-5는 포토 다이오드 및 포토 트랜지스터를 이용하여 적외선 신호의 송수신 회로에 대해 실습하는 것으로서, 포토 다이오드는 K-E13V, 포토 트랜지스터는 K-T11W 모델을 각각 사용하였다.

그림 9.12는 적외선센서의 투광부 및 수광부 회로를 나타내는 그림으로서, 그림 9.12의 구성은 포토 커플러의 구성과 동일하다. 투광부와 수광부의 렌즈 창을 한 직선상에 서로 마주 보도록 일치시키고 버튼(SW_1)을 누르게 되면 포토 다이오드에 전류가 흘러 적외선이 조사되고, 수광부에서는 투광부로부터 조사된 적외선을 감지하여 포토 트랜지스터를 동작시키게 된다. 가변저항 VR_1은 비교기의 기준전압을 결정하는 기능을 하는데, 포토 트랜지스터의 에미터 단자의 전압과 기준전압을 비교하여 비교기의 출력상태를 결정하게 된다.

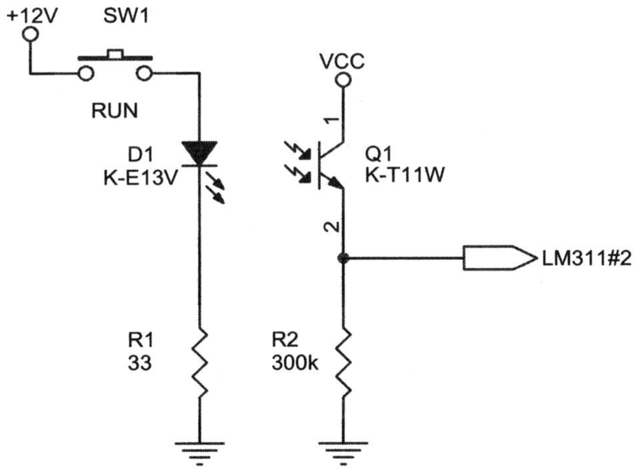

그림 9.12 적외선센서의 투광부 및 수광부

표 9.3 적외선센서 동작 상태

	K-E13V	K-T11W	LM311#②	LM311#⑦
SW1 ON	ON	ON	H	H
SW1 OFF	OFF	OFF	L	L

기/본/실/습 9-5. 적외선센서 동작 실습

① 회로도

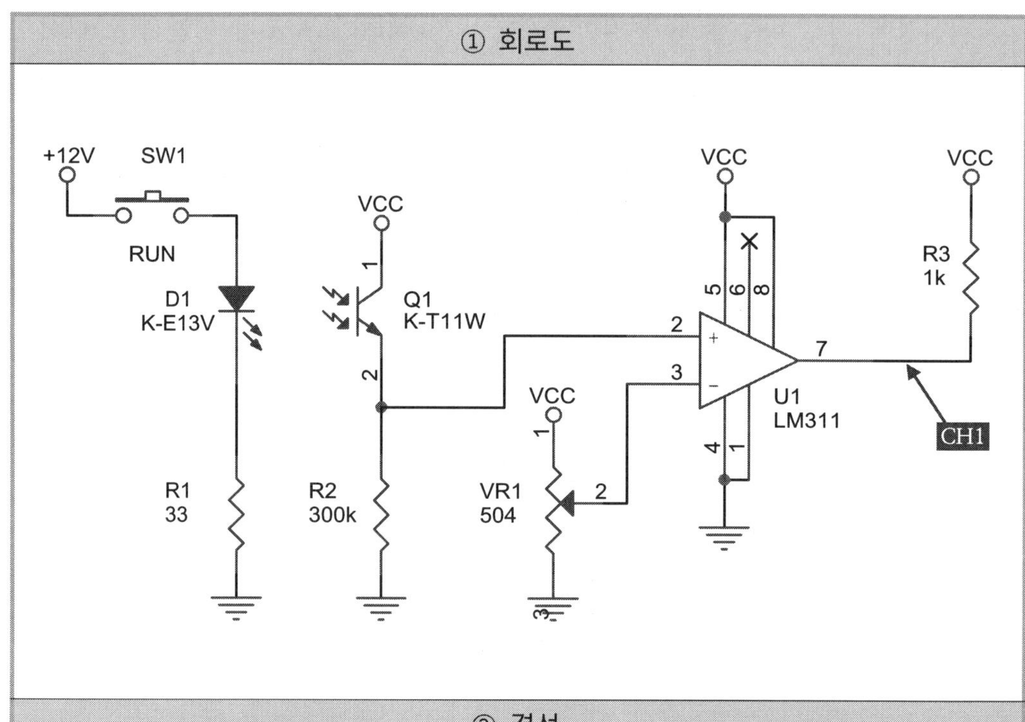

② 결선

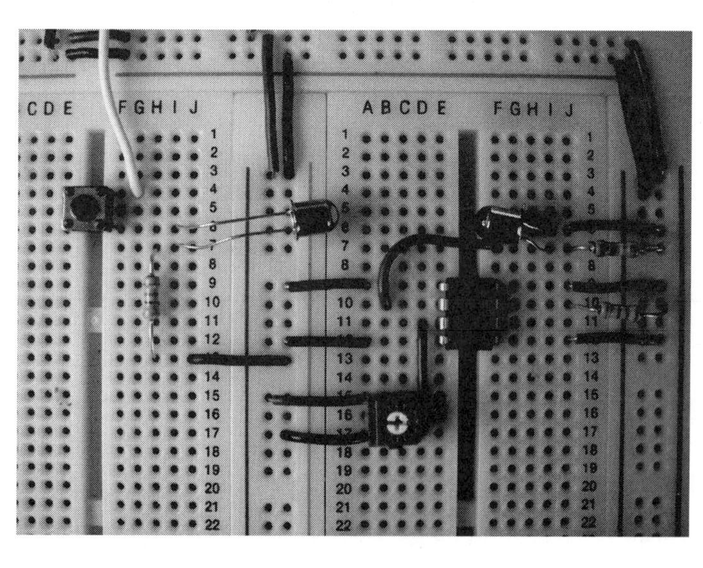

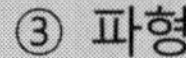

③ 파형

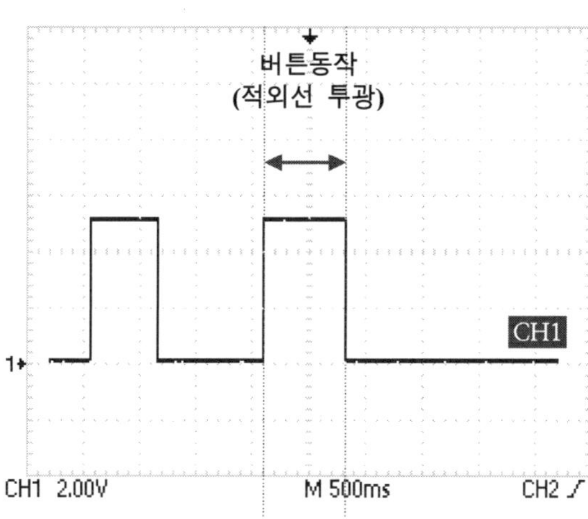

④ 실습과정

ⓐ 가변저항 VR_1을 조정하여 비교기의 (-)단자 (U_1#③) 전압을 2.5[V]로 조정한다.

ⓑ 푸시 버튼 SW_1을 ON/OFF시키면서 비교기 출력(U_1#⑦)의 파형을 측정한다.

⑤ 실습결과 고찰

ⓐ 비교기의 기준전압을 2.5[V]로 조정한 상태에서 푸시 버튼을 누르면, 포토 다이오드가 ON되어 적외선이 조사되고, 적외선에 의해 포토 트랜지스터가 ON된다. 포토 트랜지스터가 ON되므로 비교기의 (+)단자(U_1#②)에 5[V]의 전압이 인가되어 기준전압보다 높아지기 때문에 비교기 출력단자(U_1#⑦)는 'high' 상태를 유지하게 된다.

ⓑ 푸시 버튼을 OFF시키면 포토 다이오드가 OFF되므로 적외선이 조사되지 않으며, 포토 트랜지스터도 OFF되어 비교기의 (+)단자(U_1#②)에 5[V]의 전압이 인가된다. 따라서 기준전압보다 낮아지기 때문에 비교기 출력단자(U_1#⑦)는 'low' 상태를 유지하게 된다.

10 인버터

10.1 인버터(Inverter)의 정의

인버터란 직류를 교류로 변환시키는 장치로서, 동작전원의 상수, 반도체 스위치, 출력파형, 제어방법 등에 따라 여러 가지 다른 방식의 인버터가 있으며, 전동기 제어, 유도가열, 조명장치 제어 등의 분야에서 폭넓게 사용되고 있다.

여기서 인버터에 대한 정의를 생각해 보기로 한다.

인버터란 직류를 입력받아 교류로 변환시켜 출력하는 장치라고 했는데, 일반적으로 산업설비에서 전동기를 제어하기 위해 사용하는 인버터라는 단상 220[V], 3상 220[V], 3상 380[V] 등의 교류를 입력받아 교류전동기를 제어하게 되는데, 이때의 인버터는 교류를 입력받아 교류를 출력하는 장치이다.

그렇다면 인버터의 정확한 정의는 무엇일까?

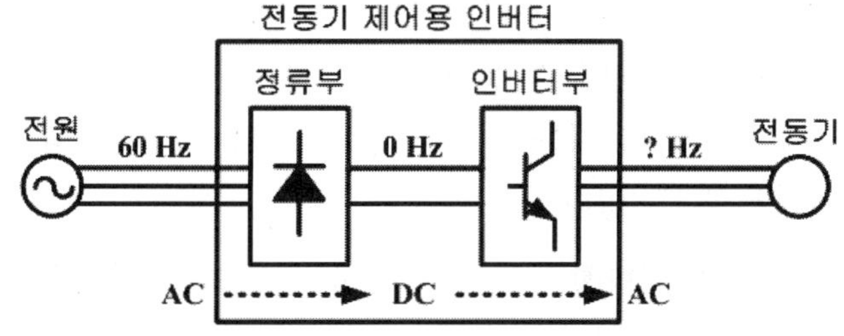

그림 10.1 전동기 제어용 인버터의 구성 예

교류전동기를 제어하기 위해서는 직류전원을 입력으로 받아 동작되는 인버터가 필요한데, 상용전원은 교류이기 때문에 인버터의 입력으로 직류전원을 얻기 위한 정류회로가 반드시 필요하게 된다. 따라서 교류전동기를 제어하기 위한 인버터의 앞단에는 반드시 정류회로가 추가되어야 하기 때문에 정류회로와 인버터 회로를 따로 떨어뜨려 생각하지 않고, 교류전동기 제어장치 전체를 통상적으로 '인버터'라고 부르는 것이다. 인버터의 정확한 정의와 일반적으로 통용되는 정의를 구분해서 이해할 필요가 있다.

10.2 인버터의 동작원리

인버터가 직류를 교류로 변환시키는 기본원리는 직류전압을 반도체 스위치를 통해 주기적으로 스위칭함으로써 주파수를 발생시키고, 스위칭 파형의 평균값을 '0'으로 유지하여 교류를 발생시키게 된다. 이때 스위치 4개를 이용하여 직류를 스위칭하면 단상 인버터를 동작시킬 수 있으며, 스위칭 동작조합에 따라 스위치 6개를 스위칭시키면 3상 교류전압을 얻을 수 있는 3상 인버터가 된다.

가. 단상 인버터의 원리

1) H형 브리지 회로

직류로부터 단상 교류전압을 발생시키는 기본원리는 H형 브리지 회로를 이해함으로써 알 수 있다.

H형 브리지 회로는 그림 10.2와 같이 부하를 사이에 두고 스위치 S_1, S_2의 스위칭 상태를 변화시켜 교류전압을 발생시키는 장치이다. 각 스위치는 입력전압의 (+)단자나 (-)단자에 연결되기 때문에 그 조합은 스위치 S_1, S_2의 스위칭 상태에 따라 모드 1~4로 구분할 수 있다.

모드 1과 3은 서로 반대방향으로 전류가 흐르게 되며, 부하의 전압도 극성이 반대이고 크기는 V_{IN}으로 동일한 전압 파형을 나타내며, 모드 2와 4의 순간에는 전류가 흐르지 않는 특징을 가지고 있다.

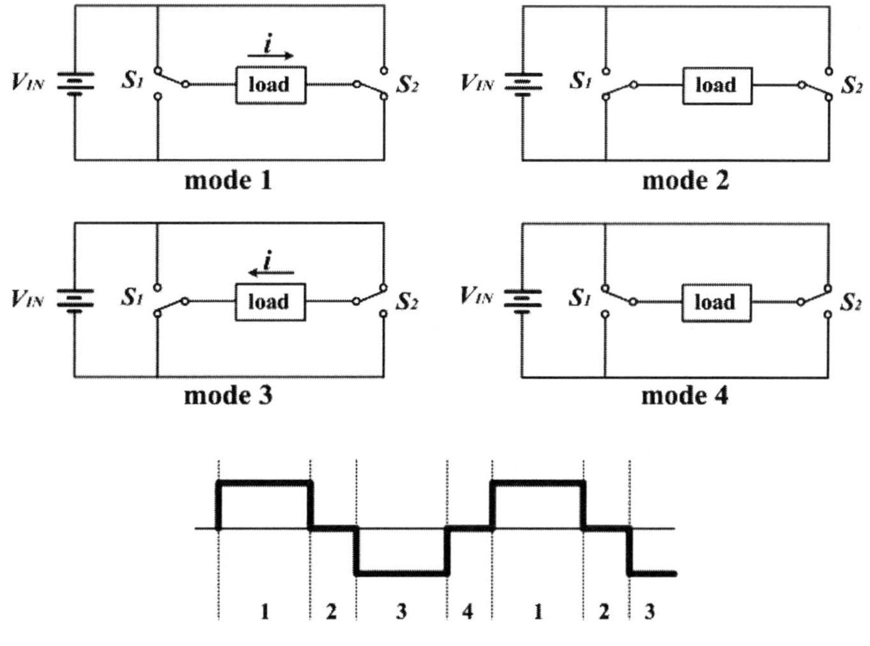

그림 10.2 H형 브리지 인버터의 스위칭 모드

표 10.1 H형 브리지 회로의 동작모드별 부하전압

모드	S_1	S_2	부하전압
1	+	−	(+)
2	−	−	0
3	−	+	(−)
4	+	+	0

① 모드 1

모드 1의 순간은 스위치 S_1이 입력전원 V_{IN}의 (+)단자로 연결되고, 스위치 S_2는 V_{IN}의 (−)단자로 연결되도록 스위치 상태를 설정한 구간이다. 모드 1과 같이 결선하면 V_{IN}의 (+)단자로부터 나온 전류는 $S_1 \rightarrow$부하$\rightarrow S_2$를 거쳐 흐르게 되며 부하의 양단에는 직류 입력전압인 V_{IN} 전압이 인가된다.

② 모드 2

모드 2의 순간은 스위치 S_1, S_2 모두 V_{IN}의 (-)단자로 연결되도록 스위치 상태를 설정한 구간이다. 모드 2에서는 전류가 흐를 수 없기 때문에 부하전압도 인가되지 않는다.

③ 모드 3

모드 3의 순간은 스위치 S_1이 입력전원 V_{IN}의 (-)단자로 연결되고, 스위치 S_2는 V_{IN}의 (+)단자로 연결되도록 스위치 상태를 설정한 구간이다. 모드 3과 같이 결선하면 V_{IN}의 (+)단자로부터 나온 전류는 S_2 → 부하 → S_1을 거쳐 흐르게 되며 부하의 양단에는 직류 입력전압인 $-V_{IN}$ 전압이 인가된다.

④ 모드 4

모드 4의 순간은 스위치 S_1, S_2가 모두 V_{IN}의 (+)단자로 연결되도록 스위치 상태를 설정한 구간이기 때문에 모드 2와 마찬가지로 전류가 흐를 수 없어 부하전압도 인가되지 않는다.

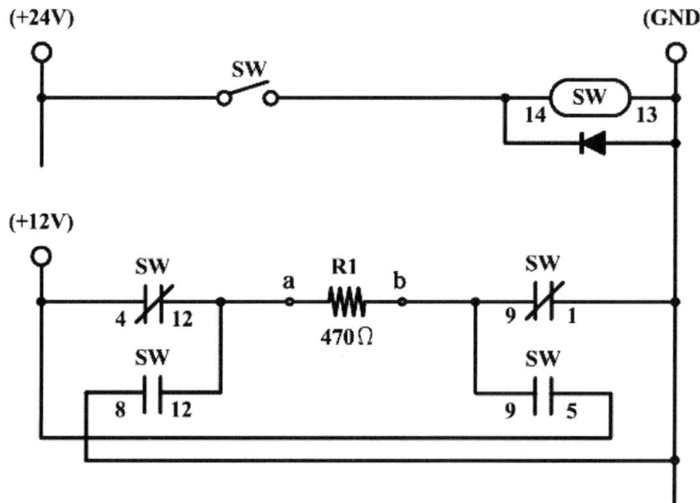

그림 10.3 릴레이 접점을 이용한 H형 브리지 회로도

H형 브리지 회로의 교류 발생 원리를 확인하기 위해 그림 10.3과 같이 릴레이를 이용하여 회로를 결선하고 릴레이의 스위칭 동작 시 부하저항 양단간의 출력파형을 관찰한다.

그림 10.3은 릴레이 코일에 스위치를 연결하고 스위치를 수동으로 ON/OFF시켜 릴레이 접점에 의해 인버터의 스위칭 동작이 이루어지도록 한다. 동작을 간단히 하기 위해 앞에서 설명한 모드 2, 4는 생략하고 모드 1, 3만이 나타나도록 회로를 구성하며, 릴레이가 OFF일 때에는 모드 1로 동작되고, 릴레이가 ON일 때에는 모드 3으로 동작되도록 한다.

실제로 인버터의 스위칭 주파수는 매우 빠르기 때문에 릴레이 접점을 이용하여 수동으로 스위칭하는 방식은 없지만, 본 실습에서는 교류발생의 원리를 이해하기 위하여 손으로 스위치를 ON/OFF시켜 실습해 보기로 하며, 이에 대한 자세한 실습 과정은 기본실습 10-1에 설명되어 있다.

기/본/실/습 10-1. 릴레이 접점을 이용한 H형 브리지 회로

① 회로도

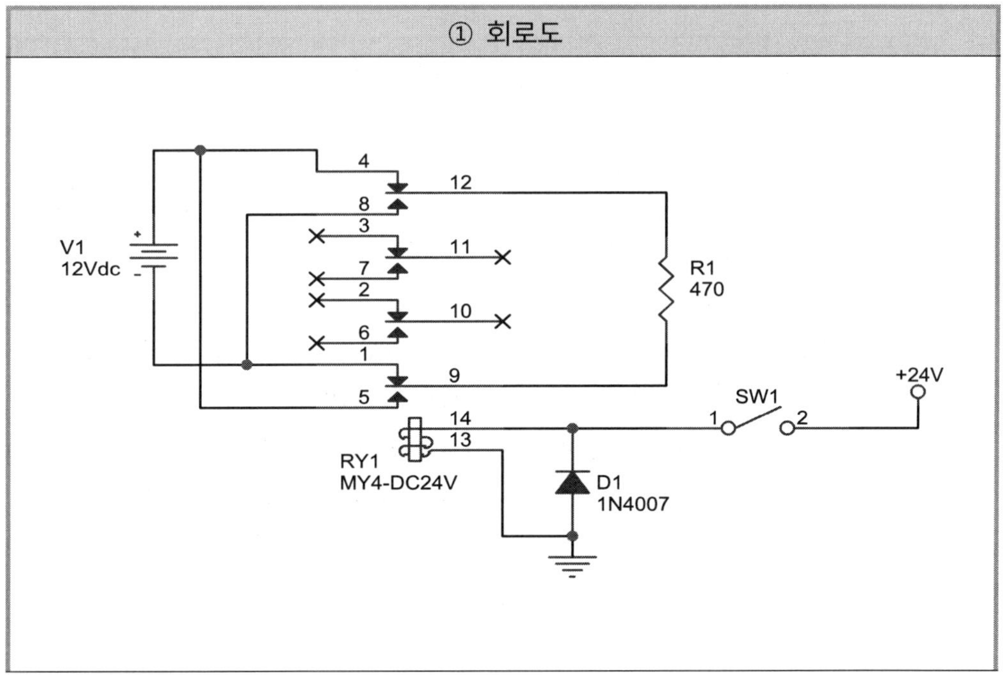

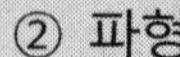

② 파형

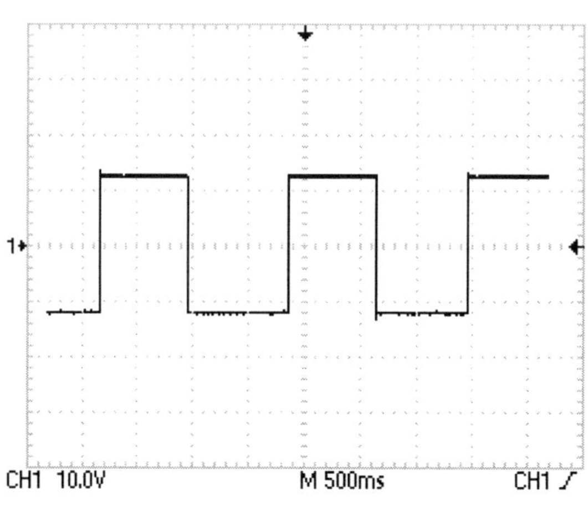

③ 실습과정

ⓐ 결선을 마친 후 스위치를 ON/OFF하면서 부하저항 양단간의 전압파형을 측정한다.

④ 실습결과 고찰

ⓐ 스위치가 OFF 시에는 릴레이의 b접점을 통해 부하전류가 흐르게 되는데, 그 경로는 (+12V) → SW ④ → SW ⑫ → R_1 ⓐ → R_1 ⓑ → SW ⑨ → SW ① → GND이다. 따라서 출력저항 R_1에는 +12[V]가 인가된다.

ⓑ 스위치가 ON 시에는 릴레이의 a접점을 통해 부하전류가 흐르게 되며, 그 경로는 (+12V) → SW ⑤ → SW ⑨ → R_1 ⓐ → R_1 ⓑ → SW ⑫ → SW ⑧ → GND이다. 따라서 출력저항 R_1에는 -12[V]가 인가된다.

ⓒ 스위치의 ON/OFF 조작에 따라 부하저항 R_1의 양단간에는 +12[V]와 -12[V]의 전압이 번갈아가며 인가되어 구형파 모양의 교류 파형을 얻을 수 있다.

2) 단상 인버터

H형 브리지 회로는 교류전압을 발생시키는 원리에 대해 설명한 것이며, 이제 좀 더 실제적인 인버터에 대해 알아보기 위해 그림 10.4와 같은 단상 인버터에 대해 생각해 보자.

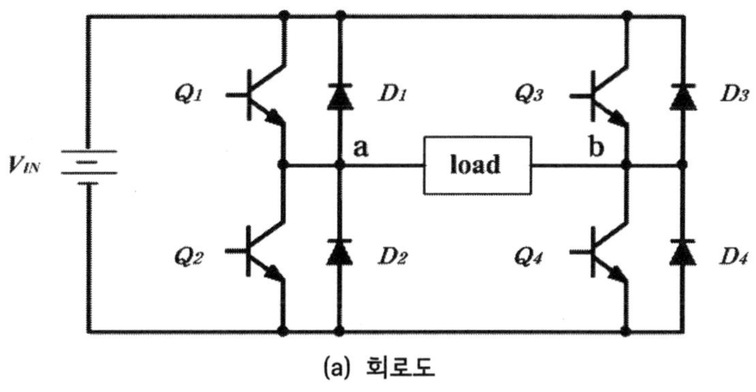

(a) 회로도

모드	1	2	3	4	비고
Q_1	1	1	0	0	0 : Tr off 1 : Tr on
Q_2	0	0	1	1	
Q_3	0	1	1	0	
Q_4	1	0	0	1	

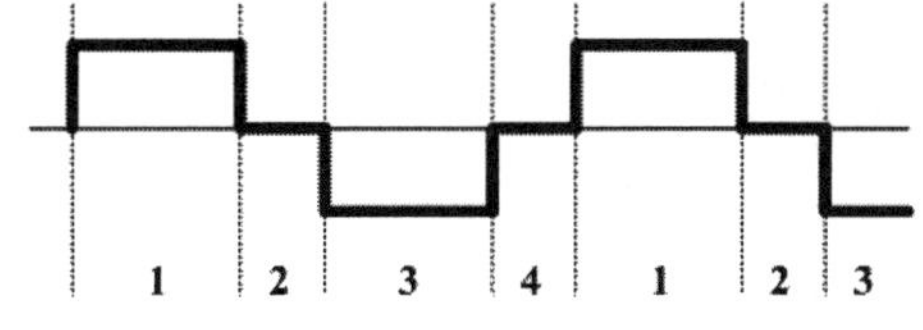

(b) 모드별 스위치 동작 상태 및 파형

그림 10.4 반도체 스위치를 이용한 단상 인버터

단상 인버터는 H형 브리지 회로의 스위치 S_1, S_2 대신에 반도체 스위치 $Q_1 \sim Q_4$를 적용하는 것으로 $Q_1 \sim Q_4$의 스위칭에 의해 교류를 발생시키는 장치이며, 최근에는 마이크로컨트롤러를 이용한 디지털 제어기법에 의해 스위치 $Q_1 \sim Q_4$의 패턴을 자유자재로 조정하여 필요한 형태의 교류전압을 발생시키는 기술이 사용되고 있다.

① 모드 1

모드 1의 순간은 스위치 Q_1, Q_4가 ON되어 입력전압 $V_{IN}(+) \to Q_1 \to$ load a $\to$ load b $\to Q_4 \to V_{IN}(-)$의 경로를 통해 부하에 전류가 흐르게 된다. 이때 부하의 양단간에는 $+V_{IN}$의 전압이 인가된다.

② 모드 2

모드 2의 순간은 스위치 Q_1, Q_3가 ON되어 부하에는 전류가 흐르지 않게 되며, 이에 따라 부하전압은 '0'이 되는 순간이다.

③ 모드 3

모드 3의 순간은 스위치 Q_2, Q_3가 ON되어 입력전압 $V_{IN}(+) \to Q_3 \to$ load b $\to$ load a $\to Q_2 \to V_{IN}(-)$의 경로를 통해 부하에 전류가 흐르게 된다. 이때 부하의 양단간에는 $-V_{IN}$의 전압이 인가된다.

④ 모드 4

모드 4의 순간은 스위치 Q_2, Q_4가 ON되어 부하에는 전류가 흐르지 않게 되며, 이에 따라 부하전압은 '0'이 된다.

나. 3상 인버터의 원리

1) 3상 인버터의 원리

3상 인버터란 단상 인버터와는 달리 반도체 스위치 6개의 스위칭 동작을 통해 3상 교류전압을 발생시키는 장치이다. 그림 10.5(a)는 기계적인 스위치를 이용하여 시스템을 구성했을 때의 회로도이며, 그림 10.5(b)는 반도체 스위치를 이용하였을 때의 회로도이다.

3상 인버터를 통해 직류전압을 교류전압으로 변환시킬 때, 스위치 동작순서에 따라 여러 가지의 스위칭 방법이 가능한데, 6개의 모드로 1회의 사이클을 완료하는 스위칭 방법에는 120° 통전형과 180° 통전형의 2가지 방법이 있다.

120° 통전형은 3개의 스위치 중 하나는 입력전원의 (+)단자에 하나는 (-)단자에 연결하고 나머지는 OFF시키는 방법으로서, 그림 10.6은 120° 통전형일 때 발생하는 전류의 분포와 그것에 의해 발생하는 회전자계에 대한 그림을 나타낸다. 이 자계의 가운데에 회전자를 설치하면, 회전자는 회전자계의 회전방향으로 회전력을 발생시킨다. 이 스위칭 방식에서는 어느 상의 스위치도 입력전원의 (+)단자와 (-)단자에 120° 동안 ON하고 나머지 60° 동안 OFF된다. 그림 10.6에서는 전류의 흐름을 이해하기 쉽도록 스위치를 이용하여 3상 인버터를 표현하였다.

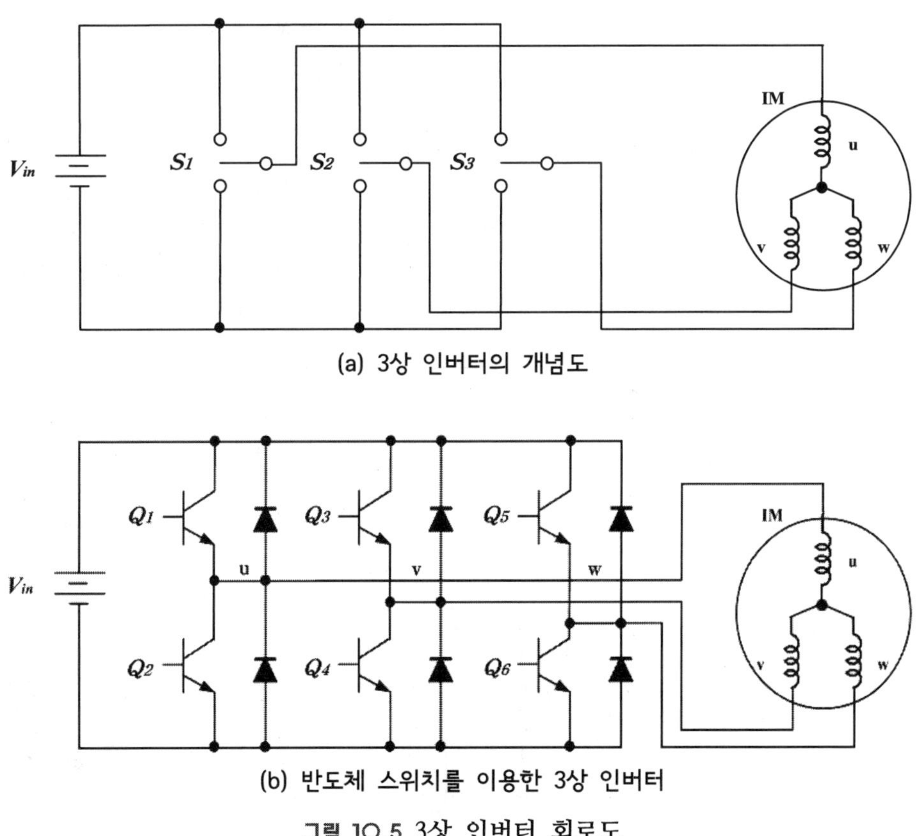

(a) 3상 인버터의 개념도

(b) 반도체 스위치를 이용한 3상 인버터

그림 10.5 3상 인버터 회로도

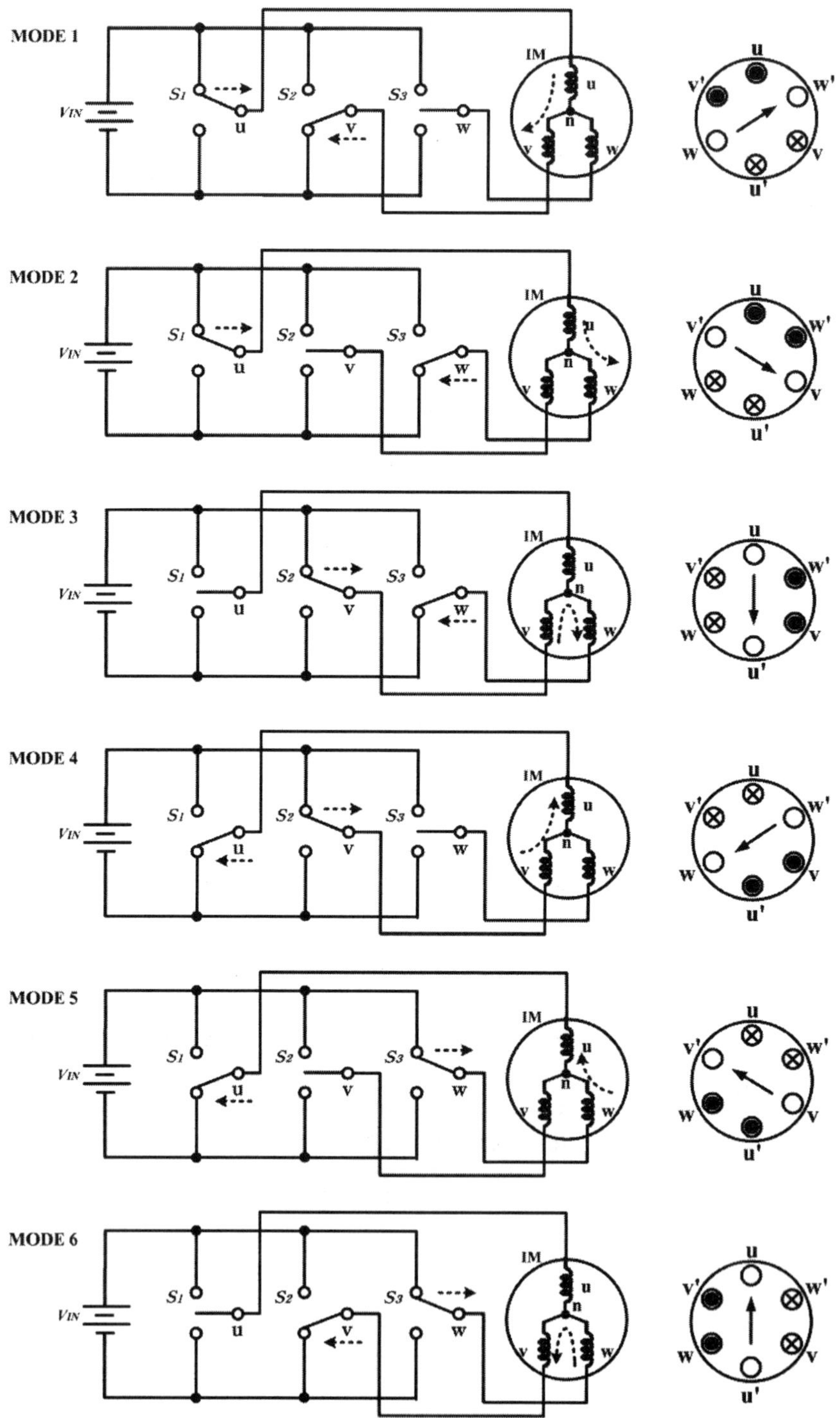

그림 10.6 120° 통전형 3상 인버터의 전류와 회전자계

그림 10.7은 저항부하를 가정했을 때, 120° 통전형 3상 인버터의 선간전압과 중성점에 대한 상전압 파형을 나타낸다.

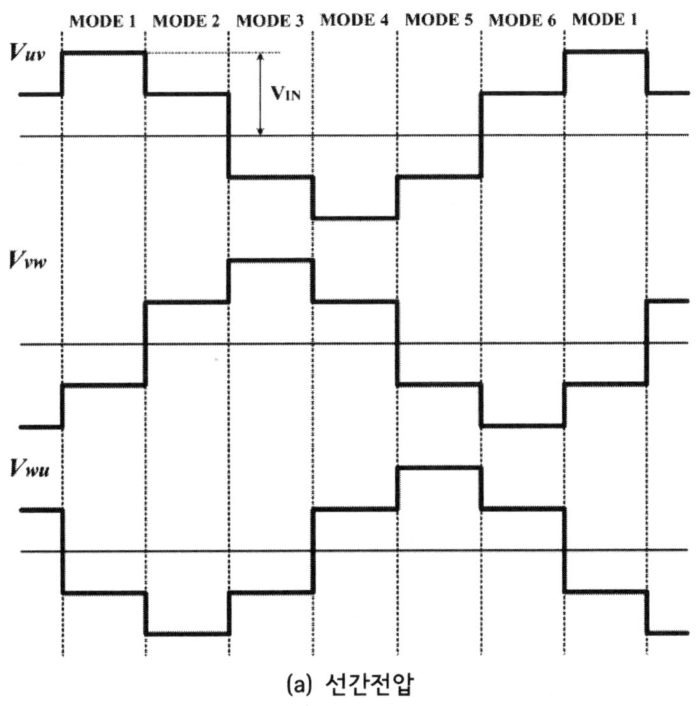

(a) 선간전압

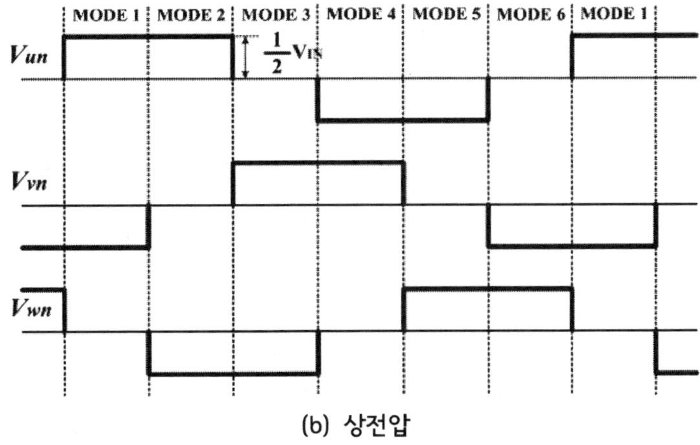

(b) 상전압

그림 10.7 120° 통전형 3상 인버터의 선간전압과 상전압

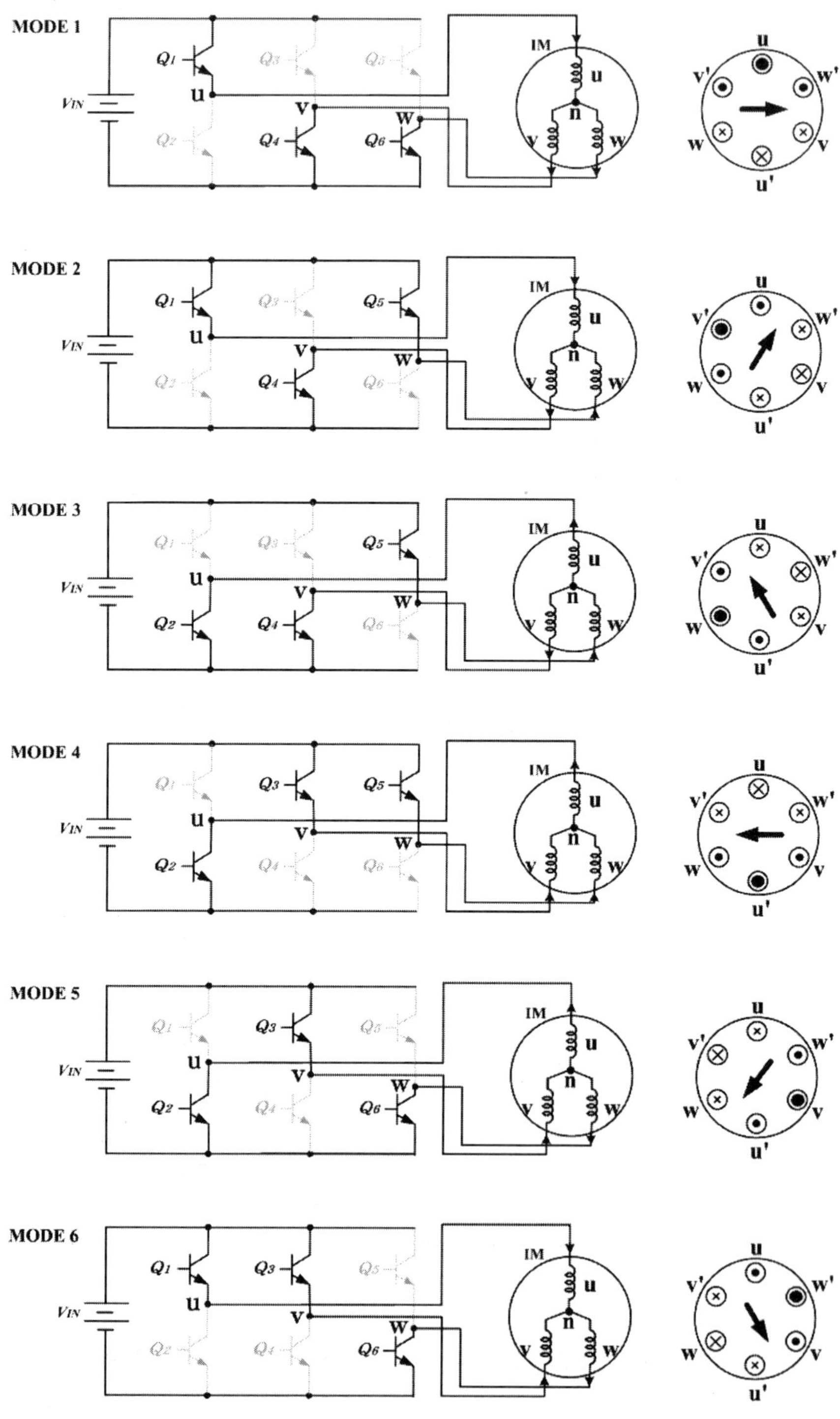

그림 10.8 180° 통전형 3상 인버터의 전류와 회전자계

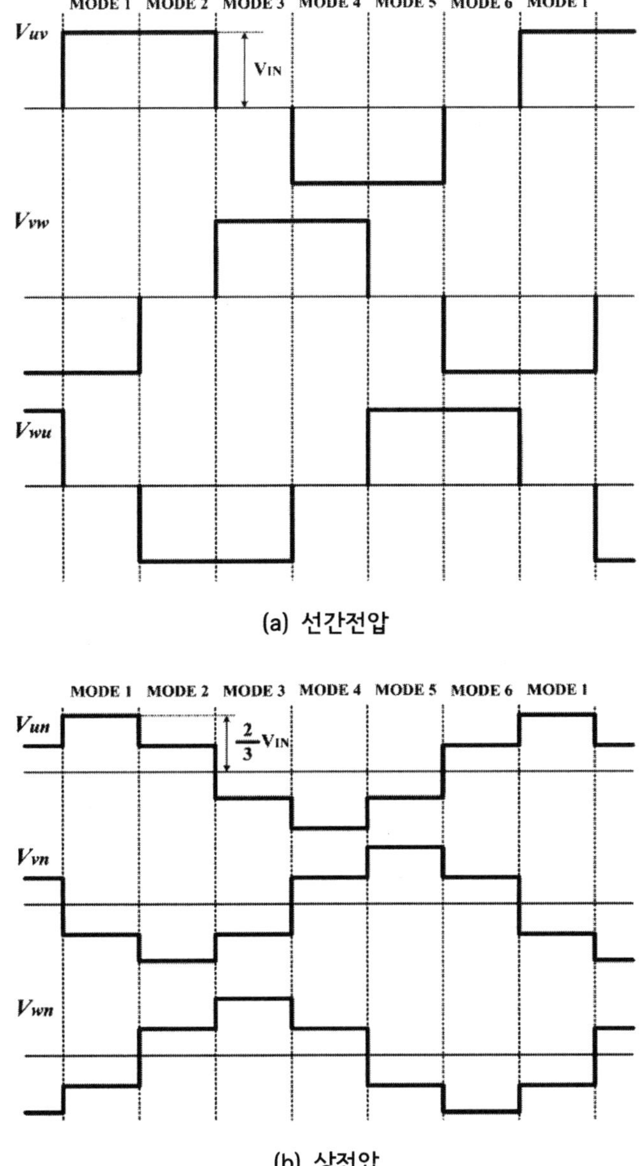

그림 10.9 180° 통전형 3상 인버터의 선간전압과 상전압

한편, 180° 통전형 3상 인버터는 각 스위치가 OFF되는 시간이 없도록 스위칭 하는 구조로서, 각 스위치는 전원의 (+) 또는 (-)단자의 어느 한쪽에는 반드시 연결되도록 한다. 이때 ON되는 스위치 3개가 모두 동시에 (+) 또는 (-)단자에 연결되도록 하는 스위칭 시퀀스는 발생하지 않도록 해야 한다. 그림 10.8은 180° 통전형 3상

인버터의 전류 분포와 그것에 의해 발생하는 회전자계에 대한 그림을 나타낸다. 그림 10.8에서는 반도체 스위치를 이용하여 3상 인버터의 스위칭 동작 시퀀스를 표현하며, 그림 10.9는 저항부하를 가정했을 때, 180° 통전형 3상 인버터의 선간전압과 중성점에 대한 상전압 파형을 나타낸다.

PART 02

응용실습

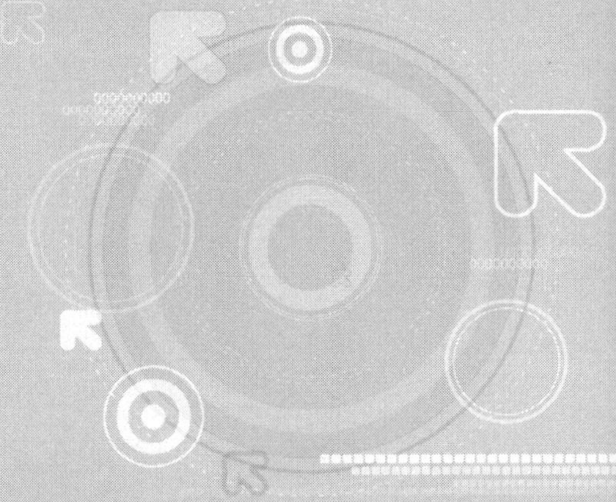

휴대폰 랜턴을 이용한 LED 점멸 실습

1. 개요

응용실습 1은 타이머 IC NE555를 이용하여 펄스파를 생성한 후 생성된 펄스파를 LED 구동전원으로 공급함으로써 LED를 점멸하는 응용회로이다.

NE555의 시정수를 조정하여 LED 점멸시간 간격을 변화시킴으로써 커패시터의 특성 및 시정수의 개념에 대해 학습하고, 휴대폰의 랜턴 불빛을 CdS 광전 센서 및 비교기(LM311) 회로를 이용하여 LED 점멸동작의 작동 및 정지 신호로 사용함으로써 조도 검출회로, 비교기 회로에 대해 학습한다.

또한 휴대폰 랜턴 불빛 제어신호에 연동되어 구동되는 릴레이를 이용하여 전동기를 회전시킴으로써 릴레이의 동작원리 및 전동기 제어원리에 대해 학습한다.

2. 실습목표

① 타이머 NE555 동작원리 및 시정수 조정실습

② 비교기 LM311 제어실습

③ 트랜지스터에 의한 릴레이 구동실습

④ 릴레이 접점에 의한 전동기 제어실습

⑤ CdS 광도전센서 실습

3. 기본실습 활용

기본실습 4-3, 4-6, 4-7, 5-3, 9-1

4. 부분별 동작설명

1) 타이머 IC를 이용한 펄스파 생성 회로

NE555 모노리틱 타이밍 회로는 정확한 시간지연(Monostable Operation) 목적이나 또는 펄스발생(Astable Operation) 목적으로 많이 사용하는 회로이다. 시간지연 모드로 사용할 때에는 외부에 연결되는 저항 또는 커패시터의 값을 바꾸어 시간을 변화시킬 수 있으며, 펄스발생 모드일 때에는 저항 2개, 커패시터 1개의 값을 통해 시비율을 정확하게 제어할 수 있다.

본 실습에서는 NE555의 ②와 ⑥을 같이 결선함으로써 펄스발생 모드에서 동작되도록 하기 때문에 출력단자 ③에서 5[V](high)와 0[V](low)가 반복되는 펄스파형을 얻을 수 있다. 펄스파형의 주파수는 저항 R_6, R_7과 커패시터 C_1의 값을 조정하여 조정할 수 있는데 주파수의 크기는 식 (1.1)과 같다.

$$f = \frac{1.49}{(R_6 + 2R_7)C_1} \tag{1.1}$$

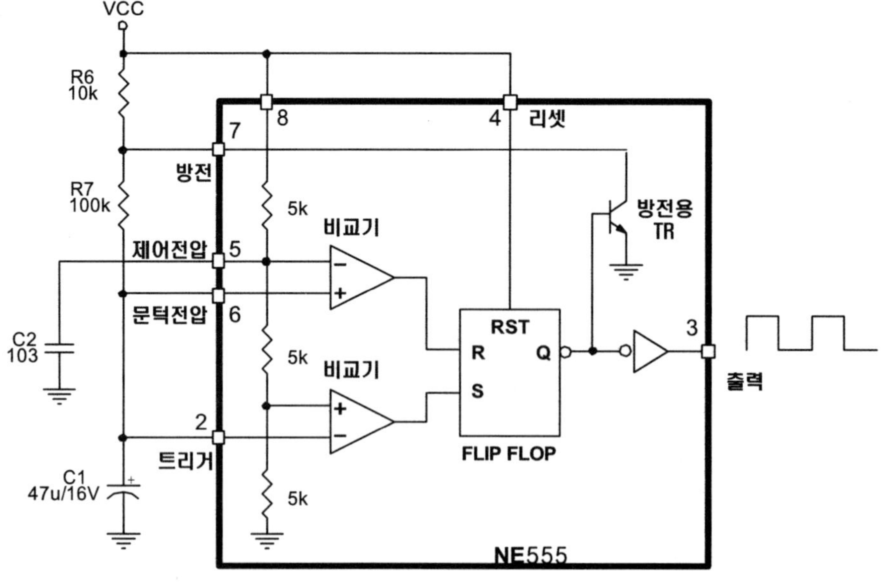

그림 1.1 타이머 IC 555의 내부 구성도

그림 1.1은 타이머 IC NE555의 내부 및 외부결선을 나타내는 구성도로서, 출력단자(U_3#③)가 high일 때 NE555의 내부 방전용 트랜지스터가 OFF되어 저항 R_6, R_7과 커패시터 C_1을 통해 전류가 흘러 C_1에 $(R_6+R_7)C_1$의 시상수를 가지고 지수함수적으로 전압이 충전된다.

C_1의 전압(즉, NE555의 ② 트리거전압값과 ⑥ 문턱전압값)이 V_{CC}의 2/3 값에 이르면 NE555 내부의 비교기 출력이 high가 되어 플립플롭이 리셋됨으로 인해 NE555 출력전압(U_3#③)이 low 상태를 유지하게 된다. 이때 내부의 방전용 트랜지스터가 ON되어 C_1에 충전되어 있던 전압이 R_7과 방전용 트랜지스터를 통해 방전된다. 또한 C_1의 전압이 방전되어 V_{CC}의 1/3 값에 이르면 NE555의 출력은 다시 high로 상승하고 방전용 트랜지스터는 OFF되어 C_1이 충전된다.

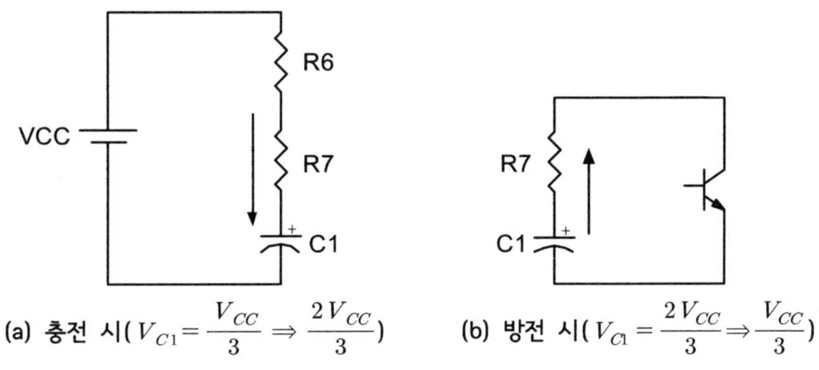

(a) 충전 시($V_{C1}=\frac{V_{CC}}{3} \Rightarrow \frac{2V_{CC}}{3}$) (b) 방전 시($V_{C1}=\frac{2V_{CC}}{3} \Rightarrow \frac{V_{CC}}{3}$)

그림 1.2 충전 및 방전 시 등가회로

그림 1.2는 커패시터 C_1의 충방전 시 등가회로를 나타내는 그림으로서, 충전 시에는 R_6, R_7, C_1의 직렬회로로 등가적으로 생각할 수 있고, 방전 시에는 C_1에 충전된 전압이 방전용 트랜지스터가 ON이 될 때 R_7을 통해 방전된다.

그림 1.3(a)는 NE555를 이용한 펄스발생회로의 회로도를 나타내며, 그림 1.3(b) 충방전 전압 및 출력전압의 파형을 나타내는 그림이다. 파형에서 채널 1(CH1)은 충방전 전압(U_3#②,⑥)을 나타내며, 채널 2(CH2)는 출력전압(U_3#③)의 파형을 나타낸다.

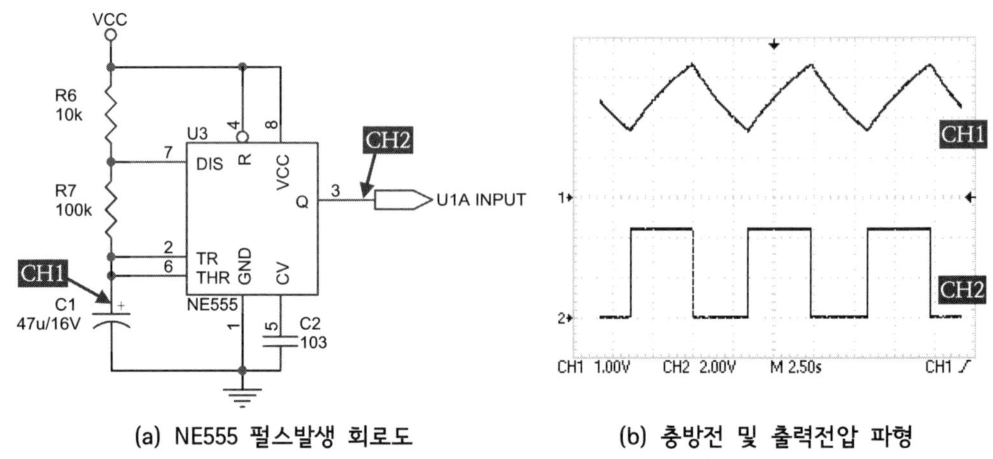

(a) NE555 펄스발생 회로도 (b) 충방전 및 출력전압 파형

그림 1.3 회로도 및 파형

2) 광도전센서 및 비교기를 이용한 조도검출 회로

조도검출회로는 설계자가 임의로 정한 기준 조도보다 주위의 조도가 더 어두운지 혹은 더 밝은지를 판별하는 회로로서 조도를 검출하는 CdS 광도전센서와 기준 조도와 실제 검출된 조도 사이의 크기를 비교하기 위한 비교기로 구성된다. CdS 광도전센서는 기본실습 9-1에서 설명한 바와 같이 빛의 밝기에 따라 두 단자 사이의 내부저항값이 변화되는데, 저항값이 변화되면 전원을 연결했을 때 전압값이 따라서 변화되기 때문에 출력전압을 이용하여 조도를 검출하는 응용회로에 많이 사용된다. CdS의 내부저항값은 밝을 때에는 낮아지고, 반대로 어두울 때에는 높아지는 특성을 가지고 있다. 또한 비교기(LM311)는 (+)단자(U_2#②)와 (-)단자(U_2#③)에 입력되는 두 단자의 전압값을 비교하여 (+)단자 입력전압이 (-)단자 입력전압보다 높을 때에는 출력전압(U_2#⑦)이 high 상태로 되고, 반대의 경우에는 low 상태를 출력하는 특성을 가지고 있다.

본 실습에서는 그림 1.4의 회로와 같이 (-)단자에 CdS 감지전압을, (+)단자에 감지감도조정을 위한 가변저항 전압을 입력하며, 이와 같이 결선하면 표 1.1과 같은 동작특성을 얻을 수 있다. 파형에서 채널 1(CH1)은 광전 센서 입력전압(U_2#③)을 나타내며, 채널 2(CH2)는 비교기 출력전압(U_2#⑦) 파형을 나타낸다. 파형을 살펴보면 핸드폰의 불빛을 광도전센서에 비출 때 광도전센서의 출력전압이 감소하여 비교기 출력전압이 high 상태로 되고, 핸드폰 불빛을 제거하면 광도전센서 출력전압이 증가하여 비교기 출력전압이 low 상태로 변화됨을 알 수 있다.

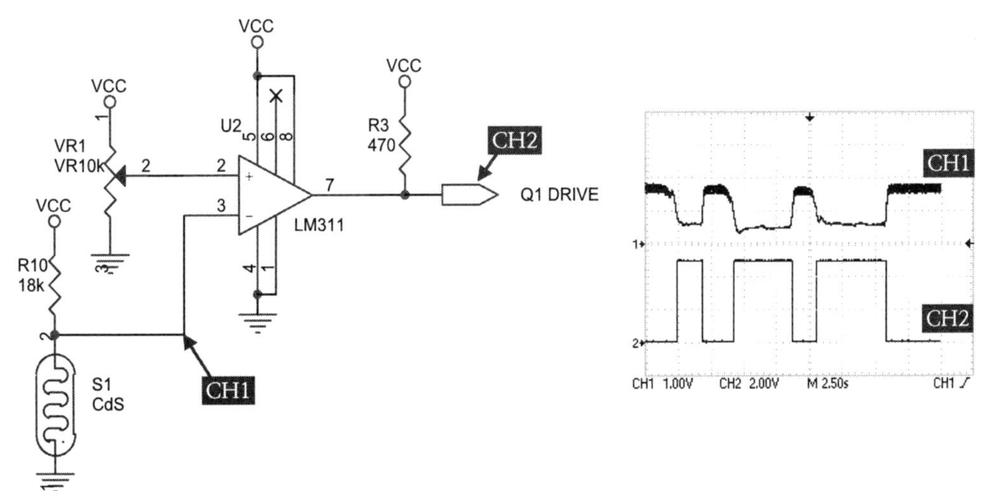

그림 1.4 조도검출 회로도 및 파형

표 1.1 조도검출 회로의 각 부분별 동작특성

	CdS		비교기(LM311)		
	내부저항	출력전압 (S1#②)	(-) 입력전압 (U2#③)	(+), (-)전압 크기	출력전압 (U2#⑦)
밝 음	감소	감소	감소	(+)전압 > (-)전압	high
어두움	증가	증가	증가	(+)전압 < (-)전압	low

비교기를 이용한 조도검출회로 동작 확인실습을 할 때 초보자들이 실수하기 쉬운 점이 한 가지 있는데, 광도전센서를 동작시키기 위해 아무리 광도전센서 주위를 밝게 또는 어둡게 변화시킨다 할지라도 비교기의 출력이 high 또는 low에 고정된 상태에서 변화되지 않는 경우가 간혹 발생한다. 이러한 경우는 비교기 (+)단자에 입력되는 기준전압의 개념을 잘 이해하지 못한 경우로써, 예를 들어 광도전센서의 출력전압, 즉 (-)단자의 입력전압이 밝을 때에는 0.4[*V*]이었다가 어두울 때에는 4[*V*]로 변화된다고 가정했을 때 가변저항을 잘못 조정하여 (+)단자의 전압을 0.4[*V*] 미만으로 설정하면 광도전센서의 주변이 밝을 때나 어두울 때나 상관없이 (+) 입력전압보다 (-) 입력전압이 항상 크기 때문에 비교기의 출력은 항상 low로 고정되

어 변하지 않게 된다. 이와는 반대로 만약 (+) 입력전압을 4[V]보다 높게 설정하면 항상 (+) 입력전압이 (-) 입력전압에 비해 높기 때문에 출력이 항상 high로 고정된다. 따라서 정확한 동작을 위해서는 광도전센서가 동작하는 범위의 중간 전압값을 갖도록 (+) 입력전압을 조정해야 하는데 이와 같은 전압을 '기준전압'이라고 부르며, 흔히 광도전센서의 감도를 조정한다고 표현한다. 아래와 같은 과정에 따라 순서대로 실습을 하면 정확한 동작이 가능하다.

1. 결선을 완료한 후 광도전센서를 동작시키면서 밝을 때와 어두울 때의 전압을 측정한다. 밝을 때와 어두울 때의 기준은 실습자의 판단 및 주위 조도에 따라 다르기 때문에 일정하지 않지만, 설명을 위해 본 실습에서는 핸드폰 불빛을 비춰 가장 밝을 때의 전압을 0.4[V], 평상시를 1.4[V], 광도전센서를 가려 가장 어두울 때의 전압을 4[V]로 가정한다. 그림 1.5는 빛의 밝기에 따른 광도전센서의 출력전압 변동을 나타내는 그림이다.
2. 본 실습에서는 핸드폰 불빛에 의해 동작되도록 하는 것이 목적이기 때문에 기준전압을 핸드폰 불빛을 비추었을 때의 0.4[V]와 평상 시 전압 1.4[V] 사이의 중간값인 0.9[V]가 되도록 가변저항을 조정하여 (+)단자로 입력되도록 한다.

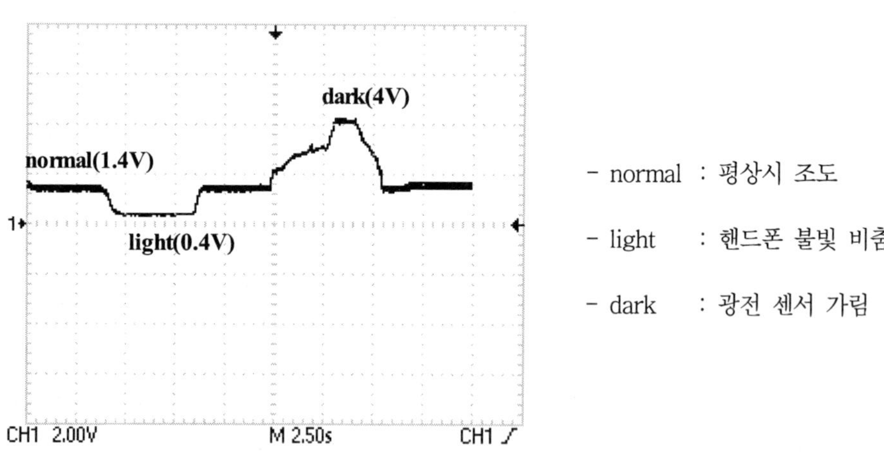

그림 1.5 빛의 세기에 따른 광전 센서 동작전압

3) 트랜지스터를 이용한 릴레이 구동 회로

본 실습에서는 핸드폰 불빛의 신호에 따라 전동기를 동작시키고, LED를 점멸하는 동작을 하도록 설계하는데, 전기기기를 구동하기 위해 일반적으로 신호발생회로와 전기기기 사이에 구동회로를 적용한다. 그림 1.6은 출력장치를 구동하기 위한 구동회로를 나타내는 회로도이다.

표 1.2는 휴대폰 랜턴의 ON/OFF로부터 LED 점멸까지의 전 과정에 대한 로직표를 나타내는데, 결과적으로 휴대폰의 랜턴 불빛이 광전 센서에 의해 감지되면 전동기가 회전함과 동시에 LED가 점멸하고, 반대로 휴대폰 랜턴 불빛을 제거하면 전동기가 정지되고 LED도 소등됨을 로직표를 통해서 알 수 있다.

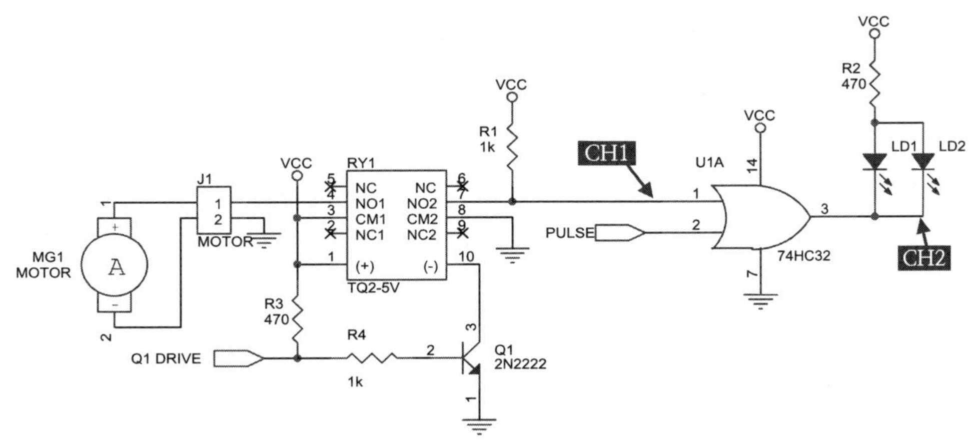

그림 1.6 릴레이를 이용한 출력장치 구동회로

이를 자세히 살펴보면, 그림 1.4의 LM311 출력신호는 'Q_1 드라이브'라는 신호로 표시되었는데, 이 신호는 Q_1의 베이스 단자로 입력되어, Q_1의 ON/OFF를 제어한다. 즉, LM311의 출력단자가 high일 때에는 트랜지스터 Q_1이 ON되고, low일 때에는 OFF된다. Q_1이 ON/OFF되면 Q_1의 컬렉터에 코일이 연결된 릴레이 RY_1이 ON/OFF되어 a접점(③-④, ⑦-⑧)이 ON/OFF되며, a접점(③-④)이 ON될 때에 전동기가 회전하고, OFF될 때에는 전동기가 정지하게 된다.

표 1.2 전체 신호전달 과정

	비교기 (LM311)		트랜지스터 (2N2222)		릴레이(TQ2)			OR게이트(74LS32)			LED	전동기
	입력 비교	출력 (U2#⑦)	베이스 (Q1#②)	동작	코일 동작	a접점 동작	a접점전압 (RY1#⑦)	입력 (U1#①)	펄스 (U1#②)	출력 (U1#③)		
밝음	(+)>(-)	high	high	ON	ON	연결	low	low	low	low	점멸	회전
									high	high		
어두움	(+)<(-)	low	low	OFF	OFF	분리	high	high	low	high	소등	정지
									high	high		

또한 RY_1의 또 다른 a접점(⑦-⑧)은 OR 게이트의 입력(U_1#①)에 연결되어 있는데 이 접점은 LED의 점멸여부를 결정하는 신호로 사용된다.

표 1.2에서 확인할 수 있는 바와 같이 OR 게이트의 출력 신호(U_1#③)가 밝을 때에만 high/low를 반복하여 LED가 점멸되고, 어두울 때에는 OR 게이트 출력신호(U_1#③)가 high로 고정되어 있기 때문에 LED는 항상 소등상태를 유지함을 알 수 있다. 따라서 OR 게이트의 로직을 이용하여 랜턴 불빛을 비출 때에는 LED가 점멸하고, 불빛을 비추지 않았을 때에는 LED가 소등되도록 설계한 것이다.

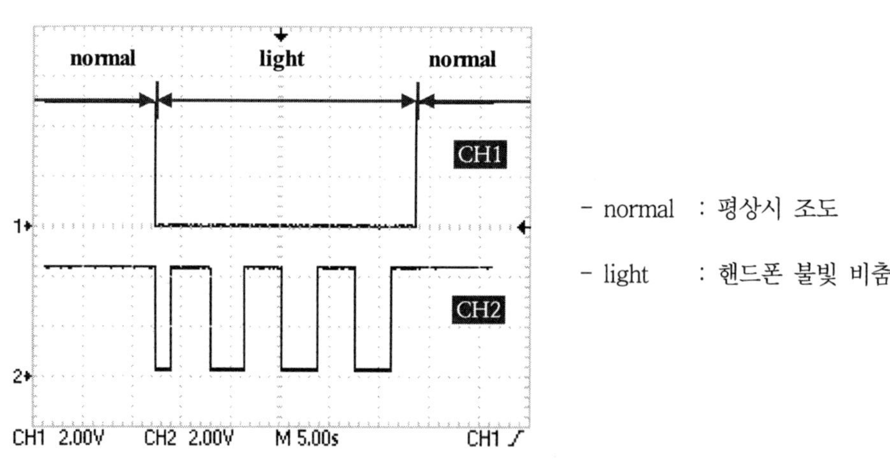

그림 1.7 주변밝기에 따른 LED 점멸 또는 소등 동작

그림 1.7은 OR 게이트의 입력(U_1#①)과 출력 신호(U_1#③)의 동작파형을 나타낸 그림으로서 CH1은 입력을, CH2는 출력파형을 나타낸다. 파형을 통해 알 수 있는 바와 같이 OR 게이트의 입력이 low 상태를 유지할 때(즉, 휴대폰 랜턴을 비출 때)

에만 출력이 low/high를 반복하여 LED가 점멸되며, OR 게이트의 입력이 high 상태를 유지할 때(즉, 휴대폰 랜턴을 비추지 않을 때)에는 출력이 high 상태를 유지하여 LED를 소등시키는 동작을 한다.

5. 전체 회로도

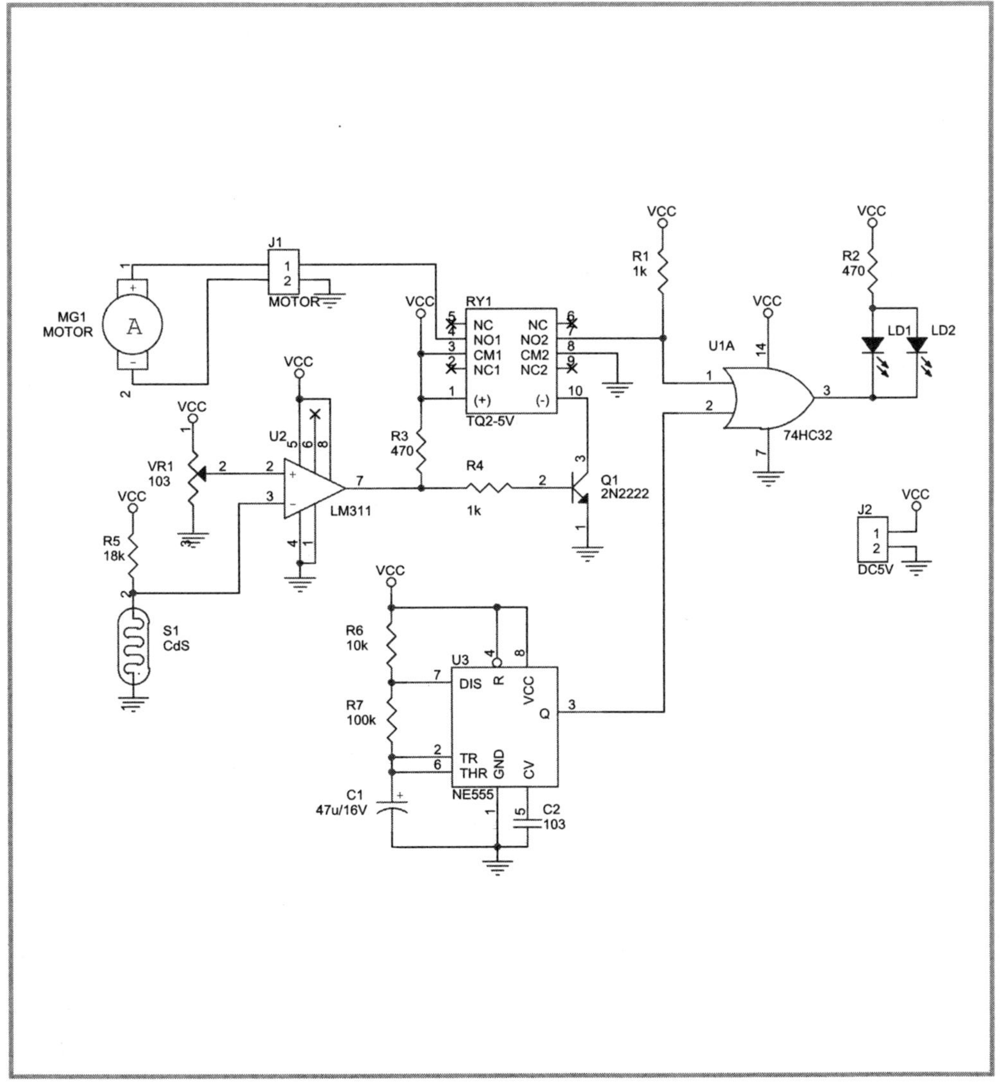

그림 1.8 전체 회로도

6. 부품 리스트

	종류	규격	수량	기호
1	OR 게이트	74HC32	1	U_1
2	비교기	LM311	1	U_2
3	타이머	NE555	1	U_3
4	광전 센서	CdS	1	S_1
5	트랜지스터	2N2222	1	Q_1
6	저항	1[$k\Omega$], 1/4[W]	2	R_1, R_4
7	저항	470[Ω], 1/4[W]	2	R_2, R_3
8	저항	18[$k\Omega$], 1/4[W]	1	R_5
9	저항	10[$k\Omega$], 1/4[W]	1	R_6
10	저항	100[$k\Omega$], 1/4[W]	1	R_7
11	저항	10[$k\Omega$], 가변 1 turn	1	VR_1
12	LED	round, 3Φ	2	LD_1, LD_2
13	릴레이	TQ2-5[V]	1	RY_1
14	커패시터	전해, 47[μV]/16[V]	1	C_1
15	커패시터	세라믹, 0.01[μV]	1	C_2
16	컨넥터	2pin, 2.54 pitch	2	J_1, J_2
17	전동기	DC5[V], Geared	1	MG_1

7. 결선

그림 1.9는 본 실습의 동작확인을 위해 브레드 보드에 꾸민 전체 시스템의 사진이다. 사진의 중앙부에 위치한 광전 센서가 핸드폰 불빛의 밝기를 감지하여 불빛을 비춘 경우에는 LED를 점멸하고 비추지 않았을 때에는 LED를 소등하는 동작을 확인할 수 있다.

그림 1.9 전체 결선

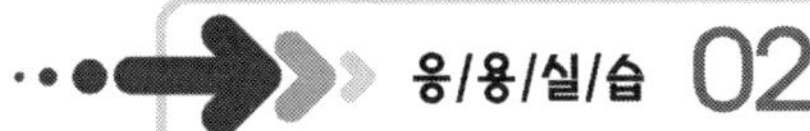

PWM 제어회로 실습

1. 개요

응용실습 2는 전력전자회로에서 많이 사용되는 PWM(Pulse Width Modulation : 펄스폭 변조) 파형을 발생시키고, 시비율(Duty Ratio)을 제어하는 원리에 대한 학습을 목표로 하는 응용실습이다.

PWM 파형을 발생시키기 위해 멀티바이브레이터(Multi-vibrator), 미분회로, 삼각파 발생회로, 비교기 회로, OP 앰프 회로, 컴플리멘터리(Complementary) 회로 등을 설계하며, 피드백 제어의 원리에 대한 학습을 통해 PWM 파형의 시비율을 제어하는 원리를 이해한다.

2. 실습목표

① 멀티바이브레이터 회로 실습

② 미분회로 실습

③ 삼각파 발생회로 실습

④ 오차증폭기 회로 실습

⑤ PWM 제어 실습

3. 기본실습 활용

기본실습 3-4, 4-3, 5-3

4. 부분별 동작설명

1) 멀티바이브레이터 회로

PWM 파형을 발생시키기 위해서는 먼저 사각 펄스파형을 생성하는 것이 필요한데, 본 실습에서는 NOT 게이트를 이용한 멀티바이브레이터 회로를 이용하여 사각 펄스파형을 발생시킨다.

멀티바이브레이터란 일정한 주파수 및 시비율을 가지고 ON/OFF를 반복하여 사각파형을 생성하는 회로를 말하는데, 비안정, 단안정, 쌍안정 멀티바이브레이터 등 회로구조에 따라, 또는 사용하는 소자에 따라 여러 가지 방식의 구현이 가능하지만, 여기서는 일반적으로 많이 사용되는 NOT 게이트를 이용한 비안정 멀티바이브레이터(Astable Multi-vibrator)의 동작특성에 대해 설명하기로 한다.

그림 2.1은 비안정 멀티바이브레이터의 내부 회로를 나타내는 그림으로서, 비안정 멀티바이브레이터는 2개의 트랜지스터를 번갈아 가며 ON/OFF시킴으로써 양쪽 트랜지스터의 컬렉터 단자(Q, $\overline{Q}$)에는 서로 180°의 위상차를 갖는 사각파 펄스가 각각 발생되도록 하는 회로구조이다.

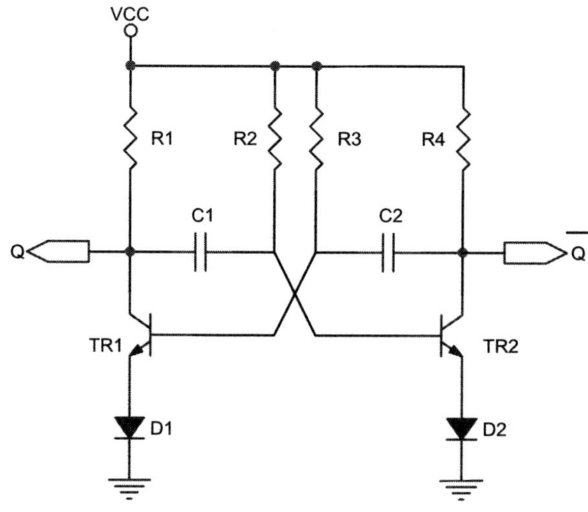

그림 2.1 비안정 멀티바이브레이터 등가 회로

비안정 멀티바이브레이터는 회로의 구조가 TR_1, TR_2를 중심으로 대칭이기 때문에 전원을 투입했을 때 어떤 트랜지스터가 먼저 ON될지는 알 수 없지만 저항 및 트랜지스터 각 부품의 오차 및 특성차이로 인해 어느 한 쪽의 트랜지스터가 먼저 ON되고, 나머지 하나는 OFF된다. 비안정 멀티바이브레이터의 동작원리를 이해하기 위해 4개의 동작모드로 구분하여 회로를 해석한다.

[1] 모드 1

초기상태를 C_1의 전압이 0[V]이고 TR_2가 OFF 상태라고 가정한다. 이때 R_3를 통해 TR_1의 베이스 전류가 흘러 TR_1이 ON되면, C_1의 (-)단자가 그라운드에 연결되기 때문에 등가적으로 R_2, C_1의 직렬회로가 형성되어 충전전류에 의해 C_1이 충전된다. 일반적인 R-C 직렬회로에서와 마찬가지로 C_1도 초기에는 단락상태가 되었다가 충전과정이 진행되면서 차츰 양단간의 전압이 상승하고, 충전전류는 감소하는 특성을 가지고 있다.

[2] 모드 2

C_1의 전압이 상승하여 TR_2의 문턱전압과 다이오드 D_2의 문턱전압을 합한 값보다 높은 값으로 충전되면, C_1의 충전전압이 TR_2의 베이스로 방전되면서 TR_2가 ON된다.

[3] 모드 3

TR_2가 ON되면, 모드 1과 유사하게 C_2의 (-)단자가 그라운드에 연결되고 C_2의 초기전압은 0[V]이기 때문에 TR_1의 베이스 구동전압이 0[V]가 되어 TR_1은 OFF되고 R_3, C_2의 직렬회로가 형성되어 충전전류에 의해 C_2가 충전된다.

[4] 모드 4

C_2의 전압이 상승하여 TR_1의 문턱전압과 다이오드 D_1의 문턱전압을 합한 값보다 높은 값으로 충전되면, C_2의 충전전압이 TR_1의 베이스로 방전되면서 TR_1이 ON된다.

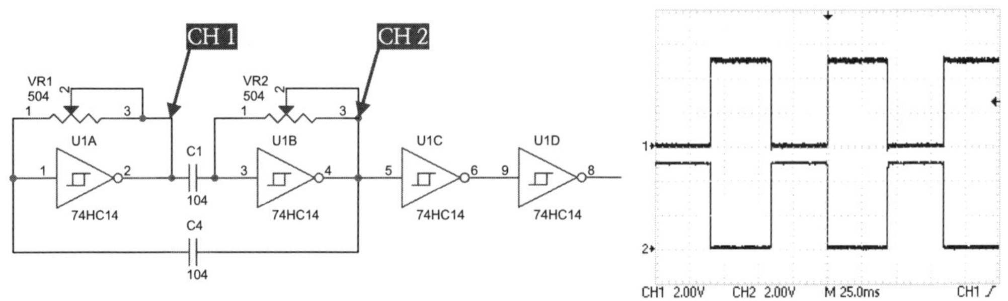

그림 2.2 멀티바이브레이터의 회로도 및 파형

그림 2.2는 비안정 멀티바이브레이터의 회로도 및 출력파형을 나타내는 그림으로서, 그림 2.1의 Q와 $\overline{Q}$의 위치에서 180°의 위상차를 갖는 사각펄스파형이 출력되고 있음을 확인할 수 있다.

비안정 멀티바이브레이터의 주파수는 식 (2.1)과 같이 VR_1, VR_2의 저항값과 C_1, C_2의 커패시터값의 R, C 시정수에 의해 결정되는데 일반적으로 커패시터의 값은 고정시킨 상태에서 가변저항의 값을 변화시켜 필요한 주파수로 설정한다.

$$f = \frac{1.4}{(VR_1 \times C_1 + VR_2 \times C_2)} \tag{2.1}$$

그림 2.3은 가변저항을 돌려 사각펄스파형의 주파수를 변화시켰을 때의 파형을 나타낸다.

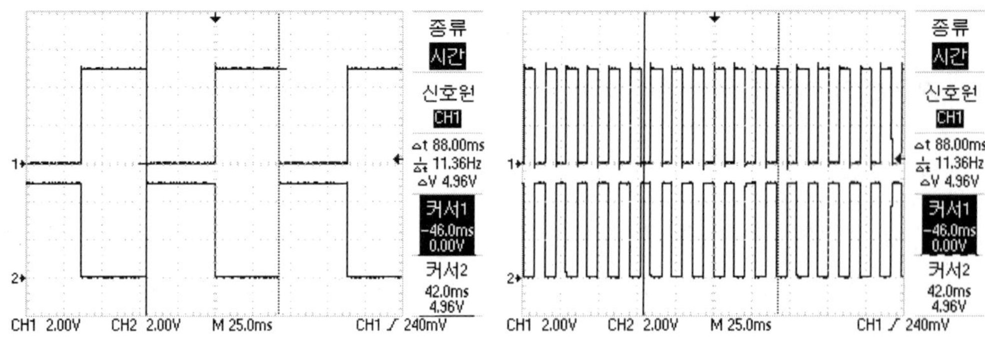

그림 2.3 비안정 멀티바이브레이터의 주파수 조정

2) 미분회로

미분회로는 입력되는 사각펄스파형을 지수함수적으로 감소하는 임펄스 형태의 미분파형으로 변환시켜 출력하는 회로로서, 그림 2.4와 같이 커패시터 C_2와 저항 R_3로 간단히 구성할 수 있다. 미분회로의 동작을 살펴보면 입력단에 5[V]의 사각펄스파형이 입력되어 입력전압이 0[V]에서 5[V]로 상승하게 되면 출력전압, 즉 저항 R_3 양단간의 전압은 5[V]에서 출발하여 차츰 지수함수적으로 감소하는 동작형태를 나타낸다. 이와 같은 동작이 이루어지는 이유는 직류회로에서 커패시터는 초기에 단락상태가 되었다가(즉, 커패시터 양단간의 전압이 0[V]로서 충전이 전혀 이루어지지 않은 상태) 시간이 경과하면서 충전이 이루어져 완전히 충전되면 더 이상 전류가 흐르지 않아 오픈 상태가 되는 커패시터의 직류동작 특성 때문이다. 시상수는 C_2와 R_3에 의해 결정되기 때문에 그림 2.5와 같이 C_2와 R_3의 크기가 클수록 출력전압이 0[V]로 감소하는 시간이 오래 걸리며, 작을수록 짧아지는 특성을 나타낸다.

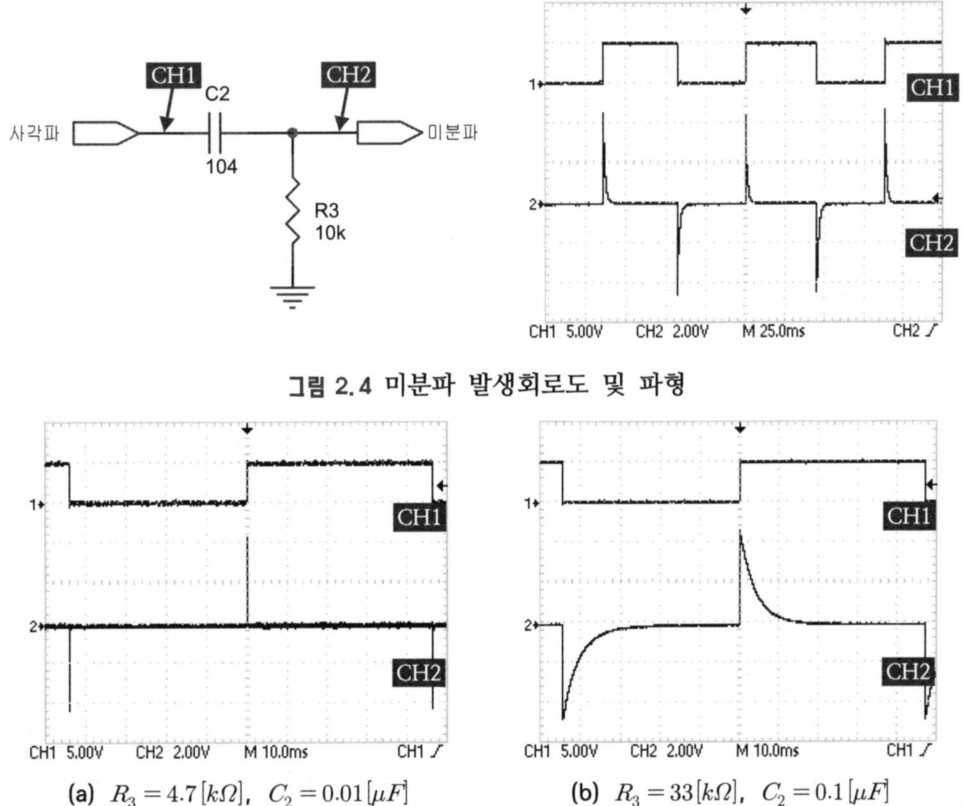

그림 2.4 미분파 발생회로도 및 파형

(a) $R_3 = 4.7[k\Omega]$, $C_2 = 0.01[\mu F]$ (b) $R_3 = 33[k\Omega]$, $C_2 = 0.1[\mu F]$

그림 2.5 R_3, C_2에 따른 시상수 변화

3) 삼각파 발생회로

미분회로에 의해 발생된 미분파는 다이오드 정류회로를 이용해 (-)전압은 걸러내고 (+)전압만을 통과시켜 (+)임펄스 파형을 생성한다. 그림 2.6은 회로도 및 파형을 나타내는 그림이다.

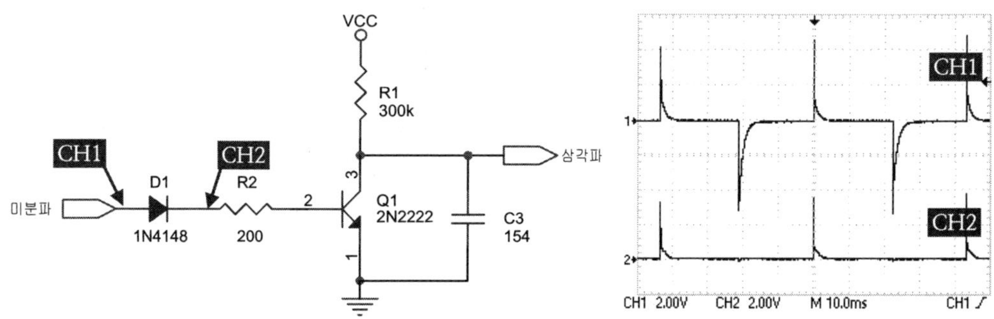

그림 2.6 미분파 정류회로 및 파형

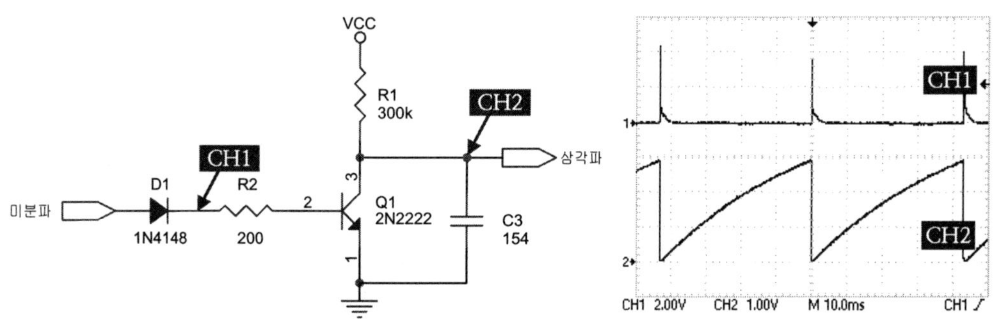

그림 2.7 삼각파 발생회로도 및 파형

미분파 정류회로를 통과한 (+)임펄스 파형은 삼각파를 발생시키기 위해 저항 R_2를 거쳐 트랜지스터 Q_1의 베이스 단자로 입력된다. Q_1의 베이스에 임펄스가 입력되면 아주 짧은 순간이기는 하지만 임펄스가 입력되는 순간에는 Q_1이 ON됨으로 인해 C_3에 충전되어 있던 충전전압이 Q_1을 통해 그라운드로 모두 방전되어 C_3 양단간의 전압은 0[V]로 떨어진다. 이후 Q_1이 OFF되면 다시 저항 R_1을 통해 C_3에 전압이 충전되는데 충전되는 시간은 R_1 및 C_3의 시상수에 의해 결정되며, 충전시간을 충분히 길게 설정하면 그림 2.7의 파형과 같이 거의 직선 형태로 상승하는 파형을 얻을 수 있으며 이를 '삼각파'라고 부르거나 또는 톱니모양이라고 해서 '톱니파'라고 부른다.

4) 오차증폭기 회로

OP 앰프란 Operational Amplifier라는 말에서 유래한 것으로 연산증폭기라고 해석되는데, 연산증폭기란 입력부로 입력되는 신호를 사칙연산을 비롯한 미분, 적분, 비교, 증폭, 감쇠 등의 여러 가지 수학적인 연산을 통해 변화시킨 후 이를 증폭하여 출력하는 장치를 말한다.

그림 2.8은 PWM 제어를 위한 OP 앰프 구성회로를 나타낸 그림으로서, 이 회로는 PWM 제어 대상으로부터 피드백 되는 신호를 입력으로 하여 기준전압 V_{ref}와 피드백 입력전압 V_i 사이의 오차를 검출하고 이를 증폭해 출력하는 오차증폭기 회로이다. 오차증폭기의 출력전압 V_{out}은 두 입력전압의 크기에 따라 다르게 나타나는데, $V_i < V_{ref}$의 경우에 V_{out}은 $-R_{ref}/R_i$의 기울기를 가지고 1차 함수적으로 상승하고, $V_i > V_{ref}$의 경우에는 $-R_{ref}/R_i$의 기울기로 감소한다.

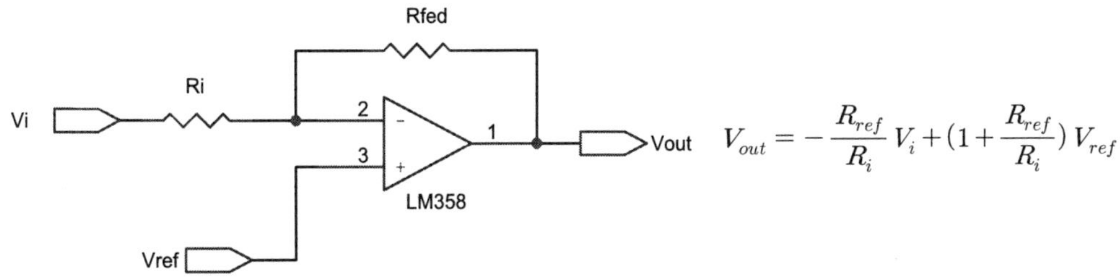

그림 2.8 오차증폭기 회로도

그림 2.9는 피드백 전압오차를 검출하기 위한 회로도로써, 오차증폭기용 OP 앰프는 LM358을 사용하였으며, OP 앰프의 (+)단자에는 레귤레이터 TL431을 이용하여 2.5[V]의 전압이 입력되도록 구성하였다. TL431은 전원회로, OP 앰프회로 등에서 2.5[V] 기준전압을 생성하는데 많이 사용하는 레귤레이터로서, 외부에 간단히 저항 2개를 추가하여 36[V]까지 출력전압을 조절할 수 있는 특징이 있다. 또한 PWM 제어대상으로부터 피드백 되는 전압을 오차증폭기의 (-)단자에 입력하고, 오차증폭기의 출력(U_3#①)을 저항 R_4를 통해 (-)단자에 연결함으로써 부궤환 피드백 루프를 구성하게 되는데, 제어대상으로부터 피드백 되는 전압이 수시로 변화하

는 것을 가정해 가변저항을 조정하여 (-)단자 입력전압을 변화시킬 수 있도록 회로를 구성하였다.

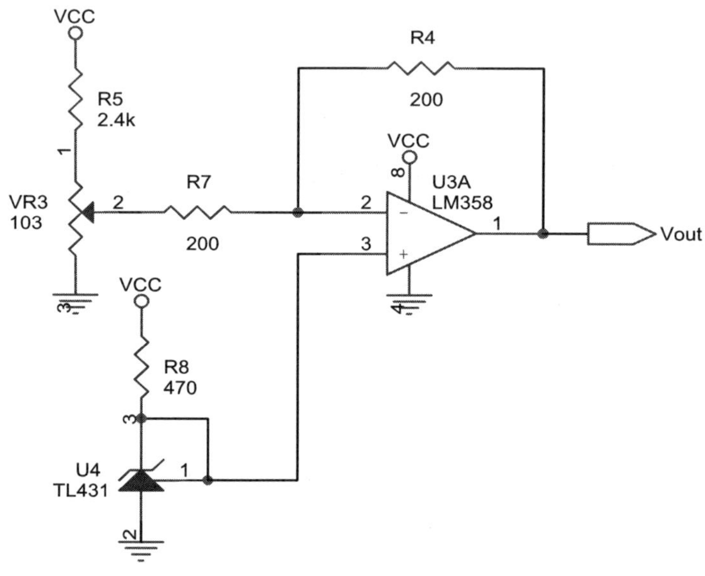

그림 2.9 피드백 전압 오차 검출

5) PWM 제어회로

PWM 제어회로를 이해하기 위해서는 시비율(Duty Ratio)의 개념에 대한 이해가 필요한데, 시비율이란 사각펄스파형의 한 주기 내에서 ON 시간이 차지하는 비율을 의미하는 것으로 문자 D로 표시하며, 개념은 그림 2.10과 같다.

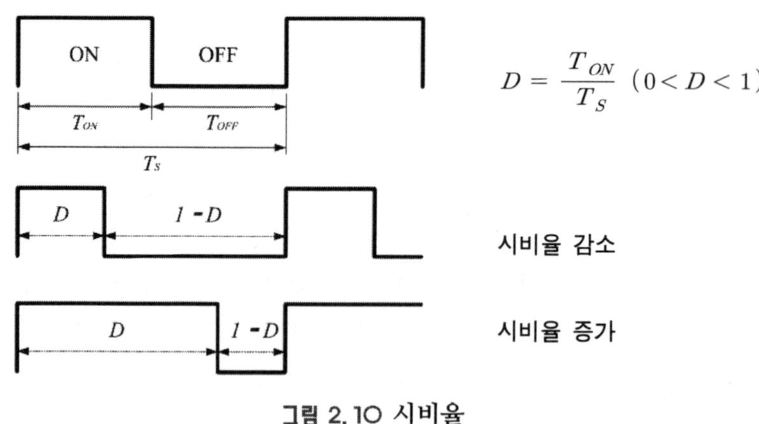

그림 2.10 시비율

PWM 제어회로는 삼각파와 오차증폭기에 의한 오차전압을 비교하고, 그에 대응하는 시비율을 갖도록 하여 사각펄스파형의 펄스폭을 제어하는 회로로써, 그림 2.11과 같이 구성할 수 있다.

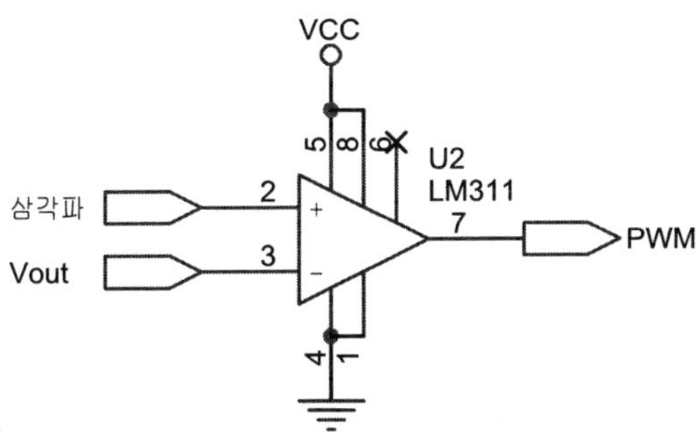

그림 2.11 PWM 제어회로

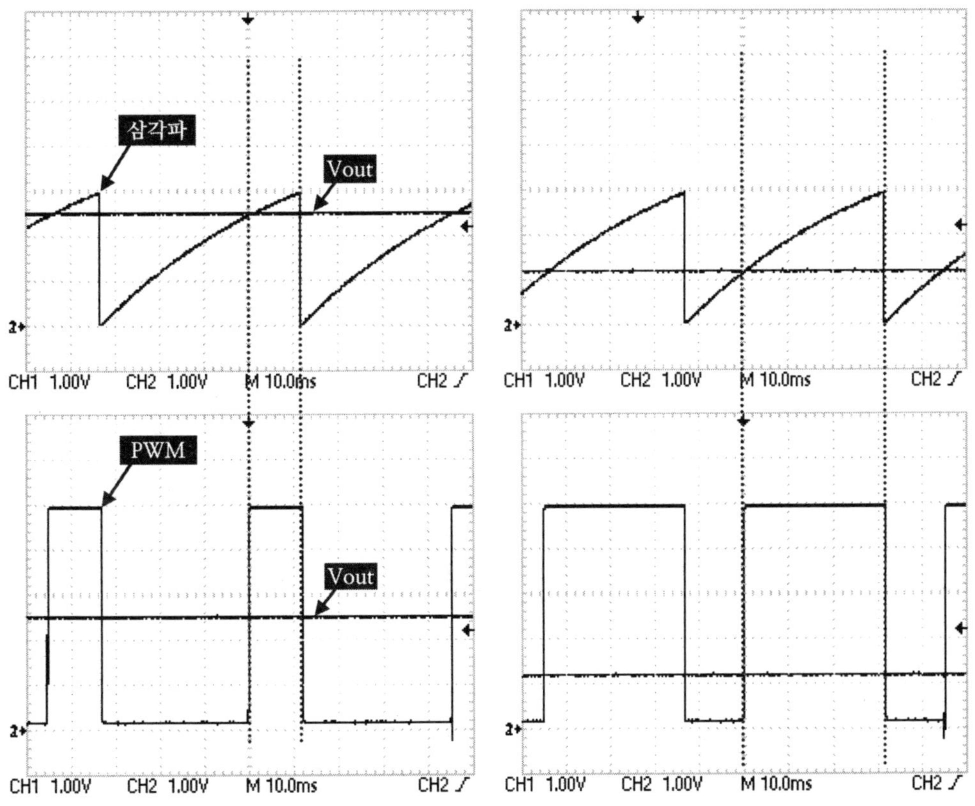

그림 2.12 PWM 제어 파형

비교기 U_2(LM311)의 (+)단자에 삼각파를 연결하고, (-)단자에 오차증폭기의 출력전압을 연결하면 그림 2.11과 같이 두 입력파형을 비교했을 때 (+)단자전압이 (-)단자전압 보다 높은 경우와, (+)단자전압이 (-)단자전압 보다 낮은 경우의 2가지 상태로 구분된다. U_2는 (+)전압 > (-)전압의 경우에는 출력이 high 상태를 유지하고, 반대로 (+)전압 < (-)전압의 조건에서는 low를 유지한다. 따라서 삼각파가 오차증폭기 출력전압 보다 높을 때에는 U_2의 출력이 high, 반대의 경우에는 low가 된다. U_2의 출력전압은 high/low를 반복하는 사각펄스파형이 출력되며, 이 파형의 시비율은 오차증폭기 출력전압의 크기에 의해 결정된다. 오차증폭기의 출력전압이 높을수록 시비율은 감소하며, 반대의 경우에는 시비율이 높아진다.

5. 전체 회로도

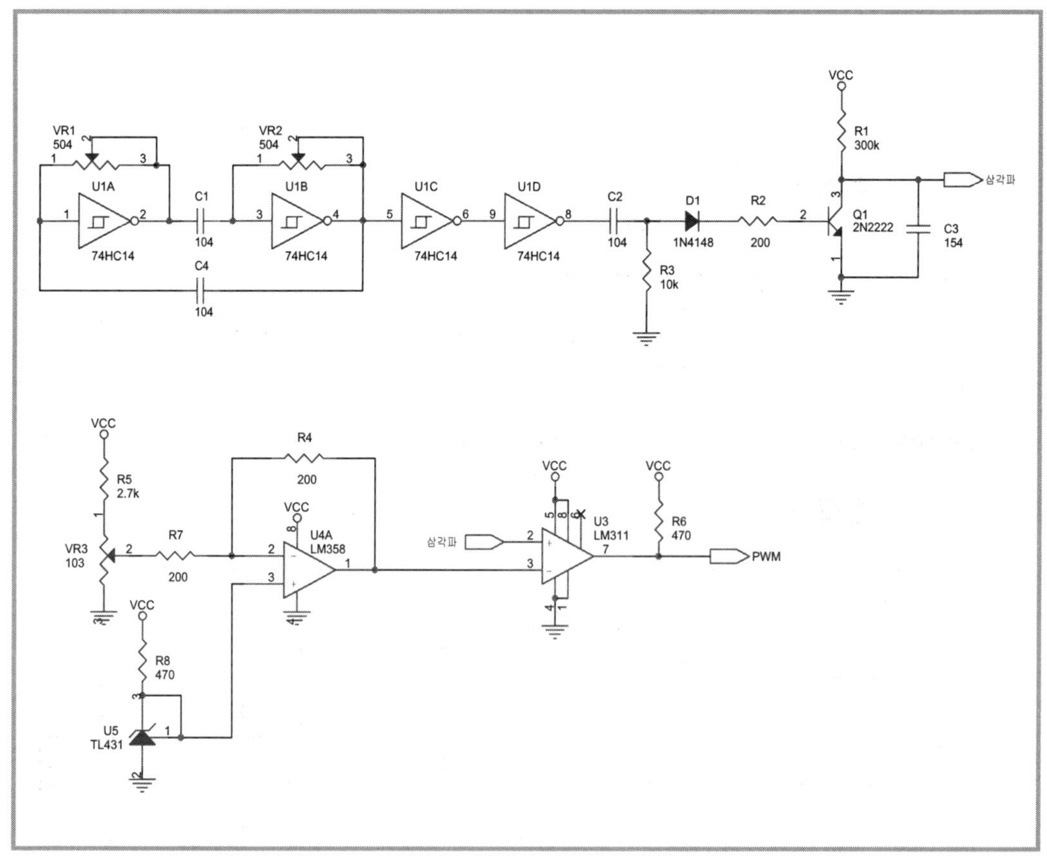

그림 2.13 전체 회로도

6. 부품 리스트

	종류	규격	수량	기호
1	NOT 게이트	74HC14	1	U_1
2	비교기	LM311	1	U_2
3	OP 앰프	LM358	1	U_3
4	레귤레이터	TL431	1	U_4
5	트랜지스터	2N2222	1	Q_1
6	저항	300[$k\Omega$], 1/4[W]	1	R_1
7	저항	200[Ω], 1/4[W]	3	R_2, R_4, R_7
8	저항	10[$k\Omega$], 1/4[W]	1	R_3
9	저항	2.7[$k\Omega$], 1/4[W]	1	R_5
10	저항	470[Ω], 1/4[W]	2	R_6, R_8
11	저항	가변 500[$k\Omega$], 1 turn	2	VR_1, VR_2
12	저항	가변 10[$k\Omega$], 1 turn	1	VR_3
13	다이오드	1N4148	1	D_1
14	커패시터	세라믹, 0.1[μF]	3	C_1, C_2, C_4
15	커패시터	세라믹, 0.15[μF]	1	C_3

7. 결선

그림 2.14 전체 결선

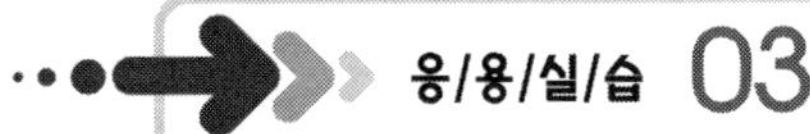

디지털 회로를 이용한 7-세그먼트 구동 실습

1. 개요

응용실습 3에서는 펄스발생기 및 카운터를 이용하여 7 세그먼트의 숫자를 '0'부터 '9'까지 변화시키는 디지털 회로를 설계한다. NE555를 이용하여 발생된 펄스파형을 십진 카운터(74LS90)의 입력 클럭으로 연결한다. 또한 십진 카운터의 출력은 7 세그먼트 드라이버인 74LS47로 입력하여 7 세그먼트를 구동한다.

2. 실습목표

① NE555 펄스파형 발생 실습

② 74LS90 카운터 실습

③ 74LS47 7 세그먼트 디코더 실습

④ 7 세그먼트 구동 실습

3. 기본실습 활용

기본실습 3-4, 6-1, 응용실습 1

4. 부분별 동작설명

1) NE555를 이용한 펄스파형 발생회로

NE555를 이용한 펄스파형 발생회로는 응용실습 1에서 설명한 바와 같으나, 펄스 시간을 다르게 설정하기 위한 $R-C$ 시정수만이 다를 뿐이며, 가변저항 VR_1을 이용하여 저항값을 바꿈으로써 펄스의 시간을 변경하는 회로를 구성하였다. 펄스시간을 변경시키게 되면 카운터의 카운팅 속도를 변경시키는 결과가 되며, 이로 인해 7 세그먼트의 숫자 변화 간격을 변경시킬 수 있다.

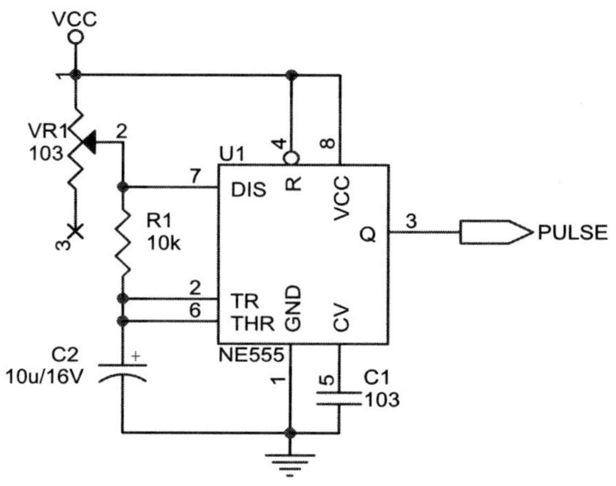

그림 3.1 NE555를 이용한 펄스발생회로

2) 십진 카운터 회로

74LS90 십진 카운터는 스타트 스위치를 누르면 입력단자 14번 핀으로 입력되는 펄스파형을 카운트하여 4비트의 이진수로 변환시켜 QA(⑫), QB(⑨), QC(⑧), QD(⑪) 핀을 통해 출력한다.

표 3.1은 리셋/카운트 진리표를 나타내는데, 표를 통해 알 수 있듯이 4개의 리셋 입력 R0(②), R0(③), R9(⑥), R9(⑦) 중 반드시 2개 이상이 'low' 상태를 유지해야만 카운팅을 시작함을 알 수 있다. 만일 2개 이상이 'low' 상태를 유지하지 못하면 QA, QB, QC, QD 출력은 리셋되어 변화되지 않는다. 그림 3.2의 회로에서 펄스를 연결한 상태에서 스타트 스위치를 ON하기 전에는 출력이 리셋상태를 유지하다가

스위치를 ON하여 2개의 R0 핀이 'low' 상태로 변화됨과 동시에 카운팅을 시작하게 된다.

표 3.1 Reset/Count **진리표**

Reset Inputs				Output			
R0(1)	R0(2)	R9(1)	R9(2)	QD	QC	QB	QA
H	H	L	X	L	L	L	L
H	H	X	L	L	L	L	L
X	X	H	H	H	L	L	H
X	L	X	L	COUNT			
L	X	L	X	COUNT			
L	X	X	L	COUNT			
X	L	L	X	COUNT			

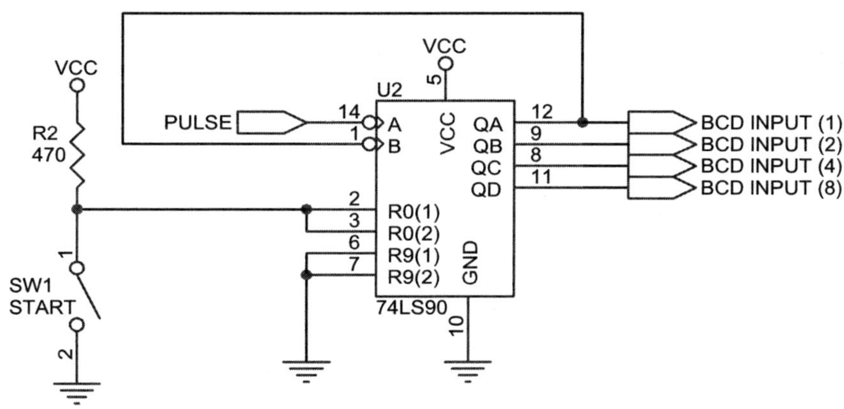

그림 3.2 십진 카운터

3) 7 세그먼트 드라이버

74LS47은 4비트의 BCD 입력을 받아 BCD 값에 해당하는 숫자조합을 결정하여 7 세그먼트의 구동신호로 출력하는 소자이다. 본 실습에서 사용하는 7 세그먼트 HDSP-5501은 애노드 공통이므로 'low' 액티브 동작 소자이다. 따라서 점등하고자 하는 LED에 연결된 74LS47의 출력 핀에 'low' 신호를 출력해야 한다.

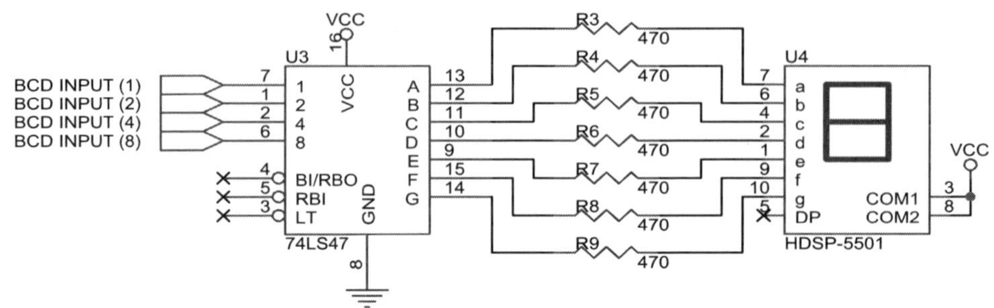

그림 3.3 7 세그먼트 드라이버

표 3.2는 7 세그먼트를 구동하기 위한 각 숫자별 74LS47 드라이버의 출력 핀 상태를 나타내는 표로서, 74LS47의 BCD 입력을 인가하면 드라이버 내부에서 자동으로 BCD 데이터에 해당하는 출력 신호를 발생하게 된다.

표 3.2 7 세그먼트 드라이버 진리표

숫자	입력				출력						
	A3	A2	A1	A0	$\overline{a}$	$\overline{b}$	$\overline{c}$	$\overline{d}$	$\overline{e}$	$\overline{f}$	$\overline{g}$
0	L	L	L	L	L	L	L	L	L	L	H
1	L	L	L	H	H	L	L	H	H	H	H
2	L	L	H	L	L	L	H	L	L	H	L
3	L	L	H	H	L	L	L	L	H	H	L
4	L	H	L	L	H	L	L	H	H	L	L
5	L	H	L	H	L	H	L	L	H	L	L
6	L	H	H	L	H	H	L	L	L	L	L
7	L	H	H	H	L	L	L	H	H	H	H
8	H	L	L	L	L	L	L	L	L	L	L
9	H	L	L	H	L	L	L	H	H	L	L

그림 3.3 회로도에 연결된 저항 $R_3 \sim R_9$는 7 세그먼트 LED에 인가되는 전류의 양을 제어하는 기능으로써, 저항값이 크면 전류가 적게 흘러 세그먼트 LED의 밝기가 어두워지고, 저항값이 작으면 반대의 경우가 되므로 적정한 저항값을 산정하여 연결해야 한다.

5. 전체 회로도

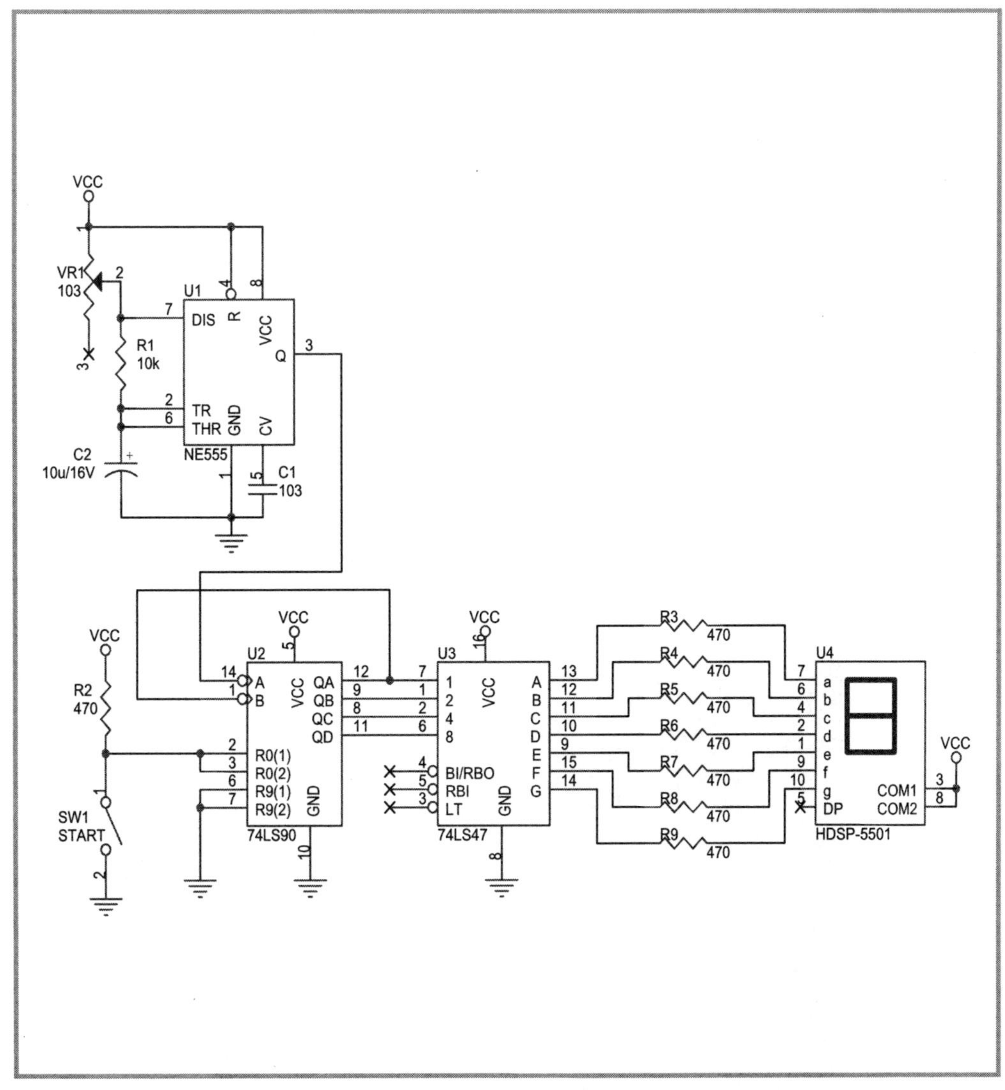

그림 3.4 전체 회로도

6. 부품 리스트

	종류	규격	수량	기호
1	타이머 IC	NE555	1	U_1
2	카운터 IC	74LS90	1	U_2
3	디코더 IC	74LS47	1	U_3
4	7 세그먼트	HDSP-5501	1	U_4
5	커패시터	세라믹, 104	1	C_1
6	커패시터	전해, 10[μF] / 16[V]	1	C_2
7	저항	10[$k\Omega$], 1/4[W]	1	R_1
8	저항	470[Ω], 1/4[W]	8	R_2~R_9
9	가변저항	103	1	VR_1
10	스위치	토글	1	SW_1

7. 결선

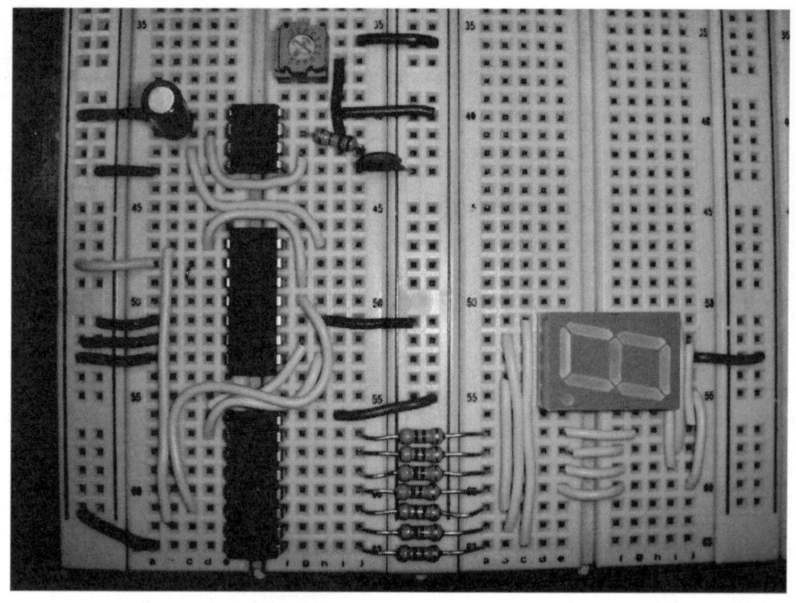

그림 3.5 전체 결선

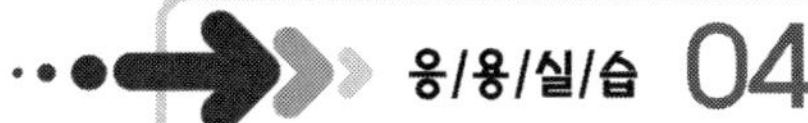

광센서를 이용한 물체검출 횟수 표시기 실습

1. 개요

응용실습 4에서는 광센서를 설치하여 광센서가 물체를 감지했을 때마다 숫자 표시 장치의 숫자가 증가하도록 하는 회로를 구성하여 실습한다. 광센서는 투광부로부터 발생된 빛을 수광부에서 검출하게 되는데, 만일 투광부와 수광부 사이에 물질이 위치하면 빛이 차단되어 수광부에서 빛을 감지할 수 없게 되므로 이러한 상태를 출입 물체가 있는 것으로 판정한다. 출입 물체가 검출되면, 2진 카운터(4040)의 출력을 증가시키고, 2진 카운터의 출력을 7 세그먼트 드라이버에 연결하여 숫자를 증가시키게 된다. 이러한 시스템은 마이크로프로세서를 사용하지 않기 때문에 한계가 있긴 하지만 컨베이어를 통해 지나가는 물체의 수효를 카운트하는 시스템 등에 직접적으로 응용할 수 있다. 2 자리 수 세그먼트를 동작시키기 위한 회로도 많은 종류가 있지만, 본 실습을 통해 2진 카운터 및 10진 카운터에 대해 알아보고, 필요한 상황에 맞는 로직 회로 설계 능력을 연습한다.

2. 실습목표

① 광센서 실습

② 2진, 10진 카운터 실습

③ 7 세그먼트 디코더 및 구동 실습

3. 기본실습 활용

기본실습 4-3, 5-3, 6-1, 6-2, 9-3, 응용실습 3

4. 부분별 동작설명

응용실습 4는 투광부와 수광부 사이를 통과하는 물체의 수량을 카운트하는 시스템 설계에 대한 것으로서, 광센서, 십진 카운터, 7 세그먼트 디코더, 7 세그먼트 등에 대한 동작내용은 기본실습 및 응용실습 3을 통해 설명하였으며, 다만 카운트 되는 숫자를 2 자리의 세그먼트를 이용해 표시하기 위한 회로를 추가하였다. 그림 4.1은 응용실습 4의 개념을 나타내는 그림이다.

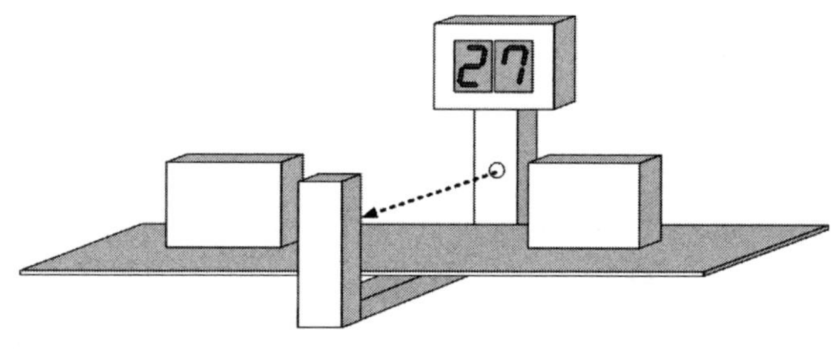

그림 4.1 물체검출 횟수 표시기 개념도

1) 센서 입력부

센서의 동작전압은 DC24[*V*] 레벨이고 논리 IC는 DC5[*V*]로 동작되므로 중간에 포토 커플러를 이용하여 신호의 동작전압 레벨을 변환한다.

그림 4.2와 같이 센서를 입력하여 센서가 물체를 검출하면 'high' 상태를 유지하던 센서의 출력(검은색)이 'low' 상태로 변하기 때문에 포토 커플러의 입력 다이오드가 ON된다. 따라서 2진 카운터(4040)의 입력 단자(⑩)에 연결된 포토 커플러의 4번 핀이 'low'로 그라운딩되어 카운터의 카운팅 데이터를 증가시킨다.

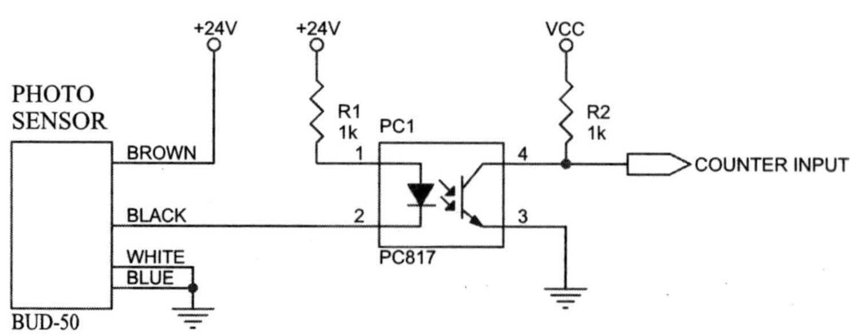

그림 4.2 센서 입력부

2) 센서입력 카운트 회로

센서입력은 포토 커플러를 거쳐 1의 자리 숫자 표시용 2진 카운터(4040) U_1의 10번 핀으로 입력되고, 센서의 검출신호가 입력될 때마다 카운터 값이 증가하여 1의 자리 세그먼트 숫자가 증가하게 된다. 표 4.1은 2진 카운터의 진리표를 나타낸다.

표 4.1 2진 카운터 4040(U_1)의 진리표

CLOCK	RESET	출력상태
*	H	모든 출력 'L'
↑ (상승 에지)	L	변화 없음
↓ (하강 에지)	L	카운트

본 실습에서는 2자리 수로 센서의 검출횟수를 표현하게 되기 때문에, 센서에 의한 검출신호가 입력되면 1의 자리 숫자는 증가하지만, 10의 자리 숫자는 증가하지 않고 전 상태를 유지하다가 10번째 검출신호가 입력되면 비로소 10의 자리 숫자가 하나 증가해야 한다. 따라서 1의 자리 숫자는 센서의 검출신호가 입력될 때마다 증가하지만, 10의 자리 숫자는 센서 검출신호가 10회 검출된 후에 1회 증가하는 동작이 필요하다.

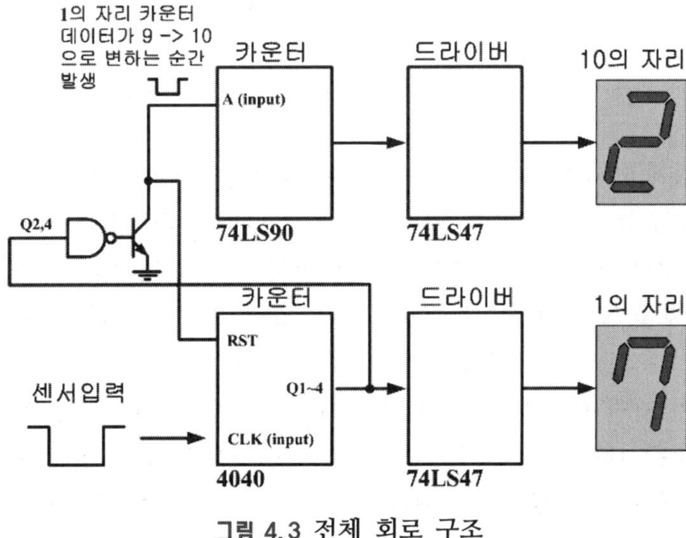

그림 4.3 전체 회로 구조

그림 4.3은 이러한 동작구조를 설명하는 그림으로서, 센서의 입력은 2진 카운터(4040)로 입력되어 1의 자리 세그먼트를 구동시킨다. 이때 1의 자리 세그먼트는 '0'부터 '9'까지만 필요한 반면에 2진 카운터를 이용하여 센서의 검출횟수를 카운트하면 '9'까지 카운트한 후 다시 '0'으로 돌아가는 것이 불가능하기 때문에 '10'이 되는 순간 강제로 2진 카운터를 리셋시켜 주어 모든 출력 데이터를 리셋시킴으로 인해 '9' 다음에 다시 '0'이 표시되도록 한다.

이를 자세히 이해하기 위해 그림 4.4와 표 4.2를 생각해 보기로 하자. 센서의 입력신호에 따라 4040의 출력신호가 차례로 증가하여 '9'에 이르면 4040의 출력은 Q4(H), Q3(L), Q2(L), Q1(H)이다. 이때 10번째 센서입력 신호가 입력되면 4040의 출력은 Q4(H), Q3(L), Q2(H), Q1(L)가 되어 1자리 세그먼트에는 '0'이 표시되는 것이 아니라 다른 엉뚱한 모양이 표시될 것이다. 이러한 문제를 해결하기 위해 10번째 센서신호가 입력되면 4040의 RST 핀을 강제적으로 'high' 상태가 되도록 하여 리셋 시킨다.

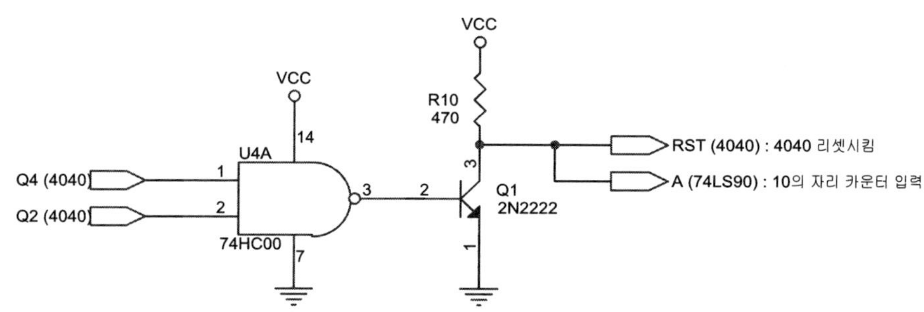

그림 4.4 1의 자리 숫자표시를 '9' → '0' 변환시키기 위한 회로

4040을 강제 리셋시키기 위해서 10번째 센서신호 입력이라는 정보가 필요한데, 표 4.2의 진리표를 보면 10번째 입력일 때에만 Q4(H), Q2(H)가 됨을 알 수 있다. 따라서 Q4와 Q2가 모두 'H'일 때가 바로 10번째 신호가 입력되었음을 알 수 있기 때문에 두 신호를 NAND 게이트(74HC00)의 입력 핀에 연결하여 표 4.2의 리셋순간 1, 2와 같은 과정을 거쳐 NAND 게이트의 출력신호가 'L'가 되도록 한다. NAND의 출력이 'L'가 되면 트랜지스터가 OFF되어 2진 카운터 4040의 RST 핀이 활성화 되어 4040의 모든 데이터가 Q4(L), Q3(L), Q2(L), Q1(L)로 리셋된다. 따라서 1의 자리 세그먼트에는 숫자 '0'이 표시되어 '9' 다음에 '0'을 표시하는 동작이 가능하게 된다. 리셋순간 1,2는 데이터가 '9'에서 '10'으로 되는 순간에 항상 발생하게 된다.

또한 NAND 게이트 출력은 4040의 RST 핀에 연결되어 있을 뿐만 아니라 10자리 세그먼트의 데이터를 증가시키기 위한 10진 카운터 74LS90의 입력 A 핀에도 연결되어 있는데 이로 인해 10진 카운터의 입력 펄스를 발생시키는 효과가 되어 리셋 1, 2 순간에 10진 카운터의 데이터가 증가하는 결과가 된다. 따라서 10의 자리 세그먼트의 숫자 표시가 하나 증가하여 표시되며, 이런 과정을 통해 2자리 숫자의 세그먼트 표시가 가능해진다.

표 4.2 1의 자리 숫자표시를 '9'→'0'변환시키기 위한 회로의 동작 진리표

센서입력 검출횟수	4040					74HC00			1 자리 세그먼트
	리셋	출력				입력		출력	
	RST	Q4	Q3	Q2	Q1	Q4	Q2		
0	L	L	L	L	L	L	L	H	0
	H	L	L	L	L	L	L	L	
	L	L	L	L	L	L	L	L	0
1	L	L	L	L	H	L	L	L	1
2	L	L	L	H	L	L	H	L	2
3	L	L	L	H	H	L	H	L	3
4	L	L	H	L	L	L	L	L	4
5	L	L	H	L	H	L	L	L	5
6	L	L	H	H	L	L	H	L	6
7	L	L	H	H	H	L	H	L	7
8	L	H	L	L	L	H	L	L	8
9	L	H	L	L	H	H	L	L	9
10	L	H	L	H	L	H	H	H	
리셋순간1	H	L	L	L	L	L	L	L	
리셋순간2	L	L	L	L	L	L	L	L	0
11	L	L	L	L	H	L	L	L	1
12	L	L	L	H	L	L	H	L	2
13	L	L	L	H	H	L	H	L	3
14	L	L	H	L	L	L	L	L	4
15	L	L	H	L	H	L	L	L	5
16	L	L	H	H	L	L	H	L	6
17	L	L	H	H	H	L	H	L	7
18	L	H	L	L	L	H	L	L	8
19	L	H	L	L	H	H	L	L	9

20	L	H	L	H	L	H	H	H	
리셋순간1	H	L	L	L	L	L	L	L	
리셋순간2	L	L	L	L	L	L	L	L	0
21	L	L	L	L	H	L	L	L	1
22	L	L	L	H	L	L	H	L	2
23	L	L	L	H	H	L	H	L	3
24	L	L	H	L	L	L	L	L	4
25	L	L	H	L	H	L	L	L	5
26	L	L	H	H	L	L	H	L	6
27	L	L	H	H	H	L	H	L	7
28	L	H	L	L	L	H	L	L	8
29	L	H	L	L	H	H	L	L	9

위의 과정을 순서대로 정리하여 설명하면 다음과 같다.

① 센서가 물체를 검출한 횟수가 9회일 때 4040 출력이 Q4(H), Q2(L)가 된다.
→ 1의 자리 세그먼트가 9를 표시함

② 센서가 물체를 검출한 횟수가 10회일 때 4040 출력이 Q4(H), Q2(H)가 된다.

③ Q4(H), Q2(H)가 되므로 NAND 게이트의 출력이 'L'로 변화된다.

④ NAND 게이트 출력에 연결된 트랜지스터(2N2222)가 OFF된다.

⑤ 4040의 RST 핀에 'H'가 연결되어 출력이 Q4(L), Q3(L), Q2(L), Q1(L)로 모두 리셋된다. 동시에, 74LS90 입력 핀 A에 'H'가 입력된다.

⑥ Q4(L), Q2(L)가 되므로 NAND 게이트의 출력이 'H'로 변화된다.

⑦ NAND 게이트 출력에 연결된 트랜지스터(2N2222)가 ON이 된다.

⑧ 4040의 RST 핀에 'L'가 연결되어 리셋모드에서 해제됨으로써 정상적인 카운트를 시작한다. → 1의 자리 세그먼트가 0을 표시함
동시에, 74LS90 입력 핀 A에 'L'가 입력되어 10의 자리 카운터 데이터가 '0'에서 '1'로 증가한다. → 10의 자리 세그먼트가 1을 표시함.

⑨ ①~⑧의 동작을 4040의 카운터 출력 데이터가 '9'에서 '10'으로 증가할 때마다 매회 반복한다.

표 4.3은 전체 회로에 대한 동작 진리표를 나타낸다.

표 4.3 전체 회로 동작 진리표

센서 입력 검출 횟수	4040					74HC00			Tr	74LS90					세그먼트	
	리셋	출력				입력		출력		입력	출력				10 자리	1 자리
	RST	Q4	Q3	Q2	Q1	Q4	Q2			A	QD	QC	QB	QA		
0	L	L	L	L	L	L	L	H	ON	L	L	L	L	L	0	0
1	L	L	L	L	H	L	L	H	ON	L	L	L	L	L	0	1
2	L	L	L	H	L	L	H	H	ON	L	L	L	L	L	0	2
3	L	L	L	H	H	L	H	H	ON	L	L	L	L	L	0	3
4	L	L	H	L	L	L	L	H	ON	L	L	L	L	L	0	4
5	L	L	H	L	H	L	L	H	ON	L	L	L	L	L	0	5
6	L	L	H	H	L	L	H	H	ON	L	L	L	L	L	0	6
7	L	L	H	H	H	L	H	H	ON	L	L	L	L	L	0	7
8	L	H	L	L	L	H	L	H	ON	L	L	L	L	L	0	8
9	L	H	L	L	H	H	L	H	ON	L	L	L	L	L	0	9
10	⊓	⊓	L	⊓	L	⊓	⊓	⊔	ON/OFF /ON	⊓	L	L	L	H	1	0
11	L	L	L	L	H	L	L	H	ON	L	L	L	L	H	1	1
12	L	L	L	H	L	L	H	H	ON	L	L	L	L	H	1	2
13	L	L	L	H	H	L	H	H	ON	L	L	L	L	H	1	3
14	L	L	H	L	L	L	L	H	ON	L	L	L	L	H	1	4
15	L	L	H	L	H	L	L	H	ON	L	L	L	L	H	1	5
16	L	L	H	H	L	L	H	H	ON	L	L	L	L	H	1	6
17	L	L	H	H	H	L	H	H	ON	L	L	L	L	H	1	7
18	L	H	L	L	L	H	L	H	ON	L	L	L	L	H	1	8
19	L	H	L	L	H	H	L	H	ON	L	L	L	L	H	1	9
20	⊓	⊓	L	⊓	L	⊓	⊓	⊔	ON/OFF /ON	⊓	L	L	H	L	2	0
21	L	L	L	L	H	L	L	H	ON	L	L	L	H	L	2	1
22	L	L	L	H	L	L	H	H	ON	L	L	L	H	L	2	2
23	L	L	L	H	H	L	H	H	ON	L	L	L	H	L	2	3
24	L	L	H	L	L	L	L	H	ON	L	L	L	H	L	2	4
25	L	L	H	L	H	L	L	H	ON	L	L	L	H	L	2	5
26	L	L	H	H	L	L	H	H	ON	L	L	L	H	L	2	6
27	L	L	H	H	H	L	H	H	ON	L	L	L	H	L	2	7
28	L	H	L	L	L	H	L	H	ON	L	L	L	H	L	2	8
29	L	H	L	L	H	H	L	H	ON	L	L	L	H	L	2	9

5. 전체 회로도

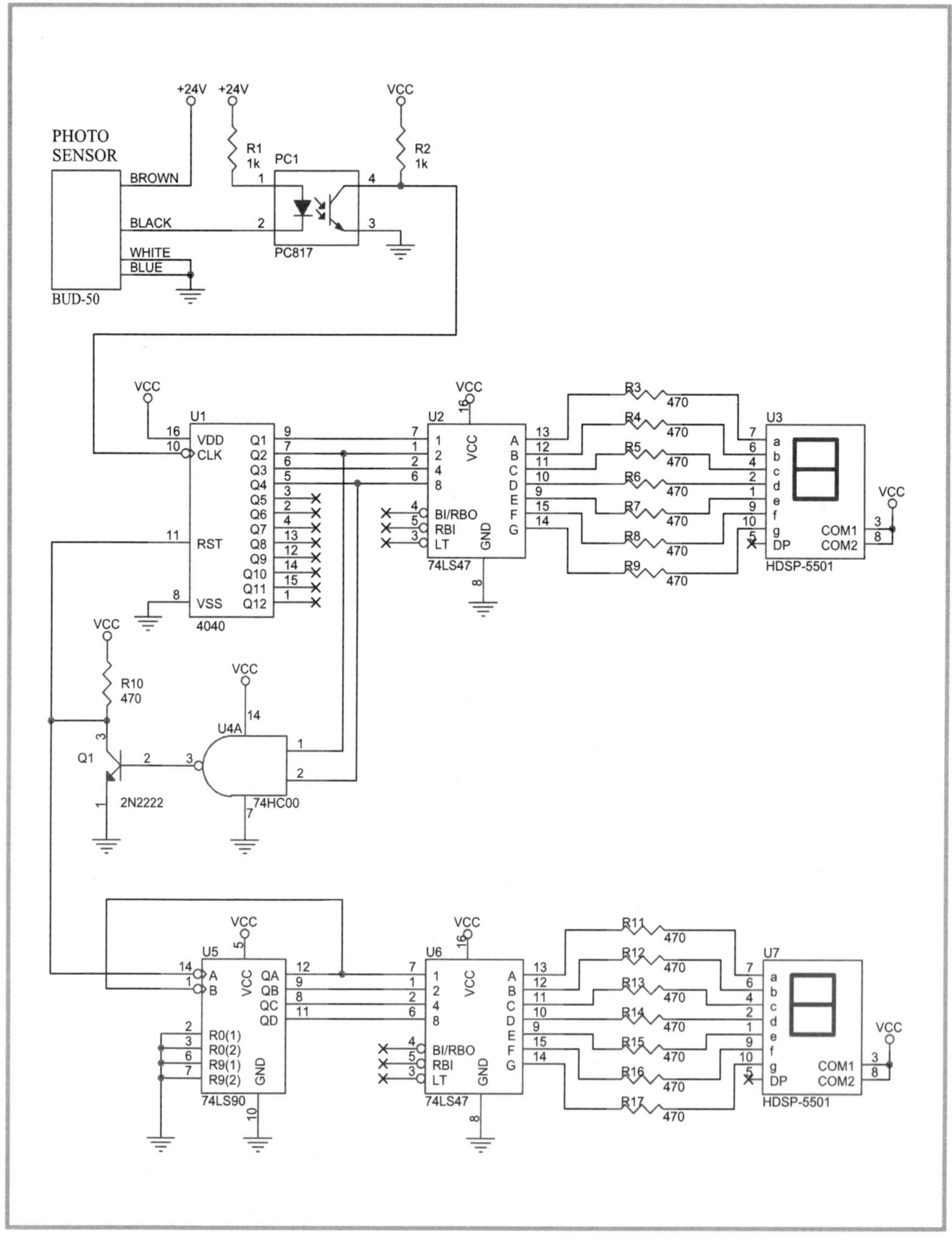

그림 4.5 전체 회로도

6. 부품 리스트

	종류	규격	수량	기호
1	2진 카운터	4040	1	U_1
2	디코더 IC	74LS47	2	U_2, U_6
3	7 세그먼트	HDSP-5501	2	U_3, U_7
4	NAND	74HC00	1	U_4
5	10진 카운터	74LS90	1	U_5
6	트랜지스터	2N2222	1	Q_1
7	저항	1[$k\Omega$], 1/4[W]	2	R_1, R_2
8	저항	470[Ω], 1/4[W]	15	R_3~R_{17}
9	포토 커플러	PC817	1	PC_1
10	광센서	BUD-50	1	S_1

7. 결선

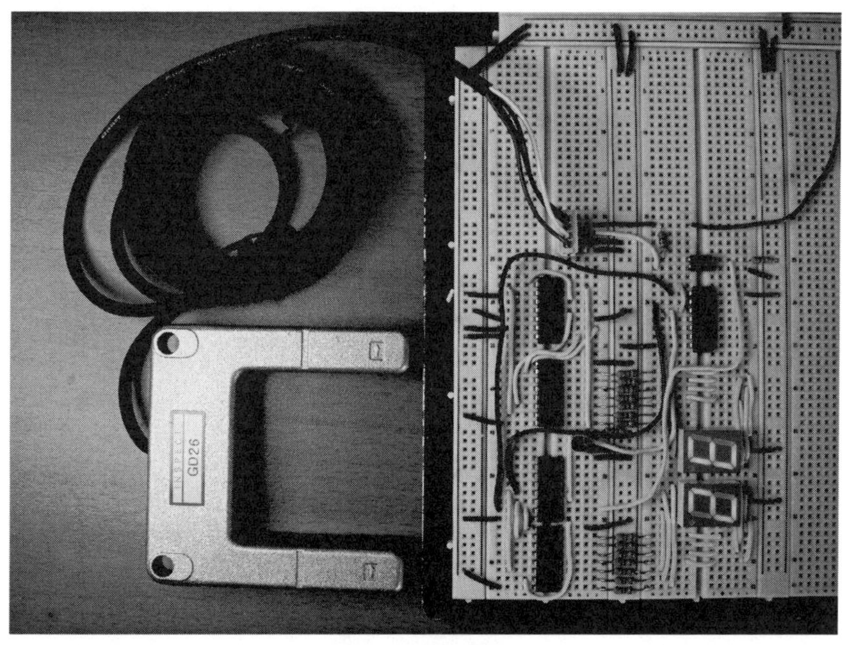

그림 4.6 전체 결선

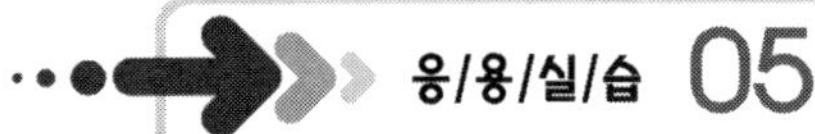

시퀀스 제어를 이용한 직류전동기 제어 실습

1. 개요

응용실습 5는 릴레이를 이용하여 직류전동기의 회전방향 및 속도를 제어하기 위한 릴레이 시퀀스 제어회로를 구성하고, 동작시키는 응용실습이다. 토글 스위치를 이용하여 정회전 또는 역회전 신호를 인가하면 전동기가 회전하기 시작하여 일정한 시간간격을 두고 저속, 중속, 고속의 다단속도로 전동기의 회전속도가 상승하도록 회로를 구성한다. 본 실습을 통해 릴레이를 이용한 직류전동기의 다단속도제어 회로와 타이머 회로를 이해하고, 응용하는 능력을 배양한다.

2. 실습목표

① 릴레이를 이용한 타이머 구성 실습

② 릴레이를 이용한 시퀀스 제어 로직 실습

③ 직류전동기 속도제어 실습

3. 기본실습 활용

기본실습 3-4, 4-5, 4-7, 8-1, 8-2

4. 부분별 동작설명

1) 타이머의 동작특성

전기전자회로에서 타이머(Timer)란 미리 설정된 시간 후에 설정된 동작을 수행하는 것을 말하는데, 하드웨어적으로 구현한 타이머도 있고, 소프트웨어적으로 구현한 타이머도 있다. 여기서는 자동제어반에 많이 사용되는 접점형 타이머에 대해 알아보는데, 접점형 타이머는 릴레이 구조에 타이머 기능만을 추가한 부품이다.

접점형 타이머는 기능에 따라 ON 지연 타이머(ON Delay Timer), OFF 지연 타이머(OFF Delay Timer), ON/OFF 지연 타이머(ON/OFF Delay Timer)로 나눌 수 있는데 그림 5.1은 각 타이머의 동작을 설명하는 타임차트이다.

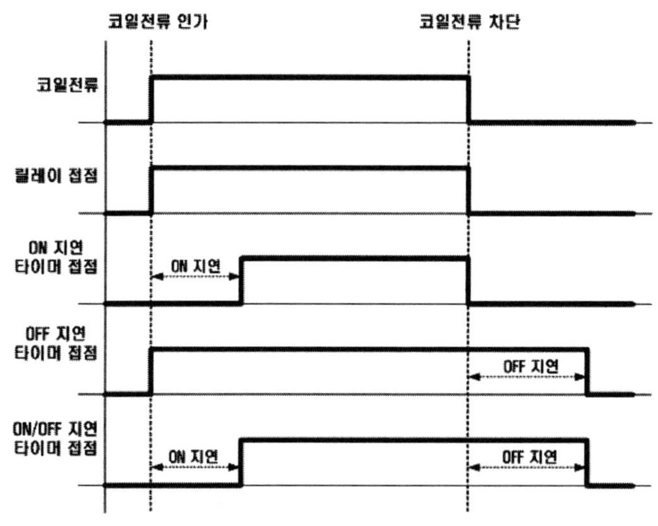

그림 5.1 타이머 동작 타임차트

그림에서 알 수 있는 바와 같이 ON 지연 타이머는 타이머의 코일에 전류를 인가했을 때 릴레이와 같이 접점이 바로 동작되는 것이 아니라, 설정된 시간만큼 지연된 후 접점이 동작되는 타이머이다.

이에 비해 OFF 지연 타이머는 접점의 ON 동작특성은 코일에 전류가 인가되자마자 바로 접점이 동작되지만 OFF 동작특성은 전류의 코일이 차단된 뒤에도 접점의 ON 상태를 유지하다가 설정된 시간이 경과한 뒤에 접점이 OFF 상태로 변하는 타이머이다. 또한 ON/OFF 지연 타이머는 ON 지연 타이머와 OFF 지연 타이머 기능을 모두 포함한 타이머로 접점의 동작이 ON/OFF 시 모두 지연이 발생하는 특성을 가지고 있다.

2) 릴레이를 이용한 OFF 지연 타이머 구성 실습

OFF 지연 타이머는 외부로부터 코일로 인가되는 전류를 끊어주더라도 일정시간 동안 접점을 ON 상태로 유지하여 OFF 시간을 지연하는 타이머를 말하며, 여러 가지 종류의 접점형 타이머가 출시되고 있다.

본 실습에서는 접점형 타이머를 이용하지 않고 릴레이에 R–C 회로를 추가하여 OFF 지연 타이머 역할을 하도록 회로를 구성한다.

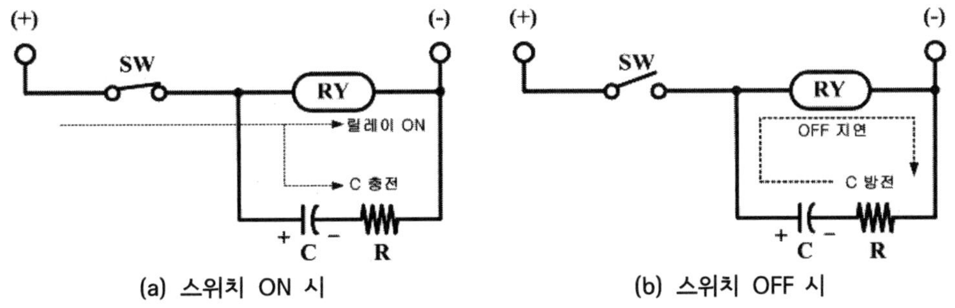

그림 5.2 릴레이 OFF 지연 회로

그림 5.2와 같이 릴레이 코일의 양단에 R–C 직렬회로를 병렬로 연결하면, 커패시터의 충방전 동작에 의해 릴레이가 ON되었을 때에는 커패시터에 에너지를 저장한 후 외부로부터 공급되는 전류가 끊어졌을 때에 커패시터에 저장되어 있던 에너지를 이용하여 코일에 지속적으로 에너지를 공급함으로써 접점이 일정시간 동안 유지되도록 하는 회로이다.

그림 5.2(a)는 외부로부터 릴레이 코일로 전류가 인가될 때의 회로도로서, 릴레이를 ON시키기 위해 릴레이 코일로 흐르는 전류와 커패시터를 충전시키는 전류로 나뉘어 흐르게 된다. 그림 5.2(b)는 스위치가 OFF되어 외부로부터 전류가 인가되지 않을 때 커패시터 C에 충전되어 있던 에너지가 릴레이 코일과 저항을 통해 방전될 때의 회로도이다. 커패시터에 충전되어 있던 에너지가 모두 소비되면 결국 접점이 OFF되며 접점이 OFF되기까지의 시간이 OFF 지연시간이 되며, 이는 R–C 시상수에 의해 결정된다.

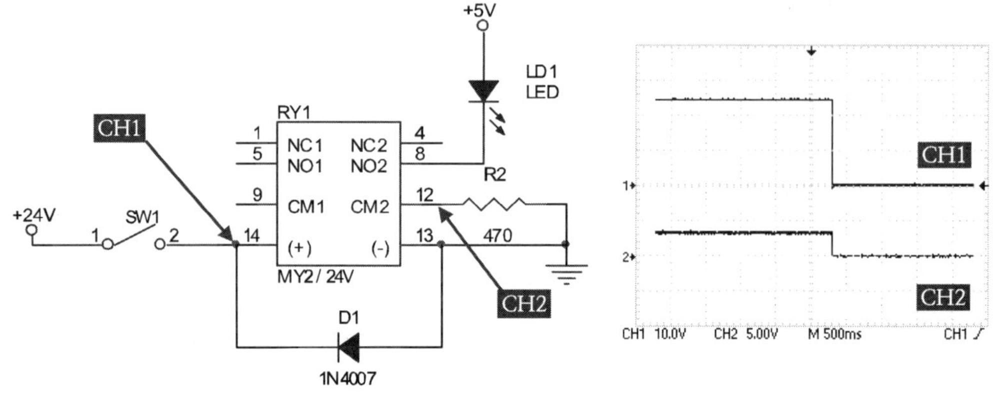

(a) 릴레이 회로 OFF 순간

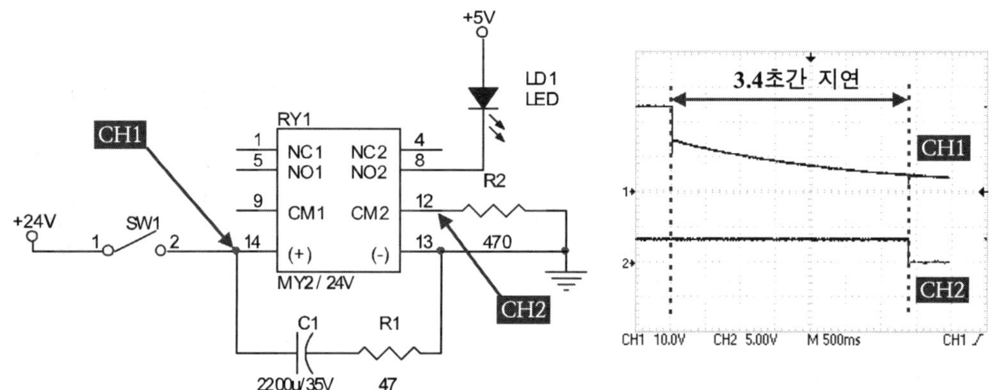

(b) OFF 지연 타이머 회로 OFF 순간

그림 5.3 릴레이와 OFF 지연 타이머 회로의 OFF 순간 비교

그림 5.3은 릴레이 OFF 지연회로의 동작을 나타내는 파형으로서, 그림 5.3(a)는 릴레이의 코일전압과 접점의 동작시점을 나타내는 파형이며, 그림 5.3(b)는 OFF 지연회로를 추가했을 때의 릴레이 코일전압과 접점의 동작시점을 나타낸다. 릴레이는 OFF 순간에 코일에 흐르는 전류가 차단됨과 동시에 접점도 OFF되는 것에 비해, OFF 지연 타이머 회로에서는 릴레이에 인가되는 전류가 차단되어도 커패시터에 저장되어 있던 에너지가 방전되면서 지속적으로 릴레이 코일로 전류를 흘려주게 되어 접점은 OFF되지 않고 ON 상태를 유지하다가 커패시터에 저장된 에너지가 거의 방전되는 시점에서 접점이 OFF됨을 확인할 수 있다.

파형에서 채널 1은 코일전압이 DC24[*V*]인 릴레이의 코일 양단간의 전압을 나타내고, 채널 2는 릴레이 a접점의 ON/OFF 시점을 포착하기 위해 a접점을 이용해 LED를 동작시키도록 회로를 구성하고 측정한 파형이다.

3) OFF 지연 타이머를 이용한 직류전동기의 다단속도 제어 시퀀스 회로

직류전동기의 다단속도 제어를 위한 시퀀스 회로는 다양한 방법으로 구성할 수 있지만 본 실습에서는 그림 5.4와 같이 릴레이와 R-C 지연회로를 이용한 OFF 지연 타이머 회로를 이용하여 시스템을 구성한다. 그림 5.4의 시퀀스 회로도는 정회전 또는 역회전 스위치를 ON시키면 해당방향으로 전동기가 저속으로 회전하기 시작하며, 일정시간 후에 중속으로 속도가 증가하고, 다시 일정한 시간이 경과하면 고속으로 회전하도록 시퀀스 로직을 구성하였다.

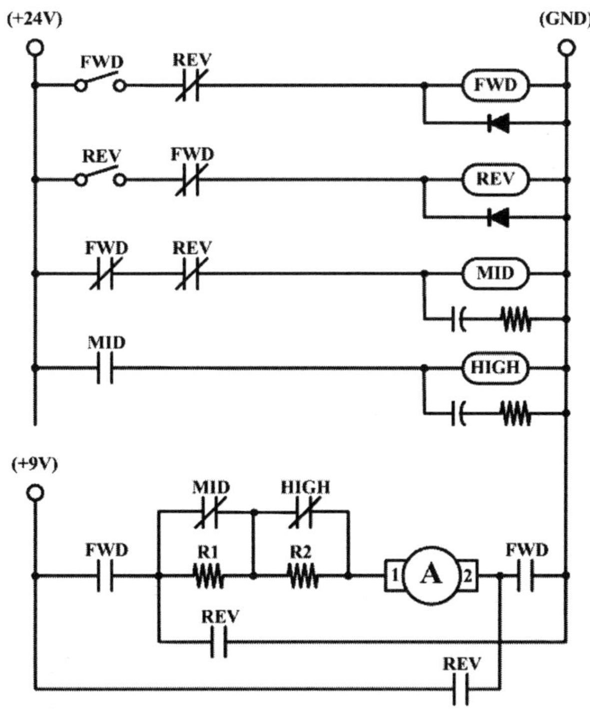

그림 5.4 직류전동기 다단 속도제어 시퀀스 회로도

또한 그림 5.5는 시퀀스 회로의 각 주요부분의 동작을 나타내는 타임 차트로서 타임 차트를 참조하여 회로의 동작을 살펴보기로 한다.

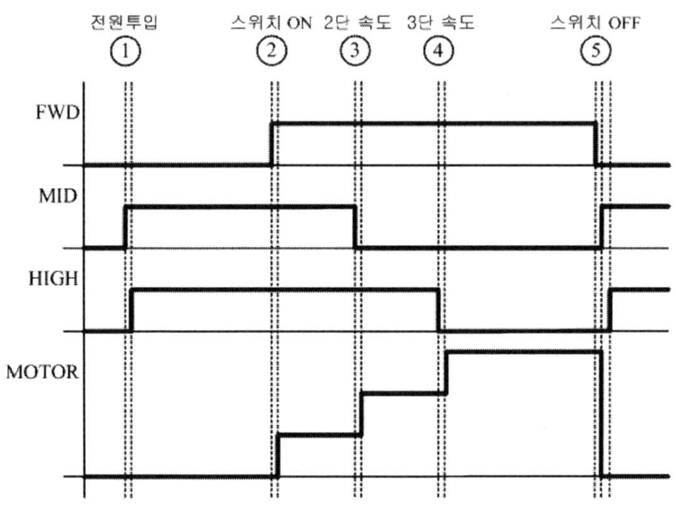

그림 5.5 직류전동기 다단 속도제어 시퀀스 회로도 타임 차트

① 전원투입

전원을 투입하면 FWD 또는 REV 스위치가 OFF된 상태이기 때문에 FWD 릴레이 b접점과 REV b접점이 직렬로 연결되어 있는 MID 릴레이 코일에 전류가 흘러 MID 릴레이가 ON된다. 또한 MID 릴레이가 ON되면 MID a접점에 연결된 HIGH 릴레이 코일에 전류가 흘러 HIGH 릴레이가 ON된다. 그러나 FWD 또는 REV 스위치가 OFF된 상태이기 때문에 FWD 또는 REV 릴레이가 OFF되어 있어 전동기의 전기자로 전류가 공급되지 않게 된다. 따라서 전원을 투입해도 전동기는 회전하지 않고 FWD 또는 REV 스위치의 입력을 기다리는 상태를 유지한다.

그림 5.5에서 릴레이 MID와 HIGH의 ON 시점에 차이를 두고 표시한 이유는 MID가 ON되어야만 HIGH가 ON될 수 있기 때문이다. 그 시간차이는 대략 20[*ms*] 이내로 매우 짧은 순간이기는 하지만 순서상 MID가 ON된 후 HIGH가 ON되기 때문에 차이를 두고 표시한 것이며 이와 같이 동작순서에 따라 차례로 연결동작이 이루어지는 것을 '시퀀스 제어(Sequence Control : 순차제어)'라고 한다.

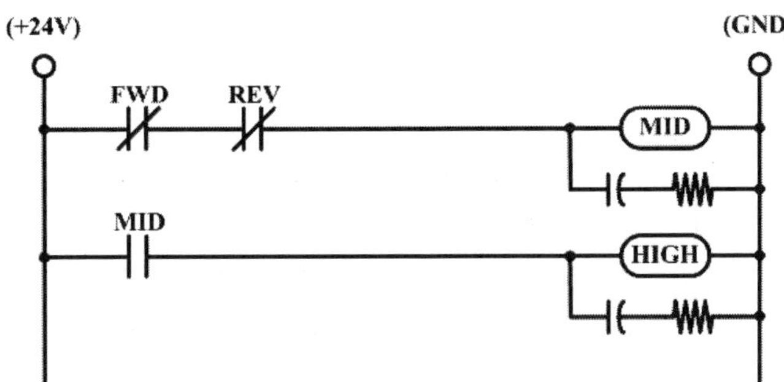

그림 5.6 MID, HIGH 릴레이 ON

② FWD 또는 REV 스위치 ON(1단 저속운전)

FWD(또는 REV) 스위치를 ON시키면 FWD 릴레이가 ON되고, FWD 릴레이를 통해 전원에 연결된 직류전동기 전기자에 전류가 흘러 전동기가 회전하게 된다. 이때 릴레이 MID, HIGH는 ON 상태이기 때문에 MID와 HIGH 릴레이의 b접점은 떨어져 있어 전류는 저항 R_1, R_2를 통해 전기자로 흘러들어가게 된다. 결국 전기자 전류의 경로는 (+9V)→FWD→ R_1 → R_2 → 전기자 1→ 전기자 2→FWD→ GND로 흐르게 된다.

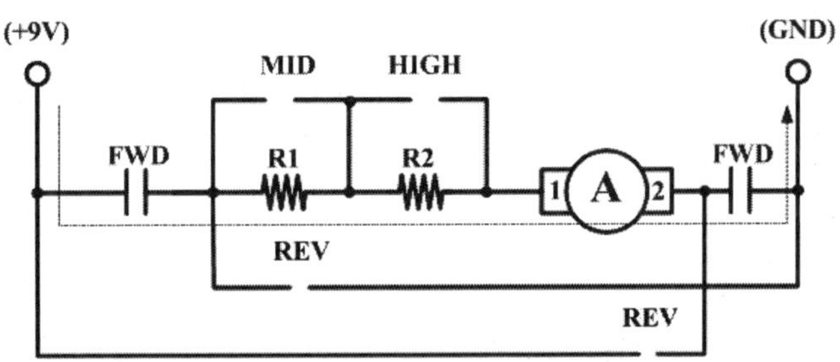

그림 5.7 전동기 1단 속도 (저속)으로 정회전

전기자 전류가 저항 R_1, R_2를 모두 통과하기 때문에 전기자 전류가 작아져 전동기는 제일 낮은 속도로 회전하게 된다.

만일 FWD 스위치가 아니라 REV 스위치를 ON시키게 되면 전기자 전류의 흐름 방향이 반대로 되기 때문에 전동기가 역방향으로 회전하게 된다. 전기자 전류의 경로는 (+9V)→REV→ 전기자 2→ 전기자 1→ R_2 → R_1 →REV→GND로 흐르게 된다.

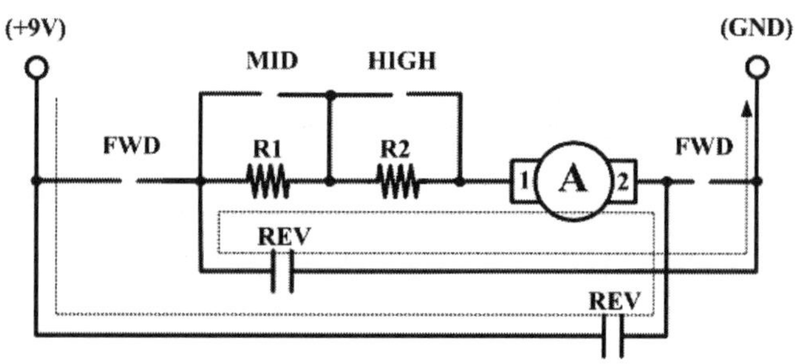

그림 5.8 전동기 1단 속도(저속)로 역회전

그림 5.9 회로에서 FWD 스위치와 FWD 릴레이 코일 사이에 REV b접점이 직렬로 연결되어 있고, REV 스위치와 REV 릴레이 코일 사이에 FWD b접점이 직렬로 연결되어 있는데, 이것은 FWD 릴레이가 ON되면 REV 릴레이 코일 앞단에 직렬로 연결된 FWD b접점을 떨어뜨려 FWD 릴레이가 ON된 상태에서는 REV 스위치를 ON시켜도 REV 릴레이가 ON되지 못하도록 하는 기능이다. REV 릴레이 b접점도 같은 역할을 하는데, 이러한 회로구조는 '인터록(Interlock) 기능'이라고 부르며, 릴레이 상호간에 어느 한쪽이 먼저 ON되면 나머지 다른 쪽은 ON되지 못하도록 차단하는 기능이다. 만약 인터록 기능이 없어서 FWD 릴레이와 REV 릴레이가 동시에 ON되는 시점이 존재한다면 전동기 양단에 연결된 FWD, REV a접점이 모두 ON되어 (+), (-)단자가 서로 단락되는 결과를 낳는다. 따라서 릴레이를 이용하여 직류전동기의 회전방향을 변화시키고자 할 때에는 이러한 인터록 회로가 반드시 포함되어야 한다.

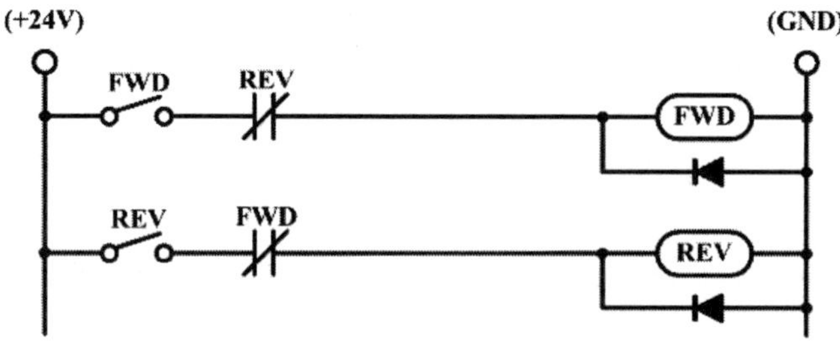

그림 5.9 인터록 회로

③ MID OFF 지연 타이머 동작(2단 중속운전)

FWD 또는 REV 스위치를 ON시키면 FWD 또는 REV 릴레이가 ON되기 때문에 MID 릴레이 코일 앞단에 직렬로 연결되어 있는 b접점이 떨어져 그동안 전원으로부터 공급되던 전류가 차단된다. 전원과 분리되면 커패시터에 충전되어 있던 에너지에 의해 MID 릴레이 코일에는 전류가 지속적으로 흐르게 되며, 일정시간이 경과하여 커패시터의 에너지가 모두 방전되면 코일에는 더 이상 전류가 흐르지 않게 되어 릴레이 MID는 OFF되는 OFF 지연 타이머 기능이 작동된다.

그림 5.10 MID 릴레이 OFF 지연 타이머 작동

OFF 지연 타이머 동작에 의해 MID 릴레이가 OFF되면 저항 R_1 양단간을 단락시키는 효과가 되는데, 전류는 저항이 작은 쪽으로 흐르려는 성질이 있기 때문에 R_1 쪽으로 흐르지 않고 MID b접점을 통해 흐르게 된다. 따라서 전동기의 전기자로 흐르는 전류는 R_2 하나만을 통과하기 때문에 R_1, R_2를 통과하던 저속단계보다 높은 전류가 흘러 전동기의 속도가 증가하게 된다. 전류의 경로는 (+9V)→FWD→MID→R_2→전기자 1→전기자 2→FWD→GND로 흐르게 된다.

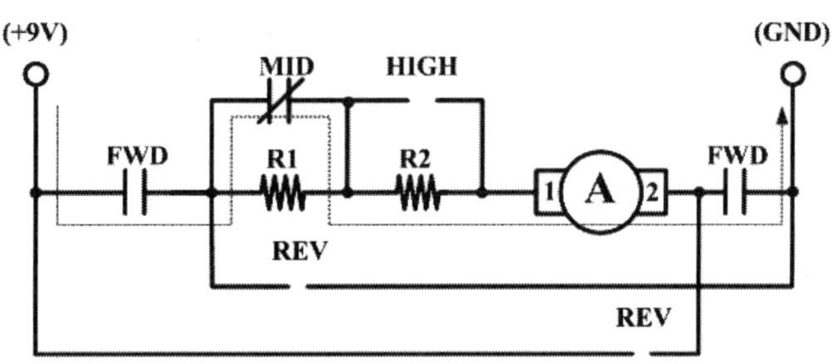

그림 5.11 2단 중속운전

④ HIGH OFF 지연 타이머 동작(3단 고속운전)

MID 릴레이가 OFF되면 HIGH 릴레이 코일 앞단에 직렬로 연결된 MID 릴레이 a 접점이 떨어지게 되어 HIGH 릴레이 코일에도 외부로부터 공급되는 전류가 차단된다. HIGH 릴레이도 MID 릴레이와 마찬가지로 코일 양단에 *R*-*C* OFF 지연 타이머 회로가 포함되어 있기 때문에 일정시간동안 ON 상태를 유지하다가 시간이 경과되면 OFF하게 된다.

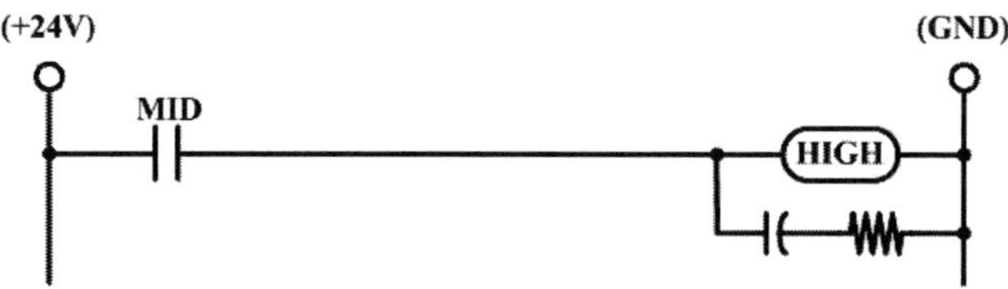

그림 5.12 HIGH 릴레이 OFF 지연 타이머 작동

HIGH 릴레이가 OFF되면 외부 전원으로부터 공급되는 전류는 저항 R_1, R_2를 모두 통과하여 전기자로 공급된다. 따라서 전동기의 속도는 고속으로 회전하게 된다.

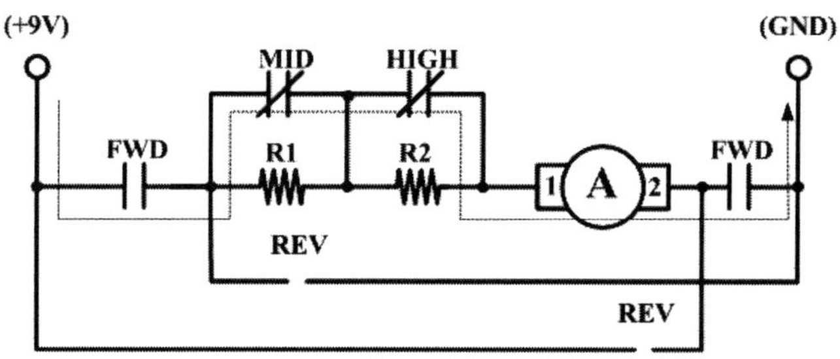

그림 5.13 3단 고속운전

5. 전체 회로도

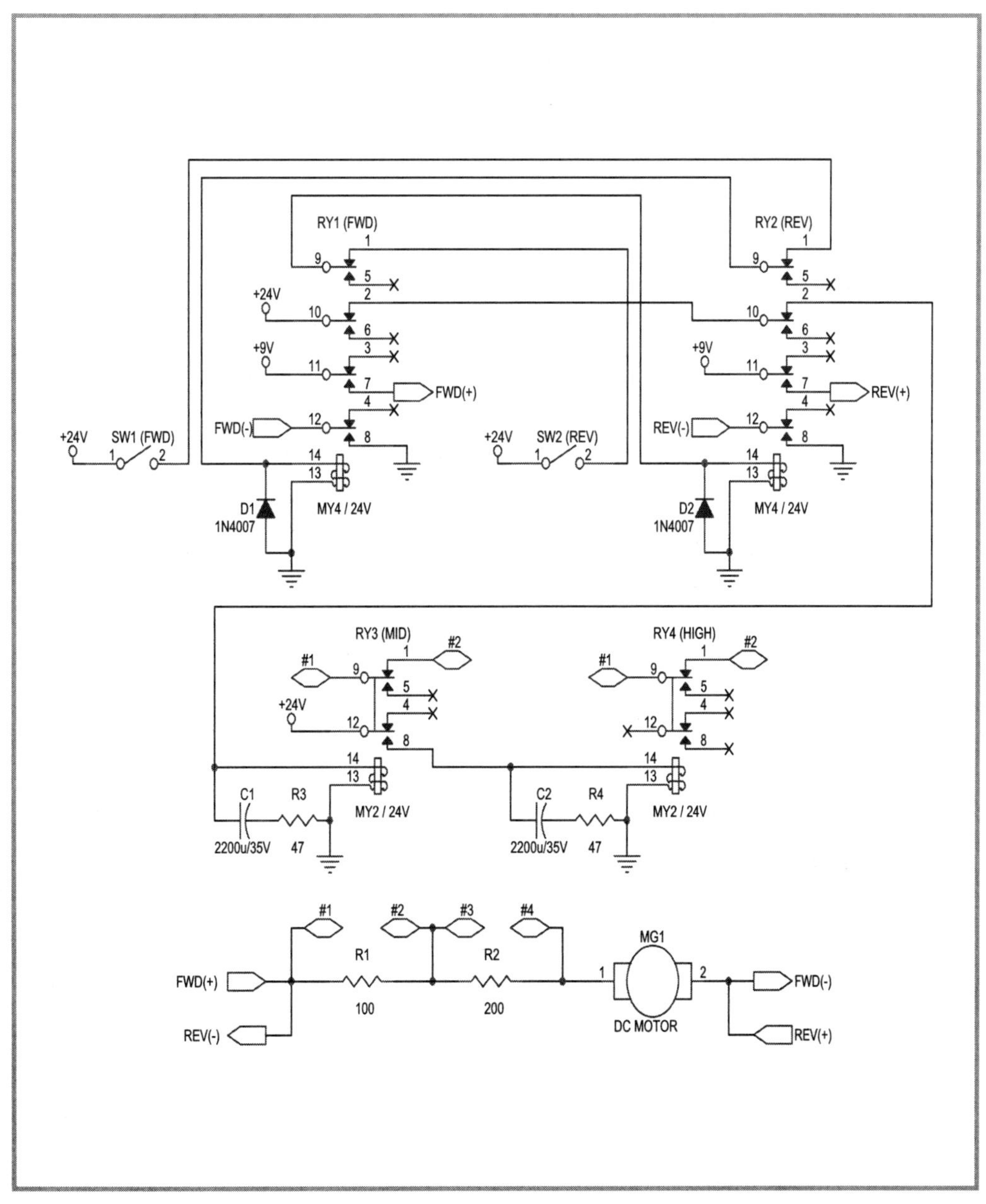

그림 5.14 전체 회로도

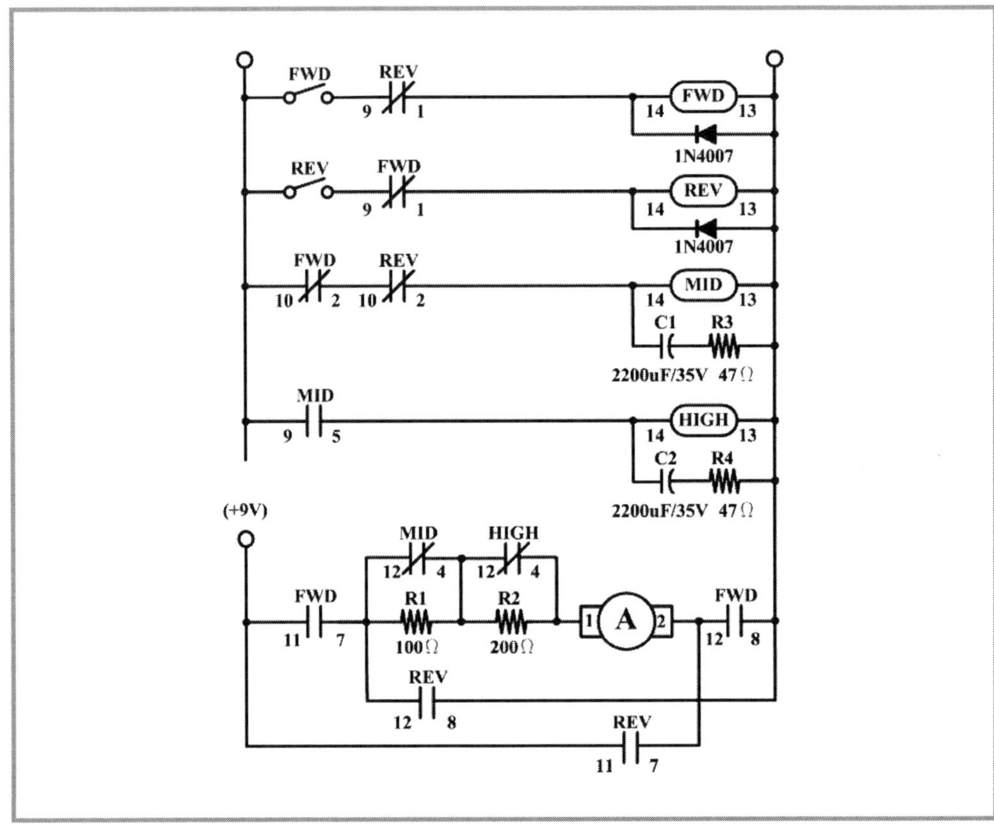

그림 5.15 전체 시퀀스 회로도

6. 부품 리스트

	종류	규격	수량	기호
1	릴레이	MY4 / 24[V]	4	$RY_1 \sim RY_4$
2	스위치	toggle	2	SW_1, SW_2
3	다이오드	1N4007	2	D_1, D_2
4	커패시터	2200[μF] / 35[V]	2	C_1, C_2
5	저항	100[Ω], 1/4[W]	1	R_1
6	저항	200[Ω], 1/4[W]	1	R_2
7	저항	47[Ω], 1/4[W]	2	R_3, R_4
8	전동기	DC9[V]	1	MG_1

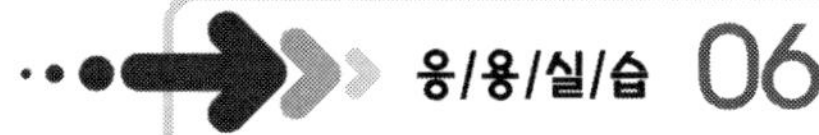

정류회로 실습

1. 개요

응용실습 6은 교류 220[V]의 상용전압을 변압기를 통해 저전압으로 강압시킨 후 변압기에서 출력되는 교류전압을 직류전압으로 변환시켜 직류부하에 공급하는 정류회로 실습에 관한 것으로, 여러 가지 종류의 정류회로를 구현하고 각 부분의 파형측정을 통해 정류회로의 원리 및 동작특성에 대한 이해를 실습목표로 한다.

2. 실습목표

① 반파정류회로 실습

② 전파정류회로 실습

③ 전압 레귤레이터 실습

3. 기본실습 활용

기본실습 3-4, 4-2, 7-2, 7-3

4. 부분별 동작설명

정류회로는 한마디로 표현한다면 교류전압을 직류전압으로 변환시키는 회로를 말하는데, 우리가 일상에서 흔히 '어댑터(Adaptor)'라고 부르는 핸드폰 충전기가 대표적인 '정류회로장치'라고 할 수 있다.

그렇다면 교류전압을 직류전압으로 변환시켜야 할 필요성은 무엇일까? 그 이유는 우리가 일상에서 사용하고 있는 가전제품, 산업용 설비, 멀티미디어기기 등 거의 모든 기기는 반도체 소자를 이용한 디지털 회로를 이용하여 시스템을 구성하게 되는데, 반도체 소자는 직류전원에 의해 구동되는 특징을 가지고 있다. 이에 비해 우리가 손쉽게 얻을 수 있는 전원은 상용전원인 교류전원이다.

전원을 필요로 하는 전기전자기기는 직류전원을 필요로 하고, 상용전원으로 공급되는 전원은 교류전원이므로 전기전자기기를 이용하기 위해서는 반드시 중간에 교류전원을 직류전원으로 변환시키는 전력변환장치가 필요하게 되는데, 이 역할을 담당하는 것을 '정류기(Rectifier)'라고 한다. 컴퓨터, TV, 냉장고 등을 동작시키기 위해서 AC 220[V] 콘센트에 플러그를 꽂아 사용한다고 해서 이러한 기기들이 교류전원에 의해 구동된다고 생각하면 잘못된 생각이다. 이러한 기기들의 회로내부는 대부분 반도체 소자로 구성되어 있으며, 반도체 소자에 직류전원을 공급하기 위해 교류전원을 직류전원으로 변환하는 정류기를 내부에 포함하고 있다. 따라서 대부분의 전기전자기기는 직류전원만을 필요로 하거나 또는 직류와 교류를 동시에 필요로 하기 때문에 모든 전기전자기기는 직류전원을 반드시 공급해야 한다고 해도 과언이 아니다.

교류전압을 직류전압으로 변환시키는 방법은 여러 가지가 있을 수 있지만, AC 220[V]의 상용전압을 변압기를 AC 9[V]로 강압시킨 후 다이오드를 이용하여 정류하는 다이오드 정류회로에 대해 설명한다.

1) 반파정류회로

반파정류회로는 그림 6.1(a)와 같이 변압기 2차측에 다이오드를 직렬연결하여 교류전압의 (+)부분은 통과시키고, (-)부분은 차단하여 직류전압으로 변환시키는 회로로서, 그림 6.1(b)와 같이 교류전압의 (+) 구간 동안은 다이오드에 정바이어스가 인가되기 때문에 다이오드가 ON되어 부하저항 R_1으로 전류가 흐르게 되고, (-) 구간은 다이오드가 역바이어스 되어 OFF 됨으로써 전류가 흐르지 않는 모양을 나타낸다. 그림 6.1(b)와 같은 파형은 교류전압의 주파수 성분은 그대로 유지하고 있지만, 한 주기 동안의 평균값이 '0'이 아니기 때문에 교류가 아닌 직류가 된다. 반파정류회로는 다이오드 하나만으로 정류회로를 구성할 수 있기 때문에 회로구조가 매우 간단한 특징을 가지고 있지만, 직류전압의 최대값과 최저값 사이의 변동이 매우 큰 단점이 있기 때문에 실제 회로에 곧바로 적용하는 것은 어렵다.

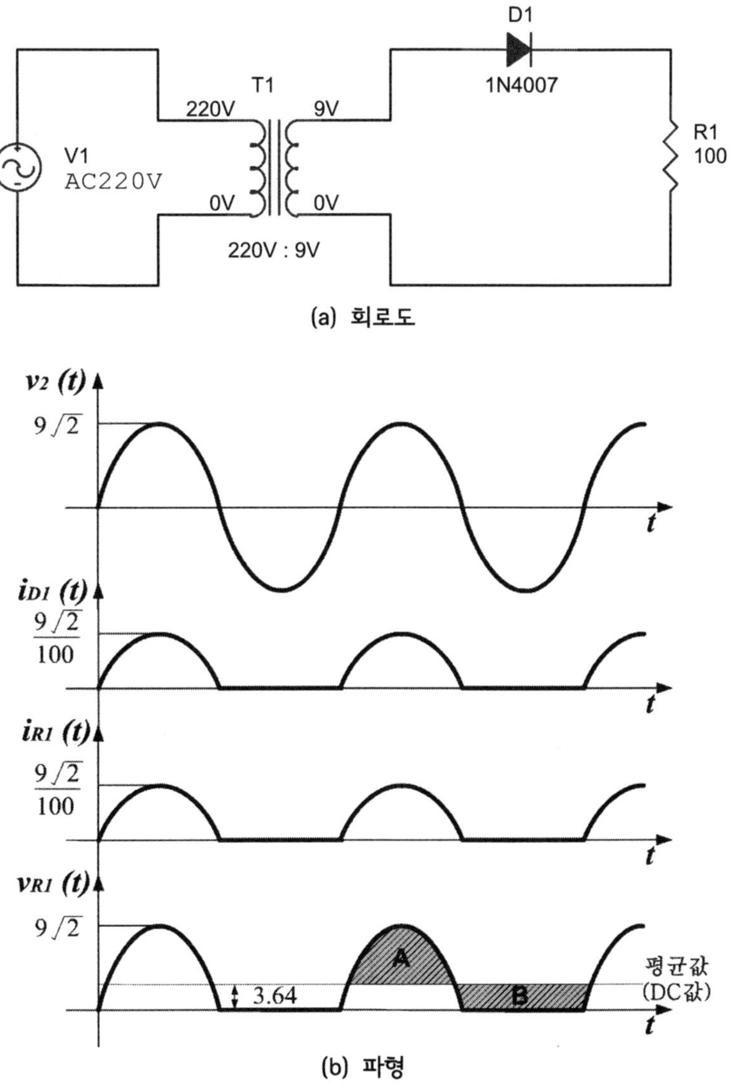

(a) 회로도

(b) 파형

그림 6.1 반파정류회로 및 이론 파형

그림 6.1(b)의 $v_2(t)$ 파형은 교류 9[V]이므로 최대값이 $9\sqrt{2}$ [V](약 12[V])로 나타나며, $i_{D1}(t)$ 파형은 부하 저항 R_1에 흐르는 전류 $i_{R1}(t)$와 동일한데, 최대값은 옴의 법칙에 의해 $9\sqrt{2}/100$[V]가 된다.

그림 6.1(b)의 $v_{R1}(t)$는 부하저항 R_1에 인가되는 전압으로서, 전류가 흐를 때에만 값을 갖게 됨을 알 수 있다. 또한 $v_{R1}(t)$의 한 주기 동안의 평균값이 곧 그림 6.1(a) 반파정류회로의 직류전압값이 되는데, 이 직류전압값은 정현파 (+)부분의 면적을 의미하는 것으로, $v_{R1}(t)$ 전압파형을 한 주기 동안에 대해 적분한 값으로 구할 수 있다. 이 직류전압값은 멀티테스터를 직류전압 측정모드로 설정하고 부하저항 R_1 양단간의 전압을 측정했을 때 표시되는 값으로 약 3.64[V]로 측정된다. 3.64[V]가 직류전압의 평균값이므로 그림 6.1(b)의 빗금친 A영역의 면적과 B영역의 면적은 서로 같게 됨을 알 수 있다. 다시 말하면 평균값인 3.64[V] 보다 높은 A영역과 3.64[V] 보다 낮은 B영역이 서로 상쇄되어 한 주기 동안의 전체 평균값이 3.64[V]가 되는 것이다.

그림 6.2는 반파정류회로의 실제 측정파형으로서, 채널 1은 변압기 2차측 전압으로 정류회로 입력전압의 파형을 나타내며, 채널 2는 부하저항의 전압으로 정류회로의 출력전압을 나타낸다. 이론파형과 같이 입력전압의 (+)부분만 부하로 인가됨을 알 수 있다.

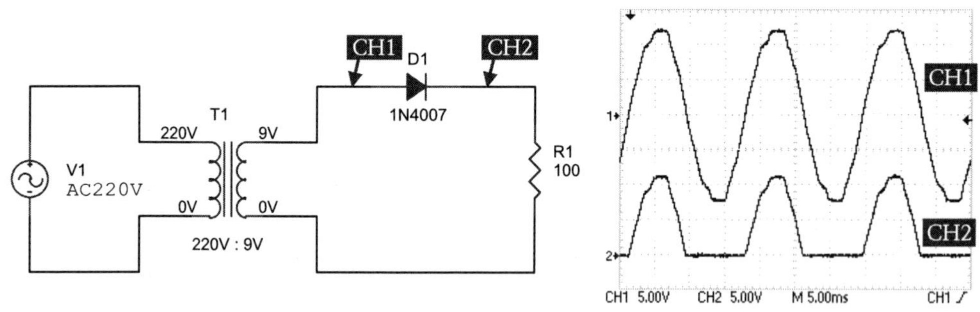

그림 6.2 반파정류회로 파형

2) 평활 반파정류회로

평활 반파전류회로는 그림 6.3과 같이 반파정류회로의 다이오드 뒷단에 평활용 커패시터를 추가한 것으로 커패시터의 충방전 동작에 의해 전압 변동폭(또는 전압의 맥동분, 리플(Ripple)이라고도 부름)을 줄여주는 커패시터의 특성에 따라 정류된 직류파형의 변동폭을 줄여주게 되는데, 이러한 동작을 '평활동작'이라고 말하고 추가된 커패시터를 '평활 커패시터'라고 부른다. 평활 커패시터값이 클수록 직류파형의 변동폭이 작아지고, 커패시터값이 작을수록 변동폭이 커지는 특성을 가지고 있다.

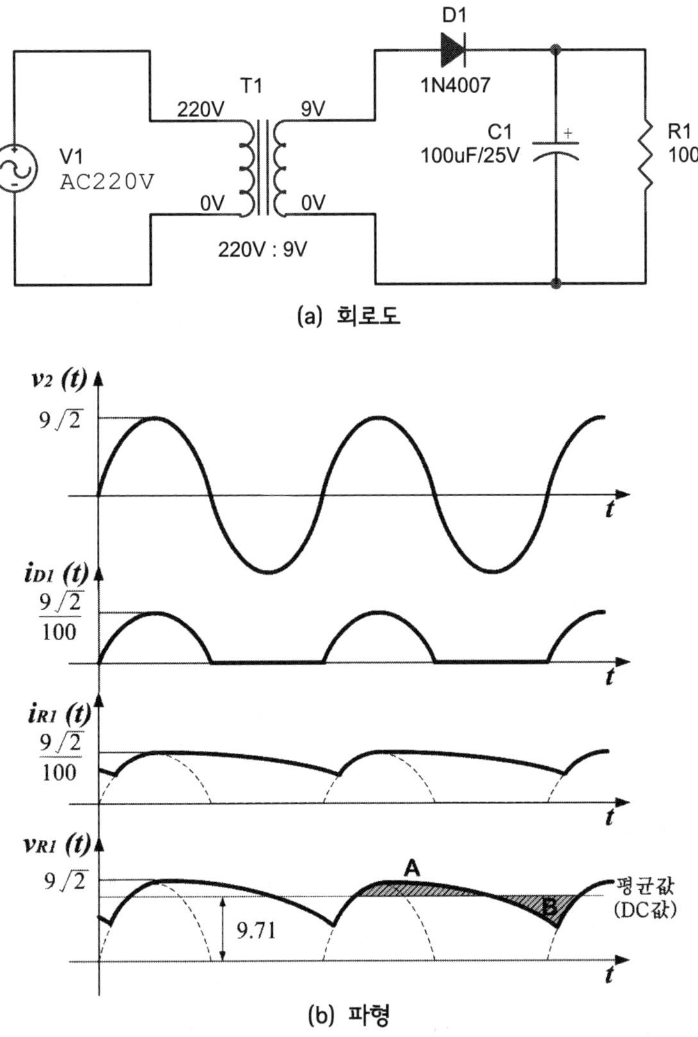

그림 6.3 평활 반파정류회로 및 이론 파형

그림 6.4는 평활 커패시터의 값이 100[μF]일 때와 470[μF]일 때의 파형을 비교하여 표시한 파형으로서, 100[μF]일 때에 비해 470[μF]일 때 정류회로 출력전압의 변동폭이 더 작아지게 되며, 이로 인해 파형의 면적이 넓어지기 때문에 파형의 면적으로 표시되는 직류전압값도 7.17[V]에서 9.71[V]로 높아짐을 알 수 있다. 따라서 평활 커패시터의 값을 더 높이면 높일수록 전압의 변동폭이 작아지기 때문에 양질의 직류전압을 얻을 수 있음과 동시에 파형의 평균값이 상승하기 때문에 높은 직류전압값을 얻을 수 있다.

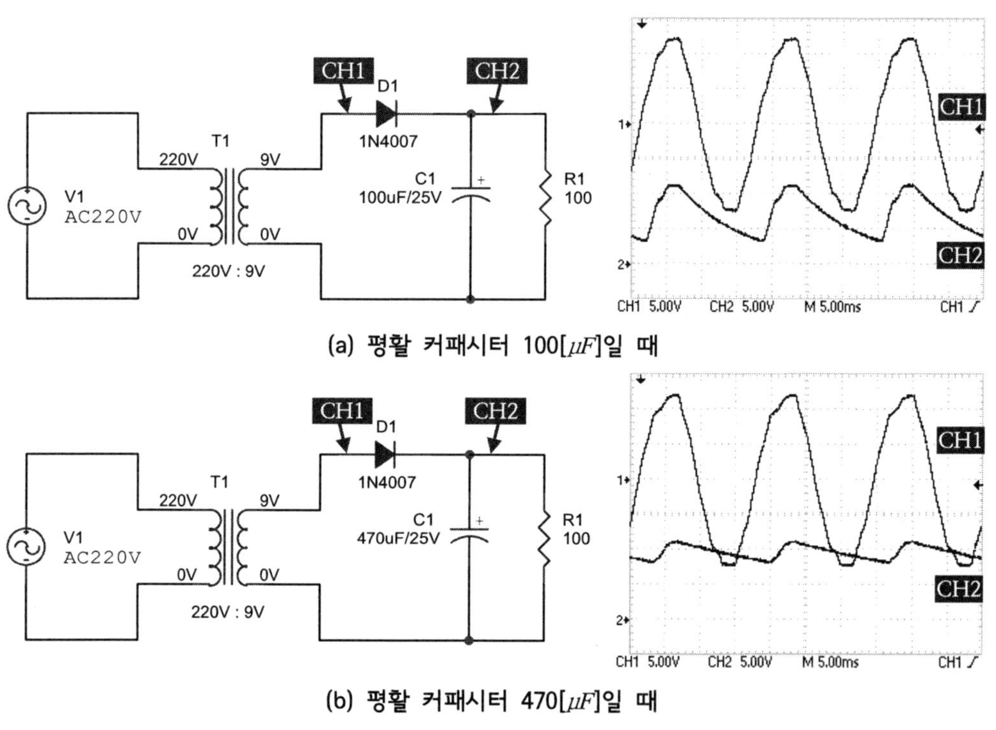

(a) 평활 커패시터 100[μF]일 때

(b) 평활 커패시터 470[μF]일 때

그림 6.4 평활 반파정류회로 파형

3) 전파정류회로

전파정류회로는 4개의 다이오드를 이용하여 교류전압을 직류전압으로 변환하는 회로로서, 반파정류회로에 비해 높은 전압, 변동폭이 작은 전압을 얻을 수 있다. 전파정류회로는 그림 6.5(a)와 같이 변압기 2차측에 $D_1 \sim D_4$를 연결하는데, 입력전압의 (+)부분에서는 다이오드 D_1과 D_4가 정바이어스 되어 도통되며, 입력전압의 (-)

부분에서는 다이오드 D_2와 D_3가 정바이어스 되어 도통됨으로써 부하저항 R_1에 전류가 흐르게 된다.

전파정류회로 동작원리에 대해 좀 더 자세히 알기 위해 2가지 동작모드로 나누어 살펴보면, 먼저 변압기 2차측 전압, 즉 정류회로의 입력전압이 (+)인 순간을 모드 1의 상태로 분류하고, 정류회로의 입력전압이 (-)인 순간을 모드 2로 가정한다.

모드 1의 상태에서는 변압기 2차측의 9[V] 단자 전압값이 0[V] 단자에 비해 높기 때문에 9[V] 단자가 (+), 0[V] 단자가 (-)라고 할 수 있는데, 이러한 조건에서 D_1은 정바이어스 되어 있고, D_3는 역바이어스 되어 있기 때문에 9[V] 단자를 출발한 전류는 D_1을 통해 부하저항 R_1으로 흐르게 되며, R_1을 지나 D_4를 통해 0[V] 단자로 돌아오는 폐회로를 구성하게 된다.

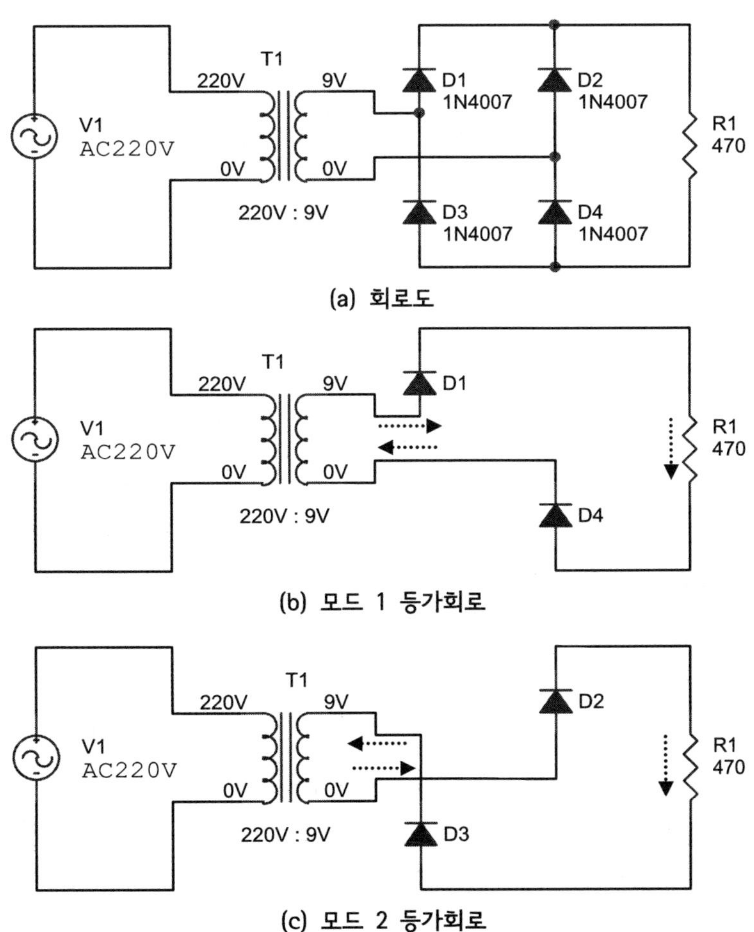

(a) 회로도

(b) 모드 1 등가회로

(c) 모드 2 등가회로

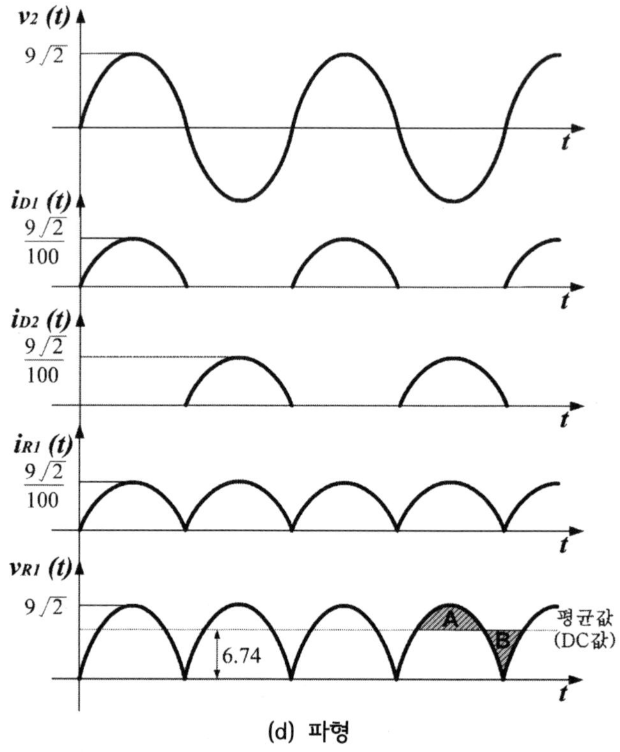

(d) 파형

그림 6.5 전파정류회로 및 이론 파형

모드 2의 순간에는 0[V] 단자에서 전류가 출발하여 다이오드 D_2를 통해 부하저항 R_1으로 흐르게 되며, R_1을 지난 후에는 D_3를 통해 9[V] 단자로 돌아오게 된다. 이때 모드 1, 2의 동작에서 변압기 2차측 권선에 흐르는 전류의 방향을 생각해 보면, 모드 1에서는 9[V] 단자에서 0[V] 단자 방향으로, 모드 2에서는 0[V] 단자에서 9[V] 단자로 변하게 되지만, 부하저항 R_1에 흐르는 전류의 방향은 모드에 관계없이 한쪽 방향을 유지하고 있음을 알 수 있다. 이와 같이 부하전류의 방향이 변하지 않고 한 방향으로만 유지되기 때문에 부하저항 R_1에는 그림 6.5(d)와 같이 직류전압이 인가된다.

그림 6.6은 전파정류회로 및 전파정류회로의 입출력 파형을 측정한 그림이다. 전파정류회로는 그림 6.2의 반파정류회로와는 달리 변압기 2차측 전압의 (+) 영역뿐만 아니라 (-) 영역도 정류되어 부하로 인가됨을 알 수 있다. 따라서 부하의 출력전압은 2배로 증가하며, 출력전압에 포함된 교류성분의 주파수도 2배로 증가됨을 확인할 수 있다.

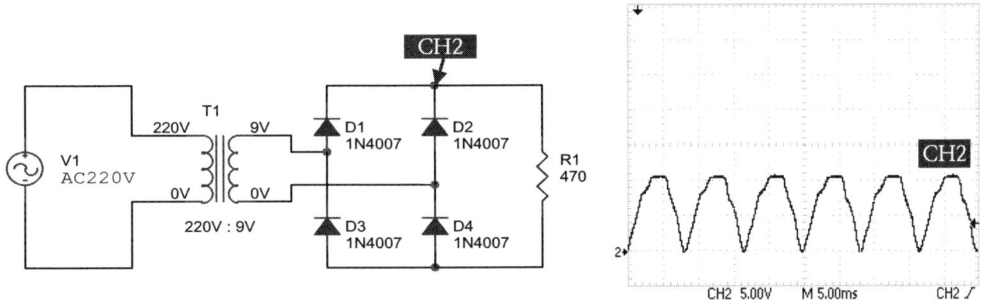

그림 6.6 전파정류회로 파형

4) 평활 전파정류회로

평활 전파정류회로는 평활 커패시터를 부하에 병렬로 추가한 회로로서, 평활 반파정류회로와 마찬가지로 평활 커패시터의 작용에 의해 전압 파형의 변화가 둔화되어 정류회로 출력전압의 변동폭이 감소하게 되며, 이에 따라 평균값은 상승하게 된다.

그림 6.7은 평활 전파정류회로의 회로도와 각 부분의 이론 파형을 나타내며, 그림 6.8은 실제 측정된 파형을 나타내는 그림인데, 그림 6.8(a)는 평활 커패시터의 값을 100[μF]로 적용했을 때의 파형으로 멀티테스터로 측정된 직류전압의 크기는 10.0[V]이며, 그림 6.8(b)는 평활 커패시터의 값을 470[μF]로 적용했을 때의 파형이며, 직류전압의 크기는 10.4[V]로 측정되었다.

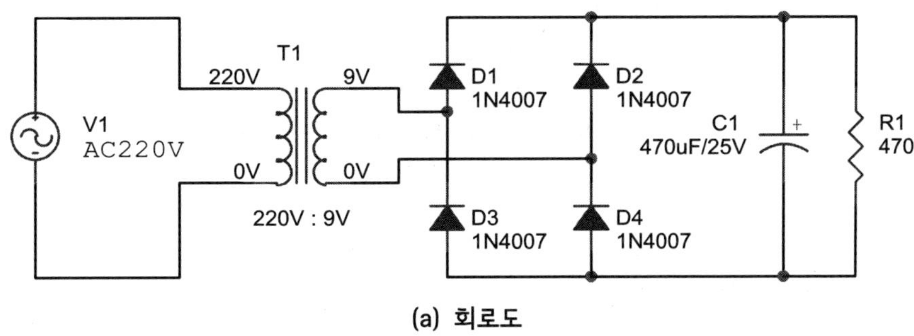

(a) 회로도

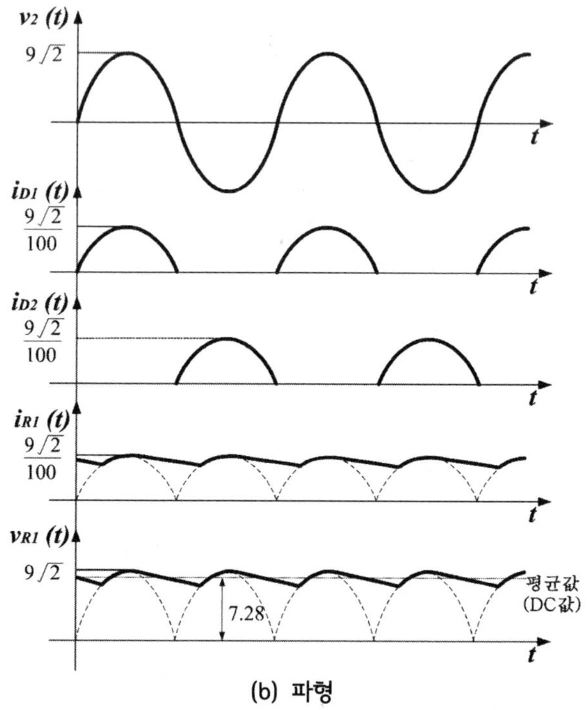

(b) 파형

그림 6.7 평활 전파정류회로 및 이론 파형

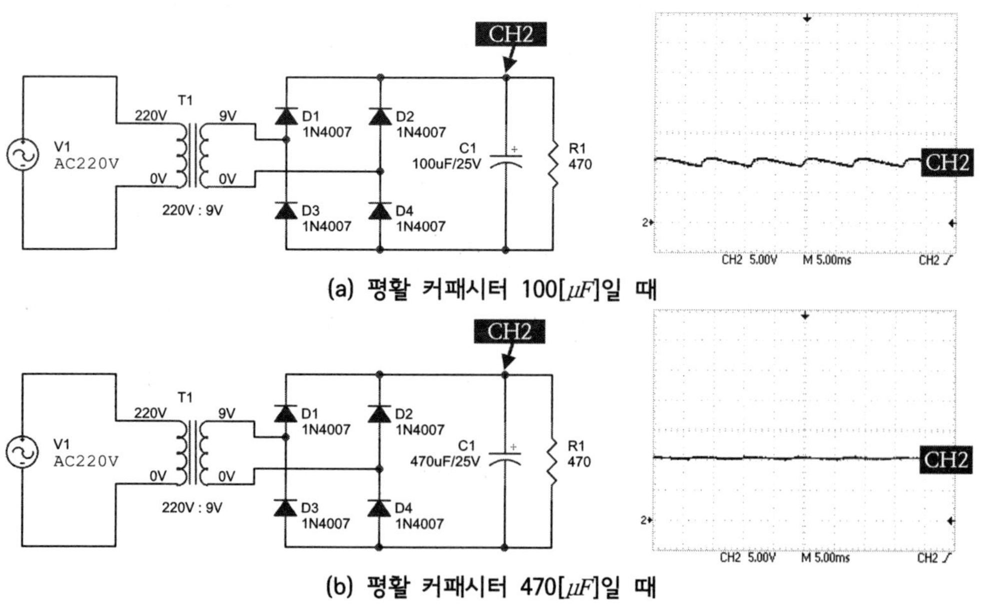

(a) 평활 커패시터 100[μF]일 때

(b) 평활 커패시터 470[μF]일 때

그림 6.8 평활 전파정류회로 파형

5) 전압 레귤레이터(78XX 시리즈)

앞에서 반파 또는 전파정류회로를 통해 교류전압을 직류전압으로 변환하는 회로에 대해서 알아보았는데, 그렇다면 정류회로를 통해 얻어진 전압을 디지털 회로의 구동전원으로 바로 사용할 수 있을까? 정류회로를 통해 얻어진 전압을 바로 사용하는 시스템도 있지만 대부분의 경우에는 좀 더 안정적인 직류전압을 얻기 위해 DC-DC 변환회로를 추가한다. 여기서 좀 더 안정적인 직류전압이란 전압의 변동폭이 아주 작음과 동시에, 부하의 변동에 영향을 받지 않고 일정한 전압값을 유지하는 것을 말한다. 이러한 DC-DC 변환회로는 여러 가지 종류가 있지만 가장 간단하게 구성할 수 있는 전압 레귤레이터(Voltage Regulator)인 78XX 시리즈에 대해 살펴보기로 한다.

78XX 시리즈는 입력전압이 변동되거나 부하가 변동될 때에도 정해진 전압을 일정하게 유지하는 전압 레귤레이터로서, 출력전압의 크기는 78 뒤에 붙는 번호에 의해 결정되는데, 05,06,08,09,10,11,12,15,18,24 등이 있다. 예를 들어 7805의 경우에는 입력전압이 7[V]~30[V] 사이에서 공급될 때 출력전압은 항상 5[V]를 유지하게 된다. 7805의 경우 뒷단에 1[A] 용량까지 부하를 연결하여 사용할 수 있는데, 1[A]까지 전류용량을 크게 하면 발열이 많이 되므로 반드시 방열판을 이용하여야 한다. 또한 78XX 시리즈와 대비되는 개념으로 79XX 시리즈가 있는데, 79XX 시리즈는 입력전압과 반대 극성의 출력전압을 얻을 수 있다. 예를 들어 7905는 -5[V]의 안정적인 직류전압을 얻을 수 있는 전압 레귤레이터를 의미한다.

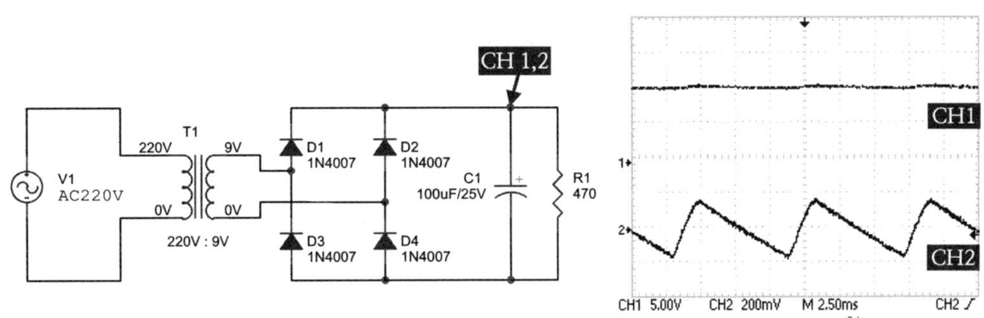

그림 6.9 전파정류회로 출력전압의 리플 파형

그림 6.9는 전압 레귤레이터를 추가하지 않았을 때 출력전압에 포함된 리플 성분의 크기를 알아보기 위한 그림으로서, 오실로스코프의 채널 1은 DC 커플링 모드

상태로 설정하고 전파정류회로의 출력전압을 측정한 파형이며, 채널 2는 같은 출력전압을 AC 커플링 모드 상태로 설정하고 측정한 파형이다. 출력전압의 크기는 DC 12[*V*] 가량이며, 이 출력전압에 포함된 리플성분은 ±180[*mV*] 가량으로 최대, 최소 전압값의 전체 변동폭은 약 360[*mV*] 정도로 측정되었다.

그림 6.10은 전파정류회로의 뒷단에 7805 전압 레귤레이터를 추가했을 때의 출력전압 리플 파형을 측정한 그림으로서, 그림 6.9의 리플 파형에 비해 출력전압의 리플이 전혀 없음을 알 수 있다.

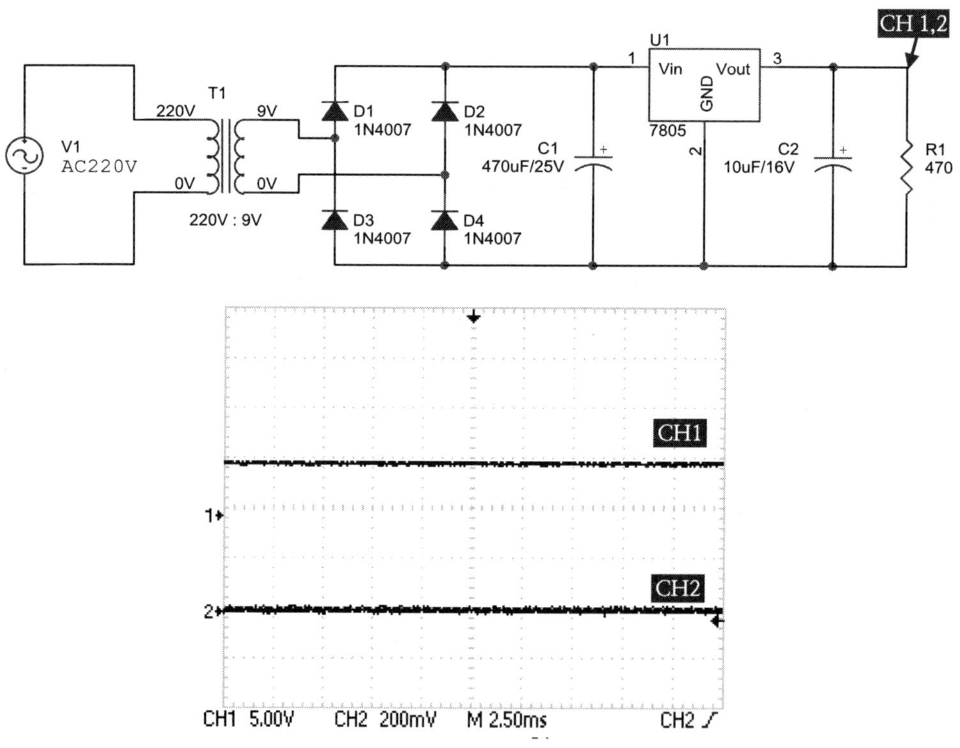

그림 6.10 전압 레귤레이터를 포함한 전파정류회로 출력전압의 리플 파형

5. 전체 회로도

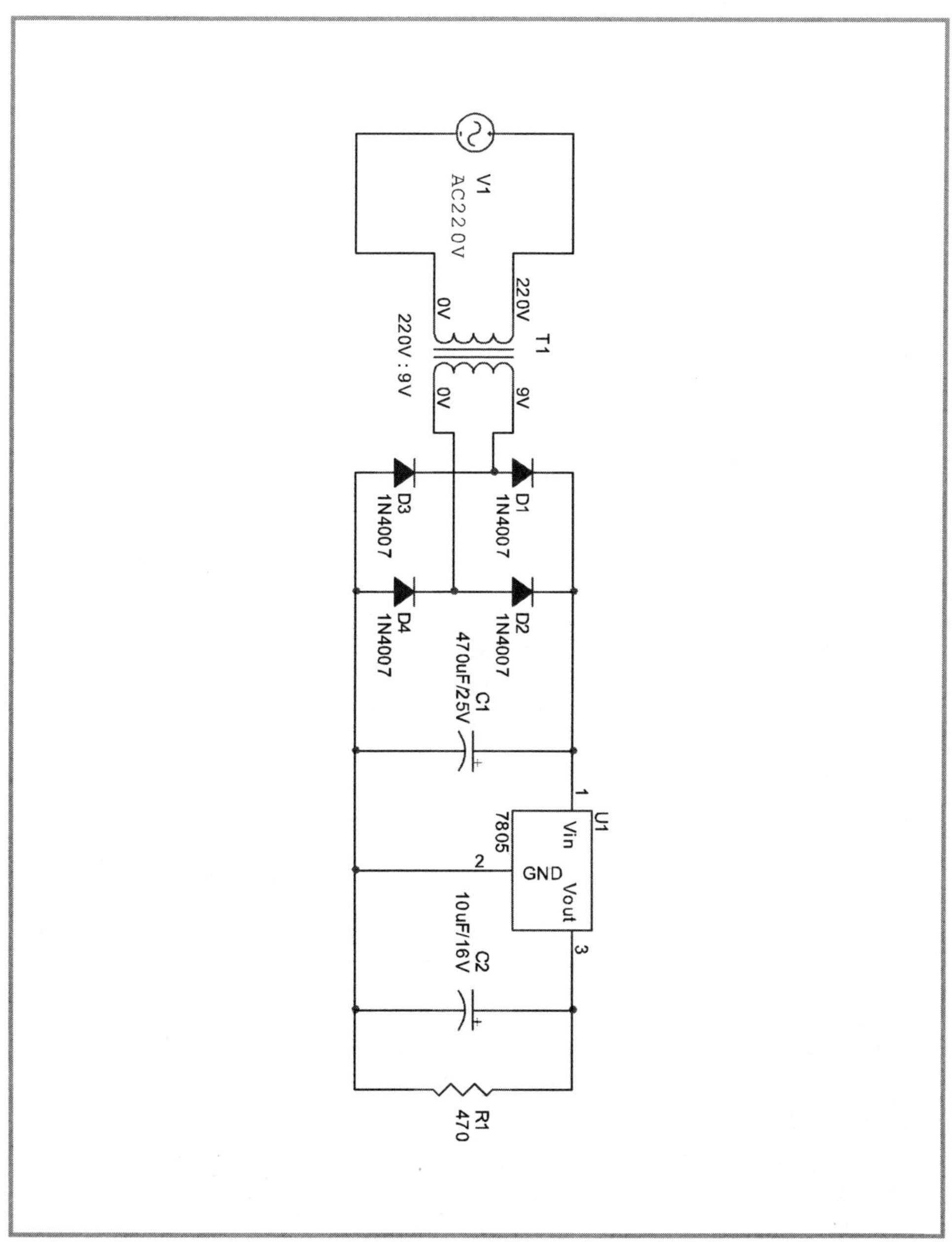

그림 6.11 전체 회로도

6. 부품 리스트

	종류	규격	수량	기호
1	변압기	220[V] / 9[V]	1	T_1
2	다이오드	1N4007	4	$D_1 \sim D_4$
3	저항	100[Ω], 1/2[W]	1	R_1
	저항	470[Ω], 1/2[W]	1	R_1
4	커패시터	전해, 100[μF] / 25[V]	1	C_1
	커패시터	전해, 470[μF] / 25[V]	1	C_1
5	커패시터	전해, 10[μF] / 16[V]	4	C_2
6	레귤레이터	7805	1	U_1

7. 결선

그림 6.12 전체 결선

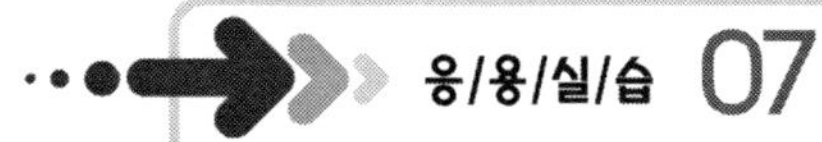

인버터(DC-AC 변환회로) 실습

1. 개요

응용실습 7은 직류전압을 교류전압으로 변환시키는 인버터 회로의 동작원리 및 특성을 학습하기 위한 실습으로써, 직류전압을 구형파의 교류전압으로 변환시키는 회로이다. NE555 타이머 IC로부터 자동으로 발생되는 펄스파형에 의해 반도체 스위치를 구동함으로써, 구형파 교류를 발생시키는 인버터 회로를 구현하며, 인버터의 스위치 구동파형에서 매우 중요한 데드타임을 발생시키는 회로를 설계하여 추가함으로써 데드타임이 포함된 인버터 스위치 구동파형을 구현한다. 또한 인버터 스위치 각 암의 상단 및 하단 스위치를 구동하기 위한 구동용 IC를 학습하고 이를 적용하여 인버터 스위치 구동회로를 구현한다.

2. 실습목표

① 인버터회로 실습

② 데드타임 발생회로 실습

③ 전력용 반도체 스위치 구동용 IC 실습

3. 기본실습 활용

기본실습 4-4, 5-3, 7-2, 10-1, 응용실습 1

4. 부분별 동작설명

1) 인버터 회로 구성

인버터는 기본실습 10에서 설명한 바와 같이 반도체 스위치의 스위칭 동작에 의해 직류전압을 교류전압으로 변환시키는 장치이다.

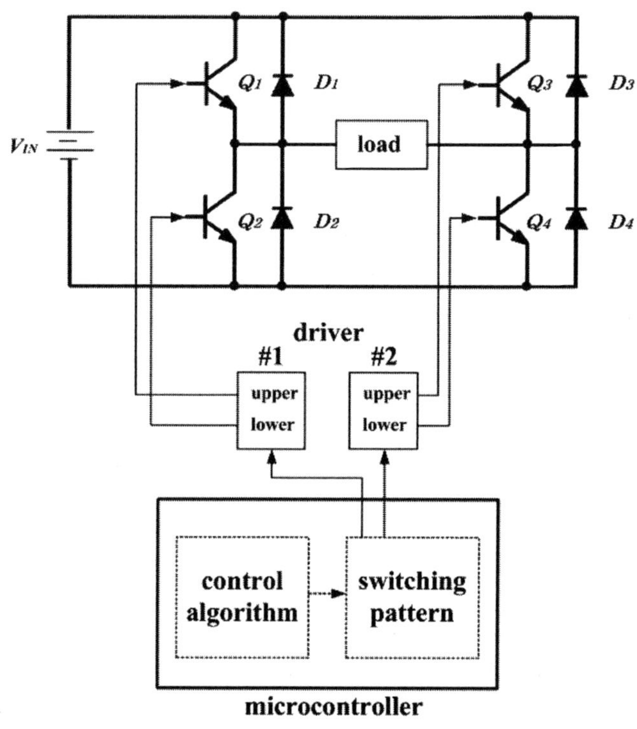

그림 7.1 일반적인 단상 인버터의 구성

그림 7.1은 일반적인 단상 인버터의 구성을 나타내는 그림으로, 현장에서 많이 사용되는 인버터는 마이크로컨트롤러의 프로그래밍을 통해 디지털적으로 스위칭을 제어하여 거의 정현파에 가까운 교류파형을 발생시킨다. 특히 마이크로컨트롤러 내부에는 인버터의 각종 파라미터를 피드백하여 프로그래밍된 제어알고리즘에 따라 적절한 제어요소를 조정한 후 이를 스위칭 패턴으로 변화시켜 출력하는 프로그램이 포함되어 있다. 프로그램에 의해 결정된 스위칭 패턴은 스위치 구동회로를 통해 각 스위치의 구동단자로 전달된다.

본 교재에서는 그림 7.2와 같이 마이크로컨트롤러를 사용하지 않고도 손쉽게 구현할 수 있는 구형파 모양의 단상 교류전압을 발생시키는 회로를 구성하여 인버터의 동작원리 및 특성을 익히기 위한 실습을 진행한다. 구형파를 발생시키는 인버터는 출력파형에 포함된 고조파의 영향으로 인해 실제로는 사용하지 않지만 마이크로컨트롤러를 사용하지 않고도 쉽게 구현할 수 있기 때문에 인버터의 기본원리를 학습하는데 활용할 수 있다.

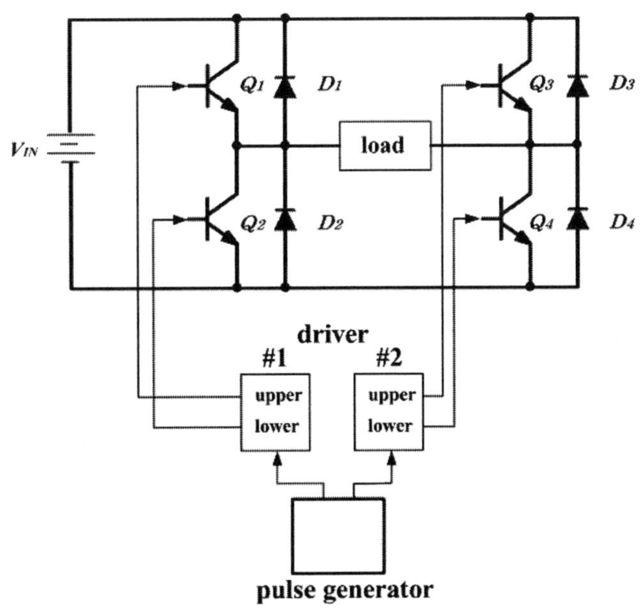

그림 7.2 구형파 발생 단상 인버터의 구성

2) NE555를 이용한 펄스파형 발생

본 실습에서는 마이크로컨트롤러를 이용하지 않기 때문에 타이머 IC NE555를 이용한 펄스발생회로를 통해 인버터 스위치의 스위칭 파형을 발생시킨다.

NE555를 이용한 펄스발생회로는 앞의 실습에서 다룬 바와 같이 NE555와 커패시터 C의 충방전 동작에 의해 주파수가 결정되는 펄스를 발생시킨다. 그림 7.3은 NE555를 이용한 펄스발생기의 회로도를 나타내며, R_1 및 C_1의 값을 이용하여 주파수를 조정한다.

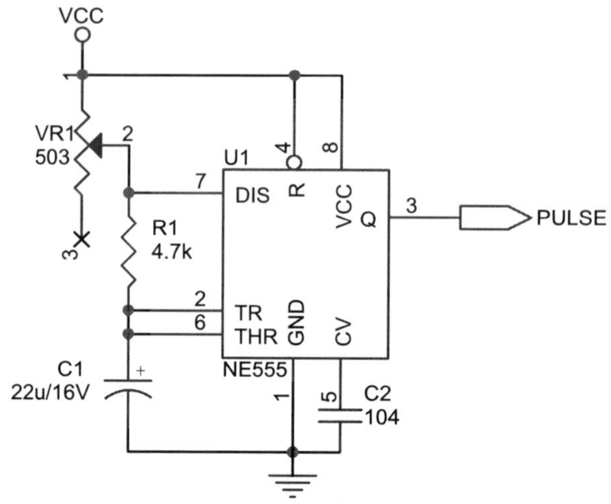

그림 7.3 NE555를 이용한 펄스발생회로

3) 펄스분리 회로

인버터의 스위치를 구동하기 위해서는 180°의 위상차를 갖는 2개의 스위치 구동용 펄스가 필요한데, NE555를 이용하여 발생시킨 펄스는 1개이므로 이 펄스를 180°의 위상차를 갖는 2개의 펄스로 분리할 필요가 있다. 그림 7.4는 펄스 분리회로로서, D 플립플럽 (74LS74)의 두 출력단자 Q와 $\overline{Q}$를 이용하여 180° 위상차를 갖는 2개의 펄스를 발생시킨다.

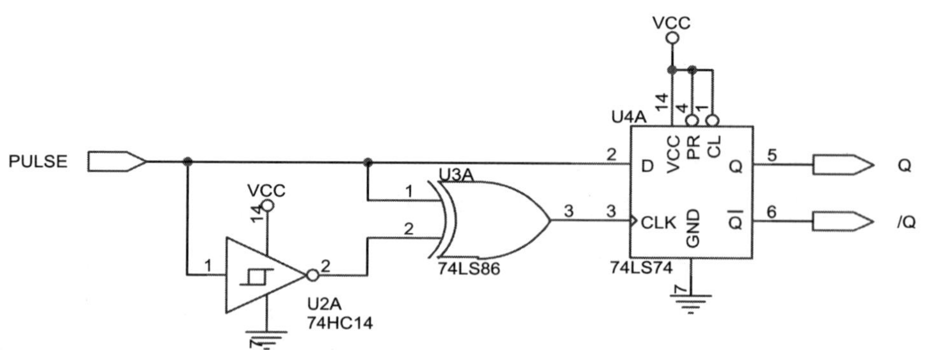

그림 7.4 하나의 펄스를 이용한 스위치 구동파형 발생회로

D 플립플럽의 데이터 단자(74LS74#②)와 NOT 게이트의 입력단자(74HC14#①)에 펄스를 동시에 인가하면 아주 짧은 시간이지만 펄스가 NOT 게이트를 통과하는 시간이 필요하기 때문에 EX-OR의 두 입력(74LS86#①, #②)에 도달하는 파형은 그림 7.5와 같이 시간적인 지연이 발생한다. EX-OR의 두 입력 사이에 시간적인 차이가 발생하게 되면 표 7.1에 표시된 진리표에 따라 두 입력의 상태가 다른 순간에는 'high'가 출력되지만, 두 입력의 상태가 동일한 상황에서는 'low'가 출력되기 때문에 EX-OR의 출력(74LS86#③)에는 매우 폭이 좁은 low 펄스가 출력된다. 이와 같이 생성된 low 펄스는 D 플립플럽의 클럭단자(74LS74#③)로 입력된다.

표 7.1 EX-OR(74LS86)의 진리표

입력		출력
A	B	Y
0	0	0
0	1	1
1	0	1
1	1	0

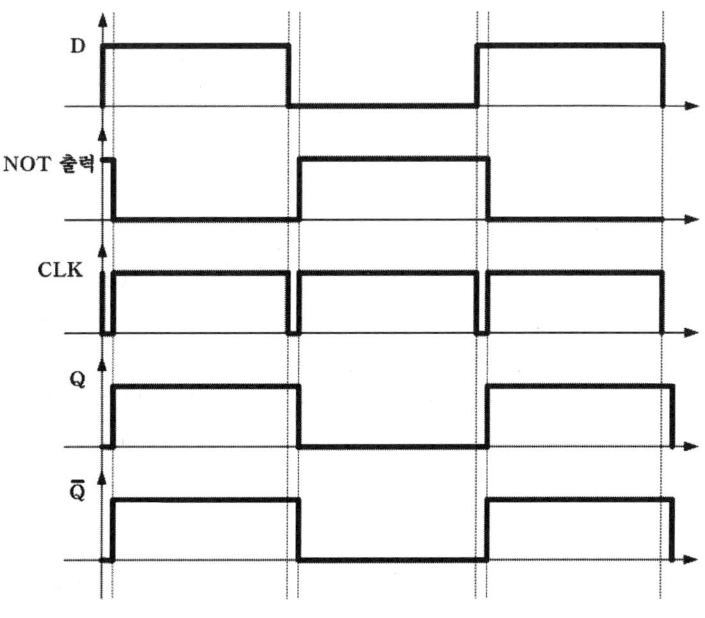

그림 7.5 D 플립플럽 주요부분 파형

D 플립플럽의 동작은 표 7.2의 진리표와 같은데, preset(74LS74#④)과 clear(74LS74#①) 단자가 'high'인 상태에서 클럭단자(74LS74#③)에 상승에지가 입력되면, 그 순간의 데이터 단자(74LS74#②)의 값이 출력 Q(74LS74#⑤)에 출력되며, Q와 반대로직이 $\overline{Q}$(74LS74#⑥)로 출력된다. 따라서 그림 7.5와 같이 NE555에서 발생된 펄스가 입력되면 D 플립플럽의 출력 Q에는 입력펄스와 동일하지만 미세한 시간차이로 뒤진 파형이 출력되며, $\overline{Q}$에는 Q와 180°의 위상차를 갖는 파형이 출력된다.

그림 7.6은 D 플립플럽의 데이터 입력 D(채널 1)와 클럭입력 CLK(채널 2)의 파형을 측정한 것이다.

표 7.2 D 플립플럽(74LS74)의 진리표

입력				출력	
Preset	Clear	Clock	Data	Q	$\overline{Q}$
0	1	X	X	1	0
1	0	X	X	0	1
0	0	X	X	1	1
1	1	↑	1	1	0
1	1	↑	0	0	1
1	1	0	X	no change	no change
1	1	1	X	no change	no change
1	1	↓	X	no change	no change

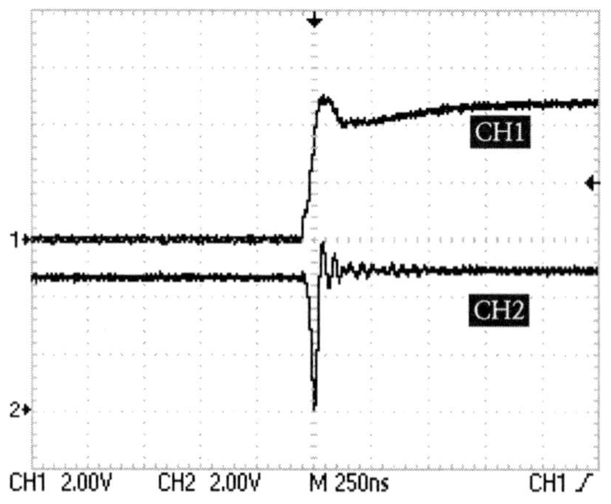

그림 7.6 펄스입력과 클럭 파형

4) 데드타임(Dead Time) 발생회로

단상 인버터의 파워단은 그림 7.7(a)와 같이 반도체 스위치 4개의 스위칭 동작에 의해 교류전압을 발생시키게 되는데, 2개의 스위치가 직렬로 연결된 스위치 암(Switch Arm)이라는 구조로 되어 있으며, 그림에서 윗부분에 위치한 스위치를 upper, 아랫부분에 위치한 스위치를 lower 스위치라고 부른다.

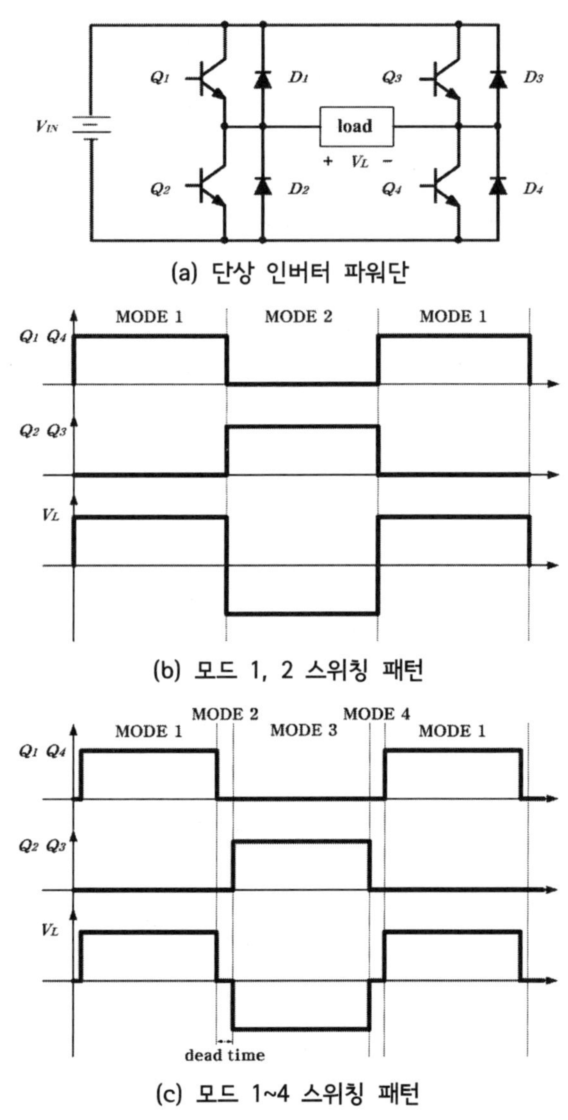

(a) 단상 인버터 파워단

(b) 모드 1, 2 스위칭 패턴

(c) 모드 1~4 스위칭 패턴

그림 7.7 단상 인버터 파워단 및 스위칭 파형

이때 스위칭 패턴은 설계자의 의도에 따라 여러 가지 형태가 가능한데, 그림 7.7(b)와 같이 모드 1, 2의 스위칭 패턴으로 스위칭을 할 경우에 대해 생각해 본다. 모드 1, 2로 스위칭 패턴을 설계하면 모드 1의 순간에는 스위치 Q_1, Q_4가 ON되고, 모드 2의 순간에는 Q_2, Q_3가 ON되는 패턴이다. 설계대로 스위칭이 전개된다면 Q_1, Q_4 ON되었다가 OFF되는 순간 Q_2, Q_3가 ON되는 구조이다. 그런데 만일 어떤 이유에 의해 Q_1이 미처 OFF되지 못한 순간에 Q_2가 ON된다면 Q_1, Q_2가 동시에 ON되어 입력전압 V_{IN}이 단락되는 순간이 발생하며, 이로 인해 스위치 Q_1, Q_2가 소손되는 문제가 발생할 수 있다. 앞에서 '만일 어떤 이유에 의해'라고 가정을 했는데, 이 가정은 반도체 스위치 구동 시 발생하는 상승시간 또는 하강시간에 의해 빈번히 발생할 수 있는 조건이다. 따라서 같은 암에 존재하는 두 스위치가 동시에 ON되는 것을 방지하기 위해 Q_1 스위치가 완전히 OFF된 후에 Q_2 스위치가 ON이 될 수 있도록 하고, 또 Q_2 스위치가 완전히 OFF된 후에 Q_1 스위치가 ON이 될 수 있도록 스위칭 모드 변경 시 적절한 시간지연을 두게 되는데 이러한 시간지연을 '데드타임'이라고 부른다. 그림 7.7(c)는 데드타임 보상을 위해 모드를 4개로 분할하여 모드 1, 3의 순간에는 부하측으로 전력을 전달하고, 모드 2, 4의 순간에는 데드타임 지연 동작을 통해 안전한 스위칭 절환이 이루어질 수 있도록 한 스위칭 패턴이다.

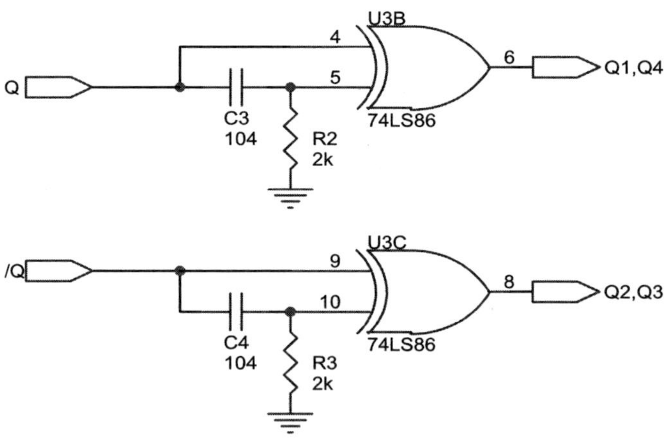

그림 7.8 데드타임 보상회로

데드타임을 발생시키기 위한 회로는 여러 가지 종류가 있는데, 그림 7.8은 커패시터의 시간지연기능으로 인해 데드타임을 발생시키는 회로이다.

그림 7.9는 데드타임 보상회로의 입력단과 출력단을 측정한 파형이다. 그림 7.9(a)는 데드타임 보상회로의 입력에 신호의 파형으로서, 74LS74의 출력 Q와 $\overline{Q}$의 파형이며, 그림 7.9(b)는 데드타임 보상회로의 출력단의 파형이다. 파형에서 채널 1은 upper 스위치 구동파형이며, 채널 2는 lower 스위치 구동파형이다. 파형을 통해서도 알 수 있듯이 그림 7.9(a)는 Q_1이 ON이 되는 순간 Q_2가 완전히 OFF되지 않은 상황으로 짧은 순간이기는 하지만 이 순간에 스위치 암이 단락된다. 이에 비해 데드타임 보상회로를 추가한 회로의 파형은 Q_2가 완전히 OFF된 100[μsec] 후에 Q_1이 ON이 됨으로 인해 두 파형이 중첩되는 구간이 전혀 없으므로 안전하게 스위치를 구동할 수 있음을 나타낸다.

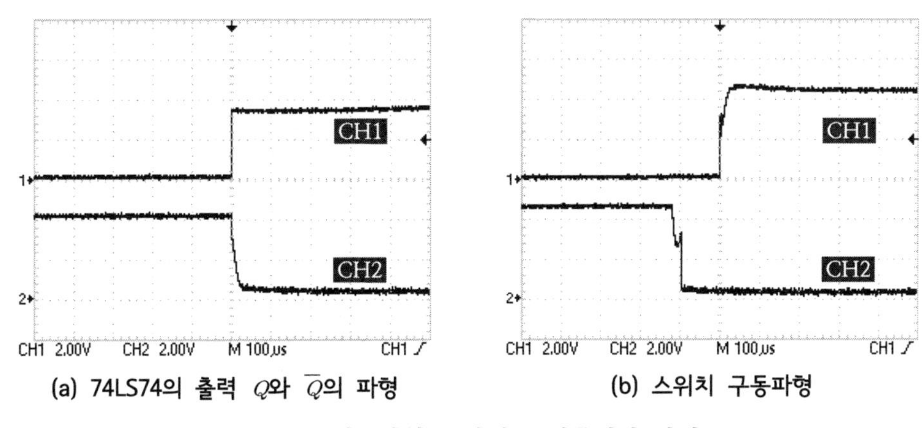

(a) 74LS74의 출력 Q와 $\overline{Q}$의 파형

(b) 스위치 구동파형

그림 7.9 데드타임 보상회로 입출력단 파형

최근에는 내부에 데드타임 보상기능이 모두 포함되어 있는 인버터 스위치 구동용 전용 칩이 생산되면서 데드타임에 대한 문제를 어느 정도 해결할 수 있게 되었지만 이러한 전용 칩이 생산되기 전까지는 데드타임에 대한 문제가 매우 까다로운 문제 중의 하나였으며, 아직도 현장에서는 스위치 암의 단락으로 인한 인버터 소손 고장이 빈번하게 발생하고 있다.

5) 인버터 스위치 구동회로

본 실습교재에서는 인버터 파워단의 스위칭 소자로 International Rectifier사의 IRF540을 이용하여 스위칭 하는 회로로 설계하였는데, FET는 구동전압이 트랜지스터에 비해 높기 때문에 보통 9[V] 이상의 구동전압을 인가해야 한다.

본 실습교재에서는 15[V]의 구동전압으로 회로를 구성하였는데, 5[V] 레벨의 신호를 15[V] 레벨의 신호로 변환하여야 하기 때문에 그림 7.10에 나타낸 바와 같이 Agilent Technologies의 IGBT 게이트 드라이브 optocoupler인 HCPL3140 전용 칩을 이용하여 FET를 구동하도록 설계하였다.

회로 설계 시 주의해야 하는 것은 인버터 파워단의 스위치 Q_2와 Q_4는 FET의 소스 단자가 그라운딩 되어 있으나, Q_1와 Q_3는 플로팅되어 있기 때문에 Q_1와 Q_3에 인가되는 게이트 드라이브 신호의 'low' 상태는 0[V]가 되어서는 안 되며, 0[V]가 되지 못하도록 하기 위해 HCPL3140의 V_{EE}핀을 Q_a 또는 Q_b의 점으로 연결하여야 한다.

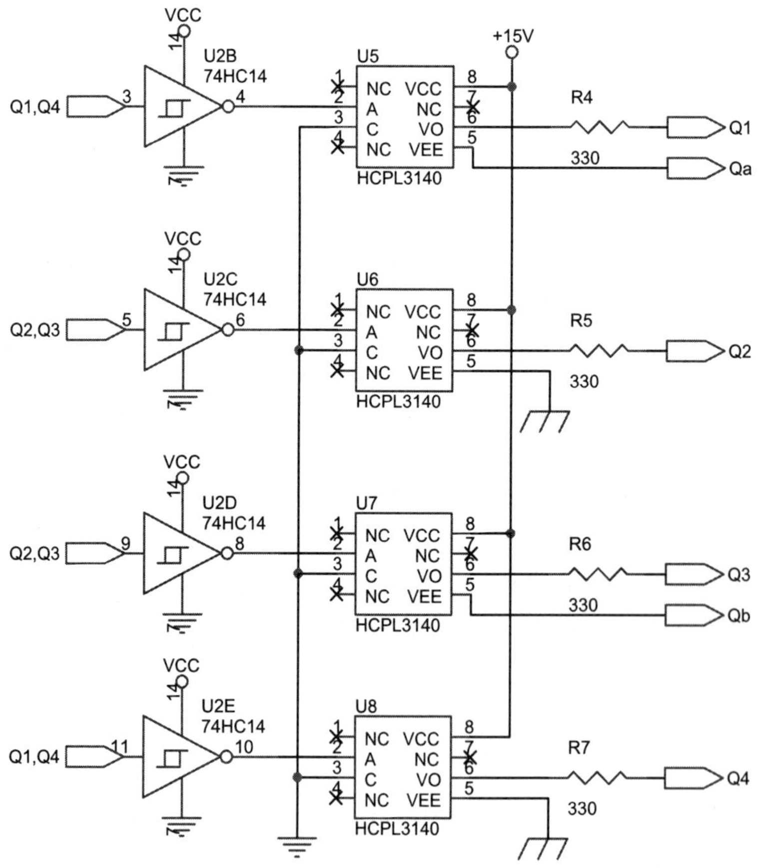

그림 7.10 인버터 스위치 구동회로

5. 전체 회로도

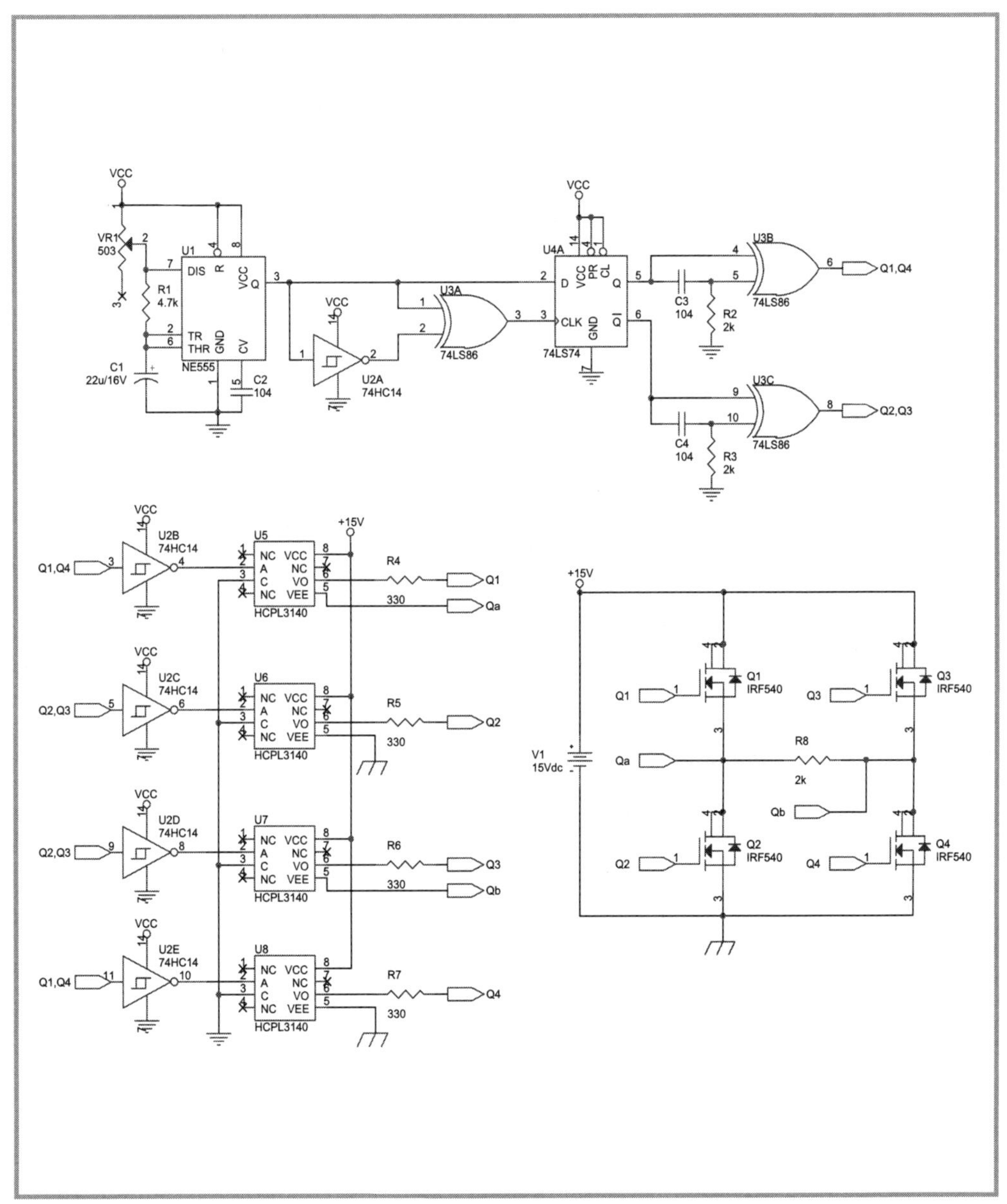

그림 7.11 전체 회로도

6. 부품 리스트

	종류	규격	수량	기호
1	타이머 IC	NE555	1	U_1
2	NOT 게이트	74HC14	1	U_2
3	EX-OR 게이트	74LS86	1	U_3
4	D 플립플럽	74LS74	1	U_4
5	FET 드라이버	HCPL3140	4	$U_5 \sim U_8$
6	MOSFET	IRF540	4	$Q_1 \sim Q_4$
7	커패시터	전해, 22[μF] / 16[V]	1	C_1
8	커패시터	세라믹, 0.1[μF]	3	$C_2 \sim C_4$
9	가변저항	가변 50[$k\Omega$], 1 turn	1	VR_1
10	저항	4.7[$k\Omega$], 1/4[W]	1	R_1
11	저항	2[$k\Omega$], 1/4[W]	3	R_2, R_3, R_8
12	저항	330[Ω], 1/4[W]	4	$R_4 \sim R_7$

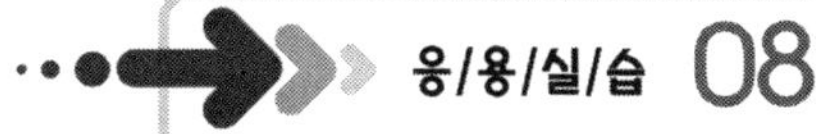

로터리 엔코더 제작 실습

1. 개요

로터리 엔코더(Rotary Encoder)는 얇은 원판에 원판의 끝을 따라 일정한 간격으로 '슬릿(Slit)'이라고 부르는 구멍을 뚫고 슬릿이 광센서의 수광부와 투광부 사이에 위치하도록 회전축 상에 원판을 설치한 후 회전축을 회전시키면 원판이 회전축과 함께 회전하면서 슬릿 부분이 광센서의 중심을 지날 때에는 투광부의 빛이 슬릿을 통해 수광부로 전달되고, 슬릿이 아닌 부분을 지날 때에는 투광부의 빛이 차단되어 수광부로 전달되지 못하는 특성을 이용하여 회전축의 회전속도 및 회전방향 등을 알 수 있도록 하는 전자부품이다. 로터리 엔코더는 512 펄스, 1024 펄스와 같이 1회전 당 발생하는 펄스의 개수로 구분하기도 한다.

응용실습 8에서는 광센서 및 원판을 이용하여 로터리 엔코더와 동일한 특성을 나타내는 시스템을 제작하여 실습한다. 광센서 및 주변회로는 응용실습 4의 물체감지 회로에서 실습하였던 회로를 사용한다.

2. 실습목표

① 광센서 실습

② 2진, 10진 카운터 실습

③ 7 세그먼트 디코더 및 구동 실습

④ 로터리 엔코더의 원리 및 특성 실습

3. 기본실습 활용

기본실습 5-3, 6-1, 6-2, 8-2, 9-3, 응용실습 4

4. 부분별 동작설명

로터리 엔코더의 동작원리 및 특성을 실습하기 위해 두꺼운 종이를 이용하여 원판을 제작하여 그림 8.1과 같은 실습용 시스템을 구성한다. 시스템은 전동기, 회전원판, 광센서, 회전수 표시보드로 구성된다.

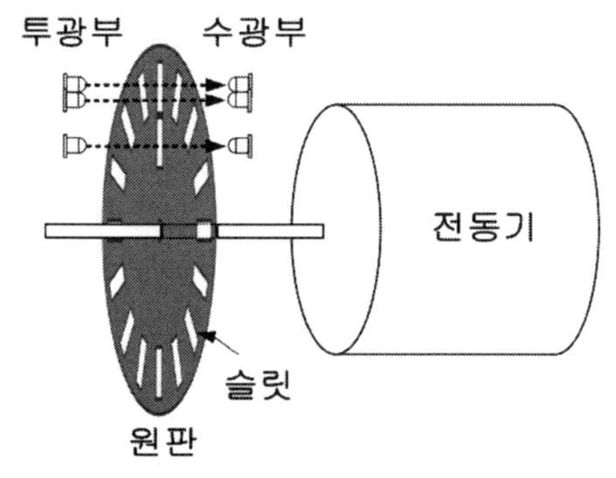

그림 8.1 로터리 엔코더 실습을 위한 구성도

1) 원판 제작

회전원판은 그림 8.2(a)와 같이 두꺼운 종이를 원형으로 자른 후 일정한 간격으로 슬릿을 만든다. 본 실습에서는 30° 간격으로 모두 12개의 슬릿을 만들고, 원판의 중심쪽으로 슬릿 1개를 더 배치시킨다. 1개의 슬릿은 제로 상이라고 부르며, 전동기의 회전각도 등을 측정할 때 이 슬릿을 기준으로 정하여 전동기의 위치제어 등에 활용한다.

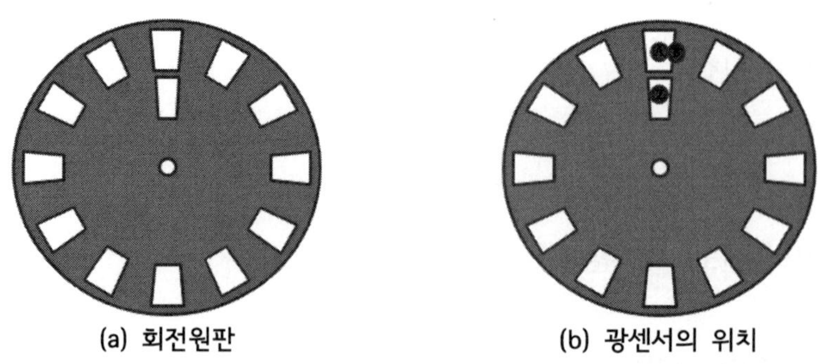

그림 8.2 회전원판 및 광센서

2) 광센서

실제로 사용되는 로터리 엔코더는 투광부와 수광부로 이루어진 2~3개의 광센서를 이용한다. A상, B상 2개의 광센서는 반 슬릿 간격 차이가 나도록 배치하여 회전체의 회전수와 회전방향 등을 검출하는데 이용하고, Z상 신호는 전동기의 회전각을 측정할 때 기준을 표시하는 목적으로 사용한다.

그림 8.3은 A상과 B상 센서의 설치위치를 자세히 나타낸 그림으로 슬릿과 슬릿 사이를 4등분하여 A상이 1/4 지점이라면 B상은 2/4 지점에 설치하여야 한다. 이와 같이 설치하면 로터리 엔코더를 통해 생성되는 A상 펄스와 B상 펄스 사이에는 전기각으로 90°의 위상차를 갖게 된다.

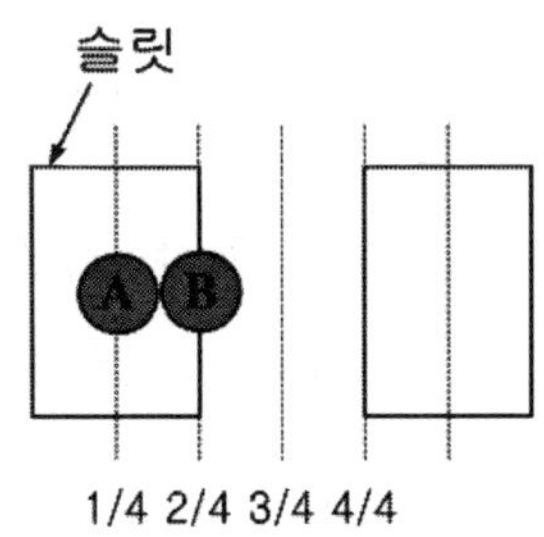

그림 8.3 로터리 엔코더 광센서의 설치 위치

3) 로터리 엔코더 출력 생성

A상, B상, Z상의 센서와 회전원판의 슬릿이 그림 8.2(b)와 같은 위치에 오도록 광센서의 투광부와 수광부 사이에 회전원판을 위치시키고, 그림 8.4의 그림과 같이 전동기를 시계방향으로 회전시킨다.

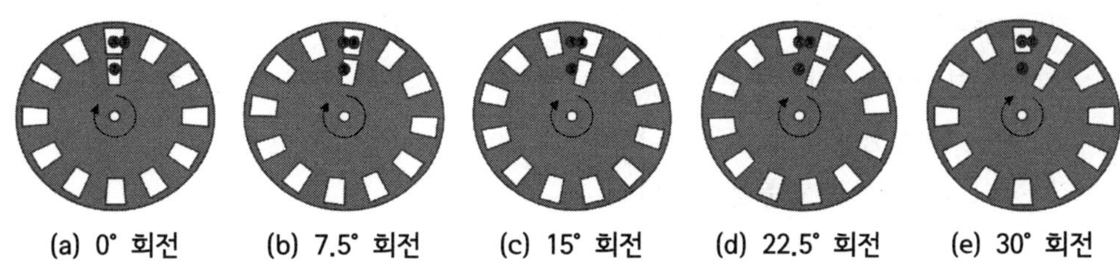

그림 8.4 로터리 엔코더 회전

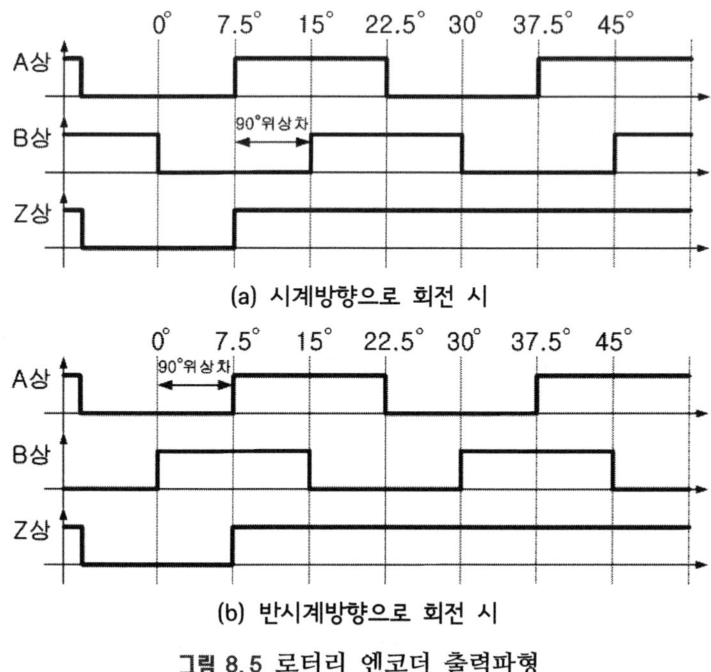

(a) 시계방향으로 회전 시

(b) 반시계방향으로 회전 시

그림 8.5 로터리 엔코더 출력파형

원판이 회전할 때 광센서의 투광부 및 수광부가 슬릿과 만나는 순간에는 빛이 통과하고, 슬릿이 아닌 원판을 만나는 순간에는 빛이 차단되는 동작을 반복하게 되며, 만일 빛이 통과하는 순간을 'low', 빛이 차단되는 순간을 'high' 신호가 출력되도록 회로를 설계하면 회전원판이 회전함에 따라 광센서의 출력단자에서는 그림 8.5와 같이 'high', 'low'가 반복되는 출력파형이 만들어진다.

이때 A상 펄스와 B상 펄스 사이의 위상차는 90°가 된다.

4) 로터리 엔코더 출력을 이용한 데이터값 측정

회전원판을 제작하여 전동기의 회전축에 고정시키고 전동기를 회전시키면 광센서의 수광부에서는 빛의 차단, 통과 상태에 따라 전기적인 펄스파형을 만들게 되는데, A상, B상, Z상의 조건을 이용하여 전동기의 속도, 회전방향, 회전한 거리, 회전각 등의 데이터를 산출할 수 있다.

① 속도측정

전동기의 속도가 빨라지면 빛의 통과, 차단상태의 변화시간이 빨라져 출력파형의 주기가 짧아지고, 반대로 전동기의 속도가 감소하면 출력파형의 주기가 길어지는 파형을 얻게 되는데, 이것을 이용하여 전동기의 속도를 측정할 수 있다. 회전원판 슬릿의 개수가 12개이므로 펄스 12개가 입력되기까지의 시간을 오실로스코프를 이용하여 측정하면 전동기의 초당 회전수 [*rps*]가 계산되며, 이를 통해 일반적인 회전수의 단위인 분당 회전수 [*rpm*]의 값을 산출할 수 있다. 한 슬릿에서 다음 슬릿까지의 펄스의 주기인 t_{slit}을 이용하면, 1회전 시간 $=12 \times t_{slit}$이므로, 전동기의 회전속도를 산출하는 식은 식 (8.1)과 같다.

$$N = \frac{회전수}{분당} = \frac{회전수}{초당} \times 60 = \frac{1}{12t_{slit}} \times 60 \quad [rpm] \tag{8.1}$$

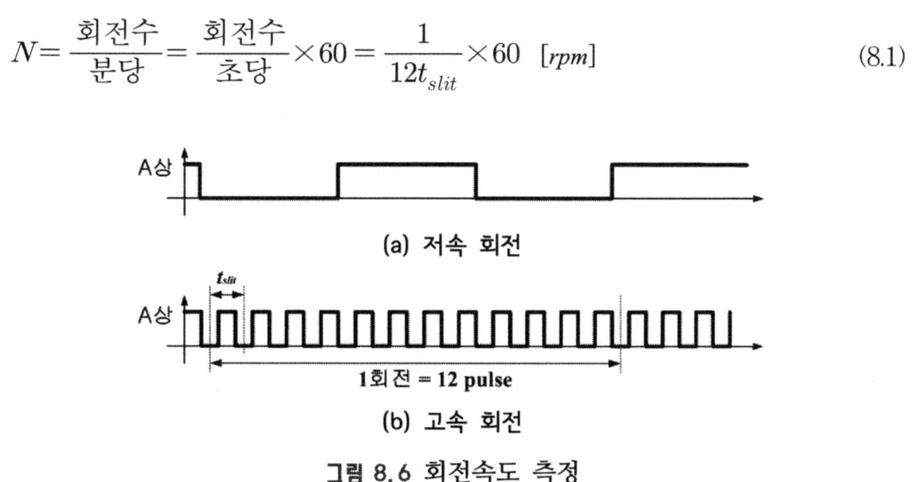

그림 8.6 회전속도 측정

② 회전방향측정

전동기의 회전방향은 A상 펄스와 B상 펄스를 이용하여 측정할 수 있다.

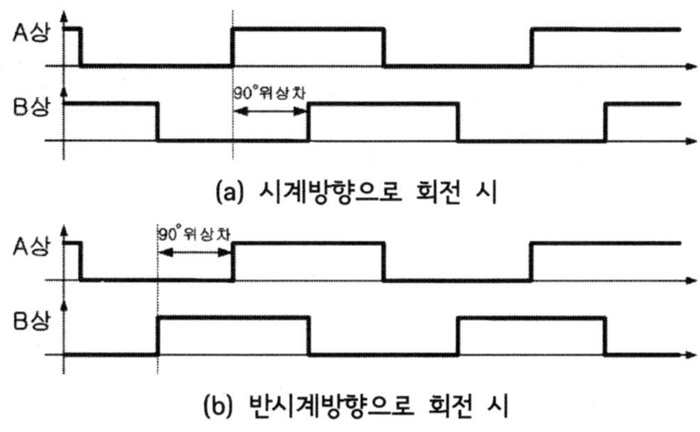

그림 8.7 출력파형을 이용하여 회전방향 결정

그림 8.7을 살펴보면, A상 펄스와 B상 펄스는 90°의 위상차를 갖게 되는데, 시계방향으로 회전할 때에는 A상의 펄스가 앞서고, 반시계방향으로 회전할 때에는 B상 펄스가 앞서는 것을 확인할 수 있다. 이와 같이 로터리 엔코더 두 상의 펄스파형의 선후를 따져서 회전방향을 결정할 수 있다.

③ 거리측정

산업현장에서 전동기를 이용하여 어떤 시스템의 직선운동을 담당할 때 많이 사용하는 방법으로서, 전동기가 1회전 할 때 해당 시스템의 이동체가 이동하는 거리만 표준으로 결정하면 전동기에 부착된 로터리 엔코더 펄스를 이용하여 이동체의 이동거리를 측정할 수 있다. 전동기 1회전 당 이동체가 얼마만한 거리를 이동하는가만 정해지면 가능한데 이것은 시스템에 포함된 전동기의 회전운동을 직선운동으로 변환시켜 주는 장치에 의해 결정되며, 대부분 기어, 로프, 체인, 컨베이어, 유압장치 등에 의해 결정된다. 예를 들어 전동기 1회전 당 1[*mm*] 이동한다고 가정했을 때, 일정한 시간동안 카운트 누적된 전체 펄스수를 1회전 당 이동거리 표준데이터를 이용하여 계산하면 해당시간동안 이동한 거리를 산출할 수 있다.

④ 회전각측정

로터리 엔코더의 Z상 펄스와 A상 펄스를 이용하면 전동기의 회전각을 측정할 수 있다. 그 원리는 그림 8.8에 나타난 바와 같이, A상은 회전원판에 12개의 슬릿을 가지고 있기 때문에 1회전 당 12펄스를 발생시키지만, Z상은 1개의 슬릿이기 때문에 1회전 당 1펄스를 발생시킨다.

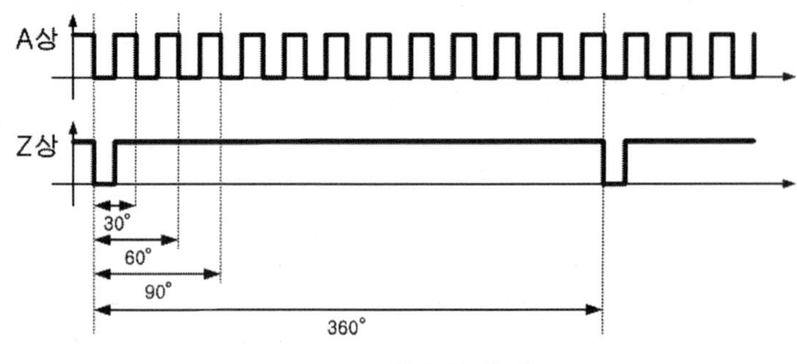

그림 8.8 회전각 측정

따라서 Z상 펄스에 대한 A상 펄스의 개수를 카운트하면 회전각을 알 수 있게 된다. Z상 펄스의 하강에지의 순간에 A상의 펄스도 하강에지로 동기화 되어 있는데, 예를 들어 Z상 펄스의 하강에지가 검출된 이후에 A상 펄스의 하강에지가 3개 검출되었다면 전동기는 90° 회전한 상태임을 알 수 있다. 이와 같이 Z상에 대한 A상의 펄스 수 카운트를 통해 전동기의 회전각 상태를 알 수 있으며, 이러한 회전각측정은 전동기의 위치제어 등에 매우 유용하게 사용된다.

5) 로터리 엔코더 시스템 구성

응용실습 8에서는 응용실습 4에서 실습하였던 광센서 BUD-50과 회전원판을 이용하여 A상 펄스를 발생시키고 속도에 따른 펄스의 차이를 확인해 본다. 이때 펄스의 개수를 카운트하고 표시하는 회로는 응용실습 4에서 실습한 회로를 똑같이 적용한다.

그림 8.9는 본 실습의 전체 구성도를 나타낸다. 전동기에 부착된 회전원판을 통해 광센서의 빛을 차단 또는 통과시킴으로써 전기적인 펄스를 발생시키는 시스템이다.

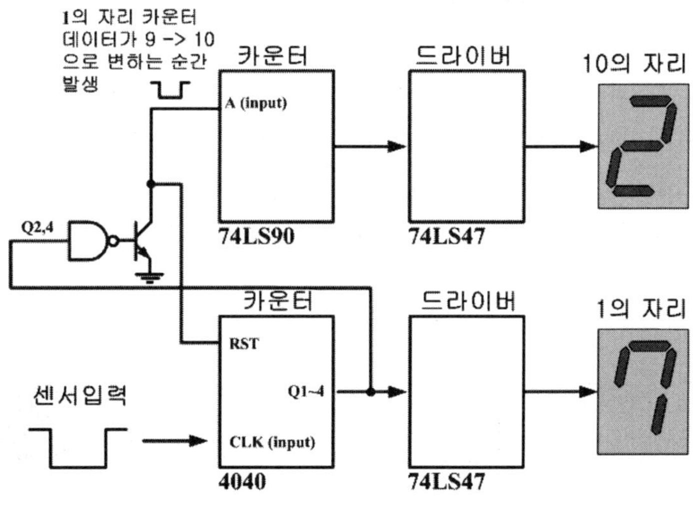

그림 8.9 전체 회로 구조

6) 펄스파형

로터리 엔코더의 동작원리를 살펴보기 위해 그림 8.10과 같은 회전원판을 제작하여 전동기에 부착시킨 후 회전시켜, 광센서로부터 검출되는 신호를 관측한다. 회전원판은 여러 가지 방법으로 만들 수 있겠지만, 회전원판의 도안을 그려서 두꺼운 도화지에 부착시킨 후 칼을 이용하여 불필요한 부분을 오려내면 아주 쉽게 제작할 수 있다.

그림 8.10 회전원판

그림 8.11은 광센서로부터 발생된 펄스파형으로서, 그림 8.11(a)는 전동기의 속도를 일정하게 유지할 때의 펄스파형이며, 그림 8.11(b)는 전동기의 속도를 가변시켰을 때의 펄스파형을 나타낸다. 전동기의 속도가 일정할 때에는 펄스의 주기가 일정하게 유지되는 반면에 가변 시에는 펄스의 주기가 변화됨을 알 수 있다. 펄스의 주기가 짧을수록 속도가 높으며, 주기가 길면 속도가 낮음을 나타낸다. 이와 같이 로터리 엔코더는 펄스의 주기를 통해 회전체의 속도를 측정할 수 있다.

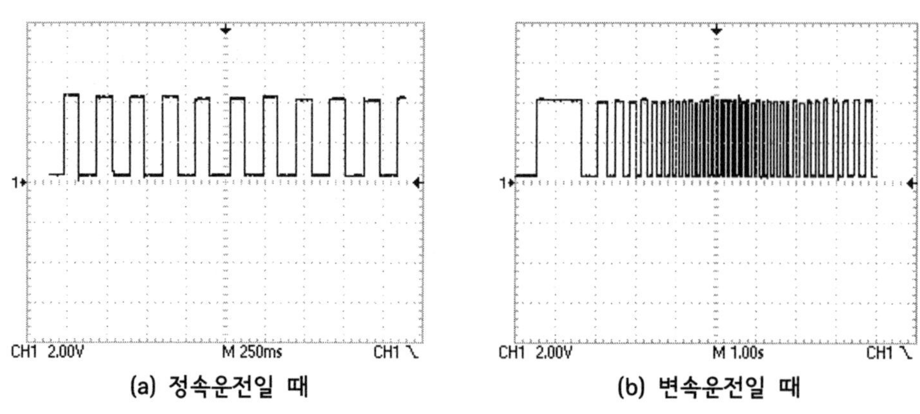

(a) 정속운전일 때 **(b) 변속운전일 때**

그림 8.11 로터리 엔코더 속도에 따른 펄스파형

그림 8.12는 Z상의 펄스를 나타내는 파형으로 Z상은 전동기의 회전위치 등을 검출할 때 기준위치로 활용할 수 있다. A, B상은 12개의 슬릿인 반면에 Z상은 슬릿이 1개이기 때문에 그림 8.12와 같이 1개의 펄스가 출력된 후 11개 펄스가 발생되는 시간이 경과해야 다음 펄스가 출력된다.

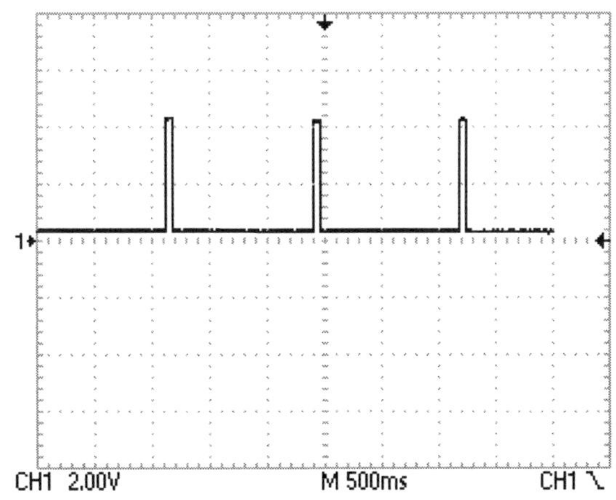

그림 8.12 로터리 엔코더 Z상 펄스

5. 전체 회로도

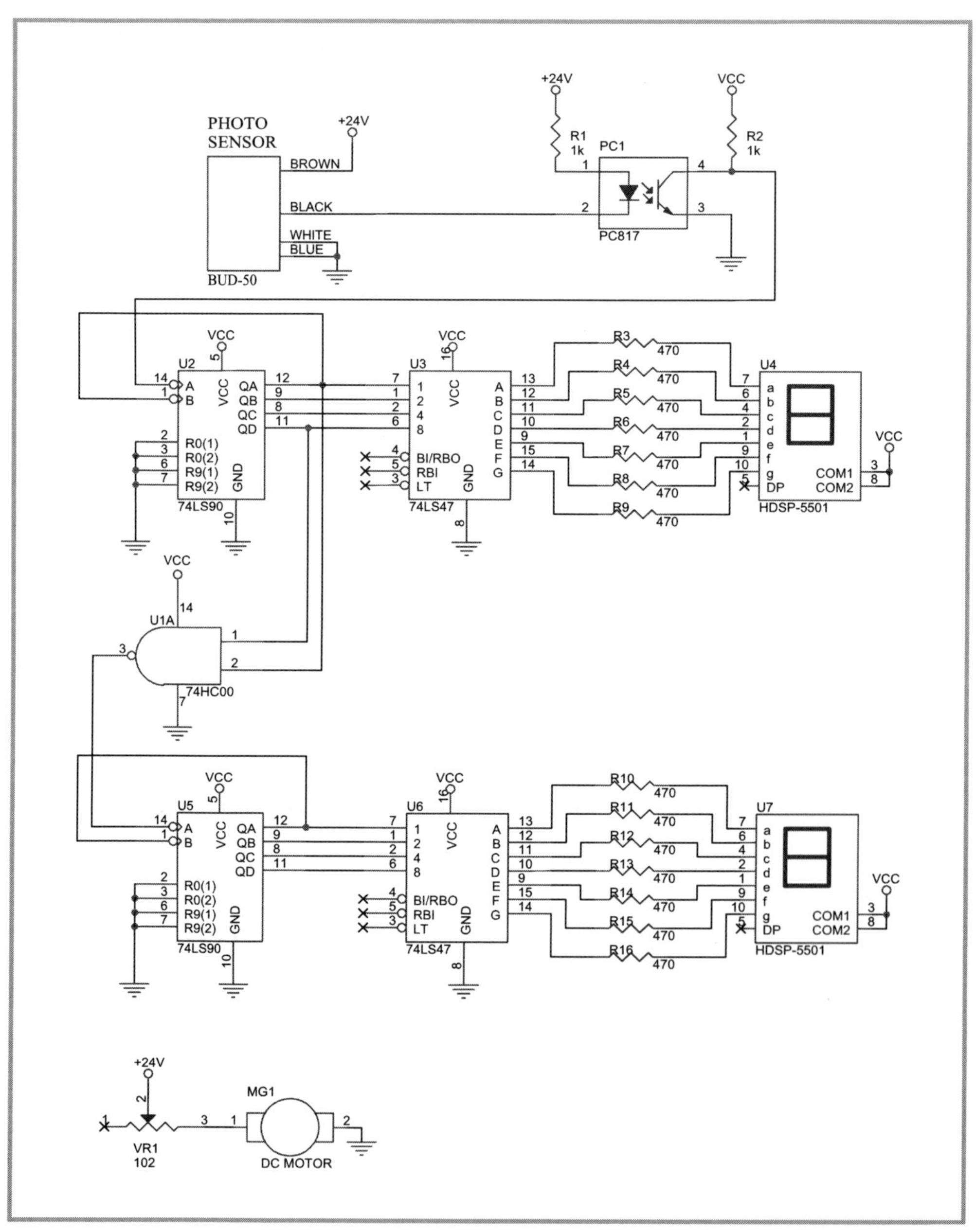

그림 8.13 전체 회로도

6. 부품 리스트

	종류	규격	수량	기호
1	2진 카운터	4040	1	U_1
2	디코더 IC	74LS47	2	U_2, U_6
3	7 세그먼트	HDSP-5501	2	U_3, U_7
4	NAND	74HC00	1	U_4
5	10진 카운터	74LS90	1	U_5
6	트랜지스터	2N2222	1	Q_1
7	저항	1[$k\Omega$], 1/4[W]	2	R_1, R_2
8	저항	470[Ω], 1/4[W]	15	R_3~R_{17}
9	포토 커플러	PC817	1	PC_1
10	광센서	BUD-50	1	S_1
11	전동기	DC9[V]	1	MG_1
12	가변저항	102	1	VR_1
13	회전원판	12 펄스	1	

7. 결선

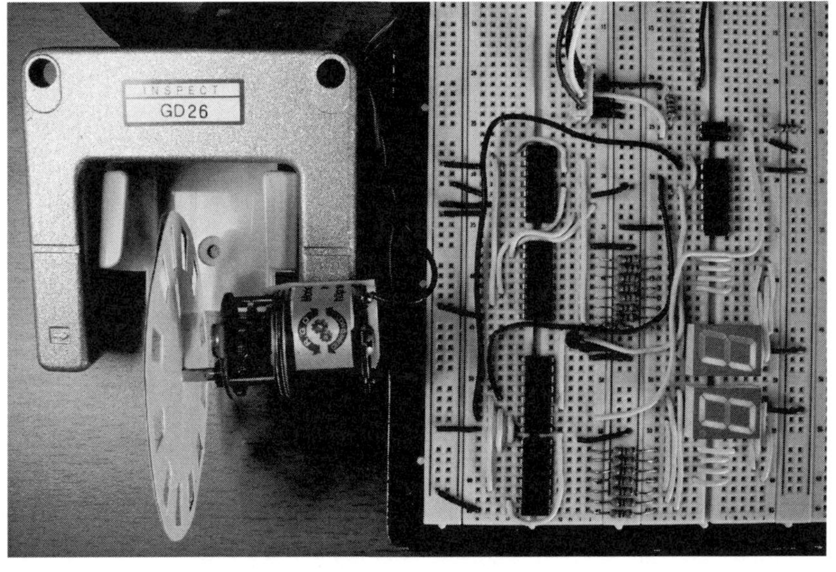

그림 8.14 전체 결선

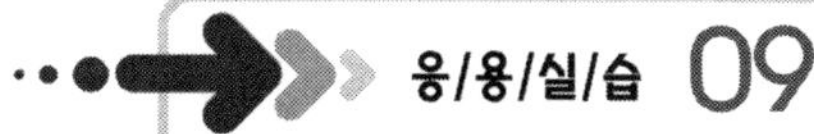

포토 다이오드를 이용한 전동기 원격제어 실습

1. 개요

응용실습 9는 흔히 사용하는 리모콘의 신호발생원리에 대한 학습을 목표로 하는 실습으로서, 포토 다이오드를 이용해 적외선을 발생시키고 포토 트랜지스터를 이용하여 적외선을 감지함으로서 적외선센서의 송수신 기능을 수행하도록 한다. 버튼을 누르면 '포토 다이오드 ON→적외선 발생→포토 트랜지스터 ON→릴레이 ON→전동기 회전'의 동작이 이루어지도록 하고, 버튼을 누르지 않으면 모두 OFF되도록 하는 논리구성이기 때문에 버튼을 누르고 있을 때에는 거리를 두고 떨어져 있는 전동기가 회전하는 동작이 나타난다.

2. 실습목표

① 포토 다이오드, 포토 트랜지스터 실습

② 비교기 실습

③ 릴레이 실습

④ 직류전동기 실습

3. 기본실습 활용

기본실습 4-6, 4-7, 8-1, 9-5

4. 부분별 동작설명

1) 적외선 신호 송수신부

리모콘에 사용되는 적외선센서는 포토 다이오드를 통해 적외선을 조사하고, 포토 트랜지스터를 이용하여 적외선을 감지함으로써 제어신호를 송수신하는 시스템으로서, 대부분의 리모콘의 경우에는 신호의 종류가 많기 때문에 마이크로컨트롤러를 이용하여 제어시스템을 구성하지만, 본 실습에서는 적외선센서를 이용한 리모콘의 제어원리를 살펴보기 위한 목적이므로 하나의 신호원만을 이용하여 회로를 구성한다.

그림 9.1은 적외선센서 송수신부의 회로도로서, 푸시 버튼 SW_1을 눌러 포토 다이오드 D_1에 전압을 인가하면 포토 다이오드가 ON되어 적외선이 조사된다. 포토 다이오드 몸체의 유리창 부분과 포토 트랜지스터 몸체의 유리창 부분을 서로 마주보도록 일직선상에 위치시키면 포토 다이오드로부터 조사된 적외선을 포토 트랜지스터 Q_1이 감지하게 되어 포토 트랜지스터가 ON된다. 포토 트랜지스터가 ON되면 V_{CC} 전압이 포토 트랜지스터 에미터 단자에 나타나 디지털 로직으로 'high' 상태가 sensor signal로 전송된다. 따라서 푸시 버튼을 누르면 sensor signal 부분이 'high' 로직 상태가 되며, 버튼을 누르지 않으면 sensor signal 부분이 'low' 로직 상태가 됨을 알 수 있다.

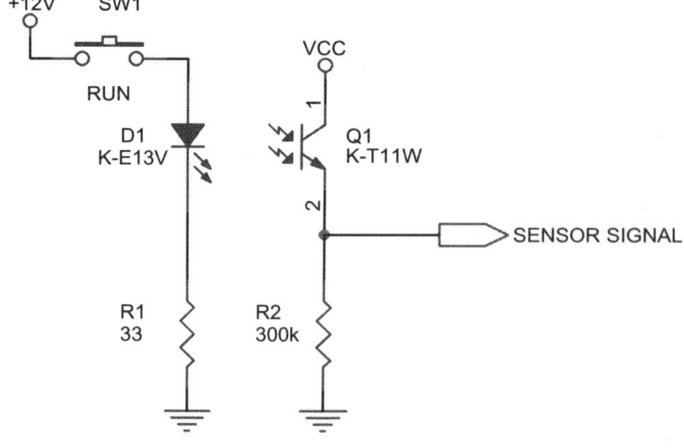

그림 9.1 적외선 신호 송수신부

2) 비교 회로부

그림 9.2는 비교 회로부의 회로도로서, 포토 다이오드로부터 전송된 신호를 포토 트랜지스터를 통해 감지한 후 이를 디지털 로직신호로 변화시킨 sensor signal을 비교기 U_1의 (+)입력 핀으로 입력한다.

비교기의 또 다른 입력인 (-)입력 핀에는 가변저항을 통해 분압된 2.5[V] 전압을 입력한다. 비교기 LM311은 앞의 실습에서도 설명한 바와 같이 (+)입력 핀과 (-)입력 핀의 전압값을 비교하여 (+)입력 핀의 전압값이 (-)입력 핀의 전압값보다 높을 때 출력 핀(U_1#⑦)에 'high' 로직이 출력되고, 반대의 입력조건에서는 출력 핀에 'low' 로직이 출력되는 비교기능을 수행하는 칩이다.

응용실습 9에서는 센서의 입력전압을 (+), 기준전압을 (-)입력 핀에 각각 연결하였으므로 리모콘 버튼이 눌려졌을 때에 센서의 입력 로직이 'high' 상태가 되어 비교기 출력도 'high' 로직 상태로 나타나며, 이에 따라 NOT 게이트 출력 핀(U_2#②)이 'low' 로직 상태가 된다.

비교기 출력 핀 다음에 NOT 게이트를 추가하는 이유는 리모콘 버튼이 눌려졌을 때, 릴레이를 이용하여 직류전동기를 구동하게 되는데, 릴레이의 동작 로직을 맞춰주기 위하여 비교기와 릴레이 사이에 NOT 게이트를 추가한 것이다.

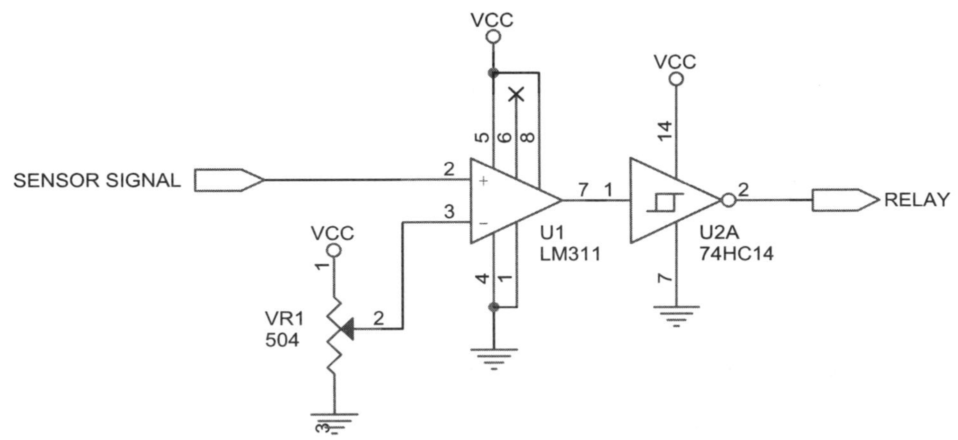

그림 9.2 적외선 송수신부 및 비교회로부

3) 출력회로부

출력회로부는 릴레이 및 직류전동기로 구성되는데, 리모콘으로부터 발생된 신호를 비교기와 NOT 게이트를 통해 그림 9.3과 같이 릴레이 코일구동단자로 연결한다.

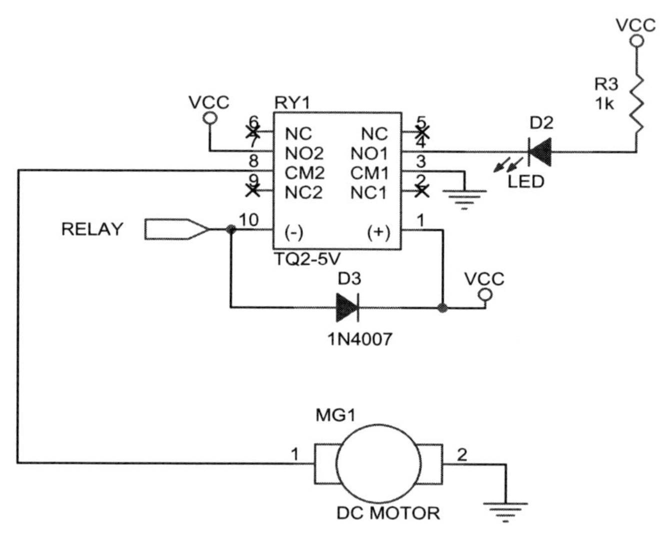

그림 9.3 출력부 회로도

릴레이 RY_1 코일 (-)핀에 NOT 게이트 출력신호를 연결하면 리모콘의 버튼이 눌려졌을 때, 즉 NOT 게이트의 출력이 'low' 상태가 되었을 때 릴레이가 ON되는데, 릴레이가 ON되면 릴레이의 a접점에 연결된 직류전동기가 비로소 회전을 하게 된다. 반대의 경우, 즉 리모콘의 버튼이 눌려지지 않았을 때에는 릴레이가 OFF되어 전동기가 회전하지 않게 된다. 출력동작을 다양하게 하기 위해 릴레이 a접점에 LED를 연결했는데 LED는 직류전동기가 회전할 때에는 ON되는 동작상태를 나타낸다.

표 9.1 전동기의 리모콘 제어 시스템 전체 동작상태

	포토다이오드 (K-E13V)	포토트랜지스터 (K-T11W)	비교기 (LM311#7)	NOT (74HC14#2)	Relay	Motor	LED
버튼 ON	ON	ON	H	L	ON	Run	ON
버튼 OFF	OFF	OFF	L	H	OFF	Stop	OFF

5. 전체 회로도

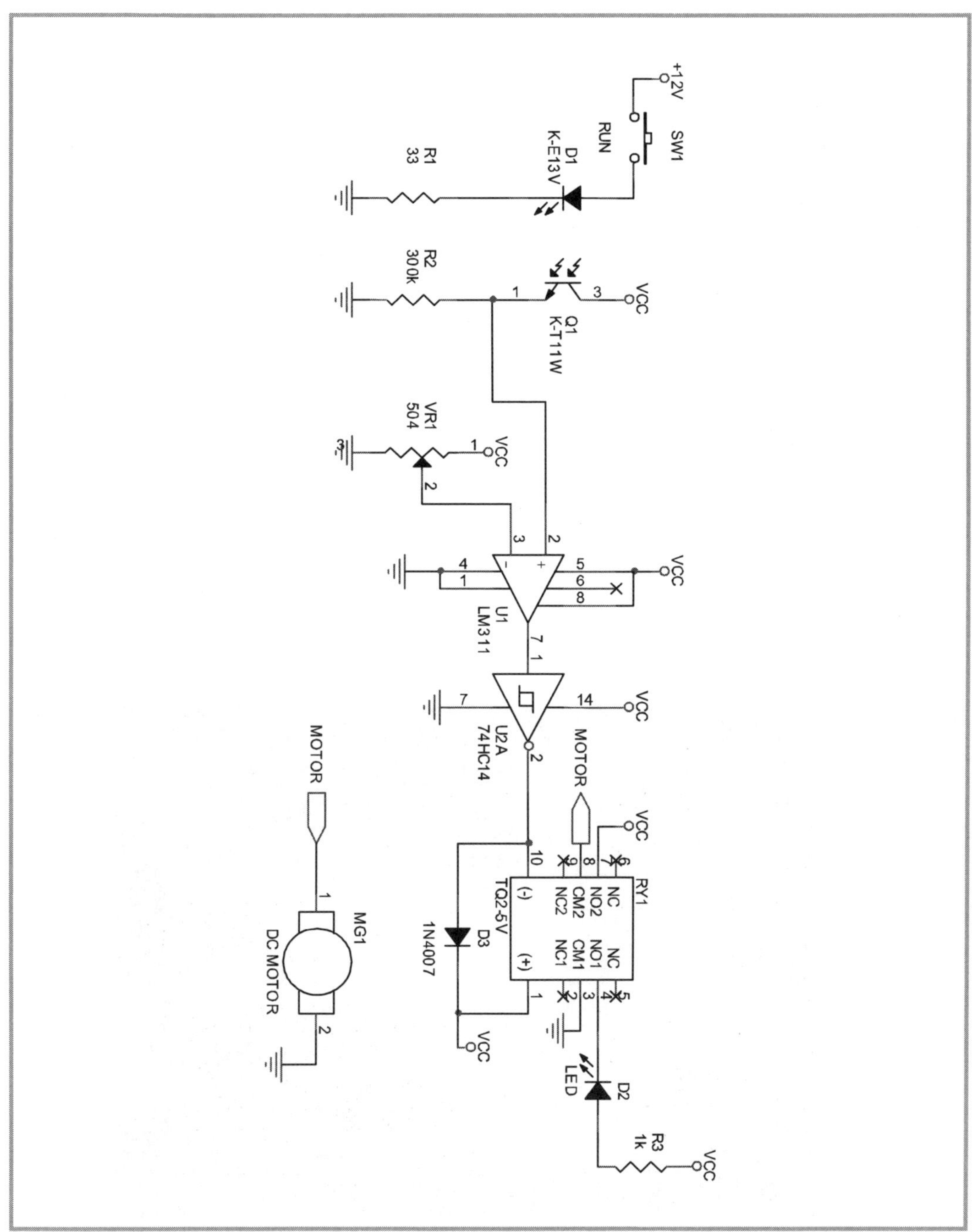

그림 9.4 전체 회로도

6. 부품 리스트

	종류	규격	수량	기호
1	비교기	LM311	1	U_1
2	NOT 게이트	74HC14	1	U_2
3	스위치	tact 스위치	1	SW_1
4	포토 다이오드	K-E13V	1	D_1
5	LED	5Φ, round	1	D_2
6	다이오드	1N4007	1	D_3
7	포토 트랜지스터	K-T11W	1	Q_1
8	저항	33[Ω], 1/4[W]	1	R_1
9	저항	300[$k\Omega$], 1/4[W]	1	R_2
10	저항	1[$k\Omega$], 1/4[W]	1	R_3
11	가변저항	504	1	VR_1
12	릴레이	TQ2-5[V]	1	RY_1
13	전동기	DC9[V]	1	MG_1

7. 결선

그림 9.5 전체 결선

근접스위치를 이용한 문열림 알림장치

1. 개요

응용실습 10은 출입문이 열리면 음악이 자동으로 연주되는 시스템을 근접스위치를 이용하여 구현해 보는 실습으로써, 출입문의 상단에 금속체를 붙이고, 문설주에 근접스위치를 설치하여 출입문이 닫혔을 때에는 근접스위치가 금속체를 검출하고, 출입문이 열렸을 때에는 근접스위치가 금속체를 검출하지 못하게 되는 동작을 이용하여 센싱신호를 발생하게 된다. 또한 문열림이 감지되었을 때, 멜로디 발생 IC에 내장된 데이터를 스피커를 통해 출력함으로써 음악이 자동으로 연주되도록 하는 시스템이다.

2. 실습목표

① 근접센서 실습

② 멜로디 IC 실습

③ 스피커 실습

④ 릴레이 실습

⑤ 포토 커플러 실습

3. 기본실습 활용

기본실습 6-2, 9-4

4. 부분별 동작설명

1) 입력부

입력부는 근접센서를 이용하여 금속체를 감지하는 센서부와 센서부로부터 입력되는 전압 레벨을 변환시키는 포토 커플러부로 구성되어 있다.

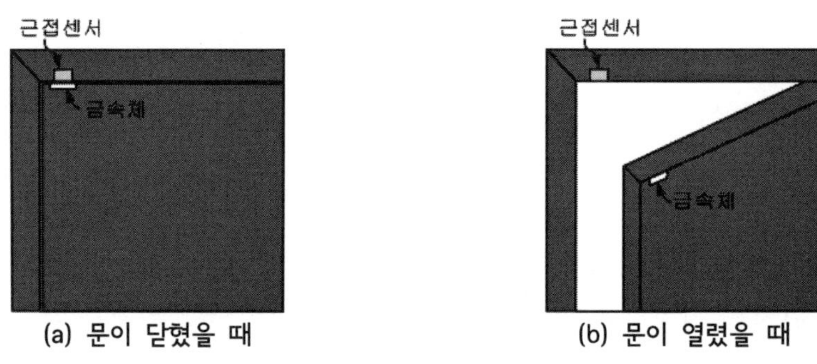

그림 10.1 센서 설치

그림 10.1과 같이 문설주에 근접센서를 고정시키고 문에 금속체를 설치하므로 문이 닫혔을 때에는 근접센서가 금속체를 감지하지만, 반대로 문이 열렸을 때에는 근접센서가 금속체를 감지하지 못하는 동작상태를 나타낸다. 이러한 동작상태는 전기적인 신호로 변환되어 포토 커플러로 입력된다. 근접센서가 ON이면 포토 커플러도 ON되며, 근접센서가 OFF이면 포토 커플러도 OFF된다. 결과적으로 문이 닫혀 있어 근접센서가 ON이면 포토 커플러 출력단 'RELAY' 신호는 'low' 상태를 유지하며, 문이 열려 근접센서가 OFF되면 포토 커플러도 OFF되어 'RELAY' 신호단은 'high' 상태로 변화된다. 그림 10.2는 센서입력부의 회로도를 나타낸다.

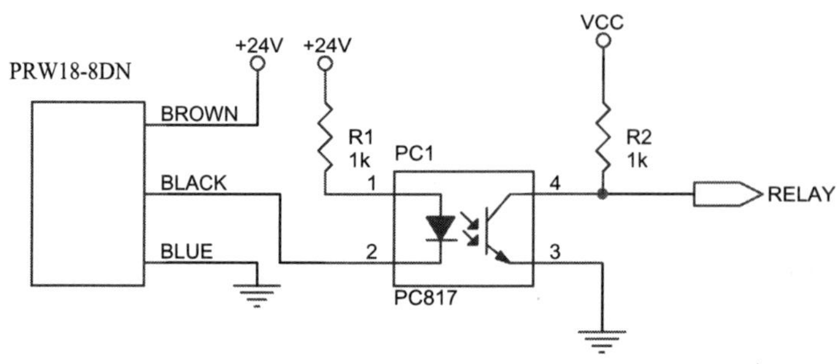

그림 10.2 센서입력부 회로도

2) 릴레이 구동부

센서입력부로부터 입력되는 신호는 릴레이 코일에 연결되는데 근접센서가 ON되면 포토 커플러의 출력 핀(PC_1#④)이 'low'가 되어 릴레이는 ON되며, 반대로 포토 커플러의 출력 핀이 'high'가 되면 릴레이는 OFF된다. 이때 릴레이의 한쪽 b접점에는 LED가 연결되어 있고 다른 b접점에는 +2.5[V]가 연결되어 있는데, 근접센서가 ON되어 릴레이가 ON되면 b접점이 떨어지기 때문에 LED가 OFF되고, +2.5[V]가 멜로디 발생 IC로 전달되지 않으며, 근접센서가 OFF되어 릴레이가 OFF되면 b접점이 연결되기 때문에 LED가 ON되고, +2.5[V]가 멜로디 발생 IC로 전달된다. 그림 10.3은 릴레이 구동부의 회로도를 나타낸다.

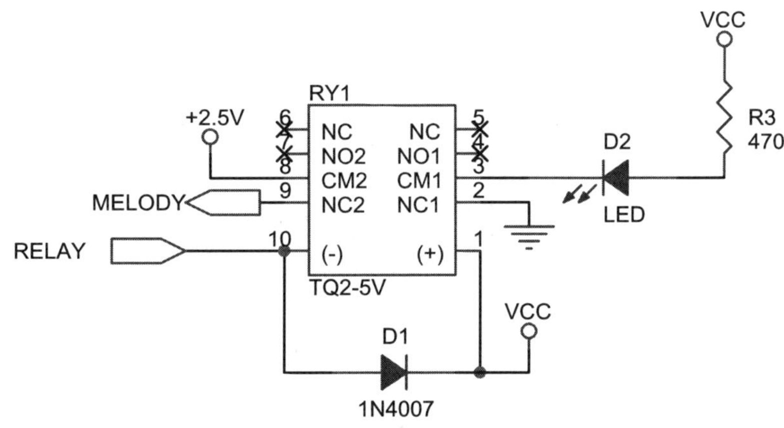

그림 10.3 릴레이 구동부

3) 멜로디부

IC 66T-XX 시리즈는 R-C 오실레이터 및 ROM 메모리를 내부에 포함하고 있는 멜로디 발생 IC로서, 외부에 스피커를 연결한 후 전원만 인가하면 메모리에 저장되어 있는 음악이 자동으로 연주된다. 본 실습에서는 모델번호 66T-32L의 IC를 사용하였는데, 이 IC의 멜로디는 'Coo Coo Waltz'를 연주하는 IC이며, 핀 배치는 그림 10.4와 같다.

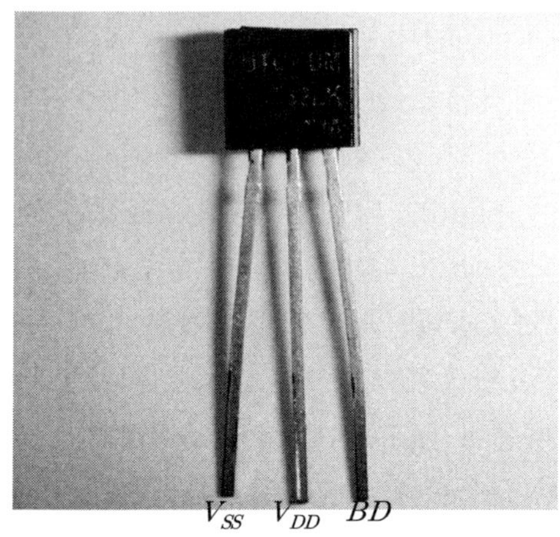

그림 10.4 66T-32L

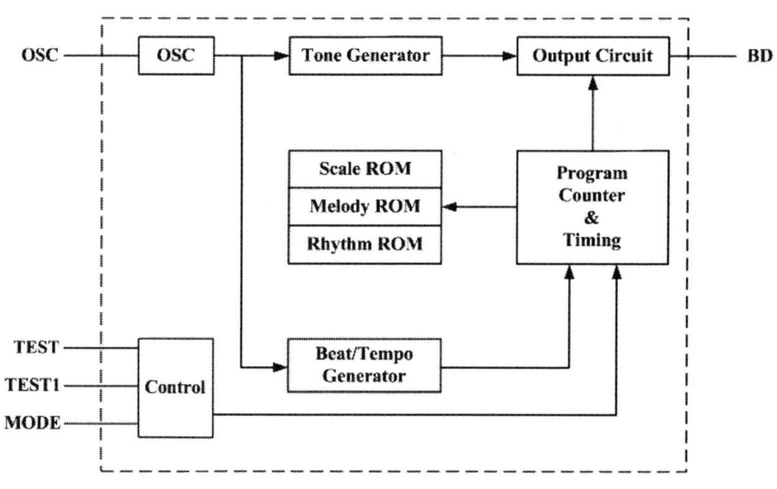

그림 10.5 66T-XX 시리즈 내부 구성

그림 10.5는 멜로디 발생 IC 66T-XX 시리즈의 내부 구성을 나타내는 블록도로서, 내부에 멜로디 데이터를 저장할 수 있는 ROM이 포함되어 있으며, 표 10.1과 같이 모델 번호에 따라 연주되는 음악이 다르게 결정된다.

표 10.1 66T-XX 시리즈 종류

	곡명
66T-02L	Jingle bell
66T-05L	Home sweet home
66T-08L	Happy birthday
66T-11L	Love me tender
66T-12L	Love story
66T-19L	For Elise
66T-32L	Coo coo waltz
66T-68L	It's a small world

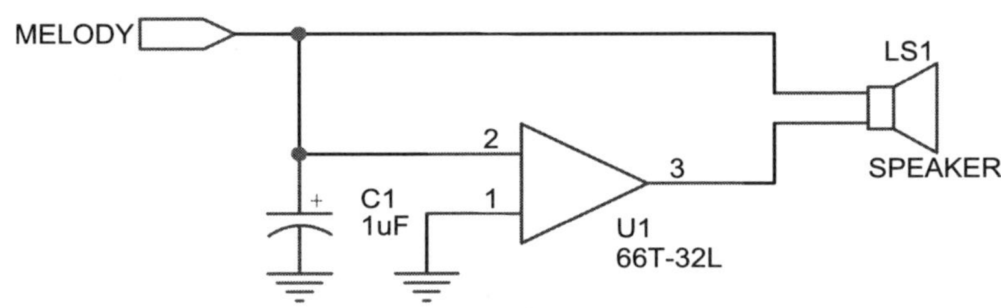

그림 10.6 멜로디 연주 회로도

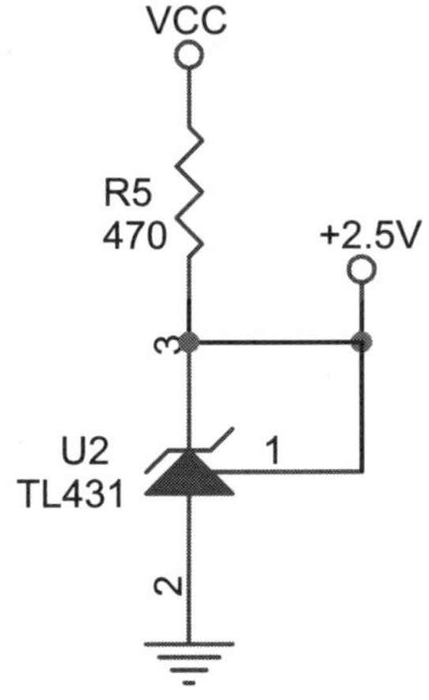

그림 10.7 멜로디 발생 IC 구동전원

그림 10.6은 멜로디 발생 IC 66T-32L을 이용한 멜로디 연주 회로를 나타내는 그림으로서, 외부에 스피커를 연결하고 66T-32L에 전원만 연결하면 자동으로 음악이 연주되는 매우 편리한 멜로디용 IC이다. 이때 66T-32L에 공급되는 전압은 1.5~4.5[V]이어야 하는데, 5[V]를 이용하여 1.5~4.5[V]를 맞춰 주기 위하여 그림 10.7과 같이 전압 레귤레이터 TL431을 이용하여 공급되는 전압을 2.5[V]로 낮추어 공급한다. 또한 스피커는 트랜지스터 Q_1을 이용하여 구동한다.

표 10.2는 전체 시스템의 동작 상태를 알 수 있는 동작상태도인데, 표를 살펴보면 문이 열리면 멜로디가 연주되면서 동시에 LED가 ON되고, 문이 닫히면 멜로디가 멈추고 LED도 OFF되는 동작특성을 나타낸다.

표 10.2 문열림 알림장치

	근접센서	포토커플러 (PC817#④)	릴레이 코일	릴레이 b접점	멜로디 (66T-32L#③)	LED
문 열림	OFF	H	OFF	연결	멜로디 연주	ON
문 닫힘	ON	L	ON	끊어짐	H	OFF

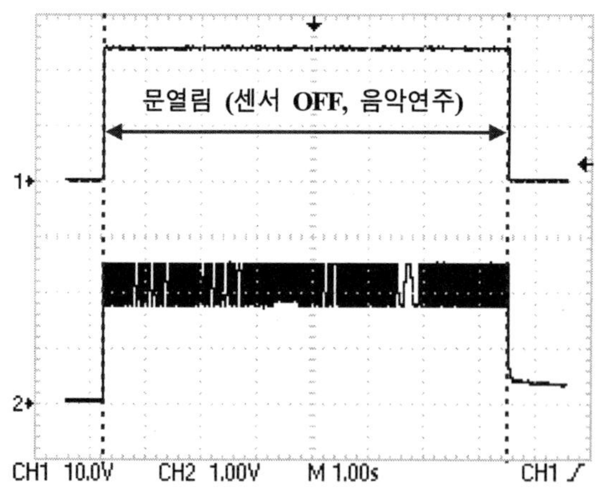

그림 10.8 멜로디 동작 파형

그림 10.8은 문이 열려 센서가 동작되었을 때 실제로 음악이 연주되는 순간의 파형을 나타내는 것으로 채널 1은 센서 PWR18-8DN 출력선(흑색)의 파형을 측정한 것으로 근접센서가 OFF되는 것을 나타내며, 채널 2는 멜로디 발생 IC의 멜로디 출력 핀(66T-32L#③) 파형을 나타낸다. 파형에서 알 수 있듯이 센서가 OFF되면 멜로디 파형이 출력되고 있음을 확인할 수 있다.

그림 10.9는 그림 10.8의 멜로디 출력파형을 확대한 파형으로 멜로디 음의 높낮이에 따라 파형이 변화됨을 확인할 수 있다.

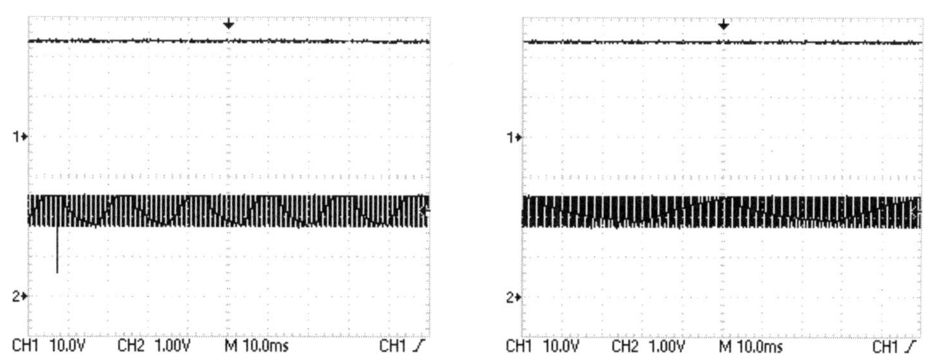

그림 10.9 멜로디 연주 파형

5. 전체 회로도

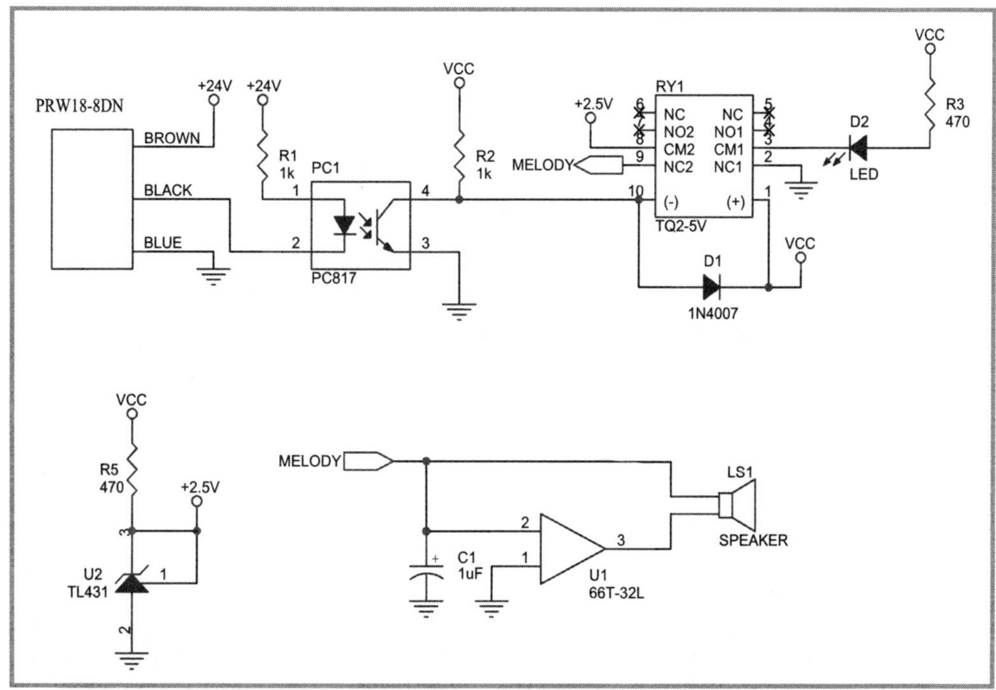

그림 10.10 전체 회로도

6. 부품 리스트

	종류	규격	수량	기호
1	멜로디 발생 IC	66T-32L	1	U_1
2	전압 레귤레이터	TL431	1	U_2
3	릴레이	TQ2-5[V]	1	RY_1
4	다이오드	1N4007	1	D_1
5	LED	5Φ, round	1	D_2
6	저항	1[$k\Omega$], 1/4[W]	2	R_1, R_2
7	저항	470[Ω], 1/4[W]	2	R_3, R_5
8	커패시터	전해, 1[μF]/16[V]	1	C_1
9	포토 커플러	PC817	1	PC_1
10	근접센서	PRW18-8DN	1	S_1
11	스피커	8[Ω], 0.25[W]	1	LS_1

7. 결선

그림 10.11 전체 결선

주요 소자 데이터북

LM311
LM211

Highly Flexible Voltage Comparators

HIGH PERFORMANCE VOLTAGE COMPARATORS

SEMICONDUCTOR TECHNICAL DATA

The ability to operate from a single power supply of 5.0 V to 30 V or ±15 V split supplies, as commonly used with operational amplifiers, makes the LM211/LM311 a truly versatile comparator. Moreover, the inputs of the device can be isolated from system ground while the output can drive loads referenced either to ground, the V_{CC} or the V_{EE} supply. This flexibility makes it possible to drive DTL, RTL, TTL, or MOS logic. The output can also switch voltages to 50 V at currents to 50 mA. Thus the LM211/LM311 can be used to drive relays, lamps or solenoids.

Typical Comparator Design Configurations

Split Power Supply with Offset Balance

3.0 k, V_{CC}, 5.0 k, R_L, Inputs, Output, V_{EE}

Single Supply

V_{CC}, R_L, Inputs, Output, V_{EE}

Ground–Referred Load

V_{CC}, Inputs, Output, R_L, V_{EE}

Input polarity is reversed when Gnd pin is used as an output.

Load Referred to Negative Supply

V_{CC}, Inputs, Output, R_L, V_{EE}

Input polarity is reversed when Gnd pin is used as an output.

Load Referred to Positive Supply

V_{CC}, R_L, Inputs, Output, V_{EE}

Strobe Capability

V_{CC}, R_L, Inputs, Output, V_{EE}, TTL Strobe, 1.0 k

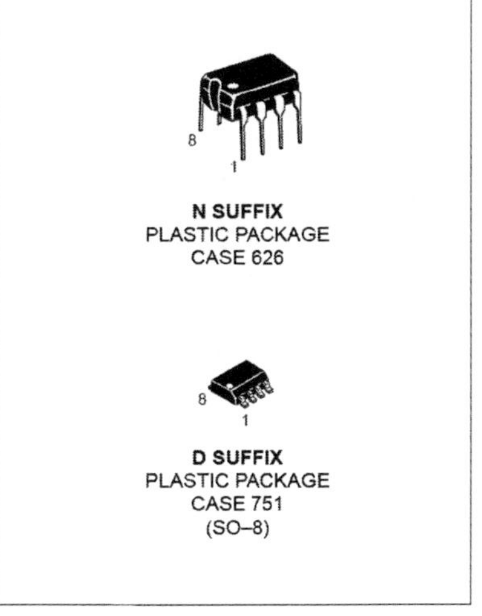

N SUFFIX
PLASTIC PACKAGE
CASE 626

D SUFFIX
PLASTIC PACKAGE
CASE 751
(SO–8)

PIN CONNECTIONS

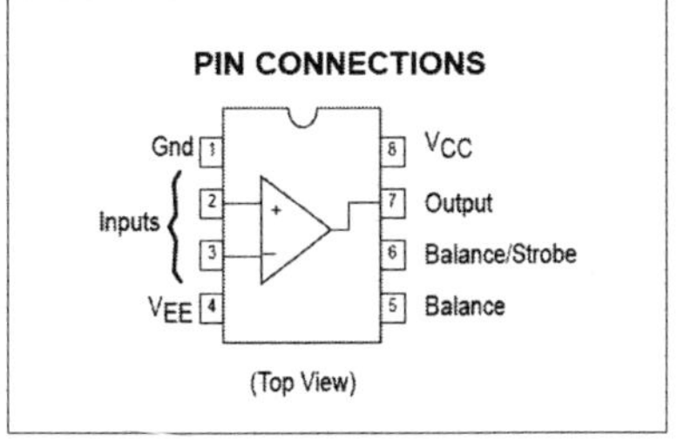

(Top View)

ORDERING INFORMATION

Device	Operating Temperature Range	Package
LM211D	T_A = 25° to +85°C	SO–8
LM311D LM311N	T_A = 0° to +70°C	SO–8 Plastic DIP

LM358, LM258, LM2904, LM2904V

Dual Low Power Operational Amplifiers

Utilizing the circuit designs perfected for recently introduced Quad Operational Amplifiers, these dual operational amplifiers feature 1) low power drain, 2) a common mode input voltage range extending to ground/V_{EE}, 3) single supply or split supply operation and 4) pinouts compatible with the popular MC1558 dual operational amplifier. The LM158 series is equivalent to one–half of an LM124.

These amplifiers have several distinct advantages over standard operational amplifier types in single supply applications. They can operate at supply voltages as low as 3.0 V or as high as 32 V, with quiescent currents about one–fifth of those associated with the MC1741 (on a per amplifier basis). The common mode input range includes the negative supply, thereby eliminating the necessity for external biasing components in many applications. The output voltage range also includes the negative power supply voltage.

- Short Circuit Protected Outputs
- True Differential Input Stage
- Single Supply Operation: 3.0 V to 32 V
- Low Input Bias Currents
- Internally Compensated
- Common Mode Range Extends to Negative Supply
- Single and Split Supply Operation
- Similar Performance to the Popular MC1558
- ESD Clamps on the Inputs Increase Ruggedness of the Device without Affecting Operation

DUAL DIFFERENTIAL INPUT OPERATIONAL AMPLIFIERS

SEMICONDUCTOR TECHNICAL DATA

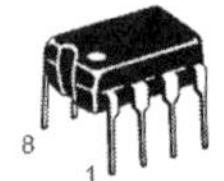

N SUFFIX
PLASTIC PACKAGE
CASE 626

D SUFFIX
PLASTIC PACKAGE
CASE 751
(SO–8)

PIN CONNECTIONS

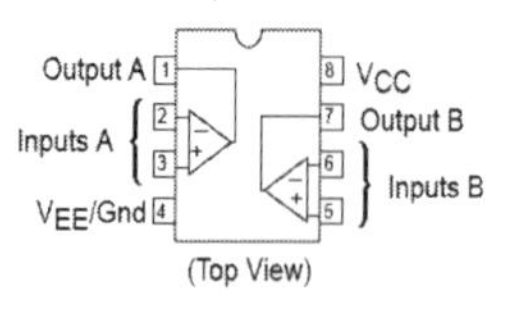

MAXIMUM RATINGS (T_A = +25°C, unless otherwise noted.)

Rating	Symbol	LM258 LM358	LM2904 LM2904V	Unit
Power Supply Voltages Single Supply Split Supplies	 V_{CC} V_{CC}, V_{EE}	 32 ±16	 26 ±13	Vdc
Input Differential Voltage Range (Note 1)	V_{IDR}	±32	±26	Vdc
Input Common Mode Voltage Range (Note 2)	V_{ICR}	–0.3 to 32	–0.3 to 26	Vdc
Output Short Circuit Duration	t_{SC}	Continuous		
Junction Temperature	T_J	150		°C
Storage Temperature Range	T_{stg}	–55 to +125		°C
Operating Ambient Temperature Range LM258 LM358 LM2904 LM2904V	T_A	 –25 to +85 0 to +70 – –	 – – –40 to +105 –40 to +125	°C

NOTES: 1. Split Power Supplies.
2. For Supply Voltages less than 32 V for the LM258/358 and 26 V for the LM2904, the absolute maximum input voltage is equal to the supply voltage.

ORDERING INFORMATION

Device	Operating Temperature Range	Package
LM2904D	T_A = –40° to +105°C	SO–8
LM2904N		Plastic DIP
LM2904VD	T_A = –40° to +125°C	SO–8
LM2904VN		Plastic DIP
LM258D	T_A = –25° to +85°C	SO–8
LM258N		Plastic DIP
LM358D	T_A = 0° to +70°C	SO–8
LM358N		Plastic DIP

NE555
SA555 - SE555

GENERAL PURPOSE SINGLE BIPOLAR TIMERS

- LOW TURN OFF TIME
- MAXIMUM OPERATING FREQUENCY GREATER THAN 500kHz
- TIMING FROM MICROSECONDS TO HOURS
- OPERATES IN BOTH ASTABLE AND MONOSTABLE MODES
- HIGH OUTPUT CURRENT CAN SOURCE OR SINK 200mA
- ADJUSTABLE DUTY CYCLE
- TTL COMPATIBLE
- TEMPERATURE STABILITY OF 0.005% PER°C

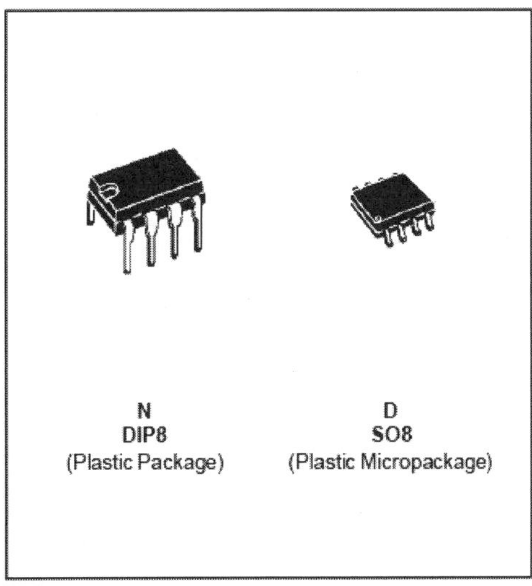

DESCRIPTION

The NE555 monolithic timing circuit is a highly stable controller capable of producing accurate time delays or oscillation. In the time delay mode of operation, the time is precisely controlled by one external resistor and capacitor. For a stable operation as an oscillator, the free running frequency and the duty cycle are both accurately controlled with two external resistors and one capacitor. The circuit may be triggered and reset on falling waveforms, and the output structure can source or sink up to 200mA. The NE555 is available in plastic and ceramic minidip package and in a 8-lead micropackage and in metal can package version.

ORDER CODES

Part Number	Temperature Range	Package	
		N	D
NE555	0°C, 70°C	•	•
SA555	–40°C, 105°C	•	•
SE555	–55°C, 125°C	•	•

PIN CONNECTIONS (top view)

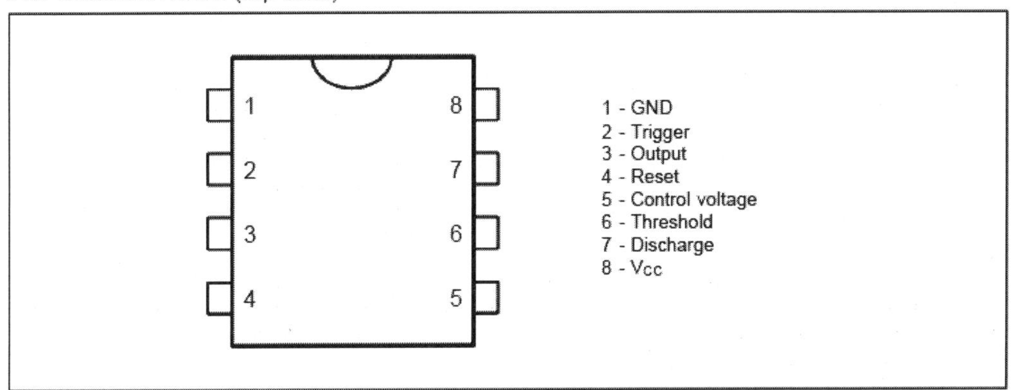

APPLICATION INFORMATION

MONOSTABLE OPERATION

In the monostable mode, the timer functions as a one-shot. Referring to figure 10 the external capacitor is initially held discharged by a transistor inside the timer.

Figure 10

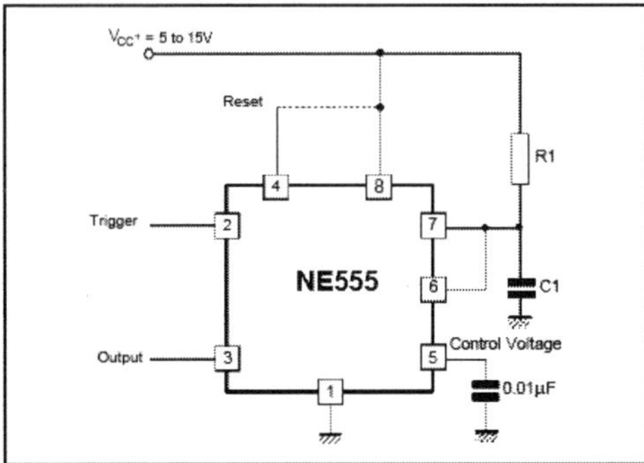

The circuit triggers on a negative-going input signal when the level reaches 1/3 Vcc. Once triggered, the circuit remains in this state until the set time has elapsed, even if it is triggered again during this interval. The duration of the output HIGH state is given by $t = 1.1\ R_1C_1$ and is easily determined by figure 12.

Notice that since the charge rate and the threshold level of the comparator are both directly proportional to supply voltage, the timing interval is independent of supply. Applying a negative pulse simultaneously to the reset terminal (pin 4) and the trigger terminal (pin 2) during the timing cycle discharges the external capacitor and causes the cycle to start over. The timing cycle now starts on the positive edge of the reset pulse. During the time the reset pulse in applied, the output is driven to its LOW state.

When a negative trigger pulse is applied to pin 2, the flip-flop is set, releasing the short circuit across the external capacitor and driving the output HIGH. The voltage across the capacitor increases exponentially with the time constant $\tau = R_1C_1$. When the voltage across the capacitor equals 2/3 V_{CC}, the comparator resets the flip-flop which then discharge the capacitor rapidly and drivers the output to its LOW state.

Figure 11 shows the actual waveforms generated in this mode of operation.

When Reset is not used, it should be tied high to avoid any possibly or false triggering.

Figure 11

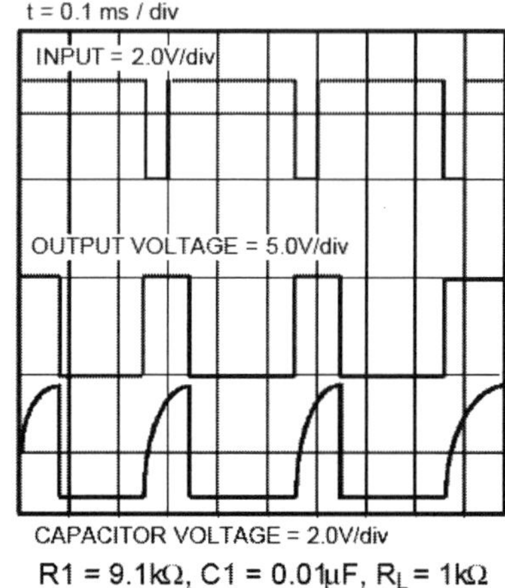

Figure 12

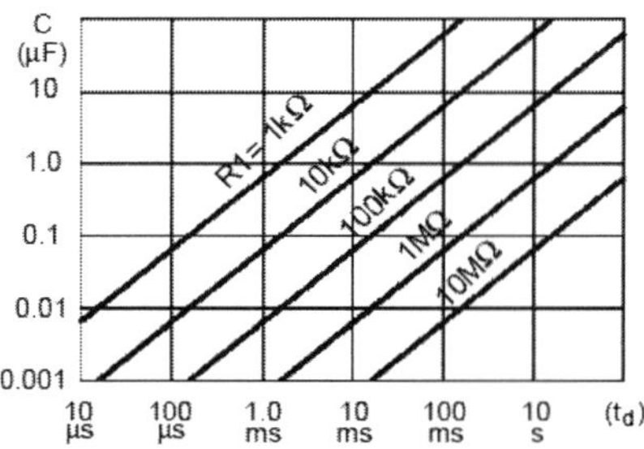

ASTABLE OPERATION

When the circuit is connected as shown in figure 13 (pin 2 and 6 connected) it triggers itself and free runs as a multivibrator. The external capacitor charges through R_1 and R_2 and discharges through R_2 only. Thus the duty cycle may be precisely set by the ratio of these two resistors.

In the astable mode of operation, C_1 charges and discharges between 1/3 V_{CC} and 2/3 Vcc. As in the triggered mode, the charge and discharge times and therefore frequency are independent of the supply voltage.

Figure 13

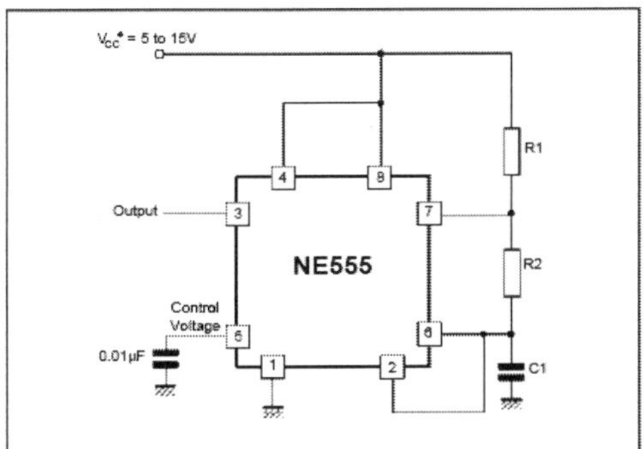

Figure 14 shows actual waveforms generated in this mode of operation.
The charge time (output HIGH) is given by :
$t_1 = 0.693 (R_1 + R_2) C_1$
and the discharge time (output LOW) by :
$t_2 = 0.693 (R_2) C_1$
Thus the total period T is given by :
$T = t_1 + t_2 = 0.693 (R_1 + 2R_2) C_1$
The frequency ofoscillation is them :

$$f = \frac{1}{T} = \frac{1.44}{(R_1 + 2R_2) C_1}$$

and may be easily found by figure 15.
The duty cycle is given by :

$$D = \frac{R_2}{R_1 + 2R_2}$$

Figure 14

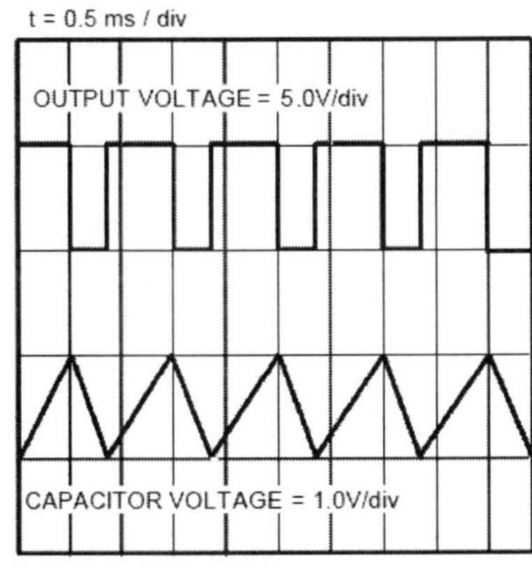

R1 = R2 = 4.8kΩ, C1= 0.1μF, R_L = 1kΩ

Figure 15 : Free Running Frequency versus R_1, R_2 and C_1

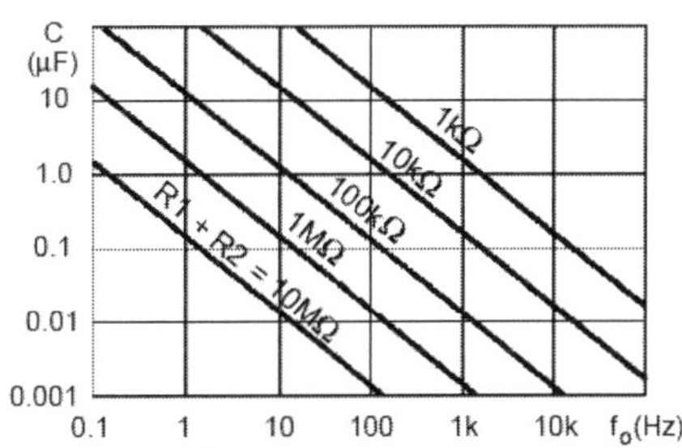

PULSE WIDTH MODULATOR

When the timer is connected in the monostable mode and triggered with a continuous pulse train, the output pulse width can be modulated by a signal applied to pin 5. Figure 16 shows the circuit.

Figure 16 : Pulse Width Modulator.

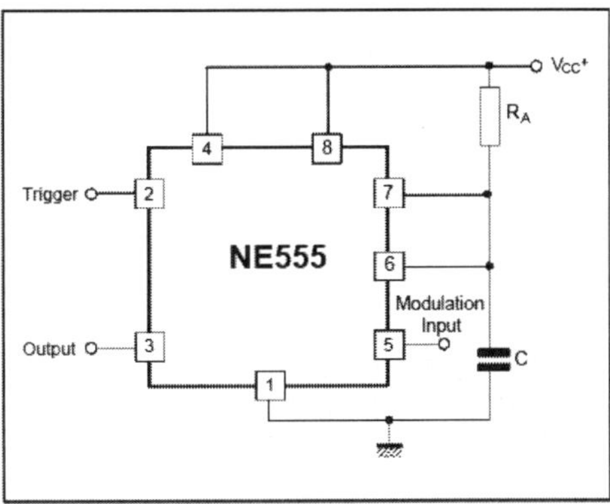

LINEAR RAMP

When the pullup resistor, R_A, in the monostable circuit is replaced by a constant current source, a linear ramp is generated. Figure 17 shows a circuit configuration that will perform this function.

Figure 17.

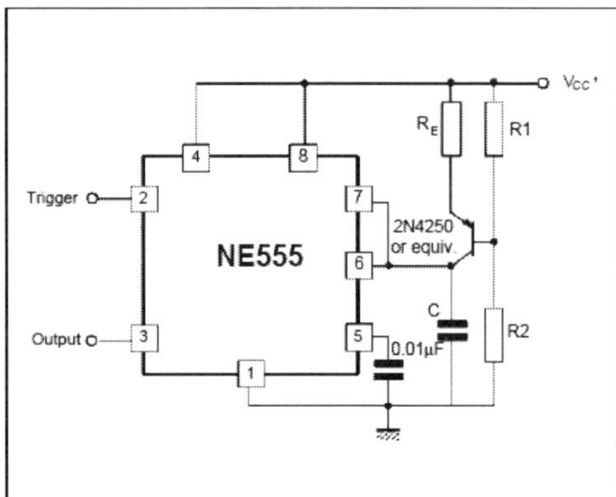

Figure 18 shows waveforms generator by the linear ramp.
The time interval is given by :

$$T = \frac{(2/3\ V_{CC}\ R_E\ (R_1 + R_2)\ C}{R_1\ V_{CC} - V_{BE}\ (R_1 + R_2)}\quad V_{BE} = 0.6V$$

Figure 18 : Linear Ramp.

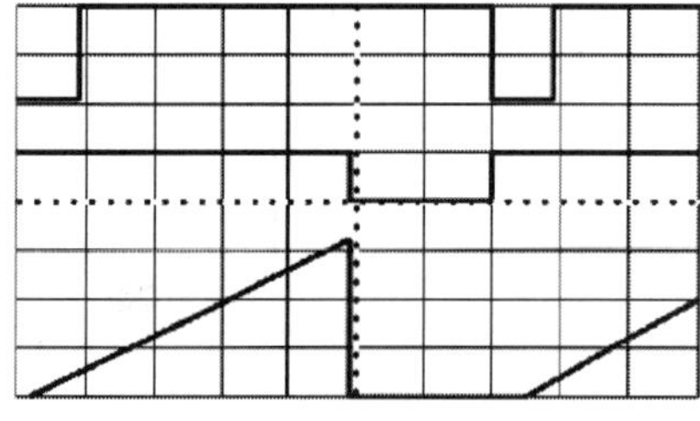

V_{CC} = 5V
Time = 20µs/DIV
R_1 = 47kΩ
R_2 = 100kΩ
R_E = 2.7kΩ
C = 0.01µF

Top trace : input 3V/DIV
Middle trace : output 5V/DIV
Bottom trace : output 5V/DIV
Bottom trace : capacitor voltage 1V/DIV

50% DUTY CYCLE OSCILLATOR

For a 50% duty cycle the resistors R_A and R_E may be connected as in figure 19. The time preriod for the output high is the same as previous,
$t_1 = 0.693\ R_A\ C$.
For the output low it is t_2 =

$$[(R_A R_B)/(R_A + R_B)]\ CLn\left[\frac{R_B - 2R_A}{2R_B - R_A}\right]$$

Thus the frequency of oscillation is $f = \frac{1}{t_1 + t_2}$

Note that this circuit will not oscillate if R_B is greater

Figure 19 : 50% Duty Cycle Oscillator.

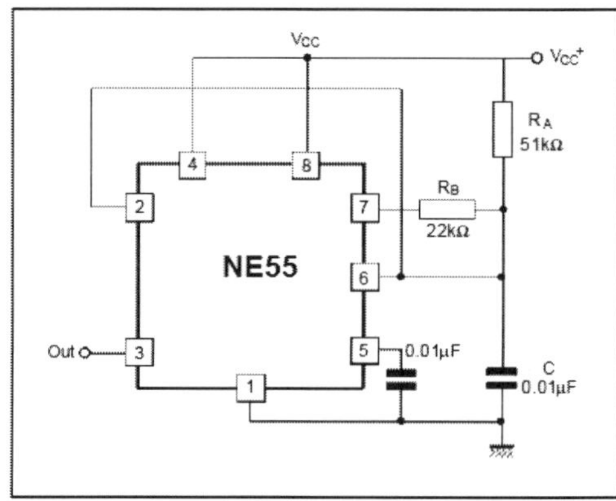

than 1/2 R_A because the junction of R_A and R_B cannot bring pin 2 down to 1/3 V_{CC} and trigger the lower comparator.

ADDITIONAL INFORMATION

Adequate power supply bypassing is necessary to protect associated circuitry. Minimum recommended is 0.1µF in parallel with 1µF electrolytic.

LOW PROFILE
2 FORM C RELAY

TQ-RELAYS

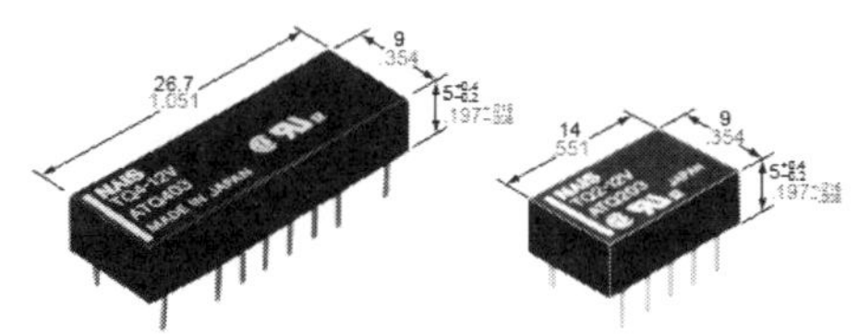

mm inch

FEATURES

- **High sensitivity:**
  2 Form C: 140 mW power consumption (single side stable type)
  4 Form C: 280 mW power consumption (single side stable type)
- **Surge voltage withstand: 1500 V FCC Part 68**
- **Sealed construction allows automatic washing**
- **Self-clinching terminal also available**
- **M.B.B. contact types available**

SPECIFICATIONS

Contact

			Standard (B.B.M) type		M.B.B.type
Arrangement			2 Form C	4 Form C	2 Form D
Initial contact resistance, max. (By voltage drop 6 V DC 1A)			50 mΩ		
Contact material			Gold-clad silver		
Rating	Nominal switching capacity (resistive load)		1 A 30 V DC 0.5 A 125 V AC		1 A 30 V DC
	Max. switching power (resistive load)		30 W, 62.5 V A		30 W
	Max. switching voltage		110 V DC, 125 V AC		110 V DC
	Max. switching current		1 A		
	Min. switching capacity ✱1		10 μA 10 mV DC		
Nominal operating power	Single side stable		140 mW (3 to 12 V DC) 200 mW (24 V DC) 300 mW (48 V DC)	280 mW (3 to 24 V DC) 400 mW (48 V DC)	200 mW
	1 coil latching		100 mW (3 to 12 V DC) 150 mW (24 V DC)	200 mW	—
	2 coil latching		200 mW (3 to 12 V DC) 300 mW (24 V DC)	400 mW	—
Expected life (min. operations)	Mechanical (at 180 cpm)		10^8		10^7
	Electrical (at 20 cpm) (1 A 30 V DC resistive)	1 A 30 V DC resistive	2×10^5		10^5
		0.5 A 125 V AC resistive	10^5		—

Note:
✱1 This value can change due to the switching frequency, environmental conditions, and desired reliability level, therefore it is recommended to check this with the actual load.

Remarks
* Specifications will vary with foreign standards certification ratings.
*1 Measurement at same location as "Initial breakdown voltage" section.
*2 By resistive method, nominal voltage applied to the coil; contact carrying current: 1 A.
*3 Nominal voltage applied to the coil, excluding contact bounce time.
*4 Nominal voltage applied to the coil, excluding contact bounce time without diode.
*5 Half-wave pulse of sine wave: 11 ms; detection time: 10 μs.
*6 Half-wave pulse of sine wave: 6 ms.
*7 Detection time: 10 μs.

Characteristics

		Standard (B.B.M) type	M.B.B.type
Initial insulation resistance*1		Min. 1,000 MΩ (at 500 V DC)	
Initial breakdown voltage	Between open contacts	750 Vrms for 1 min. (Detection current: 10 mA)	300 Vrms for 1 min. (Detection current: 10 mA)
	Between contact and coil	1,000 Vrms for 1 min. (Detection current: 10 mA)	
	Between contact sets	1,000 Vrms for 1 min. (Detection current: 10 mA)	
FCC surge voltage between open contacts		1,500 V	
Operate time [Set time]*3 (at 20°C)		Max. 3 ms (Approx. 2 ms) [Max. 3 ms (Approx. 2 ms)]	
Release time [Reset time]*4 (at 20°C)		Max. 3 ms (Approx. 1 ms) [Max. 3 ms (Approx. 2 ms)]	
M.B.B. time*8		—	Min. 10 μs.
Temperature rise*2 (at 20°C)		Max. 50°C	
Shock resistance	Functional*5	Min. 490 m/s² {50G}	
	Destructive*6	Min. 980 m/s² {100G}	
Vibration resistance	Functional*7	176.4 m/s² {18G}, 10 to 55 Hz at double amplitude of 3 mm	
	Destructive	294 m/s² {30G}, 10 to 55 Hz at double amplitude of 5 mm	
Conditions for operation, transport and storage*9 (Not freezing and condensing at low temperature)	Ambient temperature	–40°C to +70°C –40°F to +158°F	–40°C to +50°C –40°F to +122°F
	Humidity	5 to 85% R.H.	
Unit weight	2 Form C	Approx. 1.5 g .053 oz	
	4 Form C	Approx. 3 g .106 oz.	—

*8 M.B.B. time:

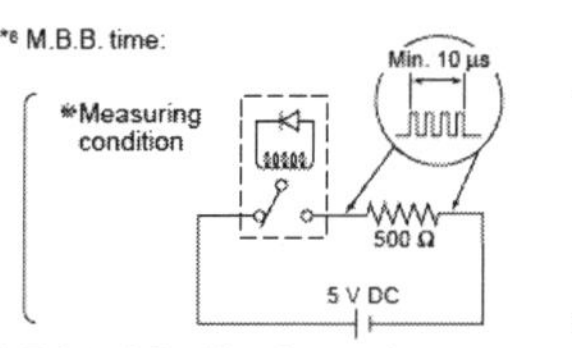

*9 Refer to 4. Conditions for operation, transport and storage mentioned in Cautions for use (Page 178).

TQ

ORDERING INFORMATION

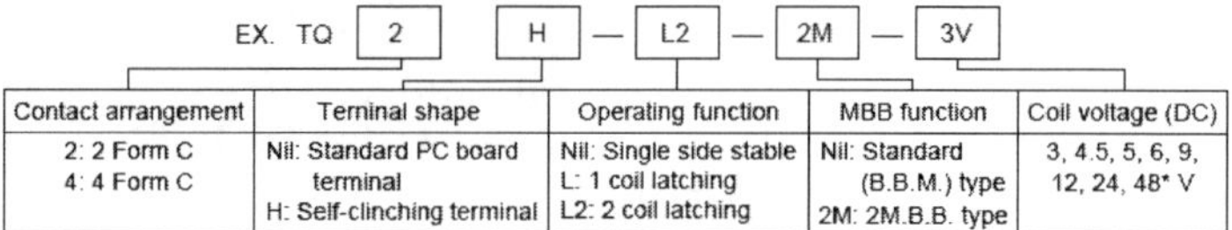

Contact arrangement	Terminal shape	Operating function	MBB function	Coil voltage (DC)
2: 2 Form C 4: 4 Form C	Nil: Standard PC board terminal H: Self-clinching terminal	Nil: Single side stable L: 1 coil latching L2: 2 coil latching	Nil: Standard (B.B.M.) type 2M: 2M.B.B. type	3, 4.5, 5, 6, 9, 12, 24, 48* V

*48 V coil type: Single side stable only

Notes: 1. AgPd stationary contact types available for high resistance against contact sticking.
When ordering, please add suffix "–3" like TQ2-12V-3.
2. M.B.B. contact types are available only for TQ2 type.

TYPES AND COIL DATA (at 20°C 68°F)

1. Standard (B.B.M.) type

2 Form C type

1. Single side stable

Part No.		Nominal voltage, V DC	Pick-up voltage, V DC (max.)	Drop-out voltage, V DC (min.)	Nominal operating current, mA (±10%)	Coil resistance, Ω (±10%)	Nominal operating power, mW	Max. allowable voltage, V DC
Standard PC board terminal	Self-clinching terminal							
TQ2-3 V	TQ2H-3 V	3	2.25	0.3	46.7	64.3	140	4.5
TQ2-4.5 V	TQ2H-4.5 V	4.5	3.38	0.45	31.1	144.6	140	6.7
TQ2-5 V	TQ2H-5 V	5	3.75	0.5	28.1	178	140	7.5
TQ2-6 V	TQ2H-6 V	6	4.5	0.6	23.3	257	140	9
TQ2-9 V	TQ2H-9 V	9	6.75	0.9	15.5	579	140	13.5
TQ2-12 V	TQ2H-12 V	12	9	1.2	11.7	1,028	140	18
TQ2-24 V	TQ2H-24 V	24	18	2.4	8.3	2,880	200	36
TQ2-48 V	TQ2H-48 V	48	36	4.8	6.25	7,680	300	57.6

2. 1 Coil latching

Part No.		Nominal voltage, V DC	Set voltage, V DC (max.)	Reset voltage, V DC (min.)	Nominal operating current, mA (±10%)	Coil resistance, Ω (±10%)	Nominal operating power, mW	Max. allowable voltage, V DC
Standard PC board terminal	Self-clinching terminal							
TQ2-L-3 V	TQ2H-L-3 V	3	2.25	2.25	33.3	90	100	4.5
TQ2-L-4.5 V	TQ2H-L-4.5 V	4.5	3.38	3.38	22.2	202.5	100	6.7
TQ2-L-5 V	TQ2H-L-5 V	5	3.75	3.75	20	250	100	7.5
TQ2-L-6 V	TQ2H-L-6 V	6	4.5	4.5	16.7	360	100	9
TQ2-L-9 V	TQ2H-L-9 V	9	6.75	6.75	11.1	810	100	13.5
TQ2-L-12 V	TQ2H-L-12 V	12	9	9	8.3	1,440	100	18
TQ2-L-24 V	TQ2H-L-24 V	24	18	18	6.3	3,840	150	36

3. 2 Coil latching

Part No.		Nominal voltage, V DC	Set voltage, V DC (max.)	Reset voltage, V DC (min.)	Nominal operating current, mA (±10%)	Coil resistance, Ω (±10%)	Nominal operating power, mW	Max. allowable voltage, V DC
Standard PC board terminal	Self-clinching terminal							
TQ2-L2-3 V	TQ2H-L2-3 V	3	2.25	2.25	66.7	45	200	4.5
TQ2-L2-4.5 V	TQ2H-L2-4.5 V	4.5	3.38	3.38	44.4	101.2	200	6.7
TQ2-L2-5 V	TQ2H-L2-5 V	5	3.75	3.75	40	125	200	7.5
TQ2-L2-6 V	TQ2H-L2-6 V	6	4.5	4.5	33.3	180	200	9
TQ2-L2-9 V	TQ2H-L2-9 V	9	6.75	6.75	22.2	405	200	13.5
TQ2-L2-12 V	TQ2H-L2-12 V	12	9	9	16.7	720	200	18
TQ2-L2-24 V	TQ2H-L2-24 V	24	18	18	12.5	1,920	300	28.8

Notes: 1. Specified value of the pick-up, drop-out, set and reset voltage is with the condition of square wave coil pulse.
2. Standard packing: Tube: 50 pcs.; Case: 1,000 pcs.
3. In case of 5 V transistor drive circuit, it is recommend to use 4.5 V type relay.
4. AgPd stationary contact types available for high resistance against contact sticking. When ordering, please add suffix "–3" like TQ2-12V-3.

TQ

DIMENSIONS

mm inch

1) 2 Form C, 2 Form D

Standard PC board terminal

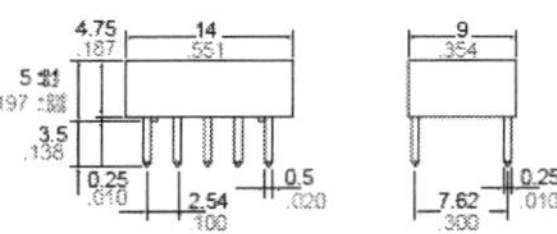

PC board pattern (Copper-side view)

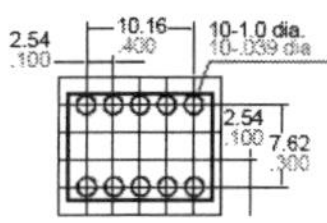

Tolerance: ±0.1 ±.004

Self-clinching terminal

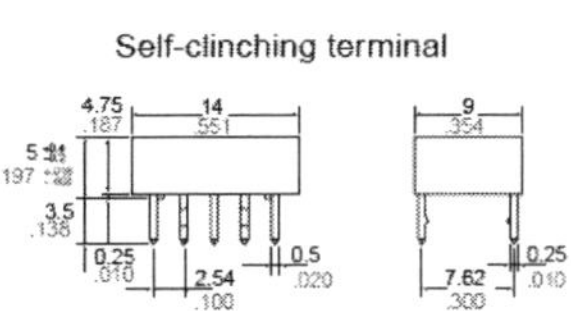

General tolerance: ±0.3 ±.012

Schematic (Bottom view)

• Single side stable (Deenergized condition) • 1-coil latching (Reset condition) • 2-coil latching (Reset condition)

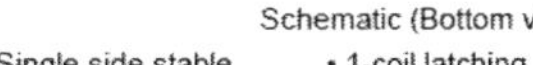

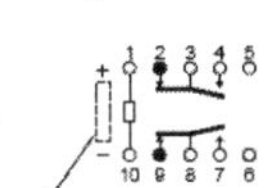

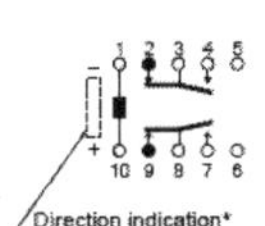

*Orientation stripe typical-located on top of relay

2) 4 Form C

Standard PC board terminal

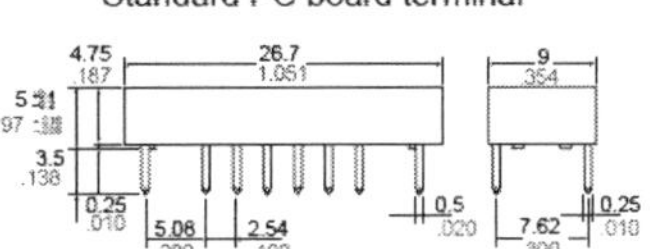

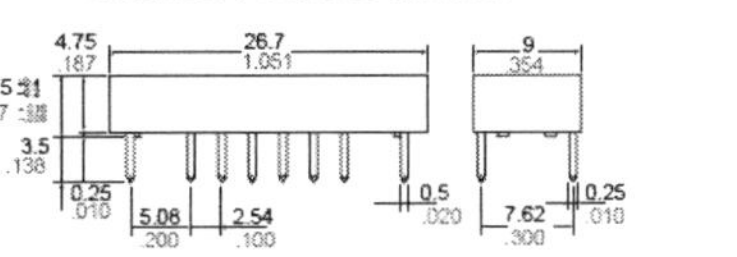

PC board pattern (Copper-side view)

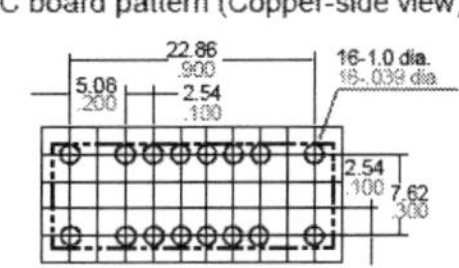

Tolerance: ±0.1 ±.004

Self-clinching terminal

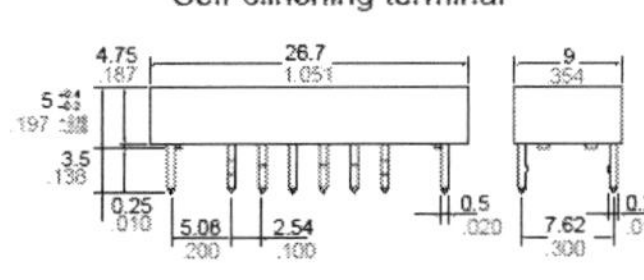

General tolerance: ±0.3 ±.012

Schematic (Bottom view)

• Single side stable (Deenergized condition) • 1-coil latching (Reset condition) • 2-coil latching (Reset condition)

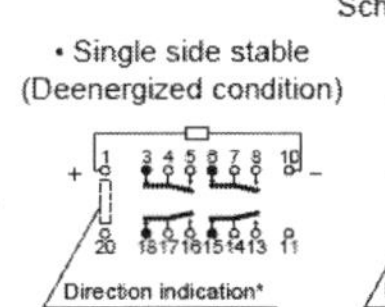

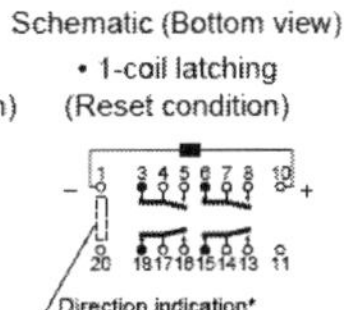

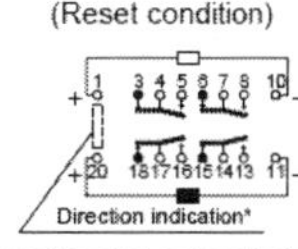

*Orientation stripe typical-located on top of relay

REFERENCE DATA

1. Maximum switching capacity

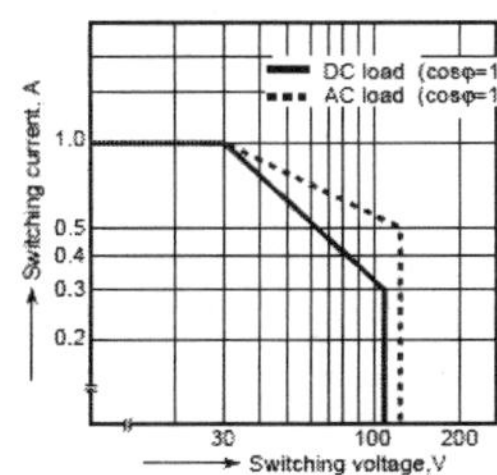

2. Life curve

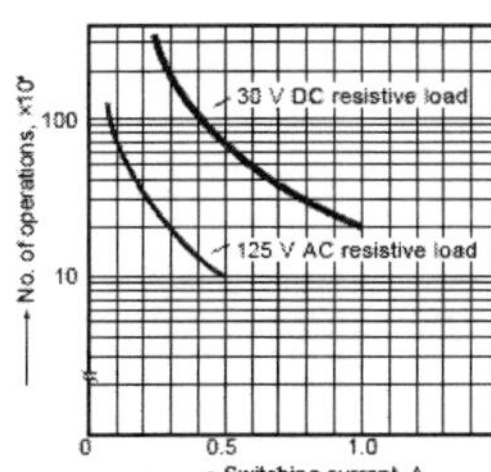

3. Mechanical life

Tested sample: TQ2-12V, 10 pcs.

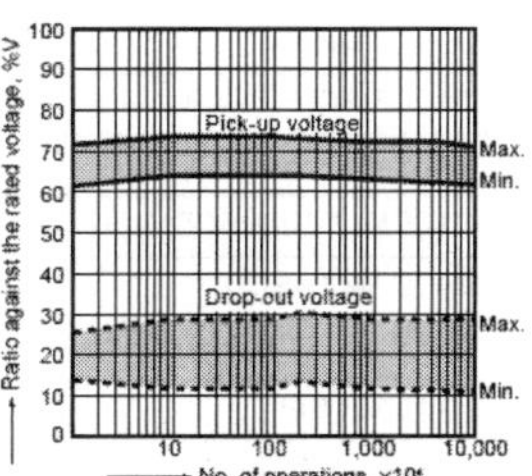

Programmable Precision References

TL431, A, B Series

PROGRAMMABLE PRECISION REFERENCES

SEMICONDUCTOR TECHNICAL DATA

The TL431, A, B integrated circuits are three–terminal programmable shunt regulator diodes. These monolithic IC voltage references operate as a low temperature coefficient zener which is programmable from V_{ref} to 36 V with two external resistors. These devices exhibit a wide operating current range of 1.0 mA to 100 mA with a typical dynamic impedance of 0.22 Ω. The characteristics of these references make them excellent replacements for zener diodes in many applications such as digital voltmeters, power supplies, and op amp circuitry. The 2.5 V reference makes it convenient to obtain a stable reference from 5.0 V logic supplies, and since the TL431, A, B operates as a shunt regulator, it can be used as either a positive or negative voltage reference.

- Programmable Output Voltage to 36 V
- Voltage Reference Tolerance: ±0.4%, Typ @ 25°C (TL431B)
- Low Dynamic Output Impedance, 0.22 Ω Typical
- Sink Current Capability of 1.0 mA to 100 mA
- Equivalent Full–Range Temperature Coefficient of 50 ppm/°C Typical
- Temperature Compensated for Operation over Full Rated Operating Temperature Range
- Low Output Noise Voltage

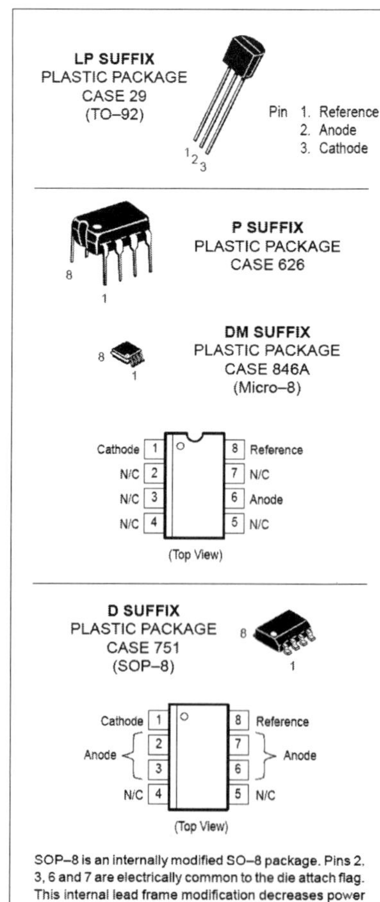

ORDERING INFORMATION

Device	Operating Temperature Range	Package
TL431CLP, ACLP, BCLP	T_A = 0° to +70°C	TO–92
TL431CP, ACP, BCP		Plastic
TL431CDM, ACDM, BCDM		Micro–8
TL431CD, ACD, BCD		SOP–8
TL431ILP, AILP, BILP	T_A = –40° to +85°C	TO–92
TL431IP, AIP, BIP		Plastic
TL431IDM, AIDM, BIDM		Micro–8
TL431ID, AID, BID		SOP–8

TL431, A, B Series

Symbol

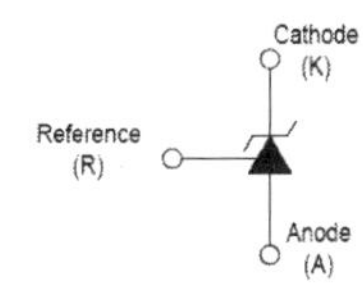

Representative Block Diagram

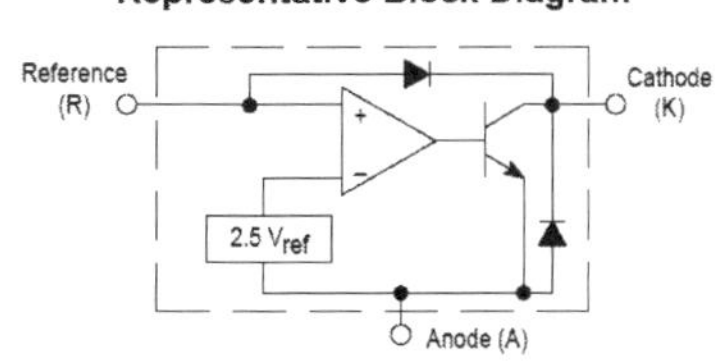

Representative Schematic Diagram

Component values are nominal

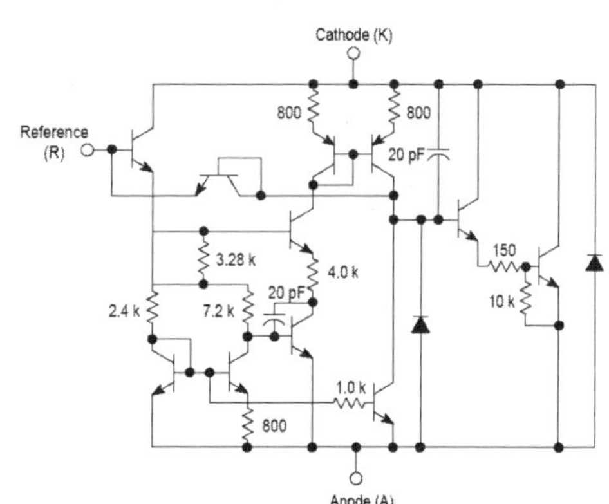

This device contains 12 active transistors.

MAXIMUM RATINGS (Full operating ambient temperature range applies, unless otherwise noted.)

Rating	Symbol	Value	Unit
Cathode to Anode Voltage	V_{KA}	37	V
Cathode Current Range, Continuous	I_K	−100 to +150	mA
Reference Input Current Range, Continuous	I_{ref}	−0.05 to +10	mA
Operating Junction Temperature	T_J	150	°C
Operating Ambient Temperature Range TL431I, TL431AI, TL431BI TL431C, TL431AC, TL431BC	T_A	 −40 to +85 0 to +70	°C
Storage Temperature Range	T_{stg}	−65 to +150	°C
Total Power Dissipation @ T_A = 25°C Derate above 25°C Ambient Temperature D, LP Suffix Plastic Package P Suffix Plastic Package DM Suffix Plastic Package	P_D	 0.70 1.10 0.52	W
Total Power Dissipation @ T_C = 25°C Derate above 25°C Case Temperature D, LP Suffix Plastic Package P Suffix Plastic Package	P_D	 1.5 3.0	W

NOTE: ESD data available upon request.

RECOMMENDED OPERATING CONDITIONS

Condition	Symbol	Min	Max	Unit
Cathode to Anode Voltage	V_{KA}	V_{ref}	36	V
Cathode Current	I_K	1.0	100	mA

THERMAL CHARACTERISTICS

Characteristic	Symbol	D, LP Suffix Package	P Suffix Package	DM Suffix Package	Unit
Thermal Resistance, Junction–to–Ambient	$R_{\theta JA}$	178	114	240	°C/W
Thermal Resistance, Junction–to–Case	$R_{\theta JC}$	83	41	–	°C/W

Agilent HCPL-3140/HCPL-0314 0.4 Amp Output Current IGBT Gate Drive Optocoupler

Data Sheet

Functional Diagram

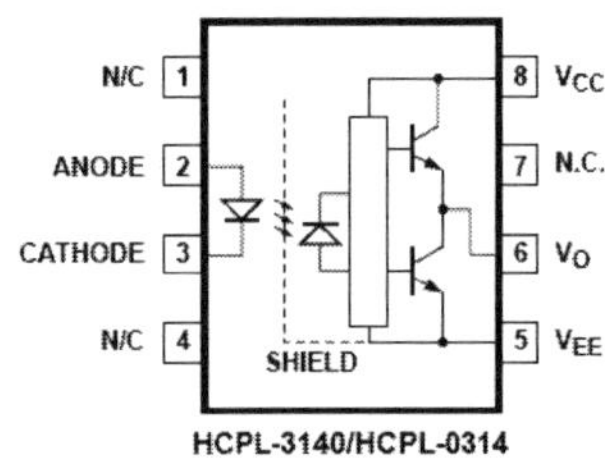

Truth Table

LED	V_O
OFF	LOW
ON	HIGH

Description

The HCPL-3140/HCPL-0314 family of devices consists of a GaAsP LED optically coupled to an integrated circuit with a power output stage. These optocouplers are ideally suited for driving power IGBTs and MOSFETs used in motor control inverter applications. The high operating voltage range of the output stage provides the drive voltages required by gate controlled devices. The voltage and current supplied by this optocoupler makes it ideally suited for directly driving small or medium power IGBTs. For IGBTs with higher ratings, the HCPL-3150 (0.5 A) or HCPL-3120 (2.0 A) optocouplers can be used.

Features

- **0.4 A minimum peak output current**
- **High speed response: 0.7 μs maximum propagation delay over temperature range**
- **Ultra high CMR: minimum 10 kV/μs at V_{CM} = 1 kV**
- **Bootstrappable supply current: maximum 3 mA**
- **Wide operating temperature range: –40°C to 100°C**
- **Wide V_{CC} operating range: 10 V to 30 V over temp. range**
- **Available in DIP8 and SO8 package**
- **Safety approvals: UL approval pending, 2500 V_{rms} for 1 minute. CSA approval pending. VDE approval pending V_{IORM} = 630 V_{peak} (HCPL-3140)**

Applications

- **Isolated IGBT/Power MOSFET gate drive**
- **AC and brushless DC motor drives**
- **Inverters for home appliances**
- **Industrial inverters**
- **Switch Mode Power Supplies (SMPS)**

PC817 Series

High Density Mounting Type Photocoupler

* Lead forming type (I type) and taping reel type (P type) are also available. (**PC817I/PC817P**)
** TÜV (VDE0884) approved type is also available as an option.

■ Features

1. Current transfer ratio
   (CTR: MIN. 50% at I_F = 5mA ,V_{CE}=5V)
2. High isolation voltage between input and output (V_{iso} : 5 000V $_{rms}$)
3. Compact dual-in-line package
   PC817 : 1-channel type
   PC827 : 2-channel type
   PC837 : 3-channel type
   PC847 : 4-channel type
4. Recognized by UL, file No. E64380

■ Applications

1. Computer terminals
2. System appliances, measuring instruments
3. Registers, copiers, automatic vending machines
4. Electric home appliances, such as fan heaters, etc.
5. Signal transmission between circuits of different potentials and impedances

■ Outline Dimensions

(Unit : mm)

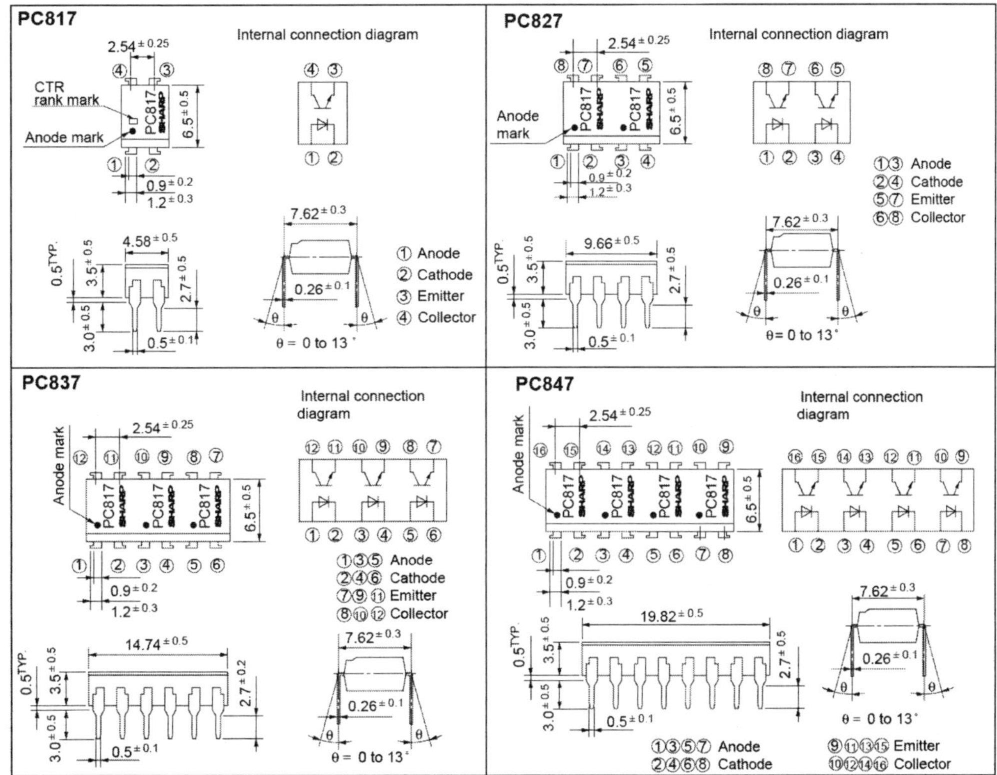

■ Absolute Maximum Ratings

(Ta= 25°C)

Parameter		Symbol	Rating	Unit
Input	Forward current	I_F	50	mA
	*1Peak forward current	I_{FM}	1	A
	Reverse voltage	V_R	6	V
	Power dissipation	P	70	mW
Output	Collector-emitter voltage	V_{CEO}	35	V
	Emitter-collector voltage	V_{ECO}	6	V
	Collector current	I_C	50	mA
	Collector power dissipation	P_C	150	mW
Total power dissipation		P_{tot}	200	mW
*2Isolation voltage		V_{iso}	5 000	V_{rms}
Operating temperature		T_{opr}	- 30 to + 100	°C
Storage temperature		T_{stg}	- 55 to + 125	°C
*3Soldering temperature		T_{sol}	260	°C

*1 Pulse width<=100μs, Duty ratio : 0.001
*2 40 to 60% RH, AC for 1 minute
*3 For 10 seconds

■ Electro-optical Characteristics

(Ta= 25°C)

Parameter			Symbol	Conditions	MIN.	TYP.	MAX.	Unit
Input	Forward voltage		V_F	I_F = 20mA	-	1.2	1.4	V
	Peak forward voltage		V_{FM}	I_{FM} = 0.5A	-	-	3.0	V
	Reverse current		I_R	V_R = 4V	-	-	10	μA
	Terminal capacitance		C_t	V = 0, f= 1kHz	-	30	250	pF
Output	Collector dark current		I_{CEO}	V_{CE} = 20V	-	-	10^{-7}	A
Transfer characteristics	*4Current transfer ratio		CTR	I_F = 5mA, V_{CE} = 5V	50	-	600	%
	Collector-emitter saturation voltage		$V_{CE(sat)}$	I_F = 20mA, I_C = 1mA	-	0.1	0.2	V
	Isolation resistance		R_{ISO}	DC500V, 40 to 60% RH	5×10^{10}	10^{11}	-	Ω
	Floating capacitance		C_f	V = 0, f= 1MHz	-	0.6	1.0	pF
	Cut-off frequency		f_c	V_{CE} = 5V, I_C = 2mA, R_L = 100Ω, - 3dB	-	80	-	kHz
	Response time	Rise time	t_r	V_{CE} = 2V, I_C = 2mA, R_L = 100Ω	-	4	18	μs
		Fall time	t_f		-	3	18	μs

*4 Classification table of current transfer ratio is shown below.

Model No.	Rank mark	CTR (%)
PC817A	A	80 to 160
PC817B	B	130 to 260
PC817C	C	200 to 400
PC817D	D	300 to 600
PC8✱7AB	A or B	80 to 260
PC8✱7BC	B or C	130 to 400
PC8✱7CD	C or D	200 to 600
PC8✱7AC	A, B or C	80 to 400
PC8✱7BD	B, C or D	130 to 600
PC8✱7AD	A, B, C or D	80 to 600
PC8✱7	A, B, C, D or No mark	50 to 600

✱ : 1 or 2 or 3 or 4

Fig. 1 Forward Current vs. Ambient Temperature

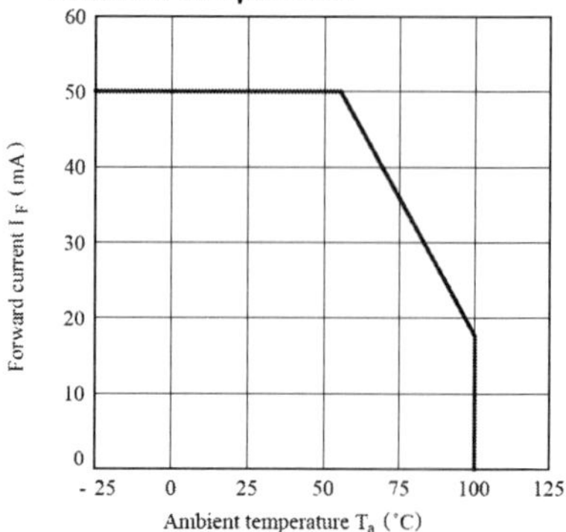

P2N2222A

Amplifier Transistors

NPN Silicon

ON Semiconductor®

http://onsemi.com

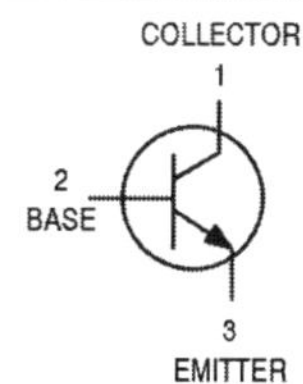

Features

- These are Pb-Free Devices*

MAXIMUM RATINGS (T_A = 25°C unless otherwise noted)

Characteristic	Symbol	Value	Unit
Collector-Emitter Voltage	V_{CEO}	40	Vdc
Collector-Base Voltage	V_{CBO}	75	Vdc
Emitter-Base Voltage	V_{EBO}	6.0	Vdc
Collector Current - Continuous	I_C	600	mAdc
Total Device Dissipation @ T_A = 25°C Derate above 25°C	P_D	625 5.0	mW mW/°C
Total Device Dissipation @ T_C = 25°C Derate above 25°C	P_D	1.5 12	W mW/°C
Operating and Storage Junction Temperature Range	T_J, T_{stg}	-55 to +150	°C

THERMAL CHARACTERISTICS

Characteristic	Symbol	Max	Unit
Thermal Resistance, Junction to Ambient	$R_{\theta JA}$	200	°C/W
Thermal Resistance, Junction to Case	$R_{\theta JC}$	83.3	°C/W

Stresses exceeding Maximum Ratings may damage the device. Maximum Ratings are stress ratings only. Functional operation above the Recommended Operating Conditions is not implied. Extended exposure to stresses above the Recommended Operating Conditions may affect device reliability.

TO-92
CASE 29
STYLE 17

STRAIGHT LEAD
BULK PACK

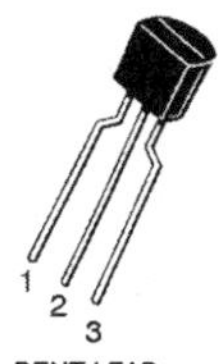

BENT LEAD
TAPE & REEL
AMMO PACK

MARKING DIAGRAM

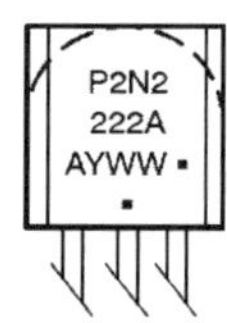

A = Assembly Location
Y = Year
WW = Work Week
▪ = Pb-Free Package
(Note: Microdot may be in either location)

ORDERING INFORMATION

Device	Package	Shipping†
P2N2222AG	TO-92 (Pb-Free)	5000 Units/Bulk
P2N2222ARL1G	TO-92 (Pb-Free)	2000/Tape & Ammo

†For information on tape and reel specifications, including part orientation and tape sizes, please refer to our Tape and Reel Packaging Specification Brochure, BRD8011/D.

*For additional information on our Pb-Free strategy and soldering details, please download the ON Semiconductor Soldering and Mounting Techniques Reference Manual, SOLDERRM/D.

N-channel TrenchMOS™ transistor IRF540, IRF540S

FEATURES

- **'Trench'** technology
- Low on-state resistance
- Fast switching
- Low thermal resistance

SYMBOL

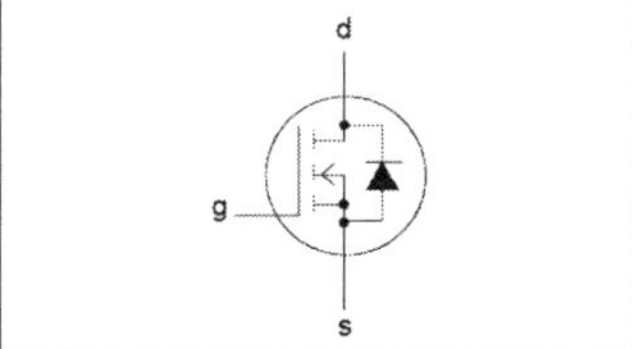

QUICK REFERENCE DATA

V_{DSS} = 100 V

I_D = 23 A

$R_{DS(ON)} \leq 77$ mΩ

GENERAL DESCRIPTION

N-channel enhancement mode field-effect power transistor in a plastic envelope using '**trench**' technology.

Applications:-

- d.c. to d.c. converters
- switched mode power supplies
- T.V. and computer monitor power supplies

The IRF540 is supplied in the SOT78 (TO220AB) conventional leaded package.
The IRF540S is supplied in the SOT404 (D^2PAK) surface mounting package.

PINNING

PIN	DESCRIPTION
1	gate
2	drain[1]
3	source
tab	drain

SOT78 (TO220AB)

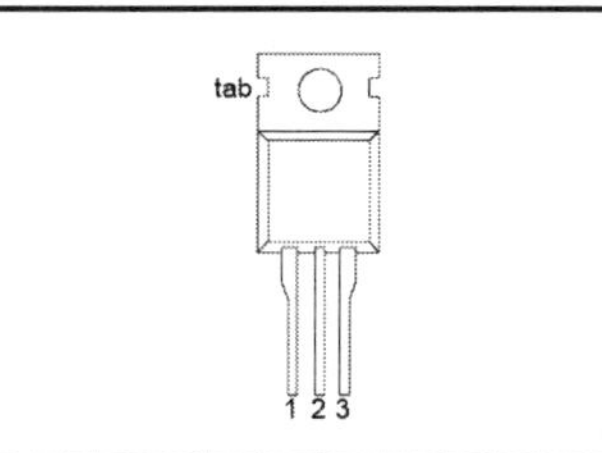

SOT404 (D^2PAK)

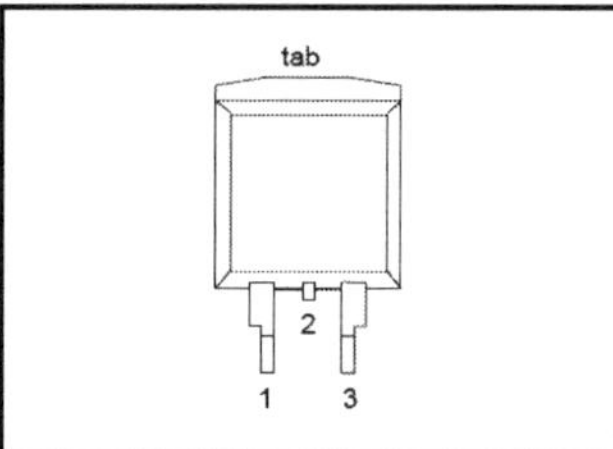

LIMITING VALUES

Limiting values in accordance with the Absolute Maximum System (IEC 134)

SYMBOL	PARAMETER	CONDITIONS	MIN.	MAX.	UNIT
V_{DSS}	Drain-source voltage	T_j = 25 ˚C to 175˚C	-	100	V
V_{DGR}	Drain-gate voltage	T_j = 25 ˚C to 175˚C; R_{GS} = 20 kΩ	-	100	V
V_{GS}	Gate-source voltage		-	± 20	V
I_D	Continuous drain current	T_{mb} = 25 ˚C; V_{GS} = 10 V	-	23	A
		T_{mb} = 100 ˚C; V_{GS} = 10 V	-	16	A
I_{DM}	Pulsed drain current	T_{mb} = 25 ˚C	-	92	A
P_D	Total power dissipation	T_{mb} = 25 ˚C	-	100	W
T_j, T_{stg}	Operating junction and storage temperature		- 55	175	˚C

AVALANCHE ENERGY LIMITING VALUES

Limiting values in accordance with the Absolute Maximum System (IEC 134)

SYMBOL	PARAMETER	CONDITIONS	MIN.	MAX.	UNIT
E_{AS}	Non-repetitive avalanche energy	Unclamped inductive load, I_{AS} = 10 A; t_p = 350 μs; T_j prior to avalanche = 25˚C; $V_{DD} \leq 25$ V; R_{GS} = 50 Ω; V_{GS} = 10 V; refer to fig:14	-	230	mJ
I_{AS}	Peak non-repetitive avalanche current		-	23	A

THERMAL RESISTANCES

SYMBOL	PARAMETER	CONDITIONS	MIN.	TYP.	MAX.	UNIT
$R_{th\ j\text{-}mb}$	Thermal resistance junction to mounting base		-	-	1.5	K/W
$R_{th\ j\text{-}a}$	Thermal resistance junction to ambient	SOT78 package, in free air	-	60	-	K/W
		SOT404 package, pcb mounted, minimum footprint	-	50	-	K/W

ELECTRICAL CHARACTERISTICS

T_j= 25˚C unless otherwise specified

SYMBOL	PARAMETER	CONDITIONS	MIN.	TYP.	MAX.	UNIT
$V_{(BR)DSS}$	Drain-source breakdown voltage	V_{GS} = 0 V; I_D = 0.25 mA;	100	-	-	V
		T_j = -55˚C	89	-	-	V
$V_{GS(TO)}$	Gate threshold voltage	$V_{DS} = V_{GS}$; I_D = 1 mA	2	3	4	V
		T_j = 175˚C	1	-	-	V
		T_j = -55˚C	-	-	6	V
$R_{DS(ON)}$	Drain-source on-state resistance	V_{GS} = 10 V; I_D = 17 A	-	49	77	mΩ
		T_j = 175˚C	-	132	193	mΩ
g_{fs}	Forward transconductance	V_{DS} = 25 V; I_D = 17 A	8.7	15.5	-	S
I_{GSS}	Gate source leakage current	$V_{GS} = \pm 20$ V; V_{DS} = 0 V	-	10	100	nA
I_{DSS}	Zero gate voltage drain current	V_{DS} = 100 V; V_{GS} = 0 V	-	0.05	10	μA
		V_{DS} = 80 V; V_{GS} = 0 V; T_j = 175˚C	-	-	250	μA
$Q_{g(tot)}$	Total gate charge	I_D= 17 A; V_{DD}= 80 V; V_{GS} = 10 V	-	-	65	nC
Q_{gs}	Gate-source charge		-	-	10	nC
Q_{gd}	Gate-drain (Miller) charge		-	-	29	nC
$t_{d\ on}$	Turn-on delay time	V_{DD} = 50 V; R_D = 2.2 Ω;	-	8	-	ns
t_r	Turn-on rise time	V_{GS} = 10 V; R_G = 5.6 Ω	-	39	-	ns
$t_{d\ off}$	Turn-off delay time	Resistive load	-	26	-	ns
t_f	Turn-off fall time		-	24	-	ns
L_d	Internal drain inductance	Measured tab to centre of die	-	3.5	-	nH
L_d	Internal drain inductance	Measured from drain lead to centre of die (SOT78 package only)	-	4.5	-	nH
L_s	Internal source inductance	Measured from source lead to source bond pad	-	7.5	-	nH
C_{iss}	Input capacitance	V_{GS} = 0 V; V_{DS} = 25 V; f = 1 MHz	-	890	1187	pF
C_{oss}	Output capacitance		-	139	167	pF
C_{rss}	Feedback capacitance		-	83	109	pF

UNISONIC TECHNOLOGIES CO., LTD

LM78XX

LINEAR INTEGRATED CIRCUIT

3-TERMINAL 1A POSITIVE VOLTAGE REGULATOR

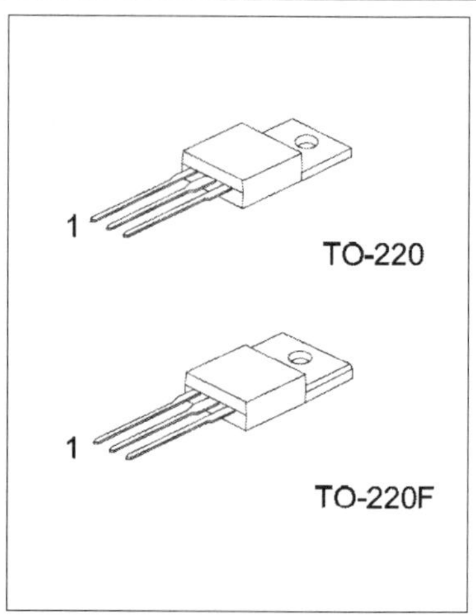

*Pb-free plating product number: LM78XXL

■ DESCRIPTION

The UTC **LM78XX** family is monolithic fixed voltage regulator integrated circuit. They are suitable for applications that required supply current up to 1 A.

■ FEATURES

* Output current up to 1A
* Fixed output voltage of 3.3V,4.7V,5V, 6V, 7V, 8V, 9V, 10V, 12V, 15V, 18V and 24V available
* Thermal overload shutdown protection
* Short circuit current limiting
* Output transistor SOA protection

■ ORDERING INFORMATION

Order Number		Pin Assignment			Package	Packing
Normal	Lead Free Plating	1	2	3		
LM78xx-TA3-D-T	LM78xxL-TA3-D-T	I	G	O	TO-220	Tube
LM78xx-TF3-D-T	LM78xxL-TF3-D-T	I	G	O	TO-220F	Tube

Note: O: Output G: GND I: Input

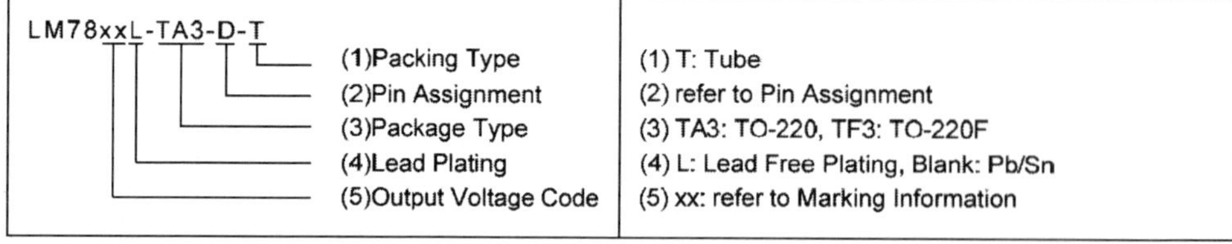

■ MARKING INFORMATION

PACKAGE	VOLTAGE CODE	VOLTAGE CODE	MARKING
TO-220 TO-220F	33:3.3V 47:4.7V 05:5.0V 06:6.0V 07:7.0V 08:8.0V 09:9.0V	10:10V 12:12V 15:15V 18:18V 24:24V	UTC LM78□□ □ □□□□ Voltage Code Lead Plating Date Code 1 2 3

LM78XX

LINEAR INTEGRATED CIRCUIT

■ ABSOLUTE MAXIMUM RATINGS

(Operating temperature range applies unless otherwise specified)

PARAMETER		SYMBOL	RATING	UNIT
Input voltage	V_{OUT}=3.3~18V	V_{IN}	35	V
	V_{OUT}=24V		40	V
Output Current		I_{OUT}	1	A
Power Dissipation		P_D	Internally Limited	W
Operating Junction Temperature		T_{OPR}	-20 ~ +150	°C
Storage Temperature		T_{STG}	-55 ~ +150	°C

Note Absolute maximum ratings are those values beyond which the device could be permanently damaged.
Absolute maximum ratings are stress ratings only and functional device operation is not implied.

■ THERMAL DATA

PARAMETER	SYMBOL	RATING	UNIT
Thermal Resistance	θ_{JA}	65	°C/W
	θ_{JC}	5	°C/W

■ ELECTRICAL CHARACTERISTICS

(I_{OUT}=0.5A, T_J= 0°C - 125°C, C1=0.33uF, Co=0.1uF, unless otherwise specified)(Note 1)

For UTC LM7833 (V_{IN}=5.8V)

PARAMETER	SYMBOL	TEST CONDITIONS	MIN	TYP	MAX	UNIT
Output Voltage	V_{OUT}	T_J =25°C, I_{OUT}=5mA - 1.0A	3.168	3.30	3.432	V
		V_{IN} =5.8V ~ 18.3V, I_{OUT}=5mA - 1.0A, $P_D \leqq$15W	3.135		3.465	V
Dropout Voltage	V_D	T_J =25°C		2.0		V
Load Regulation	ΔV_{OUT}	T_J =25°C,I_{OUT}=5mA - 1.0A			33	mV
		T_J =25°C,I_{OUT}=0.25A - 0.75A			17	mV
Line regulation	ΔV_{OUT}	V_{IN} =5.8V ~ 18.3V, T_J =25°C			33	mV
		V_{IN} =5.8V ~ 18.3V, T_J =25°C, I_{OUT}=1.0A			33	mV
Quiescent Current	I_Q	T_J =25°C, $I_{OUT} \leqq$ 1.0A			8.0	mA
Quiescent Current Change	ΔI_Q	V_{IN} =5.8V ~ 18.3V			1.0	mA
		I_{OUT}=5mA - 1.0A			0.5	mA
Output Noise Voltage	eN	10Hz$\leqq$f$\leqq$100kHz		55		μV
Temperature Coefficient of Vo	ΔVo/ΔT	I_{OUT}=5mA		-0.4		mV/°C
Ripple Rejection	RR	V_{IN}=6.3V–16.3V, f=120Hz, T_J =25°C		57		dB
Peak Output Current	I_{PEAK}	T_J =25°C		1.8		A
Short-Circuit Current	I_{SC}	V_{IN}=35V, T_J =25°C		250		mA

For UTC LM7847 (V_{IN} =9.7V)

PARAMETER	SYMBOL	TEST CONDITIONS	MIN	TYP	MAX	UNIT
Output Voltage	V_{OUT}	T_J =25°C, I_{OUT}=5mA - 1.0A	4.512	4.70	4.888	V
		V_{IN} =7.2V ~ 19.7V, I_{OUT}=5mA - 1.0A, $P_D \leqq$15W	4.465		4.935	V
Dropout Voltage	V_D	T_J =25°C		2.0		V
Load Regulation	ΔV_{OUT}	T_J =25°C,I_{OUT}=5mA - 1.0A			47	mV
		T_J =25°C,I_{OUT}=0.25A - 0.75A			24	mV
Line regulation	ΔV_{OUT}	V_{IN} =7.2V ~ 19.7V, T_J =25°C			47	mV
		V_{IN} =7.2V ~ 19.7V, T_J =25°C, I_{OUT}=1.0A			47	mV
Quiescent Current	I_Q	T_J =25°C, $I_{OUT} \leqq$ 1.0A			8.0	mA
Quiescent Current Change	ΔI_Q	V_{IN} =7.2V ~ 19.7V			1.0	mA
		I_{OUT}=5mA - 1.0A			0.5	mA
Output Noise Voltage	eN	10Hz$\leqq$f$\leqq$100kHz		40		μV
Temperature Coefficient of Vo	ΔVo/ΔT	I_{OUT}=5mA		-0.6		mV/°C
Ripple Rejection	RR	V_{IN} =7.7V -17.7V, f=120Hz, T_J =25°C	62	80		dB
Peak Output Current	I_{PEAK}	T_J =25°C		1.8		A
Short-Circuit Current	I_{SC}	V_{IN} =35V, T_J =25°C		250		mA

TOSHIBA CMOS DIGITAL INTEGRATED CIRCUIT SILICON MONOLITHIC

TC74HC00AP, TC74HC00AF, TC74HC00AFN

QUAD 2-INPUT NAND GATE

(Note) The JEDEC SOP (FN) is not available in Japan.

The TC74HC00A is a high speed CMOS 2-INPUT NAND GATE fabricated with silicon gate C^2MOS technology.
It achieves the high speed operation similar to equivalent LSTTL while maintaining the CMOS low power dissipation.
The internal circuit is composed of 3 stages including buffer output, which provide high noise immunity and stable output.
All inputs are equipped with protection circuits against static discharge or transient excess voltage.

FEATURES :

- High Speed························t_{pd} = 6ns(typ.) at V_{CC} = 5V
- Low Power Dissipation··············I_{CC} = 1μA(Max.) at Ta = 25°C
- High Noise Immunity···············V_{NIH} = V_{NIL} = 28% V_{CC} (Min.)
- Output Drive Capability··········10 LSTTL Loads
- Symmetrical Output Impedance···$|I_{OH}|$ = I_{OL} = 4mA(Min.)
- Balanced Propagation Delays·····$t_{pLH} \simeq t_{pHL}$
- Wide Operating Voltage Range····V_{CC} (opr.) = 2V ~ 6V
- Pin and Function Compatible with 74LS00

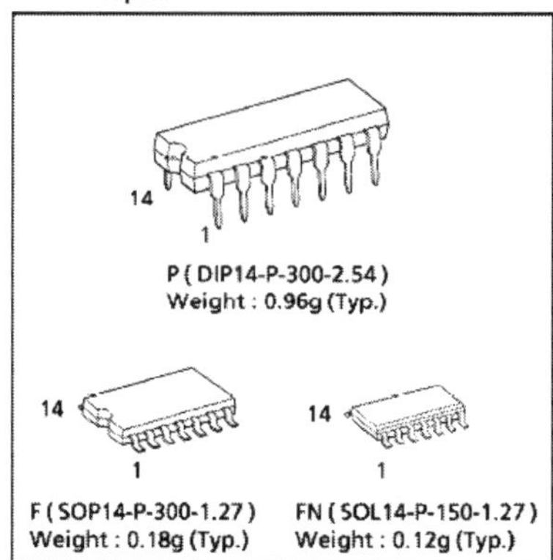

P (DIP14-P-300-2.54)
Weight : 0.96g (Typ.)

F (SOP14-P-300-1.27)
Weight : 0.18g (Typ.)

FN (SOL14-P-150-1.27)
Weight : 0.12g (Typ.)

PIN ASSIGNMENT

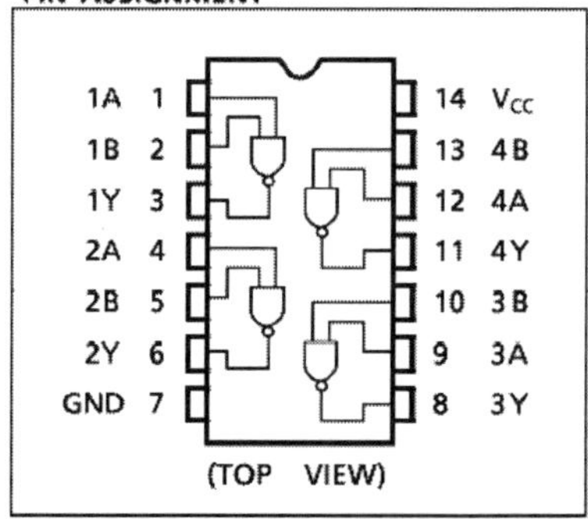

IEC LOGIC SYMBOL

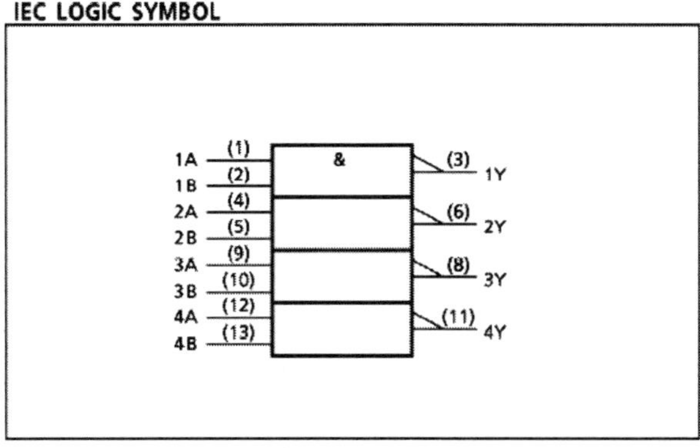

TRUTH TABLE

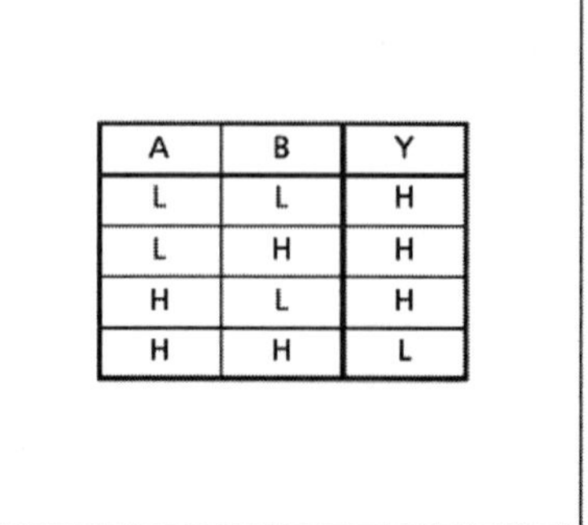

A	B	Y
L	L	H
L	H	H
H	L	H
H	H	L

TOSHIBA CMOS DIGITAL INTEGRATED CIRCUIT SILICON MONOLITHIC

TC74HC14AP, TC74HC14AF, TC74HC14AFN

HEX SCHMITT INVERTER

(Note) The JEDEC SOP (FN) is not available in Japan.

The TC74HC14A is a high speed CMOS SCHMITT INVERTER fabricated with silicon gate C^2MOS technology.
It achieves the high speed operation similar to equivalent LSTTL while maintaining the CMOS low power dissipation.
Pin configuration and function are the same as the TC74HC04A but the inputs have 25% Vcc hysteresis and with its schmitt trigger function, the TC74HC14A can be used as a line receivers which will receive slow input signals.
All inputs are equipped with protection circuits against static discharge or transient excess voltage.

FEATURES :

- High Speed··········· t_{pd} = 11ns(typ.) at V_{CC} = 5V
- Low Power Dissipation··········· I_{CC} = 1μA(Max.) at Ta = 25°C
- High Noise Immunity··········· V_H = 1.1V at V_{CC} = 5V
- Output Drive Capability··········· 10 LSTTL Loads
- Symmetrical Output Impedance···| I_{OH} | = I_{OL} = 4mA(Min.)
- Balanced Propagation Delays····· $t_{pLH} \simeq t_{pHL}$
- Wide Operating Voltage Range···· V_{CC} (opr.) = 2V~6V
- Pin and Function Compatible with 74LS14

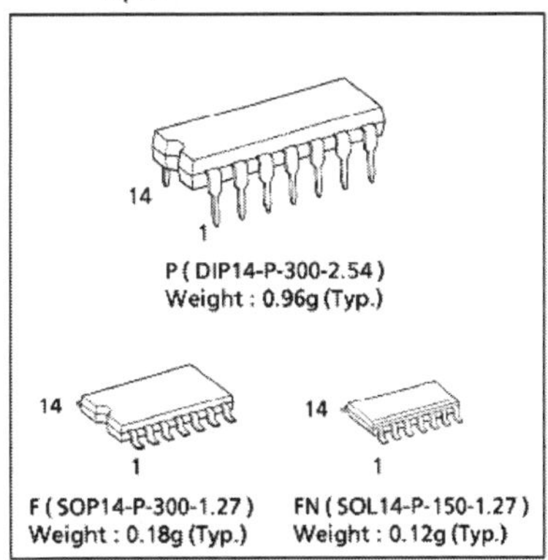

P (DIP14-P-300-2.54)
Weight : 0.96g (Typ.)

F (SOP14-P-300-1.27)
Weight : 0.18g (Typ.)

FN (SOL14-P-150-1.27)
Weight : 0.12g (Typ.)

SYSTEM DIAGRAM, WAVEFORM

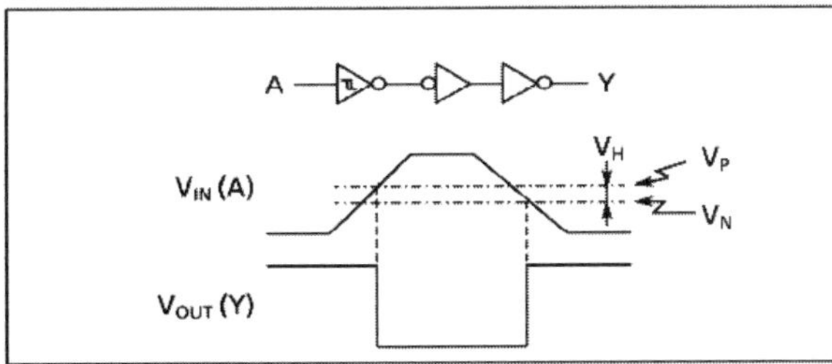

PIN ASSIGNMENT

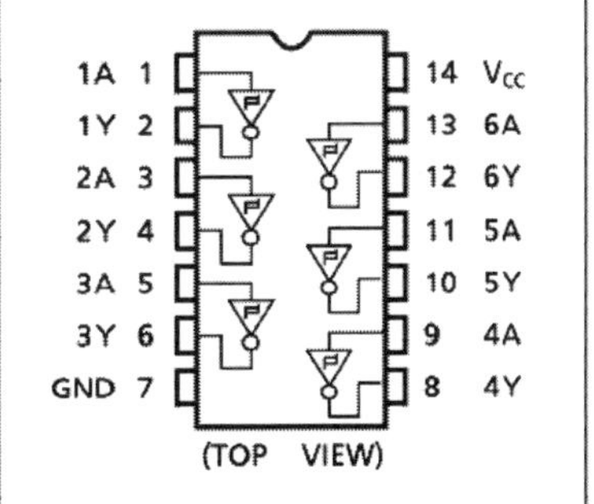

IEC LOGIC SYMBOL

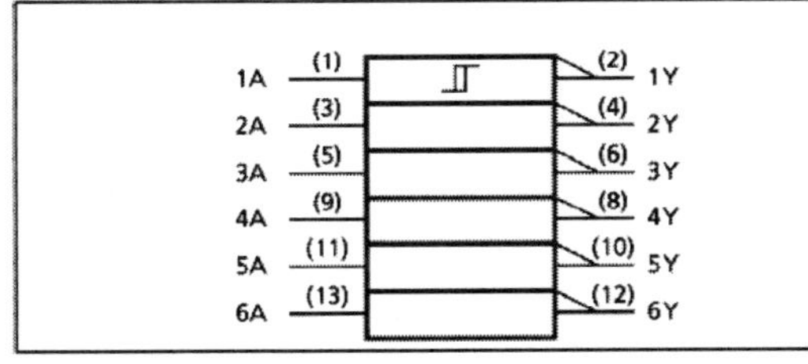

TRUTH TABLE

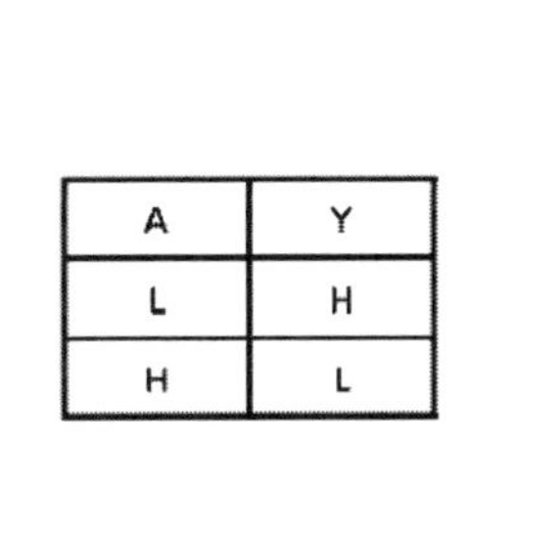

A	Y
L	H
H	L

June 1986
Revised March 2000

DM74LS32
Quad 2-Input OR Gate

General Description

This device contains four independent gates each of which performs the logic OR function.

Ordering Code:

Order Number	Package Number	Package Description
DM74LS32M	M14A	14-Lead Small Outline Integrated Circuit (SOIC), JEDEC MS-120, 0.150 Narrow
DM74LS32SJ	M14D	14-Lead Small Outline Package (SOP), EIAJ TYPE II, 5.3mm Wide
DM74LS32N	N14A	14-Lead Plastic Dual-In-Line Package (PDIP), JEDEC MS-001, 0.300 Wide

Devices also available in Tape and Reel. Specify by appending the suffix letter "X" to the ordering code.

Connection Diagram

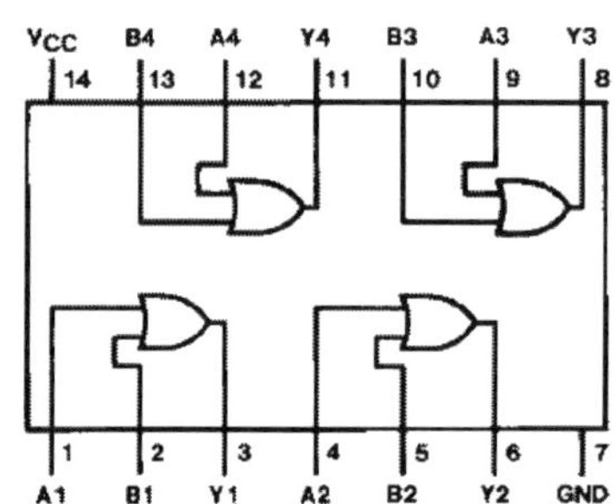

Function Table

$Y = A + B$

Inputs		Output
A	B	Y
L	L	L
L	H	H
H	L	H
H	H	H

H = HIGH Logic Level
L = LOW Logic Level

 DS006361 www.fairchildsemi.com

October 1988
Revised March 2000

DM74LS47
BCD to 7-Segment Decoder/Driver with Open-Collector Outputs

General Description

The DM74LS47 accepts four lines of BCD (8421) input data, generates their complements internally and decodes the data with seven AND/OR gates having open-collector outputs to drive indicator segments directly. Each segment output is guaranteed to sink 24 mA in the ON (LOW) state and withstand 15V in the OFF (HIGH) state with a maximum leakage current of 250 μA. Auxiliary inputs provided blanking, lamp test and cascadable zero-suppression functions.

Features

- Open-collector outputs
- Drive indicator segments directly
- Cascadable zero-suppression capability
- Lamp test input

Ordering Code:

Order Number	Package Number	Package Description
DM74LS47M	M16A	16-Lead Small Outline Integrated Circuit (SOIC), JEDEC MS-012, 0.150 Narrow
DM74LS47N	N16E	16-Lead Plastic Dual-In-Line Package (PDIP), JEDEC MS-001, 0.300 Wide

Devices also available in Tape and Reel. Specify by appending the suffix letter "X" to the ordering code.

Logic Symbol

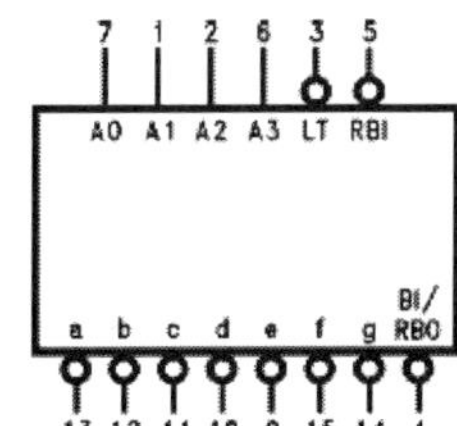

V_{CC} = Pin 16
GND = Pin 8

Connection Diagram

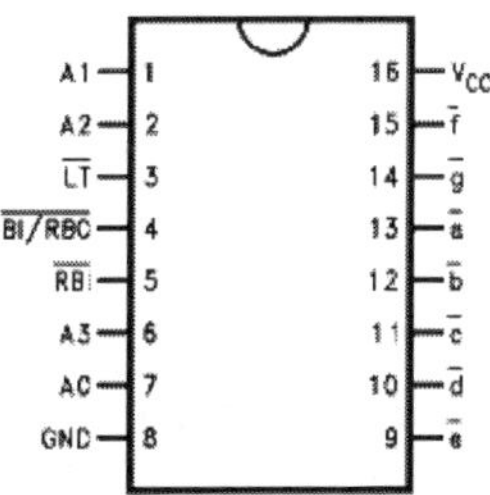

Pin Descriptions

Pin Names	Description
A0–A3	BCD Inputs
$\overline{RBI}$	Ripple Blanking Input (Active LOW)
$\overline{LT}$	Lamp Test Input (Active LOW)
$\overline{BI}/\overline{RBO}$	Blanking Input (Active LOW) or Ripple Blanking Output (Active LOW)
$\bar{a}$–$\bar{g}$	Segment Outputs (Active LOW) (Note 1)

Note 1: OC—Open Collector

Truth Table

Decimal or Function	Inputs							Outputs							Note
	$\overline{\text{LT}}$	$\overline{\text{RBI}}$	A3	A2	A1	A0	$\overline{\text{BI}}/\overline{\text{RBO}}$	$\overline{a}$	$\overline{b}$	$\overline{c}$	$\overline{d}$	$\overline{e}$	$\overline{f}$	$\overline{g}$	
0	H	H	L	L	L	L	H	L	L	L	L	L	L	H	(Note 2)
1	H	X	L	L	L	H	H	H	L	L	H	H	H	H	(Note 2)
2	H	X	L	L	H	L	H	L	L	H	L	L	H	L	
3	H	X	L	L	H	H	H	L	L	L	L	H	H	L	
4	H	X	L	H	L	L	H	H	L	L	H	H	L	L	
5	H	X	L	H	L	H	H	L	H	L	L	H	L	L	
6	H	X	L	H	H	L	H	H	H	L	L	L	L	L	
7	H	X	L	H	H	H	H	L	L	L	H	H	H	H	
8	H	X	H	L	L	L	H	L	L	L	L	L	L	L	
9	H	X	H	L	L	H	H	L	L	L	H	H	L	L	
10	H	X	H	L	H	L	H	H	H	H	L	L	H	L	
11	H	X	H	L	H	H	H	H	H	L	L	H	H	L	
12	H	X	H	H	L	L	H	H	L	H	H	H	L	L	
13	H	X	H	H	L	H	H	L	H	H	L	H	L	L	
14	H	X	H	H	H	L	H	H	H	H	L	L	L	L	
15	H	X	H	H	H	H	H	H	H	H	H	H	H	H	
$\overline{\text{BI}}$	X	X	X	X	X	X	L	H	H	H	H	H	H	H	(Note 3)
$\overline{\text{RBI}}$	H	L	L	L	L	L	L	H	H	H	H	H	H	H	(Note 4)
$\overline{\text{LT}}$	L	X	X	X	X	X	H	L	L	L	L	L	L	L	(Note 5)

Note 2: $\overline{\text{BI}}/\overline{\text{RBO}}$ is wire-AND logic serving as blanking input ($\overline{\text{BI}}$) and/or ripple-blanking output ($\overline{\text{RBO}}$). The blanking out ($\overline{\text{BI}}$) must be open or held at a HIGH level when output functions 0 through 15 are desired, and ripple-blanking input ($\overline{\text{RBI}}$) must be open or at a HIGH level if blanking or a decimal 0 is not desired. X = input may be HIGH or LOW.

Note 3: When a LOW level is applied to the blanking input (forced condition) all segment outputs go to a HIGH level regardless of the state of any other input condition.

Note 4: When ripple-blanking input ($\overline{\text{RBI}}$) and inputs A0, A1, A2 and A3 are LOW level, with the lamp test input at HIGH level, all segment outputs go to a HIGH level and the ripple-blanking output ($\overline{\text{RBO}}$) goes to a LOW level (response condition).

Note 5: When the blanking input/ripple-blanking output ($\overline{\text{BI}}/\overline{\text{RBO}}$) is OPEN or held at a HIGH level, and a LOW level is applied to lamp test input, all segment outputs go to a LOW level.

Functional Description

The DM74LS47 decodes the input data in the pattern indicated in the Truth Table and the segment identification illustration. If the input data is decimal zero, a LOW signal applied to the $\overline{\text{RBI}}$ blanks the display and causes a multi-digit display. For example, by grounding the $\overline{\text{RBI}}$ of the highest order decoder and connecting its $\overline{\text{BI}}/\overline{\text{RBO}}$ to $\overline{\text{RBI}}$ of the next lowest order decoder, etc., leading zeros will be suppressed. Similarly, by grounding $\overline{\text{RBI}}$ of the lowest order decoder and connecting its $\overline{\text{BI}}/\overline{\text{RBO}}$ to $\overline{\text{RBI}}$ of the next highest order decoder, etc., trailing zeros will be suppressed. Leading and trailing zeros can be suppressed simultaneously by using external gates, i.e.: by driving $\overline{\text{RBI}}$ of a intermediate decoder from an OR gate whose inputs are $\overline{\text{BI}}/\overline{\text{RBO}}$ of the next highest and lowest order decoders. $\overline{\text{BI}}/\overline{\text{RBO}}$ also serves as an unconditional blanking input. The internal NAND gate that generates the $\overline{\text{RBO}}$ signal has a resistive pull-up, as opposed to a totem pole, and thus $\overline{\text{BI}}/\overline{\text{RBO}}$ can be forced LOW by external means, using wired-collector logic. A LOW signal thus applied to $\overline{\text{BI}}/\overline{\text{RBO}}$ turns off all segment outputs. This blanking feature can be used to control display intensity by varying the duty cycle of the blanking signal. A LOW signal applied to $\overline{\text{LT}}$ turns on all segment outputs, provided that $\overline{\text{BI}}/\overline{\text{RBO}}$ is not forced LOW.

Logic Diagram

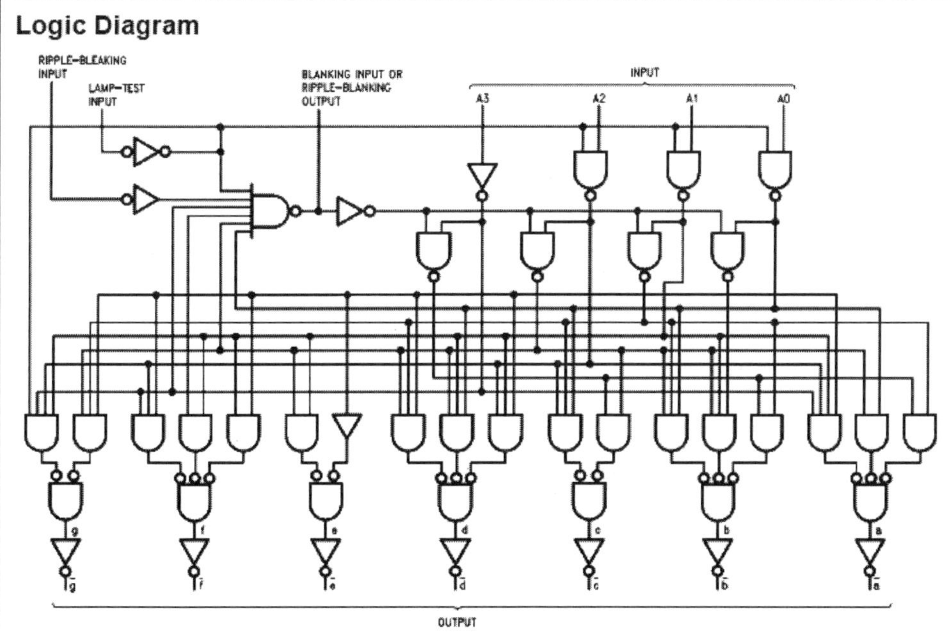

Numerical Designations—Resultant Displays

August 1986
Revised March 2000

DM74LS74A
Dual Positive-Edge-Triggered D Flip-Flops with Preset, Clear and Complementary Outputs

General Description

This device contains two independent positive-edge-triggered D flip-flops with complementary outputs. The information on the D input is accepted by the flip-flops on the positive going edge of the clock pulse. The triggering occurs at a voltage level and is not directly related to the transition time of the rising edge of the clock. The data on the D input may be changed while the clock is LOW or HIGH without affecting the outputs as long as the data setup and hold times are not violated. A low logic level on the preset or clear inputs will set or reset the outputs regardless of the logic levels of the other inputs.

Ordering Code:

Order Number	Package Number	Package Description
DM74LS74AM	M14A	14-Lead Small Outline Integrated Circuit (SOIC), JEDEC MS-120, 0.150 Narrow
DM74LS85ASJ	M14D	14-Lead Small Outline Package (SOP), EIAJ TYPE II, 5.3mm Wide
DM74LS74AN	N14A	14-Lead Plastic Dual-In-Line Package (PDIP), JEDEC MS-001, 0.300 Wide

Devices also available in Tape and Reel. Specify by appending the suffix letter "X" to the ordering code.

Connection Diagram

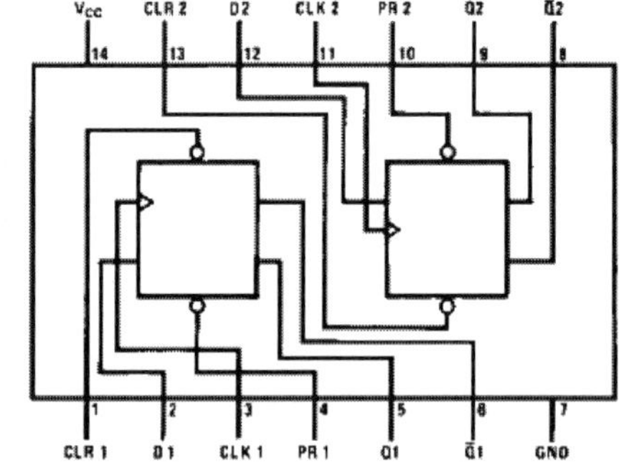

Function Table

Inputs				Outputs	
PR	CLR	CLK	D	Q	$\overline{Q}$
L	H	X	X	H	L
H	L	X	X	L	H
L	L	X	X	H (Note 1)	H (Note 1)
H	H	↑	H	H	L
H	H	↑	L	L	H
H	H	L	X	Q_0	$\overline{Q}_0$

H = HIGH Logic Level
X = Either LOW or HIGH Logic Level
L = LOW Logic Level
↑ = Positive-going Transition
Q_0 = The output logic level of Q before the indicated input conditions were established.

Note 1: This configuration is nonstable; that is, it will not persist when either the preset and/or clear inputs return to their inactive (HIGH) level.

August 1986
Revised March 2000

DM74LS86
Quad 2-Input Exclusive-OR Gate

General Description

This device contains four independent gates each of which performs the logic exclusive-OR function.

Ordering Code:

Order Number	Package Number	Package Description
DM74LS86M	M14A	14-Lead Small Outline Integrated Circuit (SOIC), JEDEC MS-120, 0.150 Narrow
DM74LS86SJ	M14D	14-Lead Small Outline Package (SOP), EIAJ TYPE II, 5.3mm Wide
DM74LS86N	N14A	14-Lead Plastic Dual-In-Line Package (PDIP), JEDEC MS-001, 0.300 Wide

Devices also available in Tape and Reel. Specify by appending the suffix letter "X" to the ordering code.

Connection Diagram

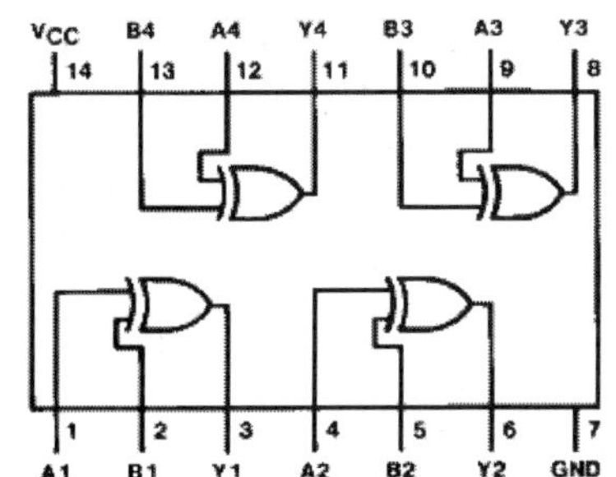

Function Table

$$Y = A \oplus B = \overline{A}B + A\overline{B}$$

Inputs		Output
A	B	Y
L	L	L
L	H	H
H	L	H
H	H	L

H = HIGH Logic Level
L = LOW Logic Level

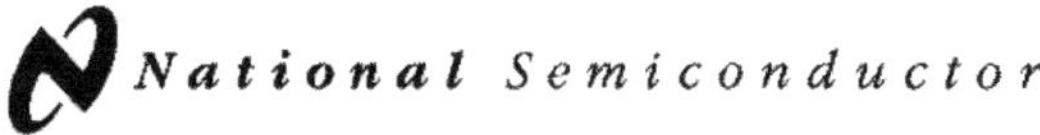

June 1989

DM74LS90/DM74LS93 Decade and Binary Counters

General Description

Each of these monolithic counters contains four master-slave flip-flops and additional gating to provide a divide-by-two counter and a three-stage binary counter for which the count cycle length is divide-by-five for the 'LS90 and divide-by-eight for the 'LS93.

All of these counters have a gated zero reset and the LS90 also has gated set-to-nine inputs for use in BCD nine's complement applications.

To use their maximum count length (decade or four bit binary), the B input is connected to the Q_A output. The input count pulses are applied to input A and the outputs are as described in the appropriate truth table. A symmetrical divide-by-ten count can be obtained from the 'LS90 counters by connecting the Q_D output to the A input and applying the input count to the B input which gives a divide-by-ten square wave at output Q_A.

Features

- Typical power dissipation 45 mW
- Count frequency 42 MHz

Connection Diagrams (Dual-In-Line Packages)

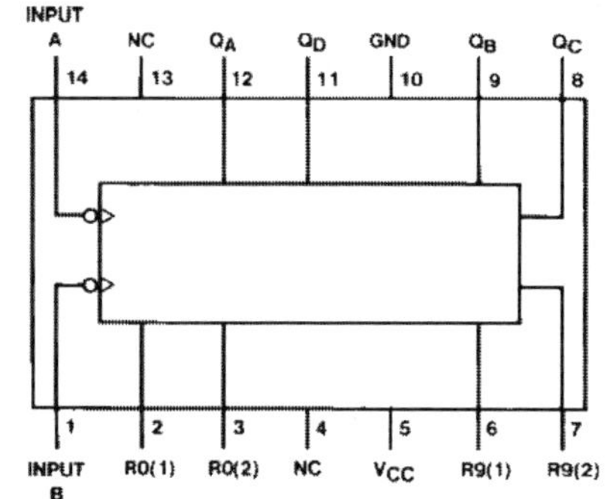

TL/F/6381-1

Order Number DM74LS90M or DM74LS90N
See NS Package Number M14A or N14A

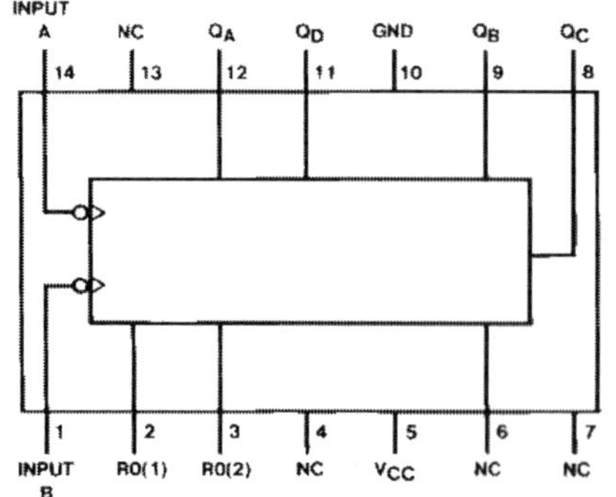

TL/F/6381-2

Order Number DM74LS93M or DM74LS93N
See NS Package Number M14A or N14A

Function Tables

LS90
BCD Count Sequence
(See Note A)

Count	Output			
	Q_D	Q_C	Q_B	Q_A
0	L	L	L	L
1	L	L	L	H
2	L	L	H	L
3	L	L	H	H
4	L	H	L	L
5	L	H	L	H
6	L	H	H	L
7	L	H	H	H
8	H	L	L	L
9	H	L	L	H

LS90
Bi-Quinary (5-2)
(See Note B)

Count	Output			
	Q_A	Q_D	Q_C	Q_B
0	L	L	L	L
1	L	L	L	H
2	L	L	H	L
3	L	L	H	H
4	L	H	L	L
5	H	L	L	L
6	H	L	L	H
7	H	L	H	L
8	H	L	H	H
9	H	H	L	L

LS93
Count Sequence
(See Note C)

Count	Output			
	Q_D	Q_C	Q_B	Q_A
0	L	L	L	L
1	L	L	L	H
2	L	L	H	L
3	L	L	H	H
4	L	H	L	L
5	L	H	L	H
6	L	H	H	L
7	L	H	H	H
8	H	L	L	L
9	H	L	L	H
10	H	L	H	L
11	H	L	H	H
12	H	H	L	L
13	H	H	L	H
14	H	H	H	L
15	H	H	H	H

Note A: Output Q_A is connected to input B for BCD count.
Note B: Output Q_D is connected to input A for bi-quinary count.
Note C: Output Q_A is connected to input B.
Note D: H = High Level, L = Low Level, X = Don't Care.

LS90
Reset/Count Truth Table

Reset Inputs				Output			
R0(1)	R0(2)	R9(1)	R9(2)	Q_D	Q_C	Q_B	Q_A
H	H	L	X	L	L	L	L
H	H	X	L	L	L	L	L
X	X	H	H	H	L	L	H
X	L	X	L	COUNT			
L	X	L	X	COUNT			
L	X	X	L	COUNT			
X	L	L	X	COUNT			

LS93
Reset/Count Truth Table

Reset Inputs		Output			
R0(1)	R0(2)	Q_D	Q_C	Q_B	Q_A
H	H	L	L	L	L
L	X	COUNT			
X	L	COUNT			

TOSHIBA CMOS DIGITAL INTEGRATED CIRCUIT SILICON MONOLITHIC

TC4040BP, TC4040BF, TC4040BFN

TC4040B 12 STAGE RIPPLE-CARRY BINARY COUNTER / DIVIDERS

(Note) The JEDEC SOP (FN) is not available in Japan.

TC4040B is 12 stage ripple carry binary counter having asynchronous clear function. This counter advances its counting stage by falling edge of $\overline{\text{CLOCK}}$ input. When RESET input is placed "H", all the circuits are reset regardless of $\overline{\text{CLOCK}}$ input making all the outputs (Q1 through Q12) to be "L".
This is most suitable for frequency dividers, control circuits and timing circuits.

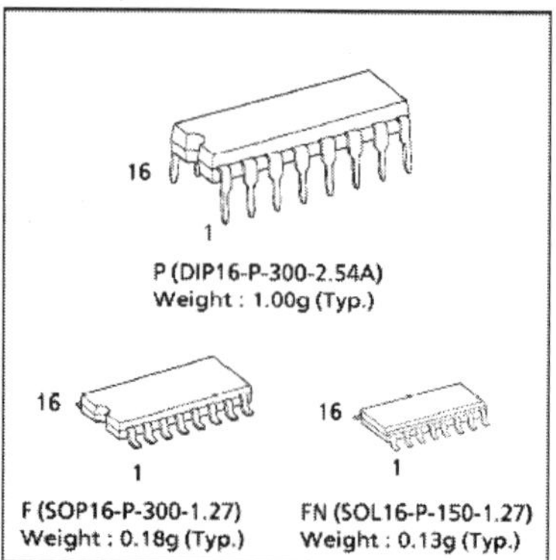

P (DIP16-P-300-2.54A)
Weight : 1.00g (Typ.)

F (SOP16-P-300-1.27)
Weight : 0.18g (Typ.)

FN (SOL16-P-150-1.27)
Weight : 0.13g (Typ.)

MAXIMUM RATINGS

CHARACTERISTIC	SYMBOL	RATING	UNIT
DC Supply Voltage	V_{DD}	$V_{SS}-0.5\sim V_{SS}+20$	V
Input Voltage	V_{IN}	$V_{SS}-0.5\sim V_{DD}+0.5$	V
Output Voltage	V_{OUT}	$V_{SS}-0.5\sim V_{DD}+0.5$	V
DC Input Current	I_{IN}	±10	mA
Power Dissipation	P_D	300 (DIP) / 180 (SOIC)	mW
Operating Temperature Range	T_{opr}	−40~85	°C
Storage Temperature Range	T_{stg}	−65~150	°C

PIN ASSIGNMENT

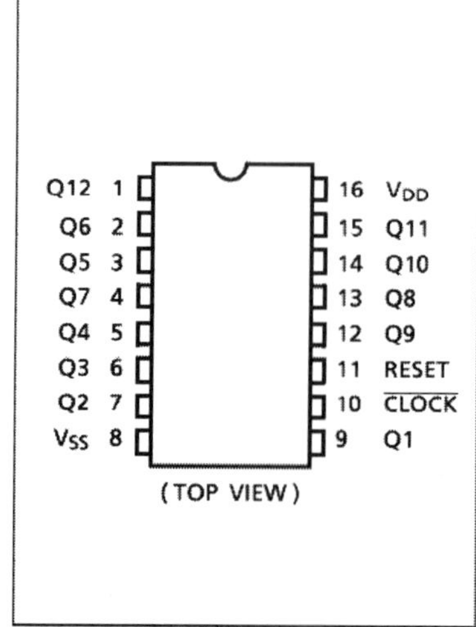

(TOP VIEW)

TRUTH TABLE

$\overline{\text{CLOCK}}$△	RESET	OUTPUT STATE
*	H	ALL OUTPUTS = "L"
⌐ (rising)	L	NO CHANGE
¬ (falling)	L	ADVANCE TO NEXT STATE

△ : Level Change , * : Don't Care

14.2 mm (0.56 inch) Seven Segment Displays

Technical Data

HDSP-K40x Series
HDSP-550x Series
HDSP-552x Series
HDSP-560x Series
HDSP-562x Series
HDSP-570x Series
HDSP-572x Series
HDSP-H15x Series
HDSP-H40x Series

Features

- **Industry Standard Size**
- **Industry Standard Pinout**
  15.24 mm (0.6 in.) DIP Leads on 2.54 mm (0.1 in.) Centers
- **Choice of Colors**
  AlGaAs Red, High Efficiency Red, Yellow, Green, Orange
- **Excellent Appearance**
  Evenly Lighted Segments
  Mitered Corners on Segments
  Gray Package Gives Optimum Contrast
  ± 50° Viewing Angle
- **Design Flexibility**
  Common Anode or Common Cathode
  Single and Dual Digits
  Right Hand Decimal Point
  ± 1. Overflow Character
- **Categorized for Luminous Intensity**
  Yellow and Green Categorized for Color
  Use of Like Categories Yields a Uniform Display
- **High Light Output**
- **High Peak Current**
- **Excellent for Long Digit String Multiplexing**
- **Intensity and Color Selection Option**
  See Intensity and Color Selected Displays Data Sheet
- **Sunlight Viewable AlGaAs**

Description

The 14.2 mm (0.56 inch) LED seven segment displays are designed for viewing distances up to 7 metres (23 feet). These devices use an industry standard size package and pinout. Both the numeric and ± 1 overflow devices feature a right hand decimal point. All devices are available as either common anode or common cathode.

Devices

Orange HDSP-	AlGaAs Red HDSP-[1]	HER HDSP-[1]	Yellow HDSP-	Green HDSP-	Description	Package Drawing
H401	H151	5501	5701	5601	Common Anode Right Hand Decimal	A
H403	H153	5503	5703	5603	Common Cathode Right Hand Decimal	B
	H157	5507	5707	5607	Common Anode ± 1. Overflow	C
	H158	5508	5708	5608	Common Cathode ± 1. Overflow	D
K401		5521	5721	5621	Two Digit Common Anode Right Hand Decimal	E
K403		5523	5723	5623	Two Digit Common Cathode Right Hand Decimal	F

Note:
1. These displays are recommended for high ambient light operation. Please refer to the HDSP-H10X/K12X AlGaAs and HDSP-555X HER data sheet for low current operation.

Package Dimensions

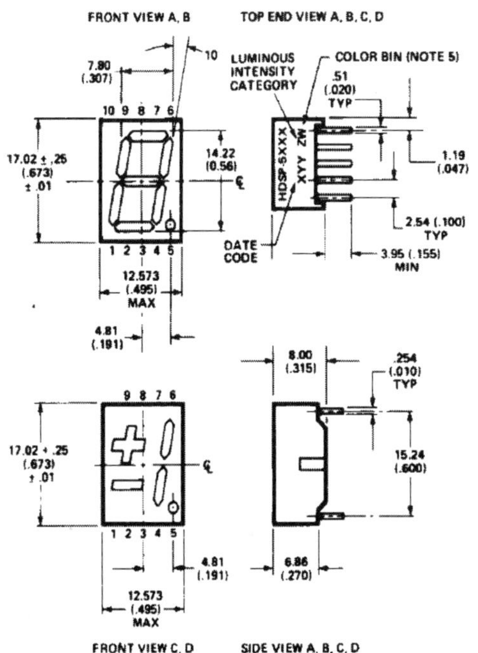

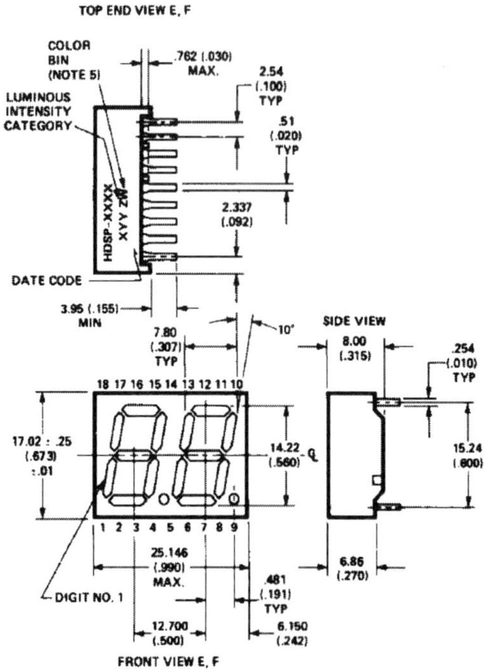

PIN	FUNCTION					
	A	B	C	D	E	F
1	CATHODE e	ANODE e	CATHODE c	ANODE c	E CATHODE NO. 1	E ANODE NO. 1
2	CATHODE d	ANODE d	ANODE c, d	CATHODE c, d	D CATHODE NO. 1	D ANODE NO. 1
3	ANODE[3]	CATHODE[4]	CATHODE b	ANODE b	C CATHODE NO. 1	C ANODE NO. 1
4	CATHODE c	ANODE c	ANODE a, b, DP	CATHODE a, b, DP	DP CATHODE NO. 1	DP ANODE NO. 1
5	CATHODE DP	ANODE DP	CATHOPDE DP	ANODE DE	E CATHODE NO. 1	E ANODE NO. 2
6	CATHODE b	ANODE b	CATHODE a	ANODE a	D CATHODE NO. 2	D ANODE NO. 2
7	CATHODE a	ANODE a	ANODE a, b, DP	CATHODE a, b, DP	G CATHODE NO. 2	G ANODE NO. 2
8	ANODE[3]	CATHODE[4]	ANODE c, d	CATHODE c, d	C CATHODE NO. 2	C ANODE NO. 2
9	CATHODE f	ANODE f	CATHODE d	ANODE d	DP CATHODE NO. 2	DP ANODE NO. 2
10	CATHODE g	ANODE g	NO PIN	NO PIN	B CATHODE NO. 2	B ANODE NO. 2
11					A CATHODE NO. 2	A ANODE NO. 2
12					F CATHODE NO. 2	F ANODE NO. 2
13					DIGIT NO. 2 ANODE	DIGIT NO. 2 CATHODE
14					DIGIT NO. 1 ANODE	DIGIT NO. 1 CATHODE
15					B CATHODE NO. 1	B ANODE NO. 1
16					A CATHODE NO. 1	A ANODE NO. 1
17					G CATHODE NO. 1	G ANODE NO. 1
18					F CATHODE NO. 1	F ANODE NO. 1

NOTES:

1. ALL DIMENSIONS IN MILLIMETRES (INCHES).
2. ALL UNTOLERANCED DIMENSIONS ARE FOR REFERENCE ONLY.
3. REDUNDANT ANODES.
4. REDUNDANT CATHODES.
5. FOR HDSP-5600/-5700 SERIES PRODUCT ONLY.

Internal Circuit Diagram

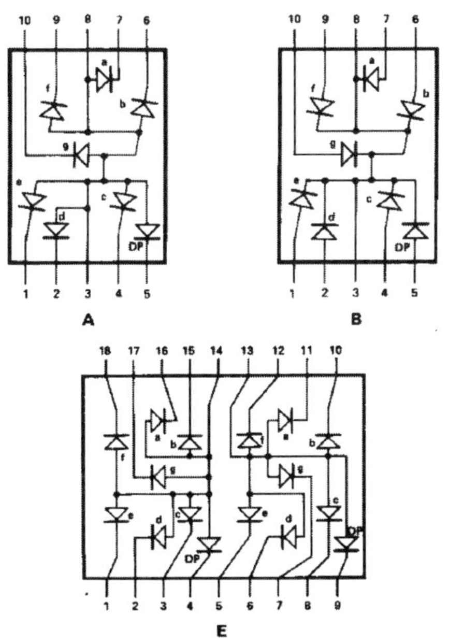

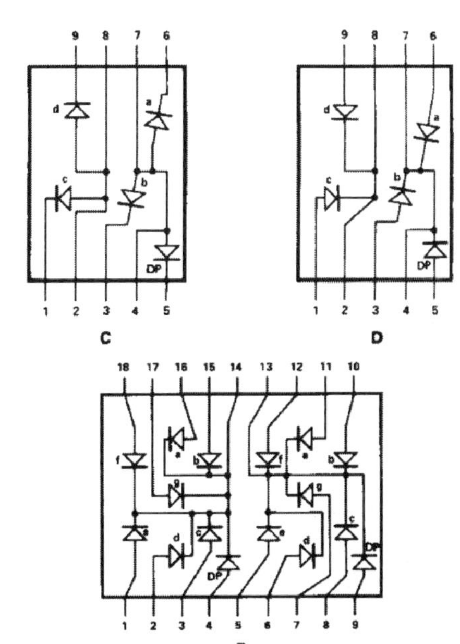

Absolute Maximum Ratings

Description	AlGaAs Red HDSP-H150 Series	HER/Orange HDSP-5500 HDSP-H40x HDSP-K40x Series	Yellow HDSP-5700 Series	Green HDSP-5600 Series	Units
Average Power per Segment or DP	96	105	80	105	mW
Peak Forward Current per Segment or DP	160[1]	90[3]	60[5]	90[7]	mA
DC Forward Current per Segment or DP	40[2]	30[4]	20[6]	30[8]	mA
Operating Temperature Range	-20 to +100[9]	-40 to +100			℃
Storage Temperature Range	-55 to +100				℃
Reverse Voltage per Segment or DP	3.0				V
Lead Solder Temperature for 3 Seconds (1.60 mm [0.063 in.] below seating plane)	260				℃

Notes:

1. See Figure 2 to establish pulsed conditions.
2. Derate above 46°C at 0.54 mA/°C.
3. See Figure 7 to establish pulsed conditions.
4. Derate above 53°C at 0.45 mA/°C.
5. See Figure 8 to establish pulsed conditions.
6. Derate above 81℃ at 0.52 mA/℃.
7. See Figure 9 to establish pulsed conditions.
8. Derate above 39℃ at 0.37 mA/℃.
9. For operation below -20℃, contact your local Agilent components sales office or an authorized distributor.

BT66T

SIMPLE MELODY GENERATOR

FEATURES

* One shot or level hold mode
* Plays a melody consisting of 64 note
* RC oscillator on chip
* 64-note ROM memory
* Sound range : 2 octaves
* Tempo : 15 kinds (presto-largo)
* Direct piezo drive
* Solution of automatic stop or repeat of the melody
* Dynamic speaker can be driven with external NPN transistor
* Power on reset : molody gegins from the first note
* TO-92 or bare chip available
* Chaning the contents of melody is possible ROM
* Start from the head of melody

DESCRIPTION

The BT 8027 series is a CMOS LSI chip which electronically plays 2 prearranged melody.

BLOCK DIAGRAM

PIN CONFIGURATION

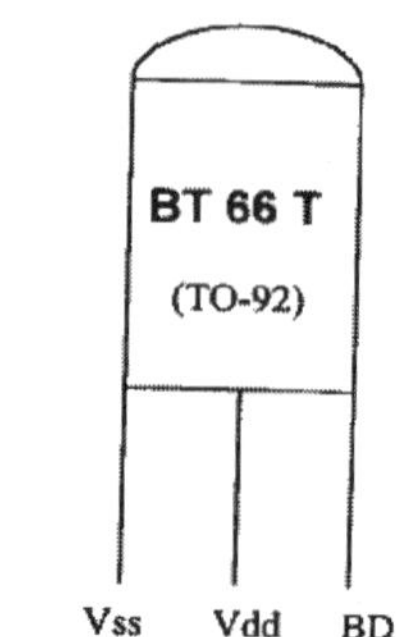

AVAILABLE SONG LIST

BT66T-19L : For Elise
BT66T-02L : Jingle Bell
BT66T-08L : Happy Birthday
BT66T-12L : Love Story
BT66T-68L : It's a Small World

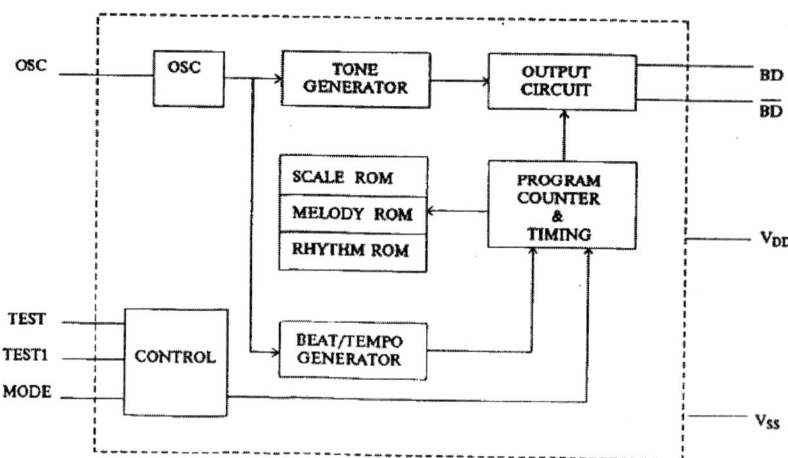

BT66T

SIMPLE MELODY GENERATOR

APPLICATION CIRCUIT

For Speaker Type

1) One Shot Mode

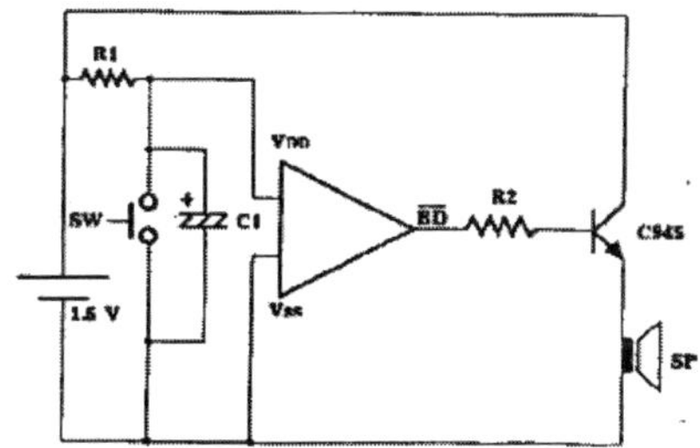

R1: 220Ω
R2: 2.7 - 4.7KΩ
C1: 1μF

2) Lavel Hold Mode

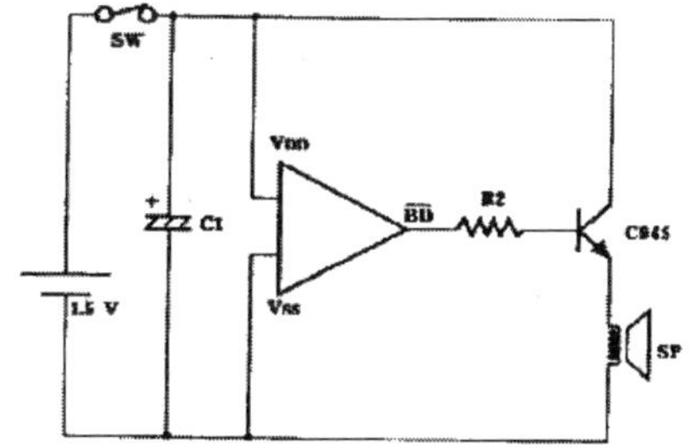

R2: 2.7 - 4.7KΩ
C1: 1μF

ㅈ

ㅊ

ㅋ

ㅌ

ㅍ

ㅎ

저자 약력

한 우 용 - 전북대학교 전기공학과 공학사
- 전북대학교 전기공학과 공학석사
- 전북대학교 전기공학과 공학박사
- 전주비전대학 신재생에너지과 교수

박 효 식 - 한양대학교 전기공학과 공학사
- 한양대학교 전기공학과 공학석사
- 한양대학교 전기공학과 공학박사
- (주)현대엘리베이터 기술연구소 선임연구원
- 전주비전대학 신재생에너지과 교수

산업전자회로설계 기초실습

지 은 이 | 박효식 · 한우용
펴 낸 이 | 김형근
펴 낸 곳 | 도서출판 기한재
주 소 | 경기도 파주시 회동길 56 (파주출판도시)
전 화 | 031) 955-0900~2
팩 스 | 031) 955-0100
등 록 | 1990년 3월 15일 제2-968호
발 행 | 2020년 3월 20일 1판 5쇄
정 가 | 16,000원

Published by Kihanjae Co.
ISBN 978-89-7018-596-5
http://www.kihanjae.com
E-mail : kihanjae@hanmail.net